马铃薯性状形成生物学

（第一卷　块茎与逆境）

宋波涛　田振东　司怀军　主编

Biology of Potato Trait Formation

（Volume Ⅰ　Tuber and Adversity）

中国轻工业出版社

图书在版编目（CIP）数据

马铃薯性状形成生物学. 第一卷，块茎与逆境 / 宋波涛，田振东，司怀军主编. —北京：中国轻工业出版社，2022.7

ISBN 978-7-5184-3888-4

Ⅰ.①马… Ⅱ.①宋… ②田… ③司… Ⅲ.①马铃薯—生物工程—研究 Ⅳ.①S532

中国版本图书馆 CIP 数据核字（2022）第 030211 号

责任编辑：贾　磊　　责任终审：白　洁
整体设计：锋尚设计　　责任校对：朱燕春　　责任监印：张　可

出版发行：中国轻工业出版社（北京东长安街6号，邮编：100740）
印　　刷：艺堂印刷（天津）有限公司
经　　销：各地新华书店
版　　次：2022年7月第1版第1次印刷
开　　本：787×1092　1/16　印张：17.25
字　　数：310千字
书　　号：ISBN 978-7-5184-3888-4　定价：128.00元
邮购电话：010-65241695
发行电话：010-85119835　传真：85113293
网　　址：http://www.chlip.com.cn
Email：club@chlip.com.cn
如发现图书残缺请与我社邮购联系调换
210741K1X101ZBW

本书编委会

顾问　谢从华（华中农业大学）

柳　俊（华中农业大学）

主编　宋波涛（华中农业大学）

田振东（华中农业大学）

司怀军（甘肃农业大学）

参编　（按姓氏笔画排序）

王洪洋（云南师范大学）

刘柏林（西北农林科技大学）

刘腾飞（华中农业大学）

孙小梦（华中农业大学）

李竟才（黄冈师范学院）

杨江伟（甘肃农业大学）

张　宁（甘肃农业大学）

单建伟（广东省农业科学院）

侯　娟（河南农业大学）

姚春光（云南省农业科学院）

晋　昕（甘肃农业大学）

唐　勋（甘肃农业大学）

景晟林（华中农业大学）

内容简介

马铃薯是以块茎作为食用部分和商品的粮菜兼用型作物。块茎形成是马铃薯重要的植物学特性和商品形成基础；休眠是块茎重要的生物学特性，与块茎贮藏、种薯和商品薯生产关系密切；块茎低温糖化是马铃薯进化过程中形成的抵御低温胁迫的适应机制，但块茎低温糖化严重影响油炸加工品质。块茎相关性状是马铃薯遗传改良中重点关注的对象，抗逆性包括非生物逆境抗性和生物逆境抗性，是影响马铃薯品质、高产稳产的重要因素。

本书系统介绍了马铃薯几个重要性状形成的生物学基础及其性状改良相关领域的研究进展。全书共五章，第一章介绍马铃薯块茎形态建成的生物学基础及光周期和糖在块茎形态建成中的作用和影响；第二章介绍马铃薯抗旱性形成的生物学基础及分子调控机制；第三章和第四章分别介绍了块茎低温糖化和块茎休眠的生物学基础与分子调控机制；第五章介绍了马铃薯最为严重病害——晚疫病发生的生物学基础及晚疫病抗性的遗传基础。本书重点介绍各性状形成的生物学基础和分子调控机制，同时介绍相关性状遗传改良包括资源鉴定评价、育种途径和品种选育方面的进展，另外对各性状后续研究方向提出了展望。

本书力求系统反映以上各性状研究领域的最新研究成果，以期为马铃薯相关研究者提供有益的参考和思路启迪。本书适用于从事马铃薯相关研究的人员，也可作为农林院校作物学、园艺学、生物学等相关专业本科生和研究生教材。

序

性状是一个生物体所有特征的总和，包括形态、结构、生理功能以及所有能观察到的细胞、亚细胞和分子特征。农作物按照农业生产的需求，往往将上述性状划分为植物学性状，如植株形态、叶片形状、花冠颜色等能与其他物种或本物种其他品种相区分的表型；农艺性状，如株高、茎粗、分枝数等与农业生产相关的植株表型；经济性状，如子粒数、子粒大小等与农产品产量相关的表型；品质性状，如产品外观、内在物质含量等与消费相关的表型；适应性，如对环境的适应性以及对生物胁迫的抗性等与稳产相关的表型。

从栽培驯化之始就发现马铃薯（*Solanum tuberosum* L.）与其他作物不同。马铃薯虽也开花结子，但繁殖材料和食用部分却都是地下块茎。从近万年前南美地区的的喀喀湖周边的先民发现这种块茎可以食用开始，漫长的选择使之成为当今世界最大的非谷物类粮食作物，其传播范围之广令人惊叹，而对其适应性和农艺性状的选择与改造之艰辛更令世人称奇。营养变态器官为民之所食的作物不在少数，引入欧洲时长也差异无几，唯马铃薯被恩格斯称为与铁器发明并重；民之赖以为食的作物很多，唯马铃薯与中外近代社会文明兴衰的联系更为密切。这个特异的块茎作物引起了跨大陆传播以来无论皇家贵胄、平民百姓，还是历代学者的不懈关注。更是在21世纪之初，联合国设立了“国际马铃薯年”，促进其发展成为实现千年目标全球行动的重要举措；科学家在块根块茎作物中首先解码了其基因组框架，是继水稻后第二个完成基因组测序的主要农作物。马铃薯在人类粮食安全中的战略地位和科学价值在今天更加重要。

生物学研究一直是改造生物性状为人类服务的原动力。从19世纪30年代提出细胞学说进入描述生物学开始，20世纪初以孟德尔定律的发现为标志的实验生物学真正开始了对性状遗传及其基本规律的探究与改良，20世纪中叶遗传物质的证明及DNA双螺旋结构的发现则为分子遗传操作造福于人类之始。及至今日，数百种生物全基因组序列的测定及各种组学技术的发展，搭建起性状形成和调控机制遗传解析与个体及群体改良的桥梁。马铃薯性状形成的生物学研究也因此不断深入，新的发现层出不穷。为促进生物学研究更好地为产业发展服务，本书将块茎与逆境领域阶段性研究成果归纳总结，如对相关研究人员有所裨益则不负初心。

马铃薯最迥异于他的是其块茎。块茎为茎之变态，其形成与否，数目多寡，大小形态，无不与种植的经济效益相关。让人意想不到的是，马铃薯块茎形成的调控途径与显花植物开花的调控途径具有惊人的相似性。模式植物拟南芥中成花素FT蛋白在诱导性的光照条件下运输至顶端分生组织，通过与一系列蛋白形成开花复合体诱导开花。近年的研究发现，马铃薯块茎形成也受到了FT途径的调控，其中节律蛋白CO的稳定与否决定了马铃薯块茎形成对光周期的响应。进一步研究证明，CO的稳定受控于光敏色素复合体PHYB/PHYF，这个复合体的缺失可使短日照结薯基因型的马铃薯在长日照条件下结薯，这可能从一个方面解释了马铃薯适应性进化的机制，而复合体形成及其调控网络的揭示将为地域广适性品种的选育提供更系统的理论基础和全新的技术途径。

十多年前提出的Zig-Zag模型形象地描述了植物—病原博弈这一场没有结局的连续剧。这种对植物胞外识别和胞内识别两种防卫系统的描述，也丰富了对通常所说的垂直抗性和水平抗性的认知。提到马铃薯的病害，恐怕都会想起19世纪中叶发生的爱尔兰大饥荒，晚疫病使这个以马铃薯为主食的国家十年后的人口下降了300多万。遗憾的是，科学家随后利用的垂直抗性很快就被病原菌快速进化的毒性效应子所克服，马铃薯的其他病害以及其他作物的病害也多是如此。而品种选育永远赶不上效应子进化的速度，这迫使人们不得不关注水平抗性，也称为持久抗性。欣慰的是，在马铃薯中发现了首个植物胞外受体ELR（elicitin response），能够识别包括晚疫病病原菌在内的多种致病卵菌并诱导抗性，为广谱持久抗性的研究与利用开辟了新途径。还有引起学界关注的马铃薯晚疫病广谱抗性*R*基因的发现，如*RB*和*R8*。通常认为这类基因属于小种专化型的垂直抗性基因，但对*R8*基因的研究发现，无论在南美还是我国的晚疫病流行区域，十多年来其抗性没有丧失或是减退，所识别的病原效应子也没有发生明显变异。这里暗示了一个假设，*R*基因可能具有不同的功能或类别。有的单一抵抗特异效应子的致病作用，有的则通过识别特异效应子从而激活植物防卫系统达到持久抗病的目的。植物—病原互作领域的研究方兴未艾，抗病信号传导与防卫网络的深入研究将有助于我们在这场博弈中占据主导地位。

马铃薯的生物学特性决定这是一个对生长环境敏感的作物。我国北方马铃薯产区和西南的部分产区存在常年或季节性干旱，涉及40%左右的栽培面积。霜冻危害几乎在全国各产区都有发生，不耐霜冻同时也限制了马铃薯的季节性种植区域。抗逆是一个复杂的生物学性状，至今我们仍然知之甚少。马铃薯对干旱胁迫的抗性一直受到国内外学者和产业人士的重视。干旱直接影响细胞的渗透调节、氧化还原状态和光合作用等。基本的模式认为，植株感受到胁迫后，特异信号的转导调控转录因子及相关基因的表达，通过新陈代谢完成抗旱过程。现有研究发现，在模式植物中参与干旱响应的激素如脱落酸、细胞分裂素、赤霉素、水杨酸、油菜素内酯以及参与信号传导的激酶如MAPKs等在马铃薯中也具有类似功能。相关转录因子的研究也取得了诸多进展，其中马铃薯R1型MYB转录因子*StMYB1R-1*已证明可以增强干旱调控基因*AtHB-7*、*RD28*、*ALDH22a1*和*ERD1-like*的表达，使植株失水率更低和气孔关闭速度更快。在系列信号级联传导的激酶研究中发现，马铃薯激酶StMAPK11在抗氧化和光合作用信号通路上发挥作用。维持细胞水势是响应干旱的一种生理机制，马铃薯抗旱研究证实，一些渗透调节基因如合成甘氨酸甜菜碱的甜菜碱醛脱氢酶（BADH）基因能够增强马铃薯对干旱和盐碱的抗性。系统的组学研究将进一步揭示马铃薯抵御干旱胁迫的分子机制，为抗旱品种选育提供新的理论与方法。抗霜冻可能比抗寒对于马铃薯来说目标更明确。受材料限制，马铃薯抗霜冻的遗传研究进展较缓，一直局限在单个基因功能探究的水平上。直到近年我国创制了一批种间杂交分离群体，抗霜冻分子机制的研究和育种工作才初现曙光。

没有哪一种大田作物能像马铃薯这样用于深度开发，仅原薯加工和以其为原料的食品加工产值就占了全球休闲食品的半壁江山，其中薯片、薯条等油炸产品占比高达60%以上。然而，能用作油炸加工的马铃薯品种却屈指可数，关键原因是原料在低温贮藏过程中还原糖含量升高，过多的还原糖造成产品颜色褐化，有害物质丙烯酰胺累积，导致绝大多数品种不适合加工，抗“低温糖化”一直成为加工品质改良的瓶颈。还原糖转化是细胞抵御低温胁迫的一种生理反应，转录组研究揭示其主要涉及淀粉水解、蔗糖分解以及糖酵解等碳水化合物代谢途径，其中前两个过程对低温糖化至关重要。蔗糖转化酶/转化酶抑制子/SnRK1蛋白质复合体的发现，明确了低温糖化过程中蔗糖分解的精细调控机制；α-淀粉酶和β-淀粉酶的亚细胞定位及其作用方式研究，揭示了低温糖化过程中淀粉水解的分子模式；脱落酸作为主要低温响应因子的解析，正在构建低温糖化这一生物学过程中不同代谢途径的“互联网”。值得关注的是，蔗糖分解调控的蛋白质复合体各组分均表现出了高水平的低温糖化调控功能，具有显著的育种应用潜力。

马铃薯块茎由匍匐茎顶端后第一节向下开始膨大，最先的腋芽退化成芽眼首先进入休眠。不同基因型间，休眠期长短差异颇大，短至无休眠，长至数月。休眠调控因此关乎种薯的出苗整齐度、菜用薯的货架期和加工原料薯的仓储损耗等，不了解休眠的生物学机制，其调控难度可谓是月下扑影。现已在不同遗传背景的材料中几乎所有染色体上定位了与休眠相关的数十个QTL位点，这足以说明该性状控制的复杂性。通过这些位点的基因分析，发现休眠和发芽与植物激素及碳水化合物调控基因之间存在关联，这些研究为深入揭示休眠调控机制提供了线索。

与产业发展密切相关的性状尚不能为本书一一纳入，容待后续诸卷。即使本书论述的五个性状，在我们对生物学的认知过程中可能也只是处于序幕开启时的一段演绎，更精彩之处还有赖于同仁一如既往的不懈努力。而今作为观者的我们，实为情之所系，心之所向。十分欣慰地看到参与本书编写的是我国在相关研究领域造诣颇深的中坚，既知晓国内外动态，又在实践中做出了显著贡献。将其知识与经验汇于一册，无疑将会推动我国马铃薯生物学研究和性状改良的不断创新。

华中农业大学教授

谢从华　柳俊

2022年1月于武昌

前 言

马铃薯是粮食蔬菜兼用作物和重要的工业原料作物，是世界和中国第四大粮食作物。马铃薯营养丰富、烹饪方式多样、味道鲜美，故为大众所爱。与其他作物不同，马铃薯适应环境能力强，遍布于我国大江南北，素有“不与五谷争地，瘠卤沙岗皆可以长”的美称，古人赞美它“山芋芼羹，地黄酿粥，冬后春前皆可栽”。为了适应不良环境，马铃薯进化出了多种应对策略，如干旱对于马铃薯的生长发育及生理生化代谢都会产生巨大影响，导致减产，影响马铃薯品质，而马铃薯本身可从生理生化及分子机制响应干旱胁迫，降低干旱的伤害；马铃薯休眠机制是对极端环境的早期适应以保存生命力；在贮藏过程中，低温糖化是马铃薯性状变化的重要标志，抗性调节机制是其适应低温环境的主要表现；晚疫病是马铃薯头号病害，但体内抗病基因可在一定程度上增强马铃薯抗性。

马铃薯在我国历经四百多年的驯化栽培，已经形成了地域特色明显、品种多样化的格局。马铃薯是我国最具有发展潜力的高产经济作物之一，尤其是2015年我国提出马铃薯主食化战略后，马铃薯产业发展迅猛，我国已经成为世界第一大生产国和消费国。但我国马铃薯单产水平远低于世界平均水平，与发达国家的差距较大，而且马铃薯栽培种多为同源四倍体，遗传背景复杂，基因组高度杂合，遗传不稳定，导致马铃薯新品种选育周期长、难度大。因此，寻找新的方向提高单产和培育高品质的马铃薯是众多科学家的不懈追求。生物技术的迅猛发展带动了植物生物技术产业的兴起，开辟了育种新方向。因此，实现马铃薯优质新品种培育必须借助传统育种技术与现代生物育种技术相结合的方法进行选育。

目前解析生物在进化过程中所形成的精确调控机制和作用机制是今后科学研究的重中之重，而如何应用生物学手段在一定限度内定向改造农作物成为今后育种科学家面临的重要课题，如分子标记辅助育种筛选优良性状，定位目标基因；基因编辑定向修饰目标基因，提高品种抗性和品质，从而加速育种进程。

编写《马铃薯性状形成生物学》是编者由来已久的愿望，目的是系统阐述马铃薯日新月异的研究成果和进展，旨在从生物学角度总结马铃薯重要性状的形成机制，为今后马铃薯育种奠定理论基础，加快定向育种进程。本书从块茎发育、抗旱性、块茎低温糖化、块茎休眠和晚疫病抗性等方面深入浅出地讨论了马铃薯性状形成的生物学基础。从生物学基础、分子机制等方面解析马铃薯重要性状的形成机制，这对于应用分子辅助育种和提高解析复杂性状遗传分子机制的水平具有重要的意义。

由衷感谢各位编者克服了教学和科研等工作压力，在短时间内高质量地完成本书稿撰写所付出的辛勤劳动。此外，在编写过程中，湖北恩施州农业科学院陈火云老师、华中农业大学瞿晶晶老师、西南大学刘勋博士、湖南农业大学林原博士、安徽农业大学朱晓彪博士等提出了许多修改建议，以及华中农业大学农业农村部马铃薯生物学与生物技术重点实验室、甘肃农业大学甘肃省干旱生境作物学省部共建国家重点实验室等单位诸多研究生做了大量的文献收集、文字统稿、整理和校对工作，在此表示衷心的感谢。在书稿完成之际，还要特别感谢尊敬的华中农业大学谢从华、柳俊二位教授对我们多年来的培养，不但带领我们进入科学研究的殿堂，还在思想上、生活上给予我们无微不至的关怀和帮助，两位老师严谨的科学态度、一丝不苟的学术精神、扎实的工作作风将永远激励我们不断前行。

感谢国家自然科学基金国际合作项目（No. 3161101332和No. 3171101250）和国家现代农业产业技术体系（马铃薯，CARS-09）对本书出版的支持与资助。

在本书编写过程中，我们深感“学无止境”与“力有不逮”的压力。本书参考了大量学者的研究成果，尽最大可能一一做了标注，如有遗漏和错误敬请谅解。

马铃薯领域的研究成果日新月异，我们虽倍加努力，但由于时间仓促加之水平有限，书中难免存有错误和不足之处，恳请专家和读者不吝赐教，以便今后改进和提高。

编者

2022年1月

目 录

第四章
马铃薯块茎休眠

第五章
马铃薯晚疫病抗性

第一章

马铃薯块茎形态建成

第一节

马铃薯块茎形态建成的生物学基础

一、马铃薯块茎形成的形态学

马铃薯（*Solanum tuberosum* L.）的块茎一般由匍匐茎发育而来。匍匐茎是由地下部分侧枝转化的，它们通常具有拉长节间的对角异向芽，顶端是弯钩状，有螺旋排列的鳞片叶（图1-1）。匍匐茎与普通侧枝明显不同的是顶端具有一个较长的染色很深的高密度分生组织细胞圆柱，其分生细胞的数量远多于普通侧枝（Cutter，1978）。马铃薯块茎形成发生在匍匐茎顶端分生组织下面的延髓区，自然条件下块茎形成分为匍匐茎形成和匍匐茎顶端膨大两个相对独立的过程（Booth，1963）。

s—横向的匍匐茎　t—顶端弯钩状，发育良好的块茎
yt—幼嫩，正在发育的块茎

◀ 图1-1　马铃薯地下部分形态

匍匐茎通常从植株的下部开始形成，逐渐向上产生。因此，在生产实践中可以发现，最下面匍匐茎产生的块茎往往是最大的。块茎形成前，匍匐茎有正常的茎结构，维管束沿着长轴生长，促进茎伸长生长。在匍匐茎顶端，一般有8个生长较密集的节间，从下往上第一节上的叶片几乎不生长。块茎开始膨大的主要部位在第一节，此时肉眼已经能观察到匍匐茎的变化。在这个阶段，由于第一节和第二节间相当大的径向扩张，弯钩变直，匍匐茎顶芽位于块茎的顶端位置。因此块茎向上膨大，包括一些纵向延伸和连续节间的横向扩张。

（一）块茎形成过程中的形态变化

块茎形成初期，匍匐茎停止纵向生长，顶端弯钩逐渐伸直，亚顶端部分开始辐射生长逐渐膨大。当膨大部分至少是匍匐茎直径的两倍时，认为匍匐茎顶端已经形成了块茎（图1-2；Kloosterman等，2005）。在起始阶段，匍匐茎顶端通过纵向细胞分裂而膨大（Xu等，1998a）。在成熟阶段，随机细胞分裂和细胞增大决定着马铃薯块茎的最终大小，促进块茎辐射状生长。在这个过程中，第一节发育为下方三分之一部分薯块，第二节整体形成中部块茎，上部块茎主要由第三节和第四节发育形成，剩下的5～8节并不伸长或膨大，以芽眼的形式集中在块茎的上半部分（Cutter，1978）。研究发现，块茎上平均每厘米有一个芽眼，小块茎单位长度的芽眼数量比大块茎多（Goodwin，1967a）。这表明块茎继续伸长，并在一定的发育时期合并新的节间。

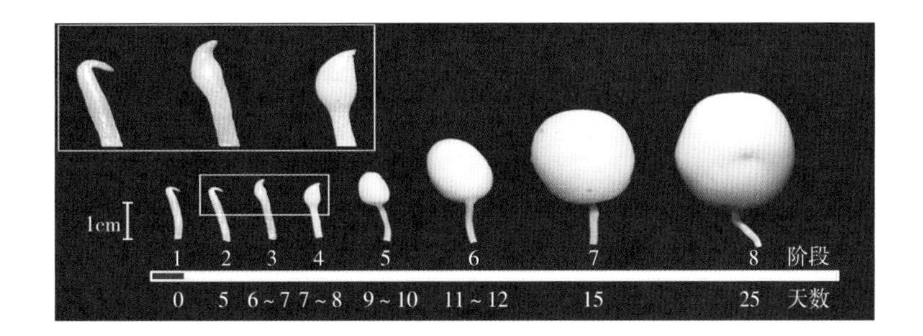

图1-2　马铃薯块茎转至短日照后发育的8个阶段（引自Kloosterman等，2005）

（二）块茎膨大过程中的组织构成及变化

块茎膨大的过程中，通过共质体和质外体途径运输吸收光合同化物，转化为内部一系列代谢物、蛋白质和淀粉贮存在薄壁细胞中（Camire等，2009）。这些营养物质除了维持自身的新陈代谢，更多用于休眠期和新植株再生的营养供给。块茎的膨大依赖于髓部、髓周区（包括内韧皮部、木质部和外韧皮部）和皮层的细胞分裂和膨大（图1-3；Artschwager，1924；Booth，1963；Plaisted，1957）。

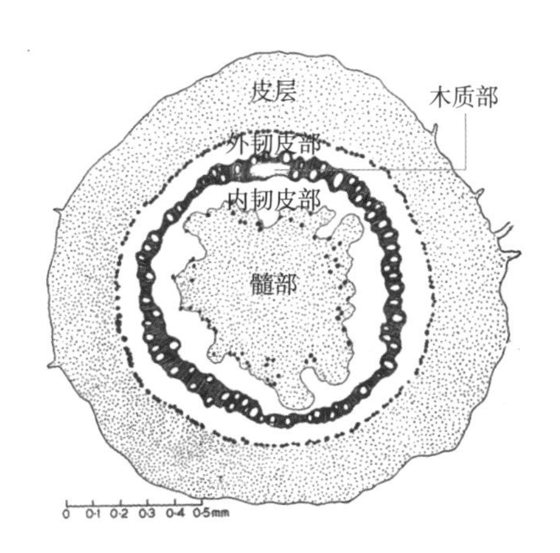

图1-3　成熟匍匐茎内部的结构分布（引自Artschwager，1924）

块茎形成初期，匍匐茎亚顶端开始膨大，维管束依旧沿长轴方向连续生长，由于髓部隆起而呈弧形［图1-4（2）］。横切面上，微管组织在早期（直径小于0.8cm）可清楚地观察到外韧皮部和内韧皮部形成一个圆环［图1-3，图1-4（3）］。当块茎直径增大到0.8cm时，由于外韧皮部、木质部和内韧皮部的髓周区增厚，导致块茎继续膨大［图1-4（3），（4）］，而皮层宽度在发育后期无明显变化（直径>0.8cm）。随着髓周区的厚度增加，维管组织变为不规则排列，木质部和韧皮部分散在整个髓周区［图1-4（4）；Xu等，1998a］，进而形成成熟块茎的维管组织（图1-5）。

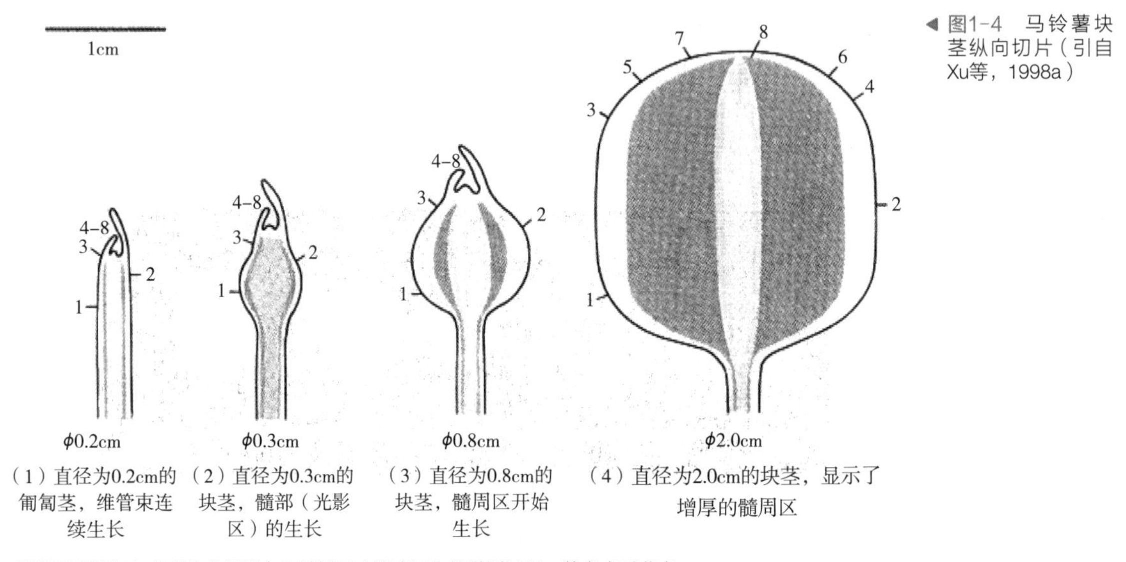

（1）直径为0.2cm的匍匐茎，维管束连续生长　（2）直径为0.3cm的块茎，髓部（光影区）的生长　（3）直径为0.8cm的块茎，髓周区开始生长　（4）直径为2.0cm的块茎，显示了增厚的髓周区

图片展示了匍匐茎到块茎的形态和髓周区（阴暗区）的增厚过程，数字表示节点。

◀ 图1-4　马铃薯块茎纵向切片（引自Xu等，1998a）

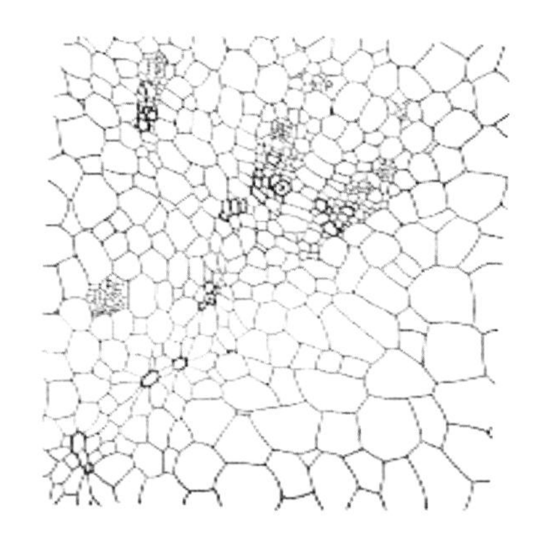

◀ 图1-5　成熟块茎部分维管组织（引自Artschwager，1924）

二、马铃薯块茎形成的细胞学基础

（一）细胞分裂分化研究进展

Artschwager（1918）的研究表明，块茎最初膨大是髓部的大量细胞先分裂，其

次是皮层和髓周区的细胞分裂。Plaisted（1975）指出，块茎形成的第一个迹象是匍匐茎顶芽后面的第一节间增厚，即匍匐茎幼嫩顶端伸长的节间，通常是顶端分生组织附近的第八节间。后来Xie（1989）对块茎发育过程中细胞数量和体积变化的研究发现，细胞分裂在块茎膨大过程中占主导地位。Liu等（2001）根据前期单个试管薯的重量、长度和直径数据结果，选择用椭圆体的体积公式计算马铃薯块茎和各组织的体积（图1-6）。

将块茎样品处理切片染色后，每个块茎组织测定100～200个细胞长宽，由于块茎细胞具有明显的长宽区别，上述公式也用于细胞体积计算。用次氯酸钠染色，可在紫外光下仅使细胞壁产生蓝色荧光，以排除块茎淀粉颗粒所造成的干扰（图1-7）。

图1-6　马铃薯试管块茎纵向切片（引自Liu和Xie，2001）

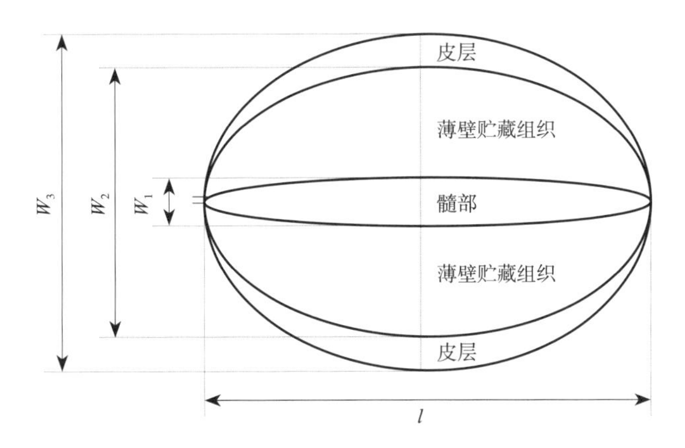

显示块茎组织的长宽测定和体积计算：l—块茎及其组织长度　W_1—髓部组织宽度　W_2—髓部和薄壁贮藏组织总宽度　W_3—块茎宽度，即皮层，薄壁贮藏组织和髓部宽度总和

体积计算：皮层，$V_{Co}=0.52/(W_3^2-W_2^2)$　薄壁贮藏组织，$V_{Pe}=0.52/(W_2^2-W_1^2)$　髓部，$V_{Pi}=0.52/W_1^2$

图1-7　试管块茎纵切面显示荧光染色后的细胞形状和组织分布（引自柳俊，2001）

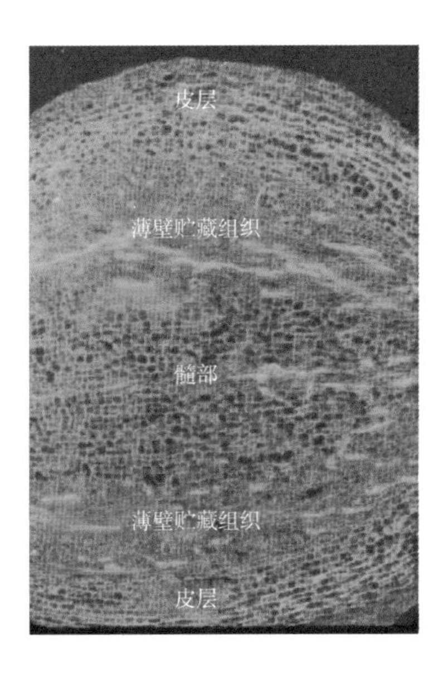

随着试管块茎体积的增加，块茎皮层组织占块茎总体积的比例不断下降，而薄壁贮藏组织所占的比例则不断上升。髓部组织所占的比例随着块茎生长有所增加，但最终仅占块茎的3%左右。此外，在块茎生长过程中，细胞数量和体积的增加大多符合幂函数方程：$Y=aW^b$。Y代表细胞数量或细胞体积，W代表块茎质量，a为常数，b为比速增长系数，是器官和整体相对生长率的比值（柳俊，2001）。Liu等（2001）经过试验统计发现在马铃薯试管块茎中细胞分裂速度为髓部>薄壁贮藏组织>皮层，且细胞数量增加的影响几乎是细胞平均体积增长影响的2倍，说明细胞分裂对块茎生长的贡献要大于细胞膨大。

（二）匍匐茎细胞组织切片

Cutter（1978）对匍匐茎的切片进行观察，匍匐茎顶端的横切面显示，弯钩端上方约有9片叶原基。在幼嫩块茎膨大区域的横切面上，看到了含淀粉的薄壁细胞。在这种直径为1.0～1.5mm的块茎中，可以看到一个分化成维管组织的圆柱体，内、外韧皮部都丰富，木质部相当稀疏且间隔很宽。Cutter对匍匐茎的纵向切片显示了9个皮层细胞和弯钩上方大约12个（不太规则的）髓细胞。大多数切片显示皮层细胞群数量有所增加，且不规则排列。髓细胞变得更宽，内部含有淀粉。

在匍匐茎发育后期，出现了分离的双侧维管束，木质部相对较少，但韧皮部发育较广，筛孔很多，且直径相当大（Artschwager，1924）。端壁是横向的，在匍匐茎的横向剖面上，经常可以看到许多筛板，形成层最终在束状和束间区域发展，并产生一些次级维管组织；与地上茎一样，束间区的内韧皮部被薄壁组织细胞从木质部分离出来，成为髓周区的组成部分（图1-8）。

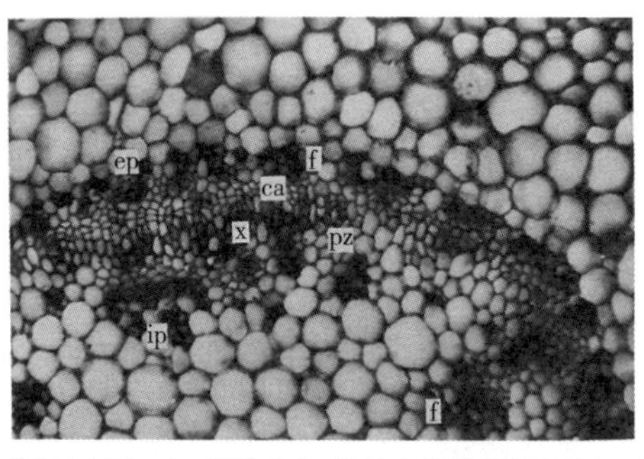

显示内韧皮部（ip）、外韧皮部（ep）、纤维（f）、发展中的形成层区域（ca）和周边地带（pz）。内韧皮部分布于束间区和束状区。

◀ 图1-8　匍匐茎部分横切面（引自Cutter，1978）

（三）块茎形成过程中的细胞变化

Xu等（1998a）对块茎形成过程中的细胞变化进行了细致的观察，在块茎生长的早期，髓部和皮层的纵向细胞分裂停止后，周围区域形成分生组织样细胞群［图1-9

（3）]。与伸长的维管细胞不同，这些细胞在横切面和纵切面上均为等径线。各组织细胞类型呈同心排列，中心为分生组织样小细胞，韧皮部成分较少，周围是无淀粉粒的正在扩大的薄壁细胞外层，最外层由成熟的薄壁细胞和淀粉粒组成。分生组织样细胞、增大细胞和淀粉粒成熟细胞均可观察到随机的细胞分裂[图1-9（4）]。此外，皮层细胞沿切线方向分裂，使块茎进一步扩张[图1-9（5）]，然而，髓部的细胞没有分裂[图1-9（6）]。髓和皮层最初细胞分裂总是平行于匍匐茎的长轴，主要以横向方向分裂促进匍匐茎顶端的膨大。髓周区的细胞分裂在横断面和纵断面上均呈随机分布，导致块茎向四面八方膨大，因此，髓周区构成了成熟块茎的主要部分。

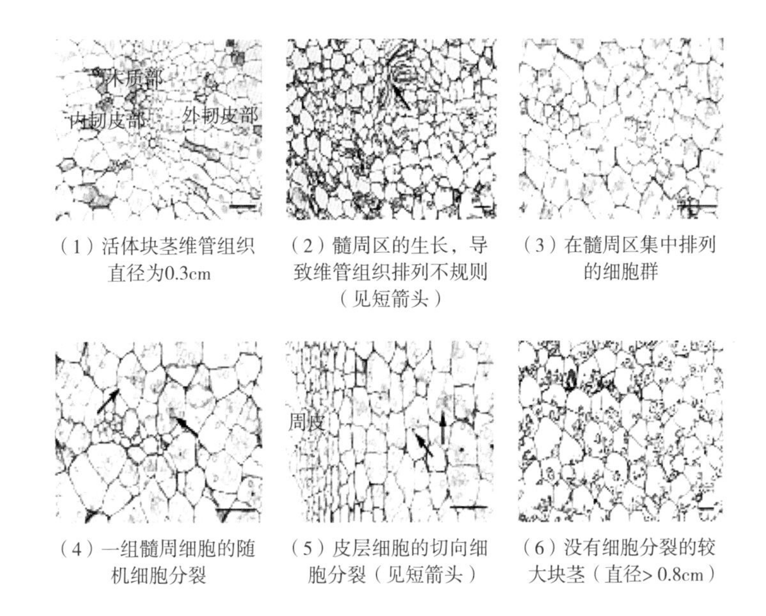

（1）活体块茎维管组织直径为0.3cm　（2）髓周区的生长，导致维管组织排列不规则（见短箭头）　（3）在髓周区集中排列的细胞群

（4）一组髓周细胞的随机细胞分裂　（5）皮层细胞的切向细胞分裂（见短箭头）　（6）没有细胞分裂的较大块茎（直径> 0.8cm）

图1-9　体内块茎形成过程中细胞分裂（引自Xu等，1998a）

三、马铃薯块茎形成的遗传学基础

栽培种马铃薯是同源四倍体，遗传背景复杂，目前对马铃薯遗传特性的研究多借助于降倍后的二倍体或者近缘二倍体野生种。Mendoza和Haynes（1977）对栽培种马铃薯杂交后代进行遗传力分析，认为块茎的初始形成受到一个主效基因和多个微效基因的控制，并且该主效基因在短日照品种中表现为显性，在日照不敏感型品种中表现为隐性。Van den Berg等（1996）利用马铃薯四倍体栽培种与野生种进行遗传杂交实验，观察子代个体在长日照下的块茎形成能力，并对性状与标记进行连锁分析，检测到11个与块茎形成相关的位点，它们分布在7条染色体上，其中位于第Ⅴ染色体上编号为TG441的QTL为块茎形成的重要QTL，解释了27%的表型变异率。遗传分析显示，QTL之间的上位性互作表现为双重显性上位性效应，即只要其中一个QTL位点首先启动了块茎形成，另一个位点就不再需要。Kittipadukal等（2012）利用马铃薯

野生种与栽培种双单倍体的杂交群体，观察4个杂交组合后代在不同光周期条件下的结薯情况，结果发现结薯性状分离只发生在14h光周期条件下，且不同组合中结薯与不结薯的分离比分别为1：1和1：3。据此他们提出双显性基因互补模型，即只有两个显性基因同时存在时才能诱导块茎形成。

目前已有研究发现，与马铃薯成熟期相关的QTL分布在12条染色体上，作图群体有二倍体和四倍体马铃薯。其中多篇研究都在第Ⅴ号染色体上定位到了主效成熟期QTL（Collins等，1999；Visker等，2005；Malosetti等，2006；Bradshaw等，2008），并且大多数涉及熟性和晚疫病抗性的重叠。周俊（2014）利用试管薯分析四倍体杂交组合的后代在长短日照条件下的结薯情况，提出了主效基因与微效基因共同作用影响试管薯形成的调控模型，单个显性基因就能诱导短日照试管块茎形成，而两个或两个以上显性等位基因的同时存在才能诱导长日照试管块茎形成（周俊，2014）。

四、影响马铃薯块茎形成的主要因素

马铃薯起源于南美洲的安第斯山脉，为了适应当地多变的环境，地下侧枝转变为匍匐茎，膨大形成块茎，将营养物质贮藏在块茎中，表面形成芽眼，在环境相对稳定的地下休眠度过灾害期，环境适宜时芽眼萌发，重新长成植株。后来经过自然选择和人工驯化，马铃薯在多种地理环境中都能产生块茎，且从观赏植物逐渐发展为主要的粮食作物之一。这些特征取决于环境条件和基因型（Ewing和Struik，1992）。

（一）Patatin

Migenyr等（1984）首先从马铃薯块茎中分离、鉴定并克隆了块茎贮藏蛋白基因*patatin*，它编码的蛋白质占块茎贮藏蛋白的40%。因该基因在自然条件下表达具有高度的块茎特异性，由此引起了科学界的广泛关注。该基因具有块茎特异性，只在块茎形成的匍匐茎和块茎中表达（Twell和Ooms，1987；Jfferson等，1990；Grierson等，1994）。

Part（1990）认为patatin是一种贮藏蛋白，在植株萌发和早期发育的时候提供氮源，但可能存在其他功能。柳俊（2001）发现*patatin*基因的转录表达在匍匐茎中最强，腋芽中次之，而块茎中的转录水平较低，相应的蛋白质只在块茎中积累。这一表达特点说明，该基因的表达发生在块茎形态建立的早期，进一步说明该基因的表达与块茎形成有关。尽管有*patatin*基因受短日照诱导表达的报道，但在高蔗糖浓度培养基和长日照条件下，甚至连续光照条件下，*patatin*也能启动表达，这说明高蔗糖浓度和短日照诱导二者只需满足一个条件即可启动*patatin*基因的表达。对植株进行*patatin*基因高强度表达处理，并没有形成更多试管块茎，但*patatin*不能启动表达的处理则完全不能形成试管块茎。说明试管块茎的形成可能与*patatin*基因的表达强度无关，但需要*patatin*基因启动表达。司怀军等（2006）将马铃薯正反义class I *patatin*基因导入马铃薯品种甘农薯2号中，对试管块茎的可溶性蛋白含量和LAH活性的检测表明，class I *patatin*基因参与了马铃薯试管块茎的形成及其调控。

（二）施肥

块茎通常是由地下匍匐茎发育而来，但在特定的条件下（如植株的碳水化合物含量很高，地下运输通路被阻断等情况），它们可能从植株地上部分腋芽处产生块茎（Werner，1954）。当亲本块茎处于低温条件下，块茎由萌芽顶端和短侧枝匍匐茎发育而成（Vochting，1902）。匍匐茎的节数和长度也会受到低营养水平的不利影响（Lovell和Booth，1969）。氮肥的施用对结薯有较大影响，Werner（1934）研究认为限制给那些长时间暴露在温暖空气里的植株施加氮肥，更有利于淀粉的积累和块茎的形成。Ewing等（1992）通过水培、田间和离体条件施用氮肥实验探究发现，氮肥在体外一般不影响结薯，但在低光照和低蔗糖浓度时施用氮肥，对块茎生长影响较大。近年来，种植马铃薯的收益逐渐增加，农民为了追求高产，大量使用肥料，导致土壤结构和酸碱度变化，反而影响了马铃薯的正常生长。目前研究发现在极端的酸碱（pH3.5和pH9.5）条件下马铃薯块茎发育被抑制，其生产适宜的土壤pH阈值为5.0～8.0（苏亚拉其其格等，2020）。

（三）温度

马铃薯为短日照植物，低温短日照有利于块茎的形成。低温有利于块茎形成和干物质积累（连勇等，1996），将植株放在高温条件下生长会延迟结薯（Slater，1963）。高的土壤温度不影响匍匐茎形成，但是会影响匍匐茎进一步形成块茎（Ewing和Struik，1992；Snyder和Ewing，1989），在自然条件下高温还会引起块茎二次发育，也就是不进入休眠期直接发芽，这可能是对高温胁迫的响应（Prat，2010）。将4周大的植株置于高土壤温度下3周，其块茎干重的减少量与置于高空气温度下的减少量无明显差异（Menzel，1983a）。当植株生长在高温环境中，用不同土壤温度处理时，不论母株土壤温度是温暖还是寒冷，匍匐茎上的结薯都很差（Reynolds和Ewing，1989b）。连勇等（1996）通过研究温度对试管薯生长的影响，发现马铃薯最适结薯温度是15～20℃，在这个温度范围内，温度越高单个块茎越重，而且温度对试管块茎形成的影响要大于外源诱导剂。

（四）蔗糖

在植物生长发育过程中，糖类参与调控了整个过程。内源糖类物质对植物发育的调控依赖于糖感知和转导。己糖激酶（hexokinase，HXK）是在植物中第一个发现的也是最重要的糖感知分子（Jang等，1997；Granot等，2013），HXK是一个双功能分子，除了以糖酵解的关键酶身份参与糖代谢，还可以作为糖感应分子触发糖信号的传递（Gancedo，1992；Jang和Sheen，1994；Jang等，1997）。糖类物质除了调节糖相关基因的抑制和激活，还参与调节多种生理活动如胚胎发育、发芽、幼苗生长、根叶形态发生、开花、压力反应、病原防御、伤反应和植株衰老（Dijkwel等，1997；Mita等，1997；Salzman等，1998；Sheen等，1999；Short，1999）。目前马铃薯中已经鉴定了2个HXK基因，即*StHXK1*和*StHXK2*，它们参与叶片淀粉积累，但是对块茎碳水化合物代谢没有影响（Veramendi等，1999；Veramendi等，2002）。还鉴定到了几个果糖激酶基因（*StFK1/FRK*，*FK1*，*FK2*，*FK3*），*StFK1/FRK*和蔗糖合成酶SUS一起调控马铃薯中的蔗糖代谢（Davies等，2005；Gardner等，1992；Taylor等，1995）。

目前马铃薯采用离体植物组织培养技术扩繁，蔗糖是最常用的碳源和渗透压调节剂，培养基中不同的蔗糖浓度影响试管苗的生长方向。普通继代培养蔗糖浓度在2%～4%即可。结薯培养基中蔗糖浓度在8%最有利于块茎的形成（柳俊等，1995）。蔗糖不仅提供碳源，还是块茎膨大的渗透压调节剂，提供块茎需要的正常膨压。前人研究发现，将蔗糖浓度调至2%，施加甘露醇使培养基的渗透压水平与8%蔗糖相同，同样可以促进块茎的生长。此外，他们观察试管薯形成过程中蔗糖、葡萄糖、麦芽糖和果糖的变化情况，发现随着块茎的逐渐形成，块茎中的蔗糖浓度迅速增加而其他几种糖类在块茎中含量较少（Khuri和Moorby，1995），这表明蔗糖是最适合马铃薯生长发育的糖类。

（五）植物激素

植物激素也在马铃薯块茎发育过程中起着关键作用。目前已发现的植物激素主要有五类：生长素类（auxins）、细胞分裂素类（cytokinins，CKs）、赤霉素类（gibberellins，GAs）、乙烯（ethylene）和脱落酸（abscisic acid，ABA）。这五类激素在马铃薯的块茎形成中分别起着不同的作用，同一激素在不同阶段的作用也可能不同。

生长素如IAA，生长素类似物如NAA或2，4-D通过在匍匐茎中的积累促进块茎形成，决定了块茎的大小和早熟性（Roumeliotis等，2012），但是没有任何诱导效应。施用细胞分裂素和赤霉素对控制侧枝发育具有拮抗作用。细胞分裂素抑制匍匐茎形成，促进枝叶的形成（Woolley和Wareing，1972）。赤霉素促进匍匐茎的起始和生长（Vreugdenhil和Sergeeva，1999），但匍匐茎停止生长，开始形成块茎时，赤霉素含量会急剧下降（Xu等，1998b），细胞分裂素则在匍匐茎中积累，促进细胞分裂，使块茎膨大（Hannapel，2007）。用赤霉素处理马铃薯植株，即使在短日照下也能延迟块茎形成，地下部分发育中的块茎较少，块茎有长成匍匐茎的趋势（Lovell和Booth，1967）。通过对马铃薯赤霉素生物合成和分解代谢基因的分析，发现短日照诱导马铃薯块茎形成5d后，参与赤霉素降解的*StGA2ox1*基因表达上调（Kloosterman等，2007）。赤霉素3（GA_3）和ABA对块茎形成的影响并不在于二者的含量，而在于二者在植株体内的平衡状态。柳俊（2001）研究认为只有GA_3/ABA维持在一定比值范围的处理，单株试管块茎的结薯率才达到较高水平。GA_3和ABA均是块茎形成所必需的物质，分别在块茎形成过程中的不同阶段发挥作用，在块茎形态最终建成时，需要这类“抑制物质”和“促进物质”达到一定的平衡状态。

乙烯不仅抑制匍匐茎延伸，还抑制块茎的起始（Vreugdenhil和van Dijk，1989）。脱落酸作为一种增强植物耐旱和耐高盐的激素，通过抑制匍匐茎延伸，诱导其向块茎转化促进块茎形成（Ewing和Davies，1987）。短日照条件下马铃薯叶片中的ABA含量会显著增加（Machackova等，1998），如果同时将ABA和赤霉素（GA）加到培养基中，ABA可以减弱GA对块茎形成的抑制作用（Xu等，1998b）。茉莉酸（jasmonic acid，JA）及其衍生物也被报道具有刺激马铃薯块茎形成和生长的作用，但其具体调控机制尚不清楚（Aksenova等，2012）。

目前，利用外源生长调节剂提高块茎诱导率也是马铃薯研究者们探究的内容。柳俊等探究苄氨基腺嘌呤（一种细胞分裂素，BA）对试管块茎形成和膨大的影响发现，BA与光照条件、蔗糖浓度之间在影响块茎形成和生长过程中不存在显著的互作关系，但三者均为块茎形成和膨大的必要条件。短日照有利于匍匐茎的发生，BA有利于匍匐茎顶端的膨大，蔗糖浓度与块茎大小和数量有密切关系。GA_3与BA比值在1.1～1.3的处理，其块茎形成数目较多（柳俊等，1995）。

马崇坚等（2003）监测了试管苗结薯过程中植物内源生长物质的变化，在试管苗营养生长阶段，内源GA_3与吲哚乙酸（生长素，IAA）、ABA及JA含量的比值正相关于单株结薯数，GA_3大量积累促进了植株生长和匍匐茎的发生。在块茎形成高峰期内，单株结薯数极显著正相关于内源JA的水平，而负相关于GA_3和其与IAA、ABA及JA的比值，这为匍匐茎亚顶端停止生长、横向膨大形成块茎提供了条件（马崇坚等，2003）。

（六）光周期

早先自然界中马铃薯块茎在秋冬寒冷季节形成，正好是南美洲的短日照时期，然后进入休眠期，直到第二年春天芽眼萌发长出新的植株。为了确保块茎在冬天休眠，植物对光周期的变化需要十分敏感。后来由于物种的交流和传播，部分马铃薯经选择可以在长日照条件下结薯，但短日照依旧是形成块茎的最佳环境（Cruz-Oro，

2017）。8h光照与16h光照比，结薯数显著增多（Blanc，1986）。黑暗条件有利于地下匍匐茎的发生，短日照则促进块茎的膨大。将4周大的试管苗黑暗处理2d，再放入短日照诱导生长，块茎数量比正常短日照结薯多（柳俊等，1994）。此外，在夜间添加不同光使黑暗间断，发现红光（R）明显抑制结薯，增加远红光（FR）可以打破这种抑制，表明植物通过植物色素感受光暗（Batutis和Ewing，1982）。在光照条件下，吸收了红光的光敏色素蛋白转化为活性远红光（Pfr），通过从细胞质转移到细胞核并迅速激活光反应基因表达。黑暗中，核内的Pfr被缓慢的转化为Pr，作为光感受器的光敏色素是R/FR转变依赖的开关（Li等，2011）。研究表明，PHYA、PHYB、PHYF参与马铃薯光周期响应，其中PHYB是主要调节因素（Yanovsky等，2000）。PHYF可以与PHYB形成二聚体，同样参与StCO-FT结薯途径，在调节块茎发育过程中发挥重要作用（Zhou等，2019）。

马铃薯块茎的形成是一个复杂的发育过程，自身遗传背景（基因型）、外界环境条件（光照、温度、营养供给）以及植物内源生长物质水平都会影响其形成和发育。其中，光照是调控植物形态建成的重要环境因子，并且主要体现为日照长度（daylength）或者光周期（photoperiod）的影响。光周期对马铃薯的生长发育起着至关重要的作用，目前对光周期的研究有了较大的进展。

第二节 马铃薯块茎形态建成的分子机制解析——光周期

一、光周期信号的感知

（一）日长调控结薯

短日照、低温和低氮供应等条件促进块茎形成，反之则推迟块茎的形成。在这些环境条件中，由于日照长度对块茎形成有显著的影响，因此日照长度影响块茎形成一直是研究的重点。作为马铃薯的营养繁殖器官，在其自然起源地块茎常在秋季和早冬时节形成，随后进入数月的休眠以确保在寒冷的冬季气候条件下存活。安第斯亚种（*Solanum tuberosum ssp. andigena*）适应了其起源地短日照和冷凉的夜温条件，在长日照或高温条件下不能结薯；而来自智利地方品种（*Solanum tuberosum ssp. tuberosum*）的现代栽培马铃薯能更好地适应欧洲和北美洲的长日照环境。经过反复选择在长日照下结薯优异的材料，栽培马铃薯适应了长日照结薯，使得智利的地方品种成为现代主要的育种种群。尽管现代栽培种在长日照条件下也能结薯，但短日照促进结薯的效果仍非常明显（Rodriguez-Falcon等，2006）。

（二）叶片感知日长

Garner等（1923）第一个观察到短日照可以促进马铃薯块茎形成。叶片是感知光周期信号的主要位置。Gregory（1956）将处于结薯诱导条件下的马铃薯作为接穗嫁接到处于非结薯诱导条件下的砧木上，而将处于非结薯诱导条件下的马铃薯作为接穗嫁接到非结薯诱导条件下的砧木上作为对照。7d后结薯诱导接穗的砧木开始形成块茎，14d后全部都完成结薯，而相应的嫁接对照没有块茎形成（图1-10）。该嫁接试验表明一个可转运的诱导因子控制了块茎形成。Chapman（1958）修剪长日照培养的植株的顶端或老叶后转移到短日照条件，结果显示仅保留老叶的植株也能在短日照条件下结薯，但结薯时间略迟于去除老叶的植株。这些研究表明结薯诱导条件是在叶片中感知到的，而不是在匍匐茎中，即叶片响应光周期信号，叶片产生结薯诱导信号，这种信号通过嫁接接合部转移到非诱导砧木上并在那里诱导结薯。

图1-10 马铃薯Kennebec嫁接茎扦插植株（引自Gregory，1956）▶

（1）以非结薯诱导条件下培养的马铃薯叶片为外植体嫁接到在非诱导条件下生长的砧木；嫁接后在非诱导条件下种植作为对照；嫁接后的扦插苗枝条生长旺盛

（2）以结薯诱导条件下培养的马铃薯叶片为外植体嫁接到在非诱导条件下生长的砧木；嫁接后在非诱导条件下种植；7d后，扦插苗叶片基部多的腋芽开始形成茎；图片是扦插后15d拍摄的

（三）光受体感知日长

植物感知光信号主要由光受体（photoreceptor）完成。迄今为止，植物中已知的光受体主要分为4个大类：感知红光/远红光（red/far red light）的光敏色素（phytochrome）、感知蓝光/近紫外光（blue/UV-A light）的隐花色素（cryptochrome）、感知蓝光的向光素（phototropin）和感知紫外光（UV-B light）的UVR8。在拟南芥中至少有5种光敏色素（PHYA、PHYB、PHYC、PHYD、PHYE）、2种隐花色素（CRY1和CRY2）和2种向光素蛋白（PHOT1、PHOT2），它们都参与了不同的光信号感知与转导途径，调控植物的多个发育过程。目前，马铃薯中发现的光敏色素基因主要包括*PHYA*、*PHYB1*、*PHYB2*、*PHYE*和*PHYF*，共5种。

Yanovsky等（2000）研究发现PHYA参与马铃薯生物节律的重建，并在红光/远红光条件下调控块茎的形成。Jackson等（1996）通过在光周期敏感材料安第斯亚种（*andigena*）中表达*PHYB*的反义链以沉默*PHYB*的表达。*PHYB*的沉默株系在短日照、长日照以及短日照加黑暗中断的条件下均可以结薯，表明*PHYB*以抑制光周期敏感材料在长日照条件下结薯的方式参与光周期结薯调控（图1-11）；随后Jackson等（1998）进行了*PHYB*的沉默株系与野生型相互嫁接实验，结果显示*PHYB*的沉默株系作接穗时，嫁接组合的砧木上可以结薯，而其他组合均不能结薯；同时发现*PHYB*的沉默株系作接穗时，只有将砧木上的叶片完全去除才能结薯（图1-12）。因此该研究提出*PHYB*参与了一种嫁接转移抑制因子的产生，这种抑制因子的浓度在*PHYB*的沉默株系中降低，使它们在非诱导性光周期中也能结薯。Zhou等（2018）发现通过表达双链RNA以沉默*PHYF*的方式也能使光周期敏感材料E109在非诱导的长日照条件下结薯。蛋白互作实验表明StPHYF与StPHYB互作形成异源二聚体，嫁接实验表明*PHYF*也参与了一种嫁接转移抑制因子的产生（图1-13）。此外，Inui等（2010）在*S. tuberosum cv* May Queen中过表达拟南芥的一个LOV蓝光受体蛋白LOV KELCH PROTEIN 2导致光周期敏感材料在非诱导条件下结薯（图1-14）。综上所述，光受体在感知光周期环境信号进而在光周期结薯调控通路的初始阶段起到决定性的作用。

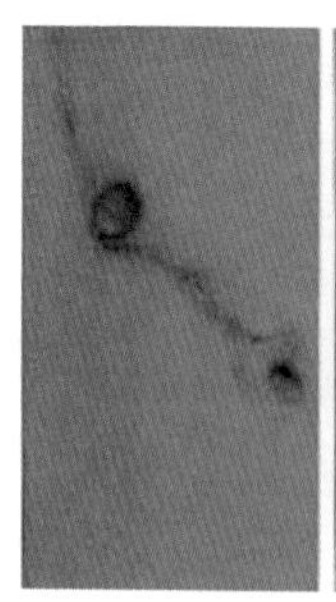
（1）PHYB 4

（2）PHYB 10

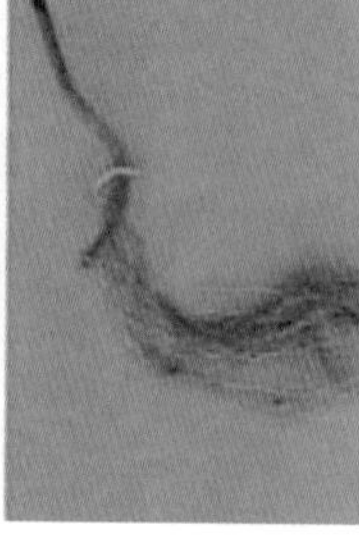
（3）对照

图1-11　反义沉默*PHYB*解除长日照对结薯的抑制（引自Jackson等，1996）

图1-12　抑制*PHYB*可在叶片中组成型产生长距离结薯诱导信号（引自Rodriguez-Falcon等，2006）

野生型接穗嫁接到野生型砧木　反义沉默*PHYB*接穗嫁接到野生型砧木

（1）野生型接穗对野生型砧木嫁接对照2个月后表型，反义沉默*PHYB*接穗嫁接到野生型砧木1个月后长日照结薯表型（Jackson等，1998）

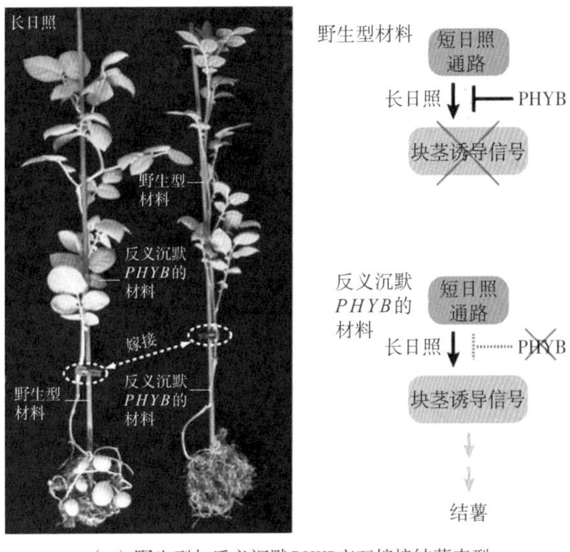

（2）野生型与反义沉默*PHYB*交互嫁接结薯表型

图1-13　抑制*PHYF*可在叶片中组成型产生长距离结薯诱导信号（引自Zhou等，2019）

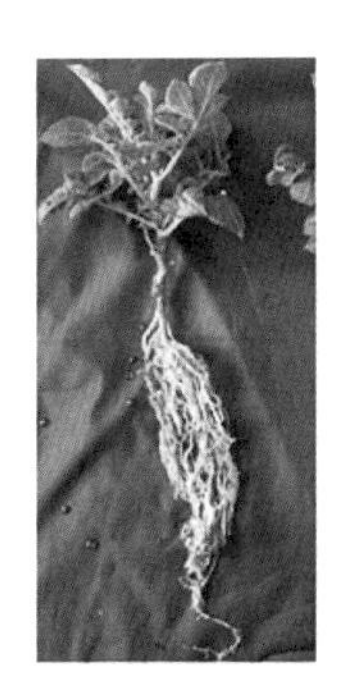

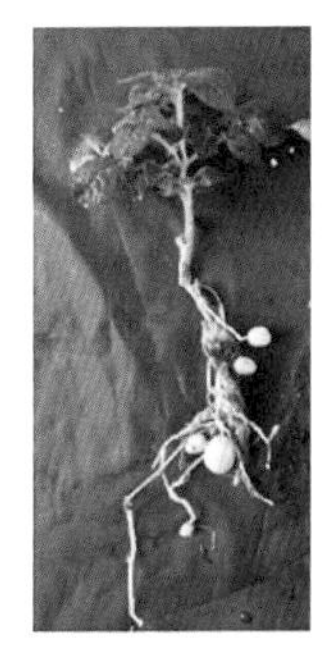

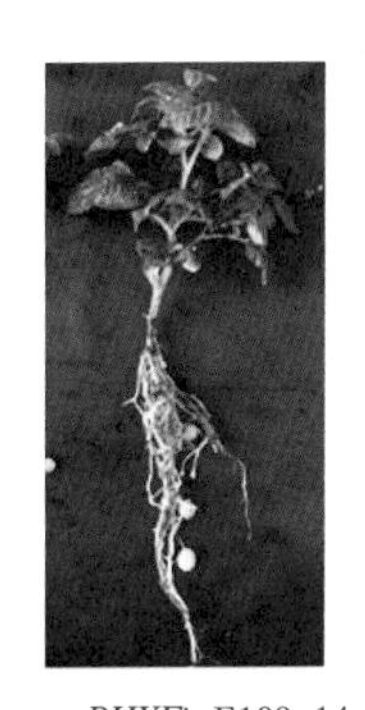

（1）$\frac{\text{E109}}{\text{E109}}$　（2）$\frac{\text{E109}}{PHYF\text{i-E109-14}}$　（3）$\frac{PHYF\text{i-E109-14}}{\text{E109}}$　（4）$\frac{PHYF\text{i-E109-14}}{PHYF\text{i-E109-14}}$

图1-14　过表达拟南芥*AtLKP2*长日照结薯表型（引自Inui等，2010）

（1）空载体转化野生型对照

（2）*35S:AtLKP2*转化材料

（3）*35S:AtCO-Rep*转化材料

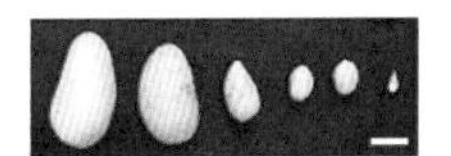

（4）*35S:AtLKP2*转化材料的块茎

（四）生物钟对结薯的调控

光受体感知光信号后会传递给昼夜节律钟/生物钟（circadian clock）和节律调节基因（circadian regulated genes），并由它们继续将信号向后传递以协调植物生长发育的各个方面。昼夜节律系统由三个主要部分组成：自我维持的中央振荡器（clock）、将振荡器功能与环境定时信号集成在一起的输入通路，以及控制不同过程的输出通路。中央振荡器由环环相扣的多重转录—翻译反馈环路组成。不同的时钟蛋白在白天和晚上的不同时间相互调节其他时钟基因在转录和转录后水平的表达（Hsu等，2014）。马铃薯中生物钟核心成员参与结薯调控的研究较少。Kloosterman等（2013）研究发现StCDF1.1可以与多个时钟组分StFKF1和StGI以光依赖的方式形成复合体，该复合体通过调控另一个转录因子*CONSTANS*（*StCO*）的转录进而调控马铃薯的结薯转变。在长日照条件下，该蛋白复合体可以形成，StCDF1.1被E3泛素连接酶StFKF1降解，而短日照条件下该蛋白复合体不能形成，StCDF1.1在黎明前后稳定存在并抑制*CONSTANS*的转录。Cruz-Oró（2017）研究显示沉默*StGI*使得光周期敏感材料在非诱导长日照条件下结薯（图1-15）。StGI在光下较为稳定，而*StGI*沉默株系中的StCDF1.1蛋白在光下更加稳定，因此，StGI在傍晚调节StCDF1.1的降解。Hastilestari（2019）研究显示过表达*StFKF1*导致植株矮化，结薯提前，而沉默株系与野生型表现一致。但*StFKF1*过表达导致提前结薯的机制尚不明确。Morris等（2019）发现时钟组分*TIMING OF CAB EXPRESSION 1*（*StTOC1*）受到环境温度调控，高温促进其表达。*TOC1*沉默株系结薯能力增强，反之过表达*TOC1*导致结薯能力减弱，说明生物钟组分对光周期结薯也起着重要调控作用。

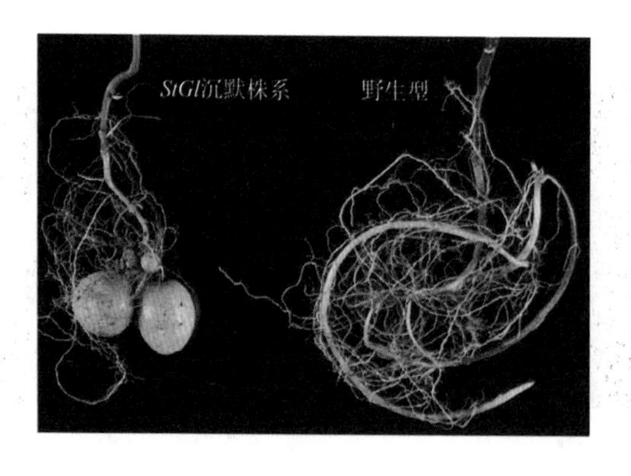

◀ 图1-15　抑制*StGI*促进长日照结薯（引自Cruz-Oró，2017）

（五）外协同模型

生物钟把环境信号和内部信号整合起来以协调植物的生长发育，使它们发生在最合适的季节或一天中最合适的时段。光周期调控的植物开花过程也是研究植物感知光周期的一个模式系统。研究人员曾提出多种模型来解释光周期调控植物开花机理，目前越来越多的试验证据支持外协同模型（external coincidence model），该模型提出，生物钟产生一个控制开花的节律，并且只在节律的某个特定相位对光敏感。当植物在这个特定相位且暴露在光线下，开花在植物体内被诱导或被延迟（Roden等，2002）。即昼夜节律与光照一起通过调控节律相关基因的表达及其蛋白稳定性来调控植物开花。

二、光周期结薯通路中的长距离信号分子

（一）长距离信号分子存在的证明

研究人员通过嫁接或者遗传操作等方法明确了光受体可以调节可远距离运输的结薯抑制因子或促进因子的浓度，进而参与了光周期结薯调控。然而在这之前，Wellensiek（1929）首先提出了一种营养理论来解释块茎的发生。他认为光合产物的浓度，尤其是碳氮比（C/N ratio）是结薯的重要因素。支持该理论的研究认为：在不利于结薯的条件下，如高温以及低光强下，较大比例的同化物用于茎和根的生长，而匍匐茎顶端的同化物浓度则较低，因此结薯被抑制。Gregory（1956）和Chapman（1958）通过嫁接提供了前瞻性的证据表明存在一个刺激块茎形成的信号可通过嫁接转移到匍匐茎，但这种存在结薯信号的证据被支持营养理论的群体大打折扣。他们认为，短日照诱导的接穗其顶端生长已经停止，因此没有其他的代谢库与匍匐茎顶端竞争。随后Kumar（1973）通过只嫁接一个节的接穗（一片叶带3cm的茎段），3周后短日照下生长的接穗可以诱导结薯，而长日照下生长的接穗不能。该实验有效地避免了长日照接穗的顶端存在竞争库的情况。此外该研究还通过对马铃薯苗的下半部给短日照，上半部去除成熟叶给长日照，随后将上半部剪下在长日照中生长，10d后即可结薯，表明结薯信号分子也可以向上转运；并通过分段嫁接再次证实了该结论（图1-16）。该作者进一步通过将诱导的亚顶端节段正常和反向放入基质培养，或者将两端都埋入基质中，结果显示结薯仅发生在物理位置更低的一端。该实验表明尽管结薯信号分子可以同时向上和向下转运，但这种结薯信号分子的作用只在物理位置更低处的腋芽处显示出来。

（二）长距离运输信号分子的探索

在充分明确了这种长距离运输结薯诱导信号分子的存在以后，研究者们开始探索这种信号的本质是什么。Chailakhyan等（1981）进行了烟草和马铃薯种间嫁接试验，以不同光周期需求（短日照、长日照或日中性）诱导成花的烟草品种为材料，分别嫁接到马铃薯安第斯亚种的砧木上。研究了不同光周期（短日照、长日照或日中性）诱

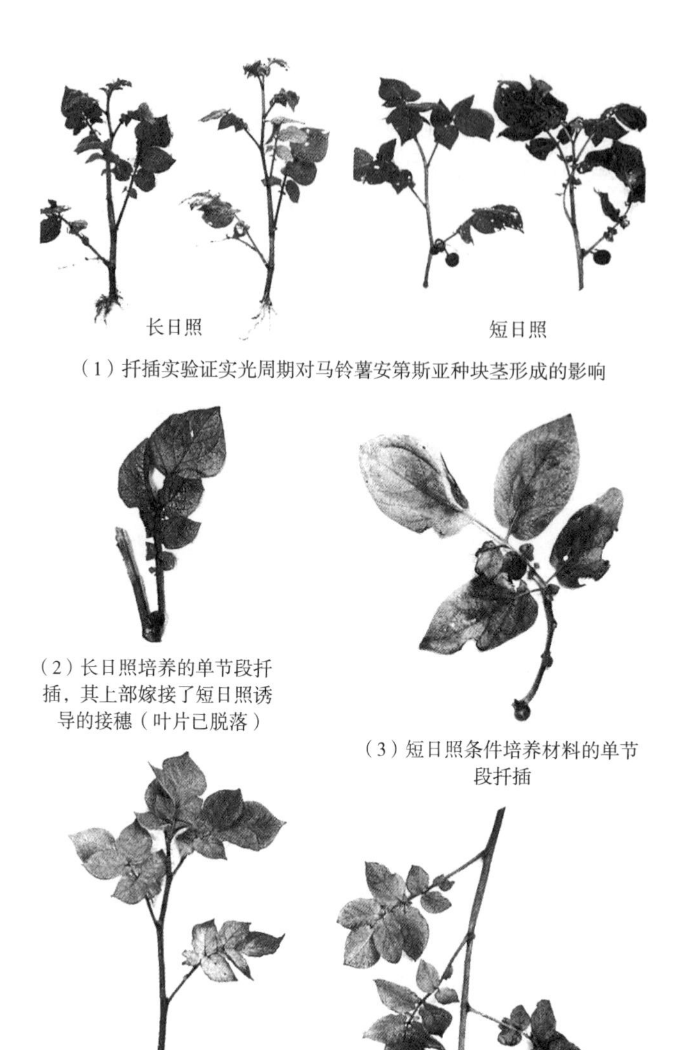

图1-16　嫁接实验证明长距离信号分子的存在（引自Kumar，1973）

导成花的条件及其对块茎形成的影响。结果显示当烟草接穗被诱导开花时，它们会在马铃薯砧木上诱导块茎形成，反之就不会。这些观察表明烟草叶片中产生的开花信号与马铃薯块茎形成的信号相似或相同。

Rosin等（2003）在马铃薯块茎的cDNA文库中分离到了一个KNOX蛋白，命名为POTH1，过表达*POTH1*的转基因植株GA生物合成关键酶表达减少，叶片形态异常，块茎产量提高。Chen等（2003）以POTH1为诱饵进行了酵母双杂交筛选，从马铃薯中鉴定出7种不同的类BEL1蛋白。与*POTH1*的过表达材料相似，过表达马铃薯*BEL1*成员之一*StBEL5*的转基因株系也能促进块茎形成。进一步实验表明*POTH1*和*StBEL5*在匍匐茎中互作后结合*StGA20ox1*启动子来抑制其表达（Chen等，2004）。有意思的是，Banerjee等（2006）和Mahajan等（2012）分别证明了*StBEL5*和*POTH1*

的mRNA可以从地上部转运到地下部，并且其转运与结薯调控相关；其中*StBEL5* mRNA的转运可能借助于与一类Polypyrimidine tract-binding（PTB）proteins的互作（Cho等，2015）。此外*StBEL5*的表达和转运还受到短日照的促进。*POTH1*和*StBEL5*是目前已被证明可以调控结薯的移动mRNA信号分子。

有报道拟南芥中*miR172*参与了调节开花时间、花的发育和营养生长阶段的转变等（Aukerman等，2003；Chen，2004）。Martin等（2009）在马铃薯安第斯亚种中过表达*miR172*，结果显示*miR172*促进开花提前，促进中等诱导光周期下的块茎形成并能在长日照下诱导块茎形成（图1-17）。*miR172*和*StBEL5*在*PHYB*沉默株系的叶片中表达降低，在匍匐茎中相反；而过表达*miR172*材料中*StBEL5*的表达升高，暗示*miR172*作用于*PHYB*下游。过表达*miR172*对结薯的诱导作用可以通过嫁接转移；同时*miR172*在维管束中有表达，表明*miR172*作为移动信号或者参与调控长距离结薯信号来诱导结薯。研究显示植物到达一定的年龄后才对光周期诱导信号有响应，并且有开花能力。从幼年期到成年营养期的转变受到年龄依赖性通路的控制，该通路牵涉到*miR156*和*miR172*作为主要作用因子的时序表达与调控（Wu等，2009）。Bhogale等（2014）报道马铃薯中*miR156*的表达受到光周期调控，过表达*miR156*改变叶形，导致气生薯的形成（图1-18）。但该表型仅能在短日照下被观察到，暗示其作为结薯促进信号而非结薯诱导信号。通过检测*miR156*在维管束中的表达和嫁接实验表明*miR156*可以长距离运输；异源表达和生化实验表明，*miR156*可能通过*StSPL9*-*miR172*参与结薯调控。因此*miR156*已被证明是可调控结薯的长距离运输*miRNA*信号分子，而*miR172*是否作为直接的长距离运输结薯诱导信号分子仍不明确。

（三）早期对CO-FT途径的探索

早期植物开花对于光周期响应的研究使研究者们认为存在一种开花刺激信号。Chailakhyan（1936）首先提出了成花素（florigen）的概念。成花素的经典定义是一种叶片中产生并可嫁接转移的移动信号，该信号分子移动到茎尖诱导开花。随后，模式植物拟南芥中开花调控的核心因子*AtCO*和*AtFT*基因被克隆，并明确了以*AtCO*-*AtFT*为核心的光周期开花遗传调控通路（Turck等，2008）。在明确了AtFT蛋白可以从叶片转运到茎尖刺激开花后，人们逐渐清楚了成花素的本质——球状蛋白FT。

图1-17　过表达*miR172*促进长日照结薯（引自Martin等，2009）▶

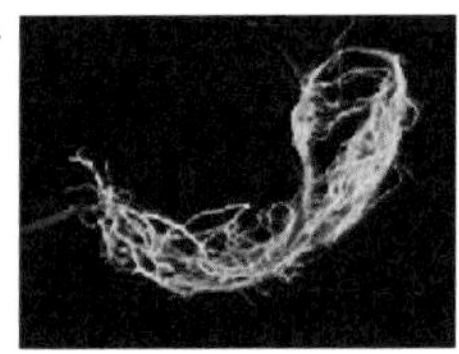
（1）野生型植株

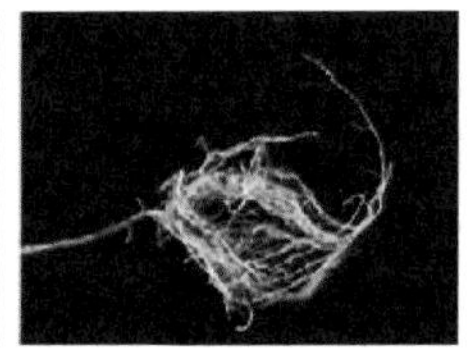
（2）空载体转基因植株

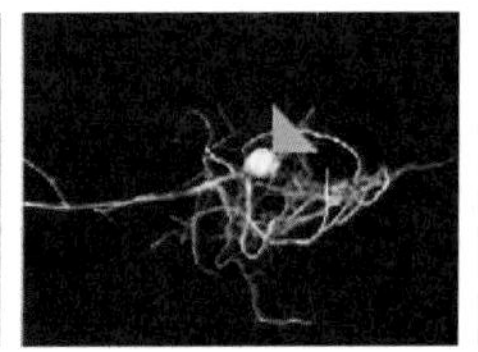
（3）*35S::miR172*过表达6号株系

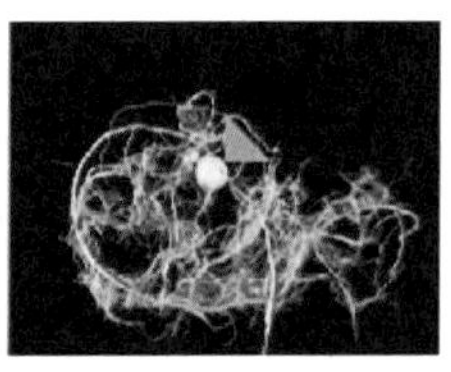
（4）*35S::miR172*过表达8号株系

（1）*miR156* OE 5.1在短日照条件下培养30d

（2）*miR156* OE 5.1材料上形成气生薯

（3）野生型及*miR156* OE材料的块茎表型

图1-18　*miR156*调控马铃薯块茎形成（引自Bhogale等，2014）

Chailakhyan等（1981）通过开花烟草与马铃薯的种间嫁接实验明确了结薯诱导信号与成花素相似的事实，然后提出了结薯素（Tuberigen）的概念。Martinez-Garcia等（2002）最早在马铃薯中表达*AtCO*研究其对马铃薯块茎形成的影响。在马铃薯安第斯亚种中过表达*AtCO*使得短日照条件下块茎形成推迟了7周以上。嫁接实验显示，野生型马铃薯作为接穗嫁接到*AtCO*过表达植株中并不影响马铃薯块茎形成，而反之*AtCO*过表达植株作接穗则显著推迟马铃薯块茎形成。该研究证明叶片中的*AtCO*负调控了马铃薯块茎形成；此外，过表达*AtCO*也使得马铃薯开花延迟（Gonzalez-Schain等，2008）。上述研究表明CO依赖的调控通路也介导了马铃薯光周期结薯。

（四）马铃薯中CO-FT信号通路的建立

Navarro等（2011）报道了马铃薯中FT蛋白在开花结薯中的调控功能。研究者们首先在马铃薯安第斯亚种中表达水稻中的*FT*同源基因*Hd3a*（rolC::Hd3a-GFP），*Hd3a*的转基因材料表现为提前开花，并且能在非诱导的长日照条件下结薯（图1-19）。嫁接实验表明，无论*Hd3a*过表达材料作为接穗还是砧木均能在长日照条件下结薯，而对照则不能。通过对蛋白和转录本的检测显示，只有Hd3a蛋白可以从叶片转运到匍匐茎中作为结薯诱导信号。上述实验表明FT可作为潜在的移动结薯诱导信号——结薯素。而通过对马铃薯基因组*FT*基因家族分析发现，马铃薯中存在多个与拟南芥、水稻和番茄*FT*的同源基因，分别为*StSP6A*、*StSP5G*、*StSP5G-like*

和*StSP3D*。*StSP6A*基因的遗传转化研究表明，*StSP6A*过表达可以促进长日照条件下块茎形成，而RNAi株系则抑制结薯。*StSP6A*过表达与*Hd3a*过表达表现出相同的结薯表型。在此基础上，研究者们明确提出结薯素StSP6A能响应光周期变化，并在调控块茎发育过程中起着关键的作用，而干涉*StSP3D*的表达表现出开花延迟。因此作者提出*StSP6A*和*StSP3D*分别作为结薯素和成花素独立控制结薯与开花两个生物学过程（图1-20）。Gonzalez-Schain（2012）在马铃薯中克隆到*AtCO*的同源基因*StCO*，研究结果显示，StCO与AtCO在马铃薯中作用一致，马铃薯中过表达*StCO*也可以推迟块茎形成；沉默*StCO*则促进马铃薯在非诱导条件下结薯。过表达*StCO*可促进*StSP6A*和*StBEL5*基因的表达。StCO对结薯的调控作用同样可以通过嫁接传递。至此，马铃薯的CO-FT光周期结薯途径已逐渐明确。

图1-19 过表达*Hd3a*促进马铃薯长日照结薯（引自Navarro等，2011）

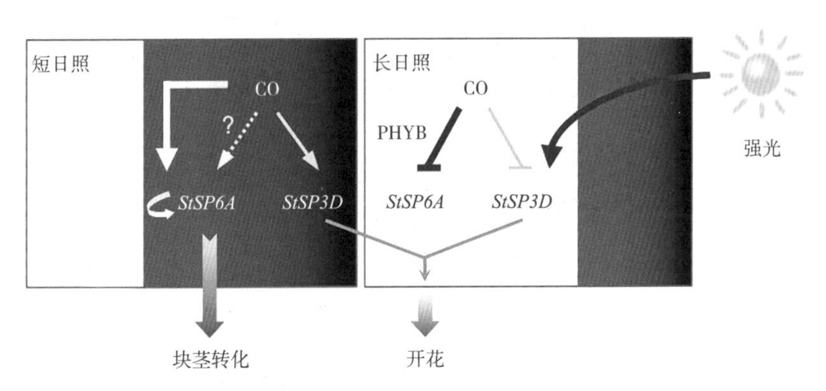

图1-20 FT调控马铃薯开花和结薯转变的模型（引自Navarro等，2011）

Kloosterman等（2013）通过对影响植物熟性和块茎初始形成时间的主效位点的鉴定，克隆到位于5号染色体的重要调控蛋白基因*StCDF1*（*Solanum tuberosum CDF gene 1*），由于C端的转座子插入使得StCDF1在长日照下不被降解，在马铃薯安第斯亚种中表达不能被降解的StCDF1.2可促进其长日照结薯（图1-21）；并通过一系列实验提出，长日照条件下，马铃薯叶片中形成GI/FKF1/CDF1复合体以实现对StCDF1的降解，从而解除StCDF1对*StCO1/2*的转录抑制作用；短日照条件下GI/FKF1/CDF1复合体不能形成，从而StCDF1可以抑制*StCO1/2*的表达，因此在有转座子插入的

*StCDF1*材料中*StSP6A*表达上调（图1-22）。Abelenda等（2016）对*StCO*进行详细分析发现，马铃薯中*CO*存在三个串联重复的同源基因（*StCOL1*、*StCOL2*、*StCOL3*），*StCOL1*和*StCOL2*的mRNA呈现出节律表达特征，*StCOL3*则几乎没有表达；StCOL1蛋白的稳定性受到红光和远红光调控，StCOL2蛋白则不受这种调控。StCOL1蛋白同样也表现出节律的特征，长日照条件下，StCOL1蛋白主要在光照开始后5h内积累；而短日照条件下主要在光照开始的前后2h内积累。*StCOL1*干涉材料可以在非诱导长日照条件下结薯，而干涉马铃薯FT家族另一成员StSP5G也表现出长日照结薯的表型（图1-23）。生化和分子实验表明StCOL1可以直接结合到*StSP5G*启动子并激活其表达，而StCOL1对*StSP6A*的启动子不具有结合活性。鉴于*StSP5G*和*StSP6A*的表达表现出高度负相关，作者认为长日照下*StSP5G*以一种未知的方式抑制了*StSP6A*的表达。此外，StCOL1蛋白丰度在*PHYB*的干涉材料中急剧下降，表明长日照条件下光敏色素B（PHYB）能增强StCOL1的稳定性（图1-24）。Zhou等（2019）进一步发现PHYF与PHYB互作，形成异源二聚体来稳定StCOL1蛋白。干涉*PHYF*引起*StSP5G*表达下调和*StSP6A*表达上调导致长日照结薯。至此，马铃薯中PHYs-CO-FT的光周期结薯信号途径已经建立，但该信号途径中的一些分子调控机制仍不明确。与其他植物中光周期开花的机制相似，光周期结薯的调控机制也支持外协同模型（图1-25）。

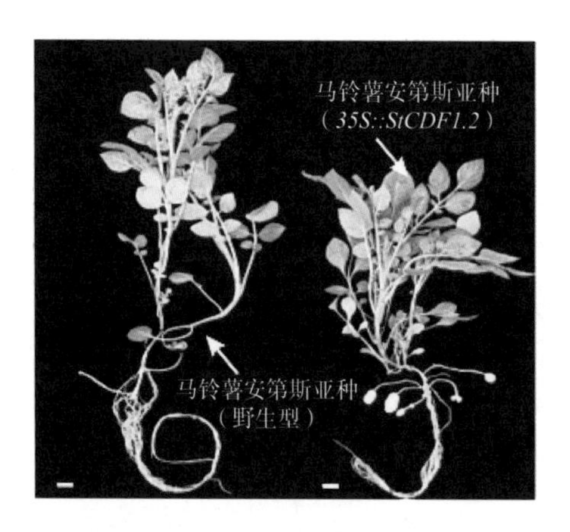

◀ 图1-21　过表达*35S::StCDF1.2*促进长日照结薯（引自Kloosterman等，2013）

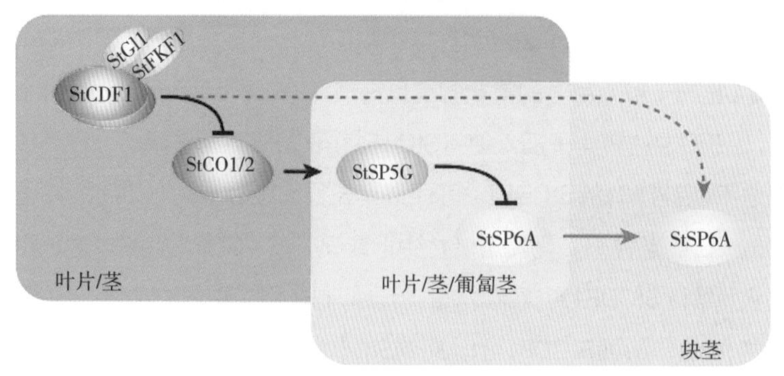

◀ 图1-22　StCDF1参与块茎发育的调控模型（引自Kloosterman等，2013）

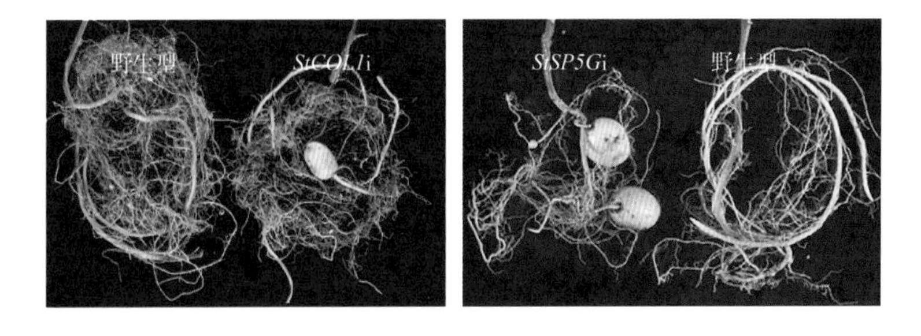

图1-23　抑制*StCOL1*或*StSP5G*的表达促进长日照结薯（引自Abelenda等，2016）

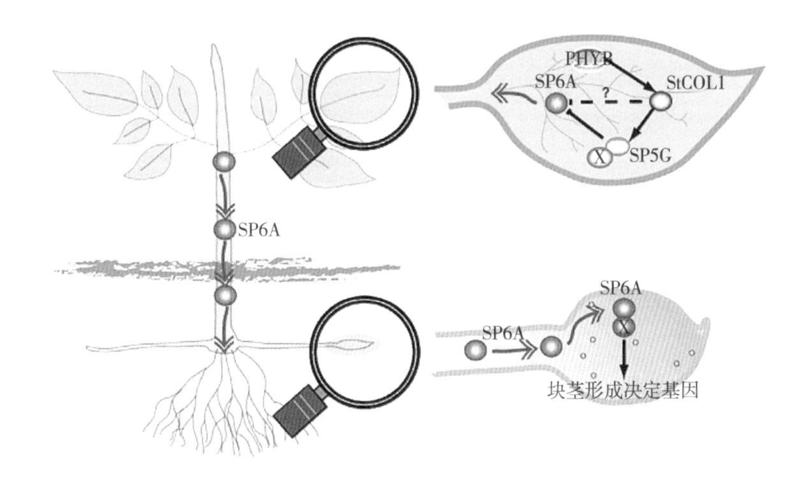

图1-24　StCOL1和StSP5G调控光周期结薯模型（引自Abelenda等，2016）

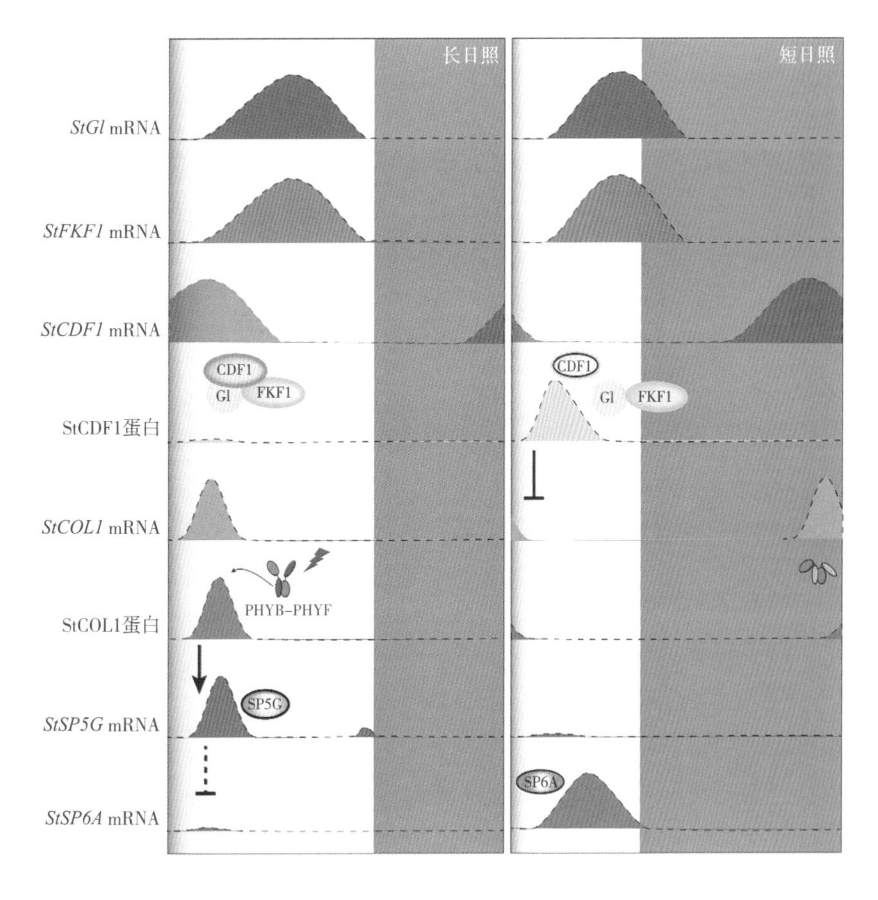

图1-25　光与基因表达的协同控制马铃薯安第斯亚种的光周期结薯模型

三、StSP6A的信号传递

（一）TAC复合体

FT蛋白作为转录共调节因子调控基因表达，但FT并没有直接结合DNA的能力。模式植物的研究表明FT蛋白转运至茎顶端分生组织后与转录因子FD互作，形成六蛋白复合体Florigen Activation Complex（FAC），FAC调控花分生组织决定基因*AP1*等起始花的发育（Abe等，2005；Wigge等，2005；Taoka等，2011）。Teo等（2017）通过克隆马铃薯中*FD*的同源基因发现马铃薯中存在两个*FD*的同源基因*StFD*和*StFDL1*（*StFD-like 1*）。FD以C端S/TAP motif与St14-3-3s互作，StSP6A也通过FT中保守的4个氨基酸与St14-3-3s互作，表现为FD与StSP6A通过支架蛋白St14-3-3s组成TAC复合体（tuberigen activation complex）的互作模式，突变StSP6A与14-3-3互作的必要氨基酸可弱化StSP6A对结薯促进的效果（图1-26）。过表达和抑制*StFD1*无明显功能，而抑制*StFDL1*的表达可显著延迟结薯。StSP6A和StFDL1在细胞核和细胞质中均有定位；在这类复合体中，FD作为可能的转录因子，调控下游基因的表达从而调控块茎发育。因此作者提出，与FAC类似，马铃薯中FT-FD类TAC复合体是由StSP6A、St14-3-3s和StFDL1组成且参与结薯调控。

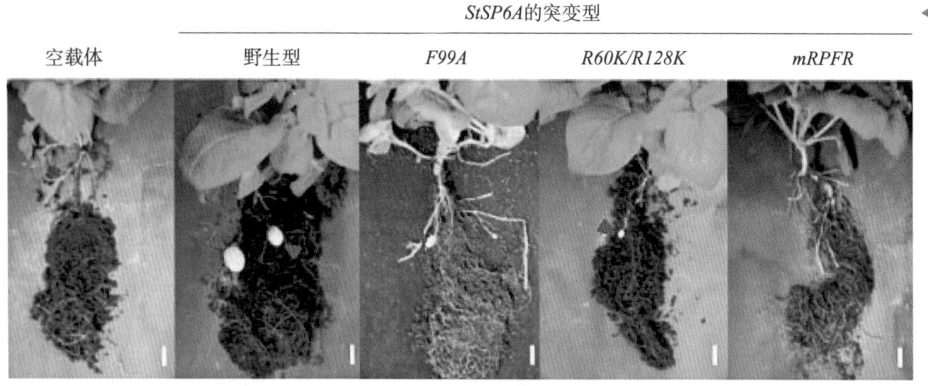

图1-26　*StSP6A*过表达材料的结薯表型（引自Teo等，2017）

（二）FT-TCP类复合体

除了FD类bZIP家族转录因子，FT还与TEOSINTE BRANCHED1、CYCLOIDEA和PCF（TCP）家族转录因子互作（Liu等，2012，Niwa等，2013）。研究表明FT蛋白与TCP家族转录因子BRC1互作，调控腋芽分生组织的成花转变，腋芽中的BRC1与FT直接互作并抑制其活性，*brc1*突变体表现为提前进行成花转变，同时*FT*下游的*AP1*和*FUL*上调（Niwa等，2013）。这些都说明除FT-FD类FAC外，还存在FT-TCP类成花素结合复合体调控花的发育。Nicolas等（2021）发现马铃薯中StSP6A可与

BRC1b互作。*BRC1b*在腋芽处特异表达，BRC1b功能缺失后导致气生薯的发生，并减弱地下部的结薯；BRC1b可促进休眠，促进ABA信号基因的表达和降低胞间连丝相关基因的表达，这可能潜在限制了蔗糖和StSP6A向腋芽处积累，同时BRC1b与StSP6A可降低其在腋芽处的结薯诱导活性。因此BRC1b的调控通路及与StSP6A的互作是促进了地下部的结薯（图1-27）。

图1-27　BRC1b ▶ 与StSP6A互作调控马铃薯块茎发育模式（引自Nicolas等，2021）

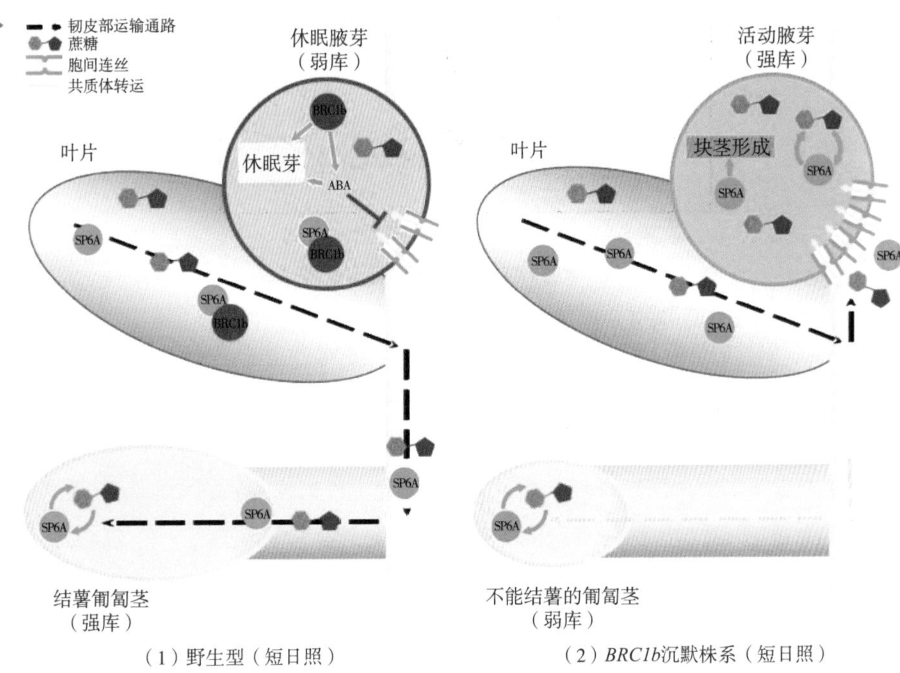

（三）FT-SWEET类复合体

马铃薯块茎作为“库”对光合产物进行转化和贮藏，块茎形成的过程中涉及同化物由质外体向共质体运输方式的转变（Viola等，2001）。FT蛋白作为信号分子调控基因表达已经得到大量研究的证实，Abelenda（2019）报道FT蛋白可与马铃薯糖转运蛋白SWEET11互作参与源—库的调节。*SWEET11*与*StSP6A*在匍匐茎的顶端分生组织和亚顶端表达重叠。匍匐茎向块茎转变最早的形态变化就是顶端弯钩角度变大。*StSP6A*过表达和*SWEET11*干涉均可以使匍匐茎的顶端弯钩角度变大，而干涉*StSP6A*和超表达*SWEET11*则相反。而在*StSP6A*超表达的材料中再超表达*SWEET11*则使角度恢复到野生型水平。SWEET11作为蔗糖转运蛋白可将细胞质的蔗糖向质外体转运，而StSP6A通过与其互作抑制了其转运活性，降低了蔗糖从胞质向质外体的泄露。因此，StSP6A也能作为移动信号介导库源分配（图1-28）。

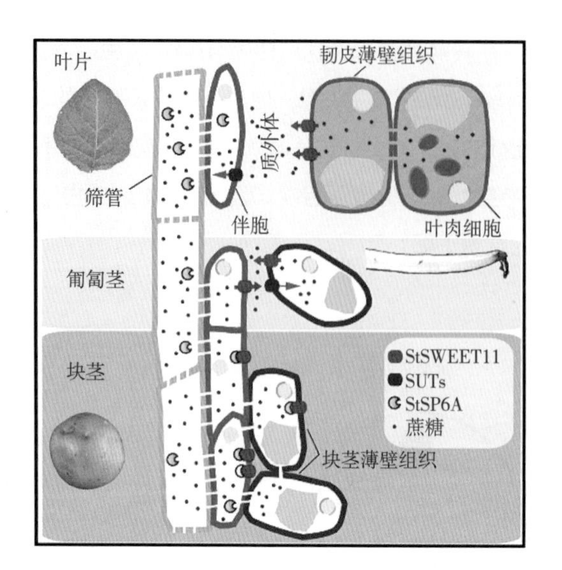

◀ 图1-28　StSP6A与StSWEET11互作对块茎发育的调控模式（引自Abelenda，2019）

（四）StSP6A调控的下游基因表达

StSP6A被转运到匍匐茎顶端后，可调控大量基因的表达。Navarro等（2011）在马铃薯中转入乙醇诱导型启动子驱动*StSP6A*的表达载体，在*StSP6A*被诱导的4h内匍匐茎中大量基因出现差异表达，特别是马铃薯赤霉素氧化酶基因*StGA2ox1*的表达量上升了数百倍。此外，开花促进因子*StFPF1*、生长素极性运输相关基因*StPIN1*和*StPIN4*、生长素响应因子*StARF8*、蔗糖转运蛋白*StSUT1*、细胞周期蛋白*StCDC2*等表达量表现出不同程度的升高，其中*StGA2ox1*和*StSUT1*已被证明参与结薯调控。拟南芥中AtFT与AtFD互作后可调控花分生组织决定基因*AP1*等的表达。马铃薯中*Agamous like*基因及*AP1*的同源基因也受到StSP6A的调控（Gao等，2018）。但目前仅*StAGL8*（又称为*POTM1*）得到功能验证（Rosin等，2003）。

四、光周期结薯CO-FT信号通路的分子调控

（一）转录层面的调控

光周期结薯CO-FT信号通路核心组分受到转录和转录后多层次调控，这些复杂而精准的调节方式使得马铃薯能够感知和适应环境变化并在合适的时间结薯。Navarro等（2011）研究显示匍匐茎中*StSP6A*对短日照的响应要晚于叶片。在嫁接了*rolC::Hd3a–GFP*接穗的野生型匍匐茎中*StSP6A*上调表达，表明StSP6A转运到匍匐茎中触发了自身的表达形成一个自调控环。因此与拟南芥AtFT和水稻Hd3a均不同，马铃薯中*StSP6A*的调控机制表现为转录延迟和自调控以维持该诱导信号在匍匐茎中大量表达；此外，将*StSP6Aox*材料嫁接到*StCOox*砧木上可以极大减弱*StSP6A*

在匍匐茎中的自调控，表明*StCO*参与到了匍匐茎中*StSP6A*的自调控表达环中。Sharma等（2016）通过乙醇诱导系统和RNA-seq研究了StBEL5的靶基因，结果显示StBEL5可以调控自身*StBEL5*的表达，此外*StSP6A*和*StCDF1*均受到StBEL5的调控。其中StBEL5-StPOTH1复合体可以结合到双重TTGAC基序，突变*StSP6A*启动子上的TTGAC基序可以极大地减弱短日照对匍匐茎中*StSP6A*的上调。这些结果表明*StSP6A*是匍匐茎中StBEL5的一个转录靶点，这有助于阐明*StSP6A*转录产物在匍匐茎中积累的自调节的机制，但尚未有StBEL5与StSP6A互作的报道。StBEL5的转录调控靶点还包括*StCDF1*（Kondhare等，2019）。Abelenda等（2016）发现*StSP5G*和*StSP6A*在叶片中的表达表现出高度负相关，作者认为长日照下*StSP5G*以一种未知的方式抑制了*StSP6A*的表达。

*StSP6A*在匍匐茎中的自调控表达也受到精细的负调控，Morris等（2019）研究显示生物钟组分*StTOC1*沉默株系的发育初期块茎中*StSP6A*上调表达，同时表现出块茎产量增加；而在*StTOC1*过表达材料的匍匐茎中*StSP6A*表达下降，块茎产量也相应减少。此外，StTOC1蛋白可以与StSP6A互作。因此作者认为StTOC1与StSP6A互作后抑制了*StSP6A*的自调控激活，同时转录活性实验表明这种抑制不受StTOC1-StPIF3蛋白复合体的调控。

（二）转录后层面调控

Lehretz等（2019）在马铃薯中表达密码子优化的*StSP6A*^{cop}-HA，*StSP6A*^{cop}-HA材料表现出极端早结薯的表型。随后，作者通过RLM-5′RACE和生物信息分析鉴定到一个潜在可以靶向内源*StSP6A*的pre-miRNAs位点*SES*（suppressing expression of SP6A），而*SES*不能很好的靶向*StSP6A*^{cop}-HA；表达分析发现*StSP6A*随着马铃薯的生长发育逐渐上调表达，而*SES*刚好相反；进一步实验表明*SES*可以靶向和降解内源*StSP6A*的表达，利用STTM（短串联模拟靶标）技术抑制内源*SES*的功能，STTM表达材料中*StSP6A*的表达上调，同时块茎数量增加；高温下*SES*的表达上调，而*StSP6A*的表达下降；STTM表达材料在持续高温下仍能表现出良好的结薯能力（图1-29）。因此，*SES*整合了环境温度信号后在转录后调控了*StSP6A*的表达，有意思的是，该位点似乎并不存在于番茄和烟草等其他茄科植物中，即该位点很可能是马铃薯特异的。

生物钟输出通路的*StCDF1*也受到转录后的调控。Gonzales等（2021）鉴定到一个*StCDF1*的天然顺式反义转录本*StFLORE*，*StFLORE*编码一个长链非编码RNA（lncRNA）。*StCDF1*和*StFLORE*的表达表现出时钟节律的特征且表达刚好相反。尽管*StFLORE*作为*StCDF1*的天然顺式反义转录本，但*StFLORE*也受到*StCDF1*的调控。表型分析发现*StCDF1-StFLORE*位点不仅对马铃薯的营养繁殖重要，同时还调控气孔发育与开度以参与马铃薯的耐旱机制。

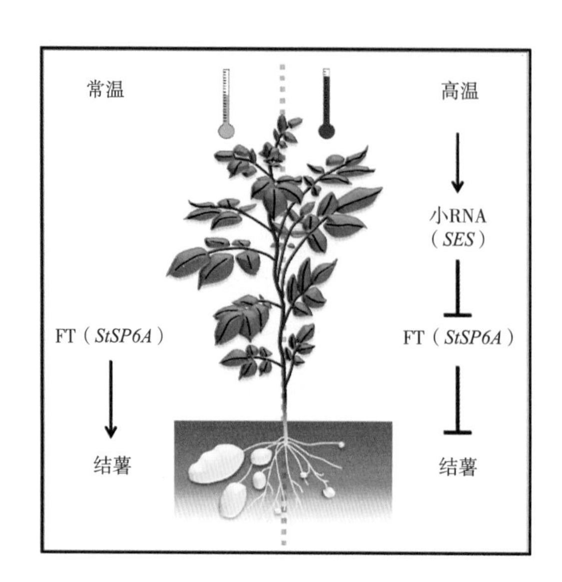

图1-29　*SES*响应高温转录后沉默*StSP6A*调控块茎发育模式（引自Lehretz等，2019）

除了转录调控和转录后调控，StCO-StFT信号通路还受到依赖蛋白互作方式和蛋白稳定性的调控。拟南芥和水稻中的研究表明FT蛋白转运至茎顶端分生组织后与转录因子FD互作，形成复合体FAC，FAC调控花分生组织决定基因*AP1*等的表达起始花的发育（Abe等，2005；Wigge等，2005；Taoka等，2011）。拟南芥中FD蛋白还与CEN（CENTRORADIALIS）的同源基因开花抑制子TFL1（TERMINAL FLOWER-1）互作形成一个转录抑制复合体（Hanano等，2011），即FT和TFL相互拮抗，两者都需要转录因子FD发挥功能。Teo等（2017）提出马铃薯中的同源蛋白复合体TAC调控结薯。因此，马铃薯中TFL同源基因可能也参与TAC的活性调控。Zhang等（2020）报道了马铃薯中*TERMINAL FLOWER-1/CENTRORADIALIS*家族成员StCEN可以通过St14-3-3蛋白与TAC复合体成员StFDL1互作。该复合体与已报道的TAC复合体相互竞争拮抗调控结薯（图1-30）。降低*StCEN*的表达可以提前结薯，而上调*StCEN*的表达结薯延迟并且产量降低。有意思的是该研究发现*StSP6A*也是TAC复合体的靶基因之一，而共表达*StCEN*后可以抑制TAC对*StSP6A*的激活。

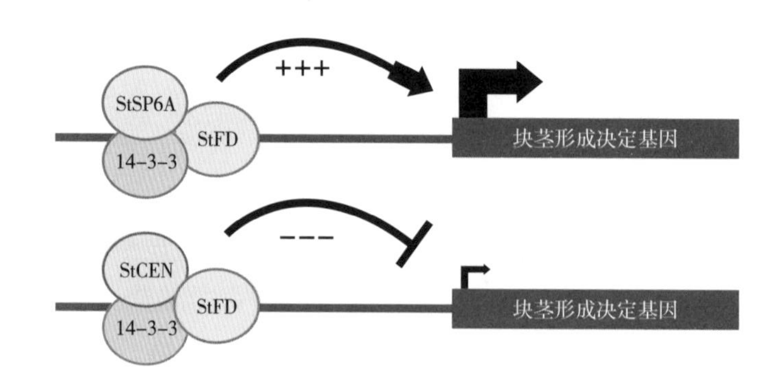

图1-30　StCEN竞争活性TAC复合体中StSP6A调控块茎形成（引自Zhang等，2020）

（三）拟南芥中CONSTANS的调控

CO-FT开花通路中CO蛋白的稳定性调控对开花时间起到至关重要的作用。拟南芥中CO通过直接调控*FT*的表达促进长日照条件下开花，CO蛋白的丰度受到严格的光温调控。多个E3泛素连接酶参与了CO蛋白稳定性调节。①RING-type的E3泛素连接酶COP1与SPA1形成四聚体泛素化CO促进其在黑暗时段的降解。在日落黄昏时段，随着蓝光的增强，CO的降解因蓝光受体CRY2与SPA1-COP1的互作而受到抑制。②黎明后CO蛋白丰度受到另一个RING-type的E3泛素连接酶HOS1的调控。HOS1对CO的降解依赖于红光且需要红光受体phyB。③在长日照条件的光照末尾阶段，CO蛋白受到F-box蛋白FKF1的稳定，FKF1是SCF E3连接酶复合体的衔接蛋白，起蓝光受体的作用。FKF1以蓝光依赖的方式与COP1相互作用后抑制COP1同源二聚体的形成，CO被COP1介导的泛素化受到抑制从而得以稳定（Linden等，2020）。

（四）马铃薯中的CONSTANS调控

StCO-StFT信号通路中StCOL1蛋白受到严格的节律调控。Abelenda等（2016）通过在马铃薯中表达*pStCOL1::StCOL1-HA*对StCOL1蛋白稳定性研究发现，StCOL1蛋白受到红光和蓝光的稳定，远红光和黑暗的抑制。与拟南芥相反的是马铃薯中phyB促进CO在黎明后的稳定。Zhou等（2019）发现phyF也参与StCOL1黎明后的稳定，并且phyB可能与phyF形成异源二聚体的形式参与StCOL1的蛋白稳定性调控。与拟南芥不同的是，马铃薯中CO蛋白主要在黎明后积累，因此黎明后StCOL1蛋白稳定性调控可能更重要，但马铃薯中尚无E3泛素连接酶参与了StCOL1蛋白稳定性调控的报道。

（五）表观修饰调控结薯相关基因表达

除了转录，转录后和蛋白稳定性、表观修饰也是基因表达调控的重要一环。拟南芥中的研究发现Polycomb group（PcG）蛋白复合体可以抑制包括调控开花的*miR156*和*miR172*等几个*miRNAs*的表达（Pico等，2015）。Kumar等（2019）发现Polycomb group（PcG）蛋白复合体（PRC1和PRC2）成员也参与块茎发育。研究者首先发现在野生型马铃薯安第斯亚种材料中，*StMSI1*（PRC1组分）和*miR156*在匍匐茎的发育过程中上调表达，而*StBMI1-1*（PRC2组分）下调。过表达*StMSI1*产生气生薯，该表型与过表达*miR156*相同（图1-31）。同时*StMSI1*过表达可分别下调*StBMI1-1*和上调*miR156a/b/c*。反义抑制*StBMI1-1*获得与过表达*StMSI1*或*miR156*一样的表型——产生气生薯，同时*miR156a/b/c*的表达升高。ChIP-qPCR实验表明，

H3K27me3修饰介导了*StMSI1-OE*材料中*StBMI1-1/3*的抑制，而H3K4me3修饰介导了*StMSI1-OE*材料中*miR156*的激活。该研究发现过表达*StMSI1*可以调控结薯相关基因的表达，但StMSI1并没有组蛋白修饰活性，因此该材料中基因的表达变化可能是由PRC2中其他成员介导的。Kumar等（2020）随后发现了PRC2中另一个成员——潜在的H3K27甲基转移酶StE（z）2参与了块茎发育和结薯相关基因的表达。抑制*StE*（*z*）*2*的表达使得产量增加，而过表达刚好相反。对短日照诱导15d野生型的匍匐茎进行了H3K27me3和H3K4me3修饰的ChIP-seq。分析发现与野生型相比，大量结薯相关的基因在*StE*（*z*）*2-flag*显示出增强的H3K27me3组蛋白修饰标记的富集。野生型中H3K27me3和H3K4me3修饰的ChIP-seq表明大量结薯相关基因如*StBEL5/11/29*，*POTH1*，*St14-3-3*，*StFD2*，*StPHYB2*，*StCDF1*，*POTM1-1*，*StCO2*，*StPTB1/6*，*PATATIN*，*SUCROSE SYNTHASE*，*TRANSPORTER*，*StGA2OX1*等 有H3K4me3修饰，这些基因中多数在短日照上调表达，而过表达*StE*（*z*）*2*可以改变很多结薯关键基因的H3K27me3和H3K4me3修饰，如*StBEL5*和*StSWEET11B*在*StE*（*z*）*2*过表达材料中H3K27me3修饰增强。有意思的是，结薯素*StSP6A*在短日照诱导的匍匐茎中既无H3K27me3修饰，也无H3K4me3修饰。马铃薯中StSP6A在短日照下于叶片中合成，然后转运到匍匐茎，因此作者用ChIP-qPCR对叶片中*StSP6A*的组蛋白修饰进行了研究，结果显示与短日照相比，在非诱导的长日照条件下叶片中*StSP6A*位点上的H3K27me3修饰和StE（z）2在*StE*（*z*）*2*过表达材料和野生型中富集增强（图1-32）。而与短日照相比，StE（z）2对*StSP6A*启动子的结合在长日照增强，生物信息分析和实验表明PRC2复合体中另一成员StZF2可潜在结合到*StSP6A*启动子Telobox binding motif（AAACCCTAA）上。综上，组蛋白修饰是调控基因表达的重要方式之一，也可能为结薯关键基因的调控机制提供重要基础信息。

除了组蛋白修饰，DNA修饰也是表观修饰介导的基因表达调控的重要方式之一。拟南芥中研究表明DNA甲基化调控了包括开花在内的多个发育过程（Yang等，2015）。Ai（2021）用去甲基化试剂Zebularine（Zeb）处理E20（长短日照均不

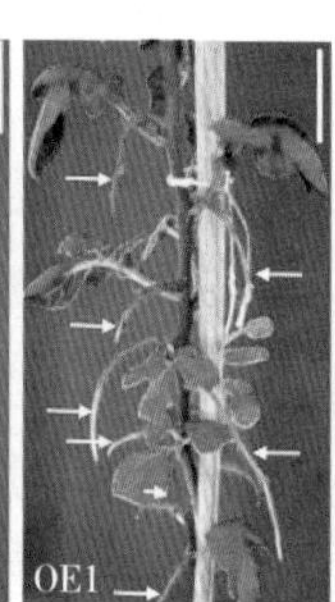

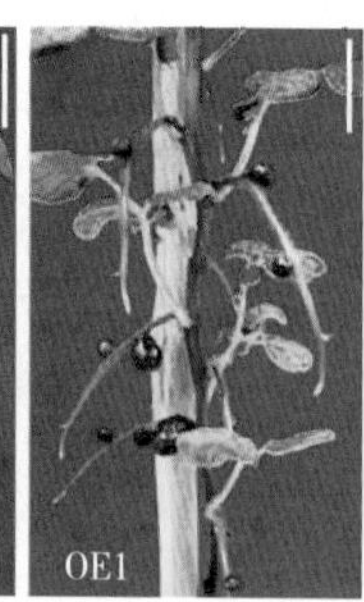

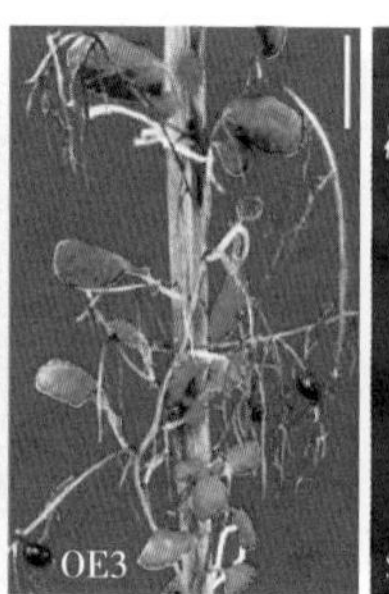

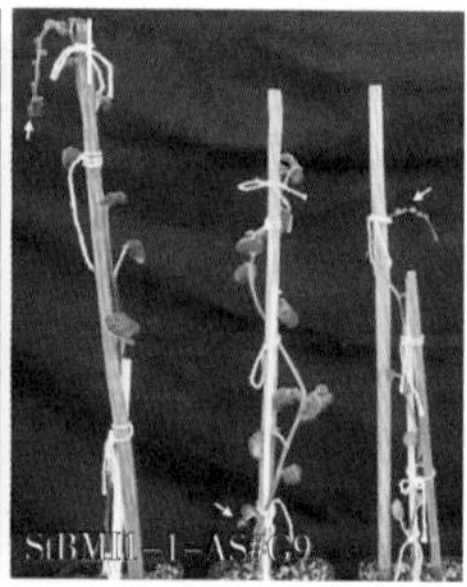

图1-31　过表达*StMSI1*或*StBMI1*反义抑制产生气生薯表型（引自Kumar，2019）

OE1和OE3-*StMSI1*过表达1号和3号株系　StBMI1-1-AS#G9—StBMI1反义抑制植株

图1-32　过表达*StE*（*z*）*2*产生气生薯表型（引自Kumar，2020）

WT—野生型植株　VC—空载体转基因植株　OE1和OE2—*StE*（*z*）*2*过表达1号和2号株系

结薯）、E26（仅短日照结薯）、E108（长短日照均结薯）三种基因型材料的试管苗，对这些材料在8h/d和16h/d光周期条件下结薯表型进行鉴定，发现对光周期敏感的E26在短日照诱导条件下，去甲基化处理后其结薯时间较对照组显著提前，而在长日照非诱导条件下处理组和对照组均不结薯。另外，比较处理组和对照组的试管结薯能力发现，结薯的基因型材料E26、E108经去甲基化处理后均表现为结薯率提高；不结薯的基因型材料E20经去甲基化处理后依然不结薯。表明DNA甲基化也参与块茎发育过程。随后，通过对长短日照条件处理的三种材料进行全基因组甲基化测序，结果显示光周期敏感和不敏感材料的甲基化模式差异较大，只有少数基因甲基化模式一致。在光周期敏感基因型E26的材料中，长短日照差异甲基化的基因在“circadian rhythm”途径显著富集，一些与结薯、开花和光信号转导，如*Phytochrome F*、*Phytochrome B2*、*Flowering locus T JHL23J11.9 protein*、*Transcription factor HY5*的甲基化受到长短日照的调控。此外，对去甲基化试剂处理的材料和对照进行转录组测序分析发现，去甲基化试剂处理提前结薯主要在于其调控了大量光周期结薯通路和GA通路中相关基因的表达，如*StSP6A*、*StFDL1*、*StMADS1*、*StMADS13*、*StBEL11*、*StPOTLX-1*、*StGA20ox1*和*StGA2ox1*等。因此，DNA甲基化也参与了光周期结薯的调控，通过对DNA甲基化动态调控基因的遗传操作可进一步详细揭示其在光周期结薯调控中的作用。由此说明表观修饰也是光周期信号通路调控中的重要一环。对目前已知的光周期结薯CO-FT信号通路做了简单的模式汇总（图1-33）。

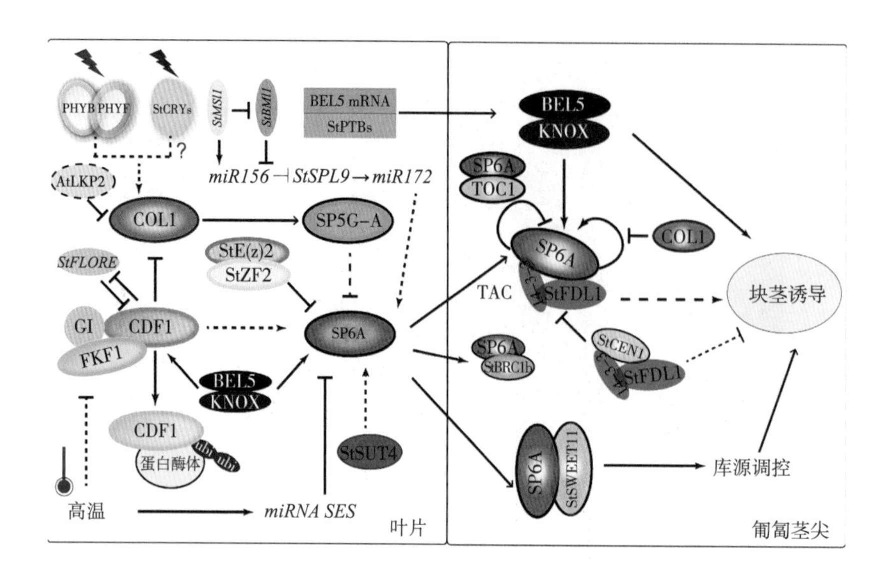

图1-33　光周期结薯CO-FT信号通路的分子调控模式

五、光周期结薯信号通路组分的遗传变异

（一）StCDF1

Kloosterman等（2013）通过图位克隆的方法克隆到马铃薯熟性关键基因*StCDF1*。序列分析发现在极晚熟材料中存在纯合的*StCDF1*等位基因*StCDF1.1*，而在极早熟材料中存在两个由转座子诱导结构缩短变异的等位基因*StCDF1.2*和*StCDF1.3*。在*StCDF1.2*中存在一个7bp的插入导致移码并引入一个提前的终止密码子，而在*StCDF1.3*中存在861bp的缺失导致一个多了22个氨基酸的融合蛋白，而这些多的氨基酸刚好替换掉StCDF1.1蛋白C端的52个氨基酸。StCDF1.1在长日照下被降解而解除对*StCOL1*的抑制，因此抑制长日照结薯，而StCDF1.2和StCDF1.3由于C端缺失使其在长日照条件下非常稳定，从而*StCOL1*的表达受到抑制，*StSP6A*可以表达并促进块茎形成。Hardigan等（2017）通过对马铃薯野生种、地方种和栽培种测序进行群体分析，鉴定到*StCDF1*的55种单倍型共编码27种肽段，其中包含StCDF1结构的缺失变异可分为四个单倍型组，一些StCDF1的C端出现缺失。进化树分析发现几乎所有长日照适应的马铃薯均包含来自*S. microdontum*或第二个野生种中缩短的*StCDF1*。但*Andigena*（PI214421）包含一个推测的长日照*StCDF1*等位基因，但进化树分析分类为*Chilotanum*，同时两个*Tuberosum*栽培种Missaukee和Yukon Gold却缺乏推测的长日照*StCDF1*等位基因变异。该研究显示*Chilotanum*和*Tuberosum*拥有影响StCDF1蛋白结构变异的等位基因，这表明来自*S. microdontum*的遗传渗入不仅丰富了四倍体马铃薯的多样性，也导入了适应性变异，使得马铃薯栽培种在欧洲和北美洲得以栽培。同时对*StCDF1*的结构变异的大规模分析显示，通过转座子或非转座子突变导致短日照等位基因*StCDF1.1*变异在反复发生，并且在驯化后由多个来源

渗入到Andean群体。Gutaker等（2019）通过对地方种、现代栽培种和历史标本共88个样品测序以回溯马铃薯引进欧洲的适应历史，该研究发现1650—1750年在欧洲种植的马铃薯并不是来自已知的*StCDF1*变异，这些变异只在19世纪后的材料中被检测到。该研究鉴定到一个新的*StCDF1*变异*StCDF1.4*，*StCDF1.4*包含另一个7bp的插入，导致移码以及产生C端缺失使其在长日照条件下比较稳定（图1-34）。

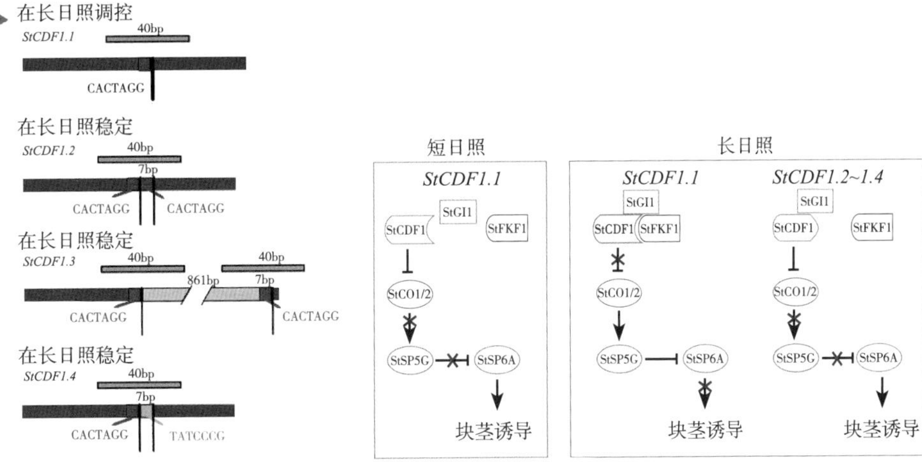

图1-34 *StCDF1*等位变异及其参与光周期通路调控模式（引自Gutaker，2019）

（二）FT

Navarro等（2011）报道了马铃薯中FT蛋白，分别为StSP6A、StSP5G、StSP5G-like和StSP3D。Morris等（2014）在Neo-Tuberosum中鉴定到一个*StSP6A*新的等位基因*StSP6A_A2*，该等位基因变异在*andigena*中不存在，并且*StSP6A_A2*在长日照中表达，但其确切的功能尚不清楚。Cruz-Oró（2017）进一步分析发现马铃薯中*StSP5G*存在两个串联重复，分别命名为*StSP5G-A*和*StSP5G-B*，先前报道的在叶片中抑制结薯的为*StSP5G-A*。*StSP5G-A*和*StSP5G-B*编码区相似性超过98%，但启动子区存在较大变异。RT-PCR结合CAPS标记显示*StSP5G-A*不仅在叶片中表达，也在块茎和块茎上的芽中表达，而*StSP5G-B*在叶片和块茎上的芽中几乎不表达，在成熟的块茎中高表达。Shi（2018）在几个不同熟性的材料中对马铃薯的*FT-like PEBP*进行了等位变异分析，结果显示在用于比较的3个材料中*StSP6A*和*StSP5G*比*StSP3D*和*StTFL*有更多的变异，在*StSP6A*的变异体中，一些氨基酸变异潜在影响了该位点的磷酸化；其中一个缺失了13个氨基酸的变异导致StSP6A与St14-3-3蛋白互作的关键位点的丧失，因此该等位基因可能没有正常StSP6A的功能。StSP5G预测的磷酸化位点较少，同时其非保守的变异较多。蛋白结构预测显示马铃薯中的三个FT（StSP6A、StSP5G和StSP3D）与AtFT具有非常相似的一级和三级结构。物种间最显著的不同在于C末端，StSP6A和StSP3D的结构比较并无明显的差别，然而StSP5G中存在3个氨基酸的插入导致了外观形态的显著改变。关于马铃薯中FT蛋白的扩张以及StSP6A和StSP3D的功能差异原因尚无确定的答案。

六、黑暗期中断调控结薯机制

短日照促进马铃薯的块茎形成。与其他短日照植物一样，夜晚的时长决定块茎形成（Jackson，1999）。因此，不是短日照而是长夜诱导块茎发生。Batutis等（1982）发现在相对较长的夜间用光脉冲干扰（night break，NB）可以抑制块茎形成，在16h的黑暗期中间给5min的红光可显著抑制结薯，而如果在红光之后再给2min的远红光即可恢复结薯。表明光敏色素参与到短日照加暗期中断（SD+NB）抑制结薯的调控当中。Jackson等（1996）发现*PHYB*的反义沉默株系可以在长日照及SD+NB条件下结薯。Jackson（1999）认为暗期中断对结薯的抑制是因为光将长的夜晚分成了两个短的夜晚，但其具体的分子调控机制尚不清楚。

而随着马铃薯结薯的外协同模型初具轮廓，StCOL1在长日照存在，其峰值在长日照下与光协同，因此光与StCOL1的协同以及光对StCOL1的稳定抑制了长日照结薯。在短日照条件下，*StCOL1*提前在黑暗期的末尾表达，因此StCOL1的峰值与黑暗期协同以及StCOL1无法被光稳定。马铃薯StCOL1的稳定性受到了PHYB的控制。PHYB在植物体内存在活性（感知红光后）与非活性（感知远红光后）两种形式，而活性的PHYB在没有光的条件下也可以转变为非活性的PHYB，该过程被称为黑暗逆转，但此过程较为缓慢。Plantenga等（2018）提出PHYB可能在夜间补光的时候被激活，以及其以活性状态保持相对较长时间，因此就可能在夜间末尾StCOL1表达时稳定其蛋白，那么就有了StCOL1调控*StSP5G*的转录进而抑制*StSP6A*的表达，从而提出了在SD+NB条件下块茎形成被抑制的假设，并由此开展了一系列实验。研究者在短日照条件下夜间的早期、中间以及末期给予30min光处理，研究*StCOL1*、*StSP5G*和*StSP6A*的表达，StCOL1蛋白的稳定性。结果显示，在*StCOL1*的表达峰值处给光并不能抑制结薯，相反在*StCOL1*表达较低处与光的协同能有效抑制或完全抑制结薯（图1-35）。此外，作者发现*StCOL1*的表达与光的协同并不总是能诱导*StSP5G*的表达，而*StSP5G*的表达也不总能抑制*StSP6A*的表达，表明在*StCOL1*、*StSP5G*和*StSP6A*中还存在一些未知的调控因子决定了块茎形成与否。总之，该研究的结果表明*StCOL1*的表达与光的协同并不能解释SD+NB对块茎的抑制，可能存在一个未知的结薯抑制因子在夜间的中段表达达到峰值，该抑制因子与光的协同诱导*StSP5G*的表达或直接抑制*StSP6A*的表达，最终抑制了块茎形成。

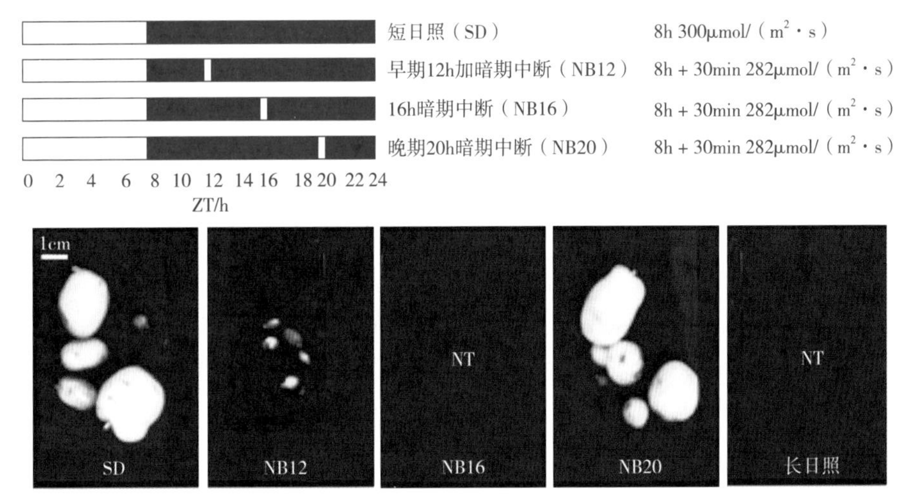

ZT—授时因子时间，指光照后的时间点 NT—没有块茎形成

图1-35 SD+NB调控马铃薯块茎发育（引自Plantenga，2019）

七、光周期途径与赤霉素结薯途径的时空协同

匍匐茎亚顶端膨大介导了匍匐茎向块茎的转变，随后的块茎发育也是细胞分裂和细胞膨大的结果，由于不涉及新器官的分化，因此同源异型框基因可能不是块茎命运决定因子。而匍匐茎亚顶端膨大是一系列激素动态平衡的结果，赤霉素是研究最广泛的影响块茎发育的激素。

（一）赤霉素抑制结薯

外源添加赤霉素GA_3可推迟块茎的起始，而添加赤霉素合成抑制剂可增强块茎的形成（Vreugdenhil等，1999）。Sanz等（1996）报道了在添加赤霉素的条件下，体外培养的单节段伸长生长发育成芽；而在没有赤霉素的条件下，由于高蔗糖的诱导作用膨大结薯。在没有赤霉素的条件下，亚顶端区细胞周质微管由横向变为纵向，再变为辐射状以使得块茎等径膨大；而在存在赤霉素的条件下，细胞周质微管的排列方向没有改变，因此细胞只能径向分裂延伸。因此，赤霉素抑制马铃薯块茎形成的细胞学机制在于改变周质微管的排列方向以调控细胞分裂的方向。

（二）赤霉素在地上部和地下部的调控作用

早期，Van den Berg等（1995）使用了一个矮化的马铃薯安第斯亚种系*ga1*，该系能在长日照条件下结薯。通过用^{14}C标记的GA_{12}施加到马铃薯顶端6h和24h后，通过检测GA_{53}、GA_{44}、GA_{19}、GA_{20}、GA_1和GA_8等含量发现马铃薯顶端存在早期13羟基途径。矮化系*ga1*在长日照条件下比野生型中的GA_1显著降低；同时野生型马铃薯安第斯亚种材料在短日照也比在长日照条件下有更少的GA_1。Machackova等（1998）

测量了马铃薯安第斯亚种材料在长日照条件下叶片和匍匐茎等组织的赤霉素含量，结果显示，与能结薯的短日照处理相比，不能结薯的长日照处理材料中积累了更多的赤霉素，这表明赤霉素代谢与结薯存在密切联系。由于当时CO-FT结薯调控通路尚未建立，结合对马铃薯地上部喷施赤霉素可以有效延迟和抑制结薯，研究者推测赤霉素可能作为长距离信号分子参与光周期调控结薯过程。但Jackson等（1996）证明反义沉默*PHYB*的材料在长日照下也能结薯，而赤霉素也被认为参与了长日照下的结薯抑制，因此作者又检测了节间长、叶绿素含量和赤霉素含量等，结果显示与野生型相比，反义沉默*PHYB*的材料的地上部积累了更多的赤霉素，后来也证明合成赤霉素的*StGA20ox1*在转基因株系中的表达上调了。然而这与赤霉素抑制结薯的认知相矛盾。随后，研究者推测赤霉素对结薯的抑制作用位点和效应可能只发生在地下部。

Xu等（1998）对离体条件下匍匐茎向块茎发育的各时期及不同部位进行了赤霉素的详细测量，结果显示在诱导条件下，结薯起始与匍匐茎亚顶端的内源GA_1含量急剧下降紧密相关。事实上，Koda等（1983）就有报道在由匍匐茎向块茎转变的时候，GA类物质的含量在匍匐茎开始膨大时下降，但当时还无法判断GA的改变发生在膨大前还是膨大后。于是，匍匐茎中赤霉素的降低机制的研究从GA合成降解途径中关键酶的表达和功能开始展开。

Carrera等（2000）报道*StGA20ox1*在叶片中表达较高且受到光周期调控，过表达延迟结薯而反义沉默则结薯提前。GA_{20}和GA_1在沉默材料的叶片中均下降，表明*StGA20ox1*参与结薯调控；Kloosterman等（2007）报道*StGA2ox1*在马铃薯被诱导结薯不久后就开始在匍匐茎顶端表达，并且其上调表达领先于匍匐茎的膨大。过表达*StGA2ox1*结薯提前，而反义抑制结薯延迟（图1-36）。但过表达*StGA2ox1*并不改变匍匐茎中GA_1的含量，其前体GA_{20}和降解产物GA_8均下降。Bou-Torren等（2011）报道了*StGA3ox2*的表达在地上部受到短日照上调，而在地下部受到短日照下调。采用叶片特异启动子在马铃薯中过表达使得结薯提前，在叶片中抑制其表达则延迟结薯，但用块茎特异启动子过表达使结薯轻微延迟。作者发现GA_1的含量在*StGA3ox2*的*35S*启动子或叶片特异启动子驱动的过表达材料的地上部中上升，而GA_{20}下降。这也与已知的赤霉素抑制结薯和过表达*StGA20ox1*的结薯表型相矛盾。作者推测叶片特异地过表达*StGA3ox2*利用了茎中大部分可转运的GA_{20}合成GA_1，同时GA_1几乎没有转运能力（Davidson等，2003）。这导致了匍匐茎中可利用的GA_{20}减少，因此GA_1在匍匐茎中的合成减少从而促进结薯；相反，用块茎特异的启动子过表达*StGA3ox2*则没有这种“库—源”效应，因此，GA_1合成增加结薯延迟，即GA_{20}在植物的地上部和地下部的平衡中起到至关重要的作用。此外，还有一种解释就是GA_{20}在结薯抑制作用上比GA_1强。综上，赤霉素对结薯的抑制只发生在匍匐茎，而地上部的赤霉素的增加不仅不抑制结薯，还有可能调控结薯诱导物质的产生。

图1-36 *StGA2ox1* 过表达和干涉表型（引自Kloosterman等，2007）

（1）对照和三个独立的过表达克隆*StGA2ox1*（O5、O6和O8）在适宜环境条件下生长4周表型

（2）4周时对照和三个独立的过表达克隆*StGA2ox1*（O5、O6和O8）叶片表型

（3）对照和*StGA2ox1*抑制克隆S15植物生长比较

（4）未转化对照的地下匍匐茎

（5）过表达克隆O5的地下匍匐茎

（6）*StGA2ox1*抑制克隆S9的地下匍匐茎小块茎的存在用箭头表示

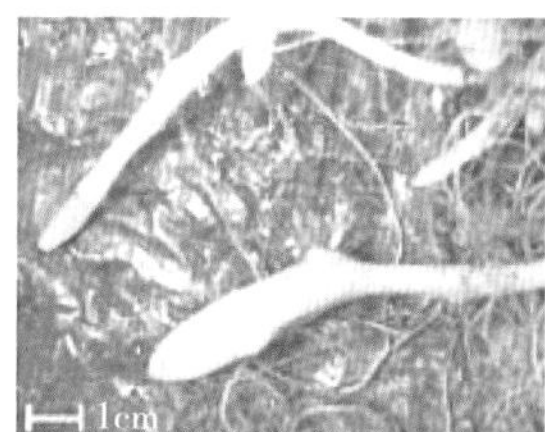

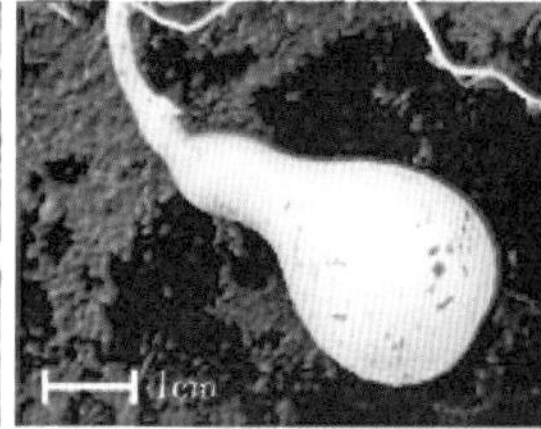

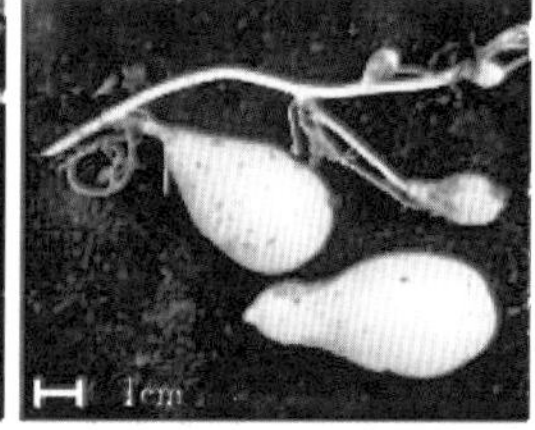

（7）在*StGA2ox1*抑制克隆中观察到不同时期块茎膨大的表型

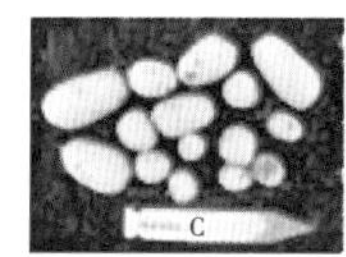

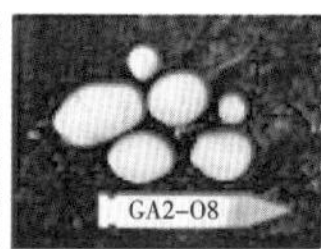

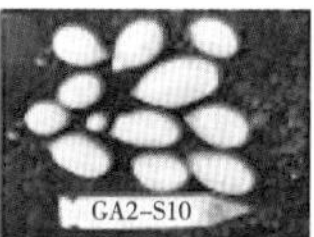

（8）对照和转基因植物的块茎产量

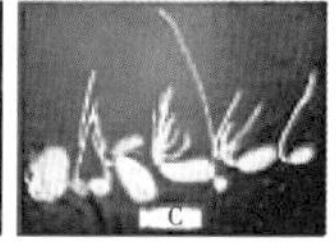

（9）对照贮存在黑暗中的块茎发芽情况

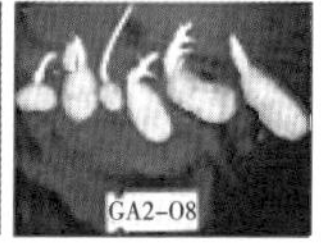

（10）*StGA2ox1*过表达克隆O8贮存在黑暗中的块茎发芽情况

（三）光周期和赤霉素两个独立和互作途径的提出

前文提到的一个赤霉素合成途径上游的一个矮化突变体*ga1*可在长日照下结薯，但若将其转入短日照，3～4d即可结薯。即尽管该材料与野生型相比对短日照的结薯需求不再严格，但这些材料的结薯仍受到光周期的调控。这表明马铃薯中存在两个独立的结薯途径：短日照结薯途径和赤霉素依赖结薯途径，两个途径的诱导和抑制效应的平衡决定了块茎的起始（Rodriguez-Falcon等，2006）；而几个赤霉素合成代谢途径下游基因的转基因材料虽然表现出初始结薯时间的提前或延迟，但仍然需

要短日照才能结薯。这表明这些赤霉素通路相关基因的改变只能调节但不能完全激活或抑制光周期结薯通路，同时也说明匍匐茎顶端GA_1的局部降低是匍匐茎向块茎转变的关键前提，而GA_1的局部降低与来自叶片的短日照诱导信号整合后决定了块茎的起始。

（四）赤霉素信号调控结薯

除了赤霉素的合成代谢，赤霉素的信号途径也参与块茎的发育调控。Amador等（2001）报道了马铃薯中一个赤霉素信号途径组分*PHOR1*受到短日照的上调表达，*PHOR1*编码一个含U-box结构域的E3泛素连接酶。外源添加赤霉素可使得*PHOR1*由细胞质向细胞核转运。反义抑制其表达使得结薯时间提前且对GA部分不敏感。此外，在马铃薯中表达拟南芥中的赤霉素信号途径中的抑制子DELLA蛋白*gai-1*，使得马铃薯对赤霉素不敏感，植株矮化，但结薯时间似乎并不受到影响；同时*gai-1*在长日照条件下不能结薯而*ga1*结薯，表明赤霉素响应途径对长日照结薯仍是必要的（Rodriguez-Falcon等，2006）。

（五）光周期和赤霉素两个途径的协同

有意思的是，研究发现矮化突变体*ga1*表现出不规则薯形，看上去像膨大的匍匐茎而不像薯。同时一些块茎特异的转录本和大量的淀粉在靠近薯的匍匐茎节间合成，表明所有的匍匐茎分枝不受限地向块茎分化。严重矮化的材料甚至地下的主茎也膨大，即所有地下部分出现了块茎的分化（Rodriguez-Falcon等，2006）。而结合在块茎起始前内源GA_1事实上只在匍匐茎的顶端出现局部的急剧下降，证明赤霉素的另一功能在于限制块茎的转变只发生在匍匐茎的亚顶端；而其他区域赤霉素的降低或响应被抑制可使结薯的潜力扩大。因此，赤霉素可能在匍匐茎亚顶端降低，使该区域有能力对来自叶片的结薯诱导信号如StSP6A响应，即结薯是由赤霉素依赖的结薯抑制信号以及StSP6A依赖的结薯促进信号两个相反的调控信号的协同作用决定的（图1-37）。有证据表明POTH1和长距离信号StBEL5在匍匐茎中互作后，同时结合*StGA20ox1*启动子来抑制其表达并调控赤霉素的代谢（Chen等，2004）。Navarro等（2011）在马铃薯中转入乙醇诱导型启动子驱动*StSP6A*的表达载体，在StSP6A被诱导的4h内*StGA2ox1*的表达量上升了数百倍，但这些信号协同的分子机制尚不明确。

图1-37 光周期途径与赤霉素结薯途径的时空协同推测模型

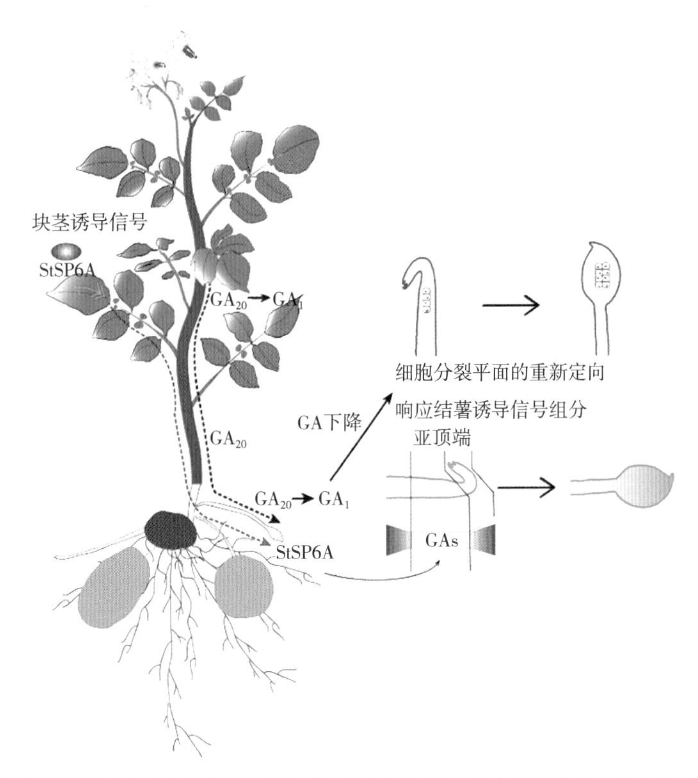

长日照向短日照转变的季节性信号在马铃薯的叶片中被感知。短日照条件下，叶片中GA_{20}向GA_1的合成增加，由于GA_{20}的转运能力强于GA_1，因此，匍匐茎顶端的GA_1合成前体GA_{20}含量下降；与此同时短日照诱导结薯信号如StSP6A等蛋白的表达并移动到匍匐茎顶端。该区域的GA_1的下降使其有潜力响应StSP6A等长距离结薯诱导信号，同时StSP6A可进一步调控*StGA2ox1*等基因的表达降低以GA_1为主的活性赤霉素含量，StSP6A介导的库源调节以及赤霉素含量局部急剧下降对细胞分裂方向的改变促进了匍匐茎向块茎的转变。

第三节

马铃薯块茎形态建成的分子机制解析——糖

一、植物糖信号途径

糖为植物生长发育提供碳源和能量的同时，还作为信号分子调控植物从胚胎发生到衰老的整个生命周期内的众多生物学过程（Li和Sheen，2016）。动物可以通过移动寻求适宜的生存环境；植物固着生长，不能主动改变自身生存环境，只能通过不断调节自身生长发育和生理代谢过程与生存环境中不断变化的光、水、矿物质营养、生物以及非生物胁迫等环境因素相适应。绿色植物通过光合作用利用太阳能、二氧化碳和水合成碳水化合物（主要是糖）并释放氧气，碳水化合物为植物生长发育提供生长必需的能量和碳骨架。白天源叶光合作用产生的碳水化合物以非还原糖（主要是蔗糖）的形式从自养型源叶通过韧皮部转运到异养型库器官（茎、幼叶、根、花、果实以及贮藏器官），在库器官被进一步代谢，为植物生长发育提供碳源和能量，暂时过剩的碳水化合物转变为过渡性淀粉（transitory starch）贮藏在叶绿体及液泡中；夜间，以淀粉形式贮存的碳水化合物转变为蔗糖等，并继续进行转运和代谢以满足植物夜间生长对碳源和能量的需求。因此，作为植物光合作用的主要产物，碳水化合物的产生、转运、代谢必须与植物生存环境（光源、水、营养、温度、生物胁迫和非生物胁迫），以及生长发育进程（种子萌发、组织器官分化、开花、结实等）相适应，从而维持体内碳源及能量的供需平衡（Eveland和Jackson，2012）。碳水化合物在韧皮部的转运使源器官与库器官之间建立了联系，在器官间的通讯和协调中充当通信工具。研究表明糖信号参与植物细胞分裂及膨大、光合作用、花色苷合成、贮藏蛋白积累、种子萌发、生长阶段过渡、分枝形成、开花、衰老等生理生化过程的调节（Wingler，2018；Tsai和Gazzarrini，2014；Tognetti等，2013；Yoon等，2021）。

感知并调控体内糖含量对植物生存至关重要。植物体内各类糖分子及糖的衍生物间可以通过酶促反应相互转化。植物在长期进化过程中进化出了复杂的机制系统感知蔗糖（sucrose）、己糖（hexoses）、海藻糖-6-磷酸（trehalose-6-phosphate，Tre6P）等不同的糖信号，并对其做出响应（Sakr等，2018）。目前已知的植物糖信号途径主要包括：二糖信号途径（主要是蔗糖）、己糖（葡萄糖）信号途径、海藻糖-6-磷酸途径。

（一）葡萄糖信号途径

在众多糖类信号分子中，葡萄糖是最古老、最保守的糖类信号分子，从单细胞原核生物到多细胞高等动植物，葡萄糖信号途径均发挥重要调控作用，调控众多生长发育过程（Sheen，2014）。植物中，葡萄糖调控种子萌发，幼苗发育，根、茎、芽的生长及分化，光合作用，营养代谢，开花调控，胁迫响应，衰老等一系列生长发育过程。由于在植物体内糖分子参与代谢过程，为植物生长发育提供碳源和能量，因此区分糖分子究竟是通过能量或碳源代谢影响植物生长发育还是作为信号分子直接参与生长发育调控存在较大困难。分离植物糖受体并解析其在糖信号途径中的作用机制是证明糖分子作为信号分子直接调控植物生长发育的关键。信号分子通常通过与细胞受体的特异结合，传递信息，并触发细胞反应。生长素（auxins）、细胞分裂素（cytokinins）、油菜素内酯（brassinosteroids，BRs）、赤霉素（gibberellin，GA）、乙烯（ethylene）、脱落酸（abscisic acid，ABA）、茉莉酸（jasmonic acid，JA）、水杨酸（salicylic acid，SA）以及独脚金内酯（strigolactones，SLs）等植物激素均能在极低的浓度下触发植物细胞产生显著的生理效应，并且相应的生长素受体（TIR1、TMK1）、细胞分裂素受体（组氨酸受体激酶，HKs）、油菜素内酯受体（BRI1、BRL1、BRL3）、赤霉素受体（BRI1）、乙烯受体（ETR1、ETR2、ERS1、ERS2、EIN4）、脱落酸受体（PYL）、茉莉酸受体（COI1）、水杨酸受体（NPR1）、独脚金内酯受体（D14）等均已被分离，为阐明植物激素信号途径奠定了基础，推动了植物激素信号感知、传导和功能研究的突破。葡萄糖受体的分离证实了葡萄糖可以作为信号分子直接调控植物生长发育。己糖激酶（hexokinases，HXKs）在大肠杆菌、果蝇、哺乳动物中发挥葡萄糖受体功能。在高等植物中，葡萄糖调控植物发芽、下胚轴伸长、子叶伸展绿化、主根和侧根生长、叶片发育、开花以及衰老等生长发育过程。拟南芥*glucose insensitive*（*gin*）突变体对葡萄糖不敏感，拟南芥基因组含有两个己糖激酶基因以及四个类己糖激酶（HXK-like）基因，其中仅*AtHXK1*基因能够恢复*glucose insensitive*（*gin*）突变体表型。破坏AtHXK1催化己糖磷酸化的功能并不影响其在基因表达、细胞增殖、根和花序生长、叶片增大及衰老等过程中的调控作用，证明了AtHXK1在植物中同样可以发挥葡萄糖受体功能（Moore等，2003）。生物化学和结构生物学研究表明催化功能失活的AtHXK1蛋白与葡萄糖有较高的亲和力，当AtHXK1蛋白与葡萄糖结合后发生功能结构域重排，为证明拟南芥AtHXK1蛋白可以同时发挥己糖激酶和葡萄糖受体双重功能提供了结构生物学证据（Feng等，2015）。马铃薯己糖激酶1（StHXK1）和马铃薯己糖激酶2（StHXK2）均可以恢复antisence-AtHXK1拟南芥植株对葡萄糖的敏感性（图1-38），表明马铃薯己糖激酶同样具备葡萄糖受体功能（Veramendi等，2002）。甘露型庚酮糖（mannoheptulose）和葡萄糖胺（glucosamine）是HXKs的竞争性抑制剂，在研究葡萄糖-HXKs信号途径中发挥重要作用（Yadav等，2014）。由于植物HXKs的葡萄糖受体功能在21世纪初才被证实，因而其下游调控机制还不清楚。

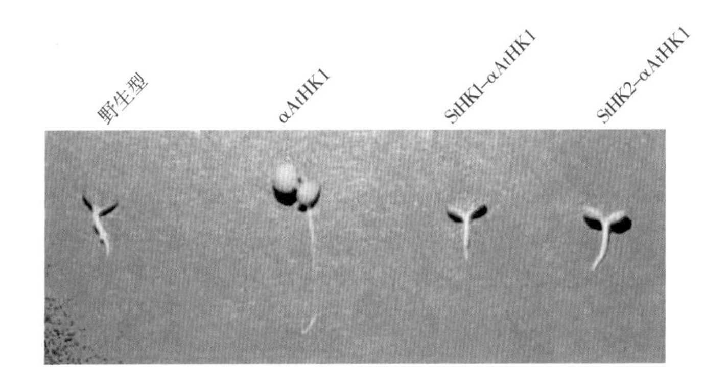

图1-38 马铃薯己糖激酶恢复antisense-AtHK1拟南芥植株对葡萄糖的敏感性（引自Veramendi等，2002）

植物通过TOR激酶（Target Of Rapamycin kinase）感知体内能量和营养状态，是葡萄糖调控植物生长发育的另一条途径。TOR激酶整合内源能源和营养状况与外源环境因素，调控几乎所有真核生物生长发育过程（Sakr等，2018）。TOR激酶是

phosphatidylinositol 3-kinase（PI3K）-related kinase（PIKK）激酶家族中的一员，其催化的底物包括protein phosphatase 2A（PP2A）等，其活性可以被雷帕霉素（rapamycin）特异性抑制（Dobrenel等，2016），为研究TOR激酶在葡萄糖信号中的作用提供了方便。TOR激酶在糖和能量信号调控植物新陈代谢、细胞增殖、生长发育过程中发挥核心作用。能量和营养充足的情况下，蔗糖分解产生的葡萄糖增强TOR激酶活性，进而激活糖酵解和线粒体途径为植物生长发育提供能量和碳骨架，促进细胞分裂、基因表达、淀粉合成、生长发育等耗能（energy-consuming）过程（Dobrenel等，2016）。

（二）二糖信号途径（蔗糖）

这里的二糖主要指蔗糖，蔗糖是植物通过韧皮部从源叶向异养型库器官运输光合同化产物的主要形式。植物体内蔗糖能够与其他糖或糖的磷酸化衍生物相互转化，因此鉴定植物蔗糖特异性反应较为困难。海藻糖（trehalose）、异麦芽酮糖（isomaltulose or palatinose）等蔗糖类似物（sucrose analogue）可以被植物吸收，但在植物体内的代谢速度非常慢（Yadav等，2014）。用这些蔗糖类似物处理植物能使植物产生与蔗糖处理相似的反应，而用葡萄糖或果糖等可以转化为蔗糖的其他糖处理后能够产生相似的反应，但诱导效果不如蔗糖，表明蔗糖处理具有特异性（Sakr等，2018）。转化酶（invertase）不可逆地催化蔗糖分解为葡萄糖和果糖，其表达和酶活性的发挥受反应底物蔗糖诱导。在玉米中，仅蔗糖或可以通过代谢转化为蔗糖的葡萄糖等糖分子可以诱导转化酶基因的转录和翻译，以及酶活性提高，而不能通过代谢转化为蔗糖的3-氧-甲基葡萄糖（3-O-methylglucose，3-OMG）和2-脱氧葡萄糖（2-deoxyglucose，2-DOG）两种葡萄糖类似物均不能产生相似的诱导作用，说明蔗糖对转化酶基因的转录和翻译具有特异诱导作用，蔗糖不仅是转化酶的反应底物，而且调控转化酶基因表达（Cheng等，1999），这种调控机制较为经济有效，可以避免转化酶在没有反应底物——蔗糖存在的情况下空转。体外实验表明，马铃薯块茎中蔗糖合酶（sucrose synthase，Susy）和转化酶均不能代谢异麦芽酮糖，而用异麦芽酮糖处理块茎切片可以增强马铃薯蔗糖转化酶活性，并促进蔗糖分解和淀粉合成（Fernie等，2001），暗示蔗糖对马铃薯转化酶基因的表达和活性的调控具有特异性，不是通过蔗糖代谢产生能量和碳骨架实现的。

细胞周期蛋白依赖性蛋白激酶（cyclin-dependent protein kinases，Cdks）是调控细胞周期循环的关键酶，其活性受周期蛋白（cyclin）调控，其中D类周期蛋白调控细胞从G1期向S期过渡，是调控细胞周期的关键蛋白。拟南芥中，D类周期蛋白CycD3的表达受蔗糖和葡萄糖诱导，该过程不依赖于HXKs，暗示CycD3的表达受蔗糖特异性调控，而葡萄糖通过转化为蔗糖间接调控CycD3的表达（Riou-Khamlichi等，2000）。

另外，糖信号对马铃薯和甘薯淀粉合成、马铃薯贮存蛋白*patatin*基因表达、拟南芥花青素积累、菊花开花等生物学过程的调节都表现出蔗糖特异性（Yoon等，2021）。目前已普遍认同蔗糖在植物生长发育过程中发挥重要调控作用，但还没有充足的实验证据证明蔗糖本身可以作为信号分子直接调控植物生长发育过程，特别是目前还未在植物基因组中分离到蔗糖受体。

（三）海藻糖-6-磷酸途径

海藻糖与蔗糖同为非还原性二糖，蔗糖由一分子葡萄糖和一分子果糖通过半缩醛羟基缩合而成，而海藻糖由两分子葡萄糖通过半缩醛羟基缩合而成。海藻糖-6-磷酸是海藻糖合成过程中的中间产物。海藻糖-6-磷酸合成酶（trehalose-6-phosphate synthase，TPS）催化UDP-葡萄糖与葡萄糖-6-磷酸反应合成海藻糖-6-磷酸，海藻糖-6-磷酸磷酸酶（trehalose-6-phosphate phosphatase，TPP）催化海藻糖-6-磷酸水解转化为海藻糖（trehalose），海藻糖酶（trehalase，TRE）催化海藻糖水解为两分子葡萄糖（图1-39）。由于植物体内海藻糖及其中间产物含量很低，因此，在相当长的时间内关于植物体内是否存在海藻糖及其代谢中间产物一直存在争论。直到在拟南芥基因组中分离到有催化活性的TPS和TPP等海藻糖代谢相关的酶，另外，在植物中表达微生物海藻糖代谢相关的TPS或TPP等基因能够引起转基因植株叶型改变并延迟转基因植株衰老，从而证实了植物体内确实存在海藻糖（Figueroa和Lunn，2016）。系统发生学认为，海藻糖与蔗糖最初在植物中并存，且共同发挥渗透调节、碳储存以及胁迫响应等功能，这种现象在现存的较原始的植物中依然存在，在维管植物进化过程中，海藻糖的渗透调节、碳储存等功能逐渐被蔗糖代替，而海藻糖通过其中间代谢物海藻糖-6-磷酸仅保留了信号分子的功能（Figueroa和Lunn，2016）。阴离子交换高效液相色谱—串联质谱联用技术（anion-exchange high-performance liquid chromatography coupled to tandem mass spectrometry，LC-MS/MS）可以检测飞摩级海藻糖-6-磷酸，为研究海藻糖-6-磷酸的生理生化功能奠定了基础（Lunn等，2006）。

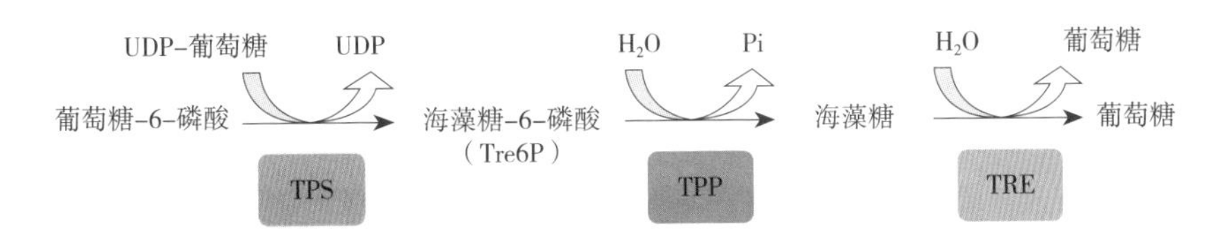

图1-39　海藻糖代谢途径（引自Figueroa和Lunn，2016）

植物体内海藻糖-6-磷酸含量与蔗糖含量呈显著正相关，对植物新陈代谢和生长发育有着深远影响。先对拟南芥幼苗进行饥饿处理，然后往培养基中添加蔗糖或可以转化为蔗糖的葡萄糖、果糖等均能诱导体内海藻糖-6-磷酸含量升高，拟南芥体内海藻糖-6-磷酸含量与蔗糖、葡萄糖、果糖等含量的相关系数分别为0.937、0.846和0.886，与蔗糖的相关系数最高（Yadav等，2014）。植物体内葡萄糖可通过生化反应转化为蔗糖，该反应过程首先需要己糖激酶催化葡萄糖磷酸化进入磷酸己糖库，甘露型庚酮糖是己糖激酶的竞争性抑制剂，其能抑制葡萄糖磷酸化过程。拟南芥幼苗经饥饿处理后，在培养基中同时加入葡萄糖和甘露型庚酮糖，将影响拟南芥幼苗体内葡萄糖转化为蔗糖以及海藻糖-6-磷酸含量的升高；而对饥饿处理后的拟南芥幼苗同时进行蔗糖和甘露型庚酮糖处理，并不能影响拟南芥幼苗体内蔗糖和海藻糖-6-磷酸含量的升高；植物体内半乳糖同样可以转化为蔗糖，半乳糖磷酸化由半乳糖激酶而非己糖激酶催化，对拟南芥幼苗进行饥饿处理后，同时在培养基中加入半乳糖和甘露型庚酮糖，并不影响半乳糖转化为蔗糖以及海藻糖-6-磷酸含量的升高，这些结果表明葡萄糖对拟南芥体内海藻糖-6-磷酸含量的影响是通过转化为蔗糖间接实现的，另外，条件相关性分析（conditional correlation analysis）同样支持这一结论（Yadav等，2014）。植物体氮素营养状况也影响海藻糖-6-磷酸含量，且氮素营养状况对海藻糖-6-磷酸含量的影响也是通过蔗糖含量的变化间接实现的（Yadav等，2014）。因而海藻糖-6-磷酸（Tre6P）被认为是植物体营养、能量供给状况的指标，Tre6P/蔗糖的比例处于动态平衡之中，该平衡通过调控源叶蔗糖合成以及库器官生长发育对蔗糖的消耗保证植物体内蔗糖含量处于适宜植物生长发育的范围内，在源叶中Tre6P通过调控蔗糖合成调节蔗糖含量，而在库器官Tre6P通过抑制SnRK1（Sucrose-non-fermenting1-related kinase1）激酶活性调控植物生长发育对体内蔗糖的消耗（Baena-González和Lunn，2020；Wingler，2018）。SnRK1的表达和活性受海藻糖-6-磷酸抑制，间接感知蔗糖供给状态，并抑制植物胚胎发生、开花、细胞分化等需要消耗能量的生长发育过程（Tsai和Gazzarrini，2014）。体外实验表明Tre6P抑制马铃薯StSnRK1活性；利用转基因技术降低块茎中Tre6P的含量，StSnRK1的靶基因中调控细胞增殖和生长发育的基因的表达下降，而抑制细胞周期的基因的表达上调，同时单株试管块茎形成个数显著增加，但单株块茎生物量显著降低（图1-40）（Debast等，2011）。这些结果暗示蔗糖可以通过Tre6P- SnRK1途径调控块茎发育。

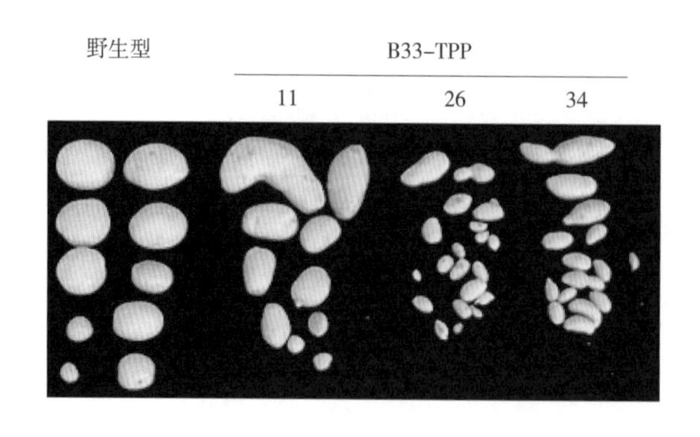

图1-40　降低块茎中海藻糖-6-磷酸的含量对块茎形成的影响（引自Debast等，2011）

综上所述，植物糖信号途径包含己糖激酶途径、能量代谢途径和蔗糖特异途径（图1-41）。己糖（如葡萄糖）以HXKs为受体在调控植物生长发育中自成一路。能量代谢途径有两个分支：能量和营养状况充足时，蔗糖分解产生葡萄糖并激活TOR-kinase活性，进而促进植物细胞分裂、生长、发育、合成代谢等耗能（energy-consuming）生物学过程；植物体内海藻糖-6-磷酸与蔗糖含量呈显著正相关，能量和营养状况短缺时，体内海藻糖-6-磷酸含量随之降低，一方面解除对蔗糖合成的抑制（开源），另一方面通过SnRK1抑制上述耗能生物学过程（节流），通过"开源—节流"使自身渡过难关，SnRK1-TOR系统共同调控体内能量与营养状态的"阴阳"平衡。另外，实验证据暗示植物中存在不依赖于海藻糖-6-磷酸的蔗糖特异信号途径（Tre6P-independent signaling），但由于没有分离到植物蔗糖受体，因而这一途径还需通过实验进一步证实。

图1-41　植物糖信号途径 ▶

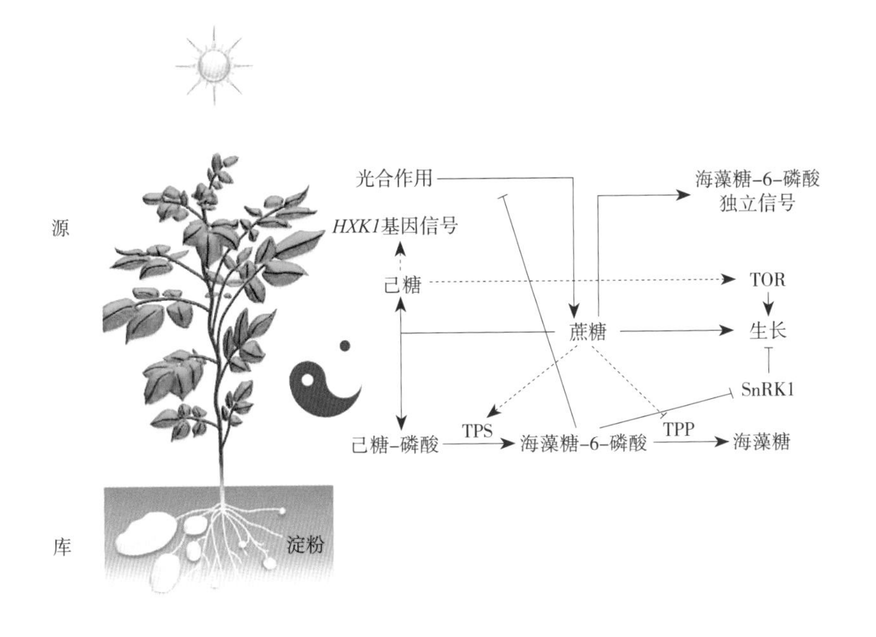

二、糖信号调控马铃薯块茎形态建成

块茎是马铃薯作物的经济器官和生产上主要的繁殖器官，由匍匐茎在适宜的诱导条件下停止纵向伸长生长、亚顶端膨大形成，是地下变态茎（modified stem），其发育过程包含形态建成和淀粉积累两个同步进行但又相互独立的生物学过程，其中块茎形态建成与匍匐茎顶端结构变化相关，影响块茎形成与否、早晚及多少；而淀粉积累主要与库源关系调节相关，影响块茎大小和产量。马铃薯块茎发育受多种因素协同调控，作为马铃薯植株最大的库器官，贮存大量的淀粉，其发育过程必然受糖信号调控。糖信号调控马铃薯块茎形态建成（Abelenda等，2019；Raices等，2003）、激素水平（Xu等，1998；Sevcikova等，2017）、库源关系（Katoh等，2015；Yoon等，2021），并与调控马铃薯块茎发育的光周期、激素等途径存在协同互作关系（Abelenda等，2019；Chincinska等，2013）。

（一）糖信号调控马铃薯块茎形成

蔗糖在匍匐茎顶端膨大过程中含量升高，而葡萄糖与果糖在匍匐茎膨大前后含量变化不明显，一直维持在较低水平（Viola等，2001；Raices等，2003）。马铃薯试管块茎是组织培养条件下经诱导形成的微型块茎，与大田条件下自然形成的常规马铃薯块茎在组织结构和生理生化特征上基本相同，是研究马铃薯块茎发育的可靠实验体系（Veramendi等，1999）。组织培养条件下，高浓度蔗糖可诱导马铃薯试管苗在不添加任何植物生长调节剂的培养基上形成试管块茎，暗示蔗糖对马铃薯试管块茎形成有诱导作用（Garner和Jennet，1989）。

组织培养中常用的糖类物质包括蔗糖、葡萄糖、果糖和麦芽糖等，糖除为外植体提供生长必需的碳源和能量外，还有调节培养基渗透压的作用。因而，高浓度蔗糖诱导马铃薯试管苗在不添加任何植物生长调节剂的培养基上形成试管块茎存在四种可能：①蔗糖通过调节渗透压调控试管块茎形成；②蔗糖作为碳源或者能量来源调控试管块茎形成；③蔗糖本身作为信号分子调控试管块茎形成；④蔗糖转化为其他糖或糖的衍生物调控试管块茎形成。

甘露醇是常用的渗透压调节剂，用相同浓度的甘露醇代替培养基中的蔗糖不能诱导试管块茎形成；同时，蔗糖吸收抑制剂能够抑制蔗糖对马铃薯试管块茎形成的诱导作用，说明蔗糖必须被植株吸收后才能发挥诱导作用（罗玉和李灿辉，2011），这些结果说明蔗糖诱导试管块茎形成与渗透压无关。

如果蔗糖以碳源或能源的形式参与试管块茎形成调节，那么其他用作碳源或能源物质的糖类也应该能够诱导试管块茎形成，尽管目前果糖或麦芽糖能否诱导试管块茎形成还未形成一致的观点；高浓度的葡萄糖同样能够诱导试管块茎形成，尽管其诱导效果不如蔗糖强，葡萄糖吸收抑制剂能够阻断葡萄糖对试管块茎形成的诱导作用，但是己糖激酶活性抑制剂不能阻断葡萄糖诱导试管块茎形成（罗玉和李灿辉，2011；段晓艳，2008；孙梦遥，2016）。这说明两点：①葡萄糖诱导试管块茎形成与渗透压调节无关。②葡萄糖—己糖激酶信号途径不单用于马铃薯块茎形成调控。考虑到植物体内蔗糖与葡萄糖之间可以相互转化，从这些数据很难判断葡萄糖是以提供碳源或者能源的方式调控马铃薯试管块茎形成，还是通过转化为蔗糖或其他糖分子调控马铃薯试管块茎形成。

利用转基因技术降低块茎中Tre6P的含量，*StSnRK1*基因表达量显著增强，同时对细胞增殖和生长发育有促进作用的基因的表达受到抑制，而对细胞周期有抑制作用的基因的表达量上调，单株试管块茎形成个数显著增加，但是单株块茎生物量显著降低（图1-40），外施蔗糖和海藻糖均可以显著增加块茎Tre6P含量，而外施葡萄糖、果糖以及异麦芽酮糖（蔗糖的异构体，不可代谢）均对块茎Tre6P含量无显著影响（Debast等，2011）。这些结果暗示蔗糖确实可以通过能量和碳源依赖的Tre6P-StSnRK1信号途径调控马铃薯块茎形成，但并不能排除蔗糖作为信号分子直接调控块茎形成的可能性。然而，为了证明蔗糖可以作为信号分子直接调控马铃薯块茎形成，最关键的是能够分离出与蔗糖特异性结合的受体，并明确其对马铃薯块茎形成的调控作用。

综上所述，糖信号调控马铃薯离体块茎形成与渗透压调节无关；glucose-HXKs途径不参与离体块茎形成调控；蔗糖可以通过Tre6P-StSnRK1信号途径调控马铃薯块茎发育；尽管目前普遍认同蔗糖调控马铃薯块茎发育，但还缺乏直接的证据证实蔗糖作为信号分子直接调控马铃薯块茎发育。

（二）糖信号调控马铃薯块茎形态建成相关基因表达

StSP6A是调控马铃薯块茎形成最核心的信号分子，其表达受光周期和蔗糖调控。CO-FT途径调控植物从营养生长向生殖生长过渡。块茎是马铃薯的营养生殖器官，其发育过程同样受StCOL1-StSP6A途径（*StCOL1*和*StSP6A*分别是拟南芥CO和FT基因在马铃薯基因组中的同源基因）调控。*StCOL1*基因表达受转录水平和转录后水平调控。转录水平，*StCOL1*转录受转录因子StCDF1调控，而StCDF1蛋白的稳定性受生物钟元件StGI1和StFKF1调控，因而*StCOL1*转录呈现节律性；StCOL1蛋白不稳定，长日照条件下，StPHYB与StPHYF形成异源二聚体维持StCOL1蛋白稳定性，而StCOL1通过结合在*StSP5G*基因的启动子区域激活*StSP5G*转录，而*StSP5G*抑制*StSP6A*的表达；抑制*StPHYF*或*StPHYB*的表达均能使短日照型马铃薯株系在长日照条件下形成块茎，且*StPHYF-RNAi*株系中*StSP5G*表达量急剧下降，而*StSP6A*表达量上升（Zhou等，2019；Jackson等，1998）。短日照条件下，StCOL1蛋白降解，因而*StSP6A*基因在叶片叶脉中转录并翻译，翻译后的StSP6A蛋白通过维管束转运至匍匐茎顶端诱导块茎形态建成（Navarro等，2011）。*StSP6A*的表达还受高浓度蔗糖的诱导，而*StSP6A-RNAi*植株在高浓度蔗糖培养基上不能形成块茎，说明StSP6A是马铃薯块茎形成的核心调控单元，是块茎形成所必需的，而蔗糖是诱导*StSP6A*表达的重要刺激因子（Abelenda等，2019）。

蔗糖-H^+转运蛋白SUT参与蔗糖通过韧皮部进行长距离运输过程，在蔗糖源端韧皮部装载和库端韧皮部卸载过程中协助蔗糖分子跨越质膜从质外体进入细胞质。抑制*StSUT4*在短日照型马铃薯安第斯亚种中表达，不但导致转基因株系叶片蔗糖输出量、块茎蔗糖和淀粉积累量增加，块茎产量提升，而且影响*StSP6A*、*StSOC1*、*StCO*等调控块茎形成的基因表达，转基因株系可以在长日照条件下形成块茎，且开花提前（图1-42；Chincinska等，2008；Chincinska等，2013），说明蔗糖转运过程可能通过影响*StSP6A*、*StSOC1*、*StCO*的表达调控马铃薯块茎形态建成。

*StCDPK1*编码钙依赖性蛋白激酶，主要在茎、根以及块茎形态建成初期的匍匐茎顶端的维管系统中特异性表达，其酶活性在同一时期达到最大，该基因可以被高浓度蔗糖诱导表达，而葡萄糖和果糖对*StCDPK1*表达没有影响，在体外StCDPK1蛋白可以磷酸化生长素转运蛋白StPIN4的亲水环（Santin等，2017），这一结果暗示蔗糖可能通过StCDPK1调控生长素的转运进而调控马铃薯块茎形态建成。

（1）抑制*StSUT4*表达，植株在长日照条件下开花提前

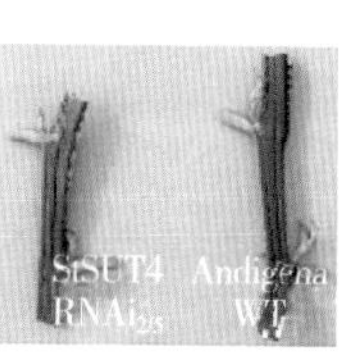

（2）在不同基因型马铃薯中抑制*StSUT4*表达，植株节间变短

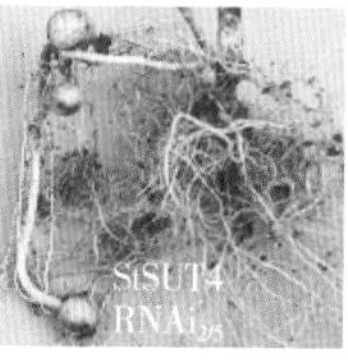

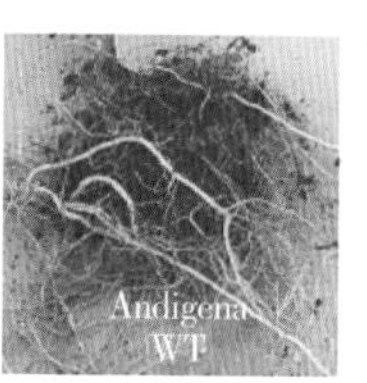

（3）抑制*StSUT4*表达，促进马铃薯块茎形成

（4）长日照条件下，与野生型*andigena*植株相比，*StSUT2/5*植株开花提前

Désirée—马铃薯的一个亚种　Andigena—马铃薯安第斯亚种　WT—野生型　StSUT4 RNAi—*StSUT4*沉默株系

◀ 图1-42　StSUT4转基因植株表型（引自Chincinska等，2013）

三、糖信号调控马铃薯库—源关系

作物产量与源叶光合作用效率、蔗糖长距离运输、库强等因素密切相关，库—源关系协调是作物获得高产、稳产的关键，是马铃薯块茎膨大和产量形成的保障（Hastilestari等，2018）。块茎是马铃薯植株最大的库器官，贮存大量的淀粉和蛋白质。与其他谷类作物相比，马铃薯在单位面积上可生产更多的干物质。因而，马铃薯块茎被认为是研究植物库—源关系最合适的模式系统（Jonik等，2012）。

（一）马铃薯源叶糖代谢影响马铃薯块茎发育及产量形成

几乎所有生物赖以生存的能源都直接或间接来源于太阳，绿色植物通过光合作用合成碳水化合物（主要是糖类），碳水化合物主要以蔗糖的形式从源器官转运至库器官，为植物生长发育提供碳源，同时蔗糖通过呼吸作用产生的ATP为植物生长发育提供了能量。

光合作用碳反应阶段（又称暗反应），叶绿体基质中通过卡尔文循环以核酮糖-1,5-二磷酸为CO_2受体，在核酮糖-1,5-二磷酸羧化酶/加氧酶（Ribulose-1,5-bisphosphate carboxylase/oxygenase，Rubisco）的催化作用下固定CO_2，生产光合作用的直接产物磷酸丙糖（triose phosphate），Rubisco催化效率较低，抑制Rubisco活性严重影响光合作用效率；大部分磷酸丙糖通过质体内膜上的磷酸丙糖转运蛋白（triose phosphate translocator，TPT）复合体转运至细胞质用于合成蔗糖，过剩的磷酸丙糖在叶绿体中合成过渡性淀粉暂时贮存在叶绿体内，为植物夜间生长发育提供能量和碳源。磷酸丙糖转运蛋白是核基因编码的一种叶绿体内膜上含量丰富的蛋白质，特异地将叶绿体内的磷酸丙糖转运至细胞质基质，同时将细胞质内的Pi转运至叶绿体基质，在马铃薯中抑制*TPT*表达导致TPT转运磷酸丙糖的活性线性下降，并导致转基因株系初期生长发育迟滞（图1-43），随着植株的生长，这种迟滞现象逐渐得到缓解，进一步分析发现转基因株系光合作用效率及同化产物分配均受到严重影响（Riesmeier等，1993）。

图1-43　*TPT antisense*株系表型（引自Riesmeier等，1993）

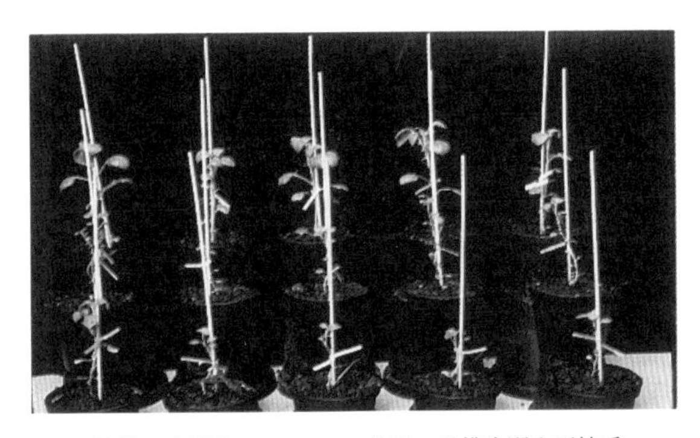

前排、中排为*TPT antisense*株系，后排为野生型株系

随着细胞质中磷酸丙糖的聚积，细胞质醛缩酶（aldolase）催化磷酸丙糖转化为果糖-1,6-二磷酸（fructose-1,6-bisphosphate），该反应为可逆反应，白天光合作用活跃时，大量合成的磷酸丙糖被持续转运至细胞质，推动反应向有利于果糖-1,6-二磷酸合成的方向进行。Haake等（1998）通过转基因技术抑制马铃薯醛缩酶基因表达，转基因株系A-70、A-3、A-51和A-2醛缩酶活性分别降低32%～43%、46%～71%、79%～83%、79%～97%不等，转基因株系叶片丙糖磷酸积累，而光合作用效率降低，蔗糖与淀粉合成受限，植株的生长发育迟缓，且转基因株系醛缩酶活性越低植株生长越迟缓（图1-44；Haake等，1998）。

从左到右分别为野生型和转基因株系A-70、A-3、A-51、A-2

图1-44 *aldolase-antisense*株系表型（引自Haake等，1998）

果糖-1,6-二磷酸在果糖-1,6-二磷酸酶（fructose-1,6-bisphosphatase，FBP）的催化作用下形成果糖-6-磷酸，磷酸己糖异构酶和磷酸葡萄糖变位酶可以催化果糖-6-磷酸、葡萄糖-6-磷酸、葡萄糖-1-磷酸间相互转化，三种磷酸己糖构成磷酸己糖库，它们的浓度在细胞质中接近平衡，植物代谢对碳源的需求引导磷酸己糖库中碳的流向。果糖-1,6-二磷酸酶调控胞质中磷酸丙糖到磷酸己糖的转化，抑制其活性将不利于碳向胞质磷酸己糖库的输送，进而导致叶绿体淀粉含量升高。在马铃薯中通过遗传转化抑制FBP活性可以降低源叶蔗糖合成，但对马铃薯植株生长及产量无显著影响，这可能是转基因株系改变了源叶碳输出的策略（Zrenner等，1996）。马铃薯块茎中没有*FBP*基因表达，将*FBP*基因连接在马铃薯块茎特异启动子patatin class I promoter后面并遗传转化马铃薯植株，能够为马铃薯块茎创建一条新的淀粉合成途径，但并不影响转基因株系块茎中淀粉最终含量，也不影响其他中性糖及磷酸己糖含量（Thorbjørnsen等，2002）。

细胞质中，UDP-葡萄糖焦磷酸化酶（UDP-glucose pyrophosphorylase）催化UTP与葡萄糖-1-磷酸合成UDP-葡萄糖，UDP-葡萄糖和果糖-6-磷酸是蔗糖合成的前体。蔗糖-6F-磷酸合成酶（sucrose phosphate synthase，SPS）催化果糖-6-磷酸与

UDP-葡萄糖合成蔗糖-6F-磷酸，随后蔗糖-6F-磷酸酶（sucrose phosphatase，SPP）催化蔗糖-6F-磷酸释放无机磷，产生蔗糖。蔗糖-6F-磷酸合成酶是蔗糖合成调控中关键的步骤，SnRK1可以磷酸化失活蔗糖-6F-磷酸合成酶，蔗糖-6F-磷酸合成酶活性还受葡萄糖-6-磷酸激活，改变蔗糖-6F-磷酸合成酶活性，能显著影响光合作用效率和叶片碳水化合物含量。在烟草中超量表达马铃薯*StSnRK1*基因，转基因株系中淀粉合成相关基因的酶活性增强，而蔗糖磷酸合成酶表达量降低，淀粉、葡萄糖、蔗糖和果糖含量均显著增加（图1-45；Wang等，2017）。

图1-45　在烟草中表达马铃薯*StSnRK1*基因影响糖代谢（引自Wang等，2017）

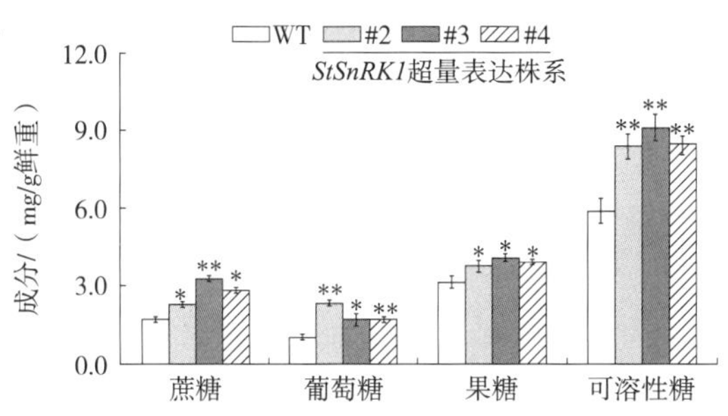

（1）超量表达马铃薯*StSnRK1*对烟草叶片中蔗糖、葡萄糖、果糖及可溶性糖含量的影响

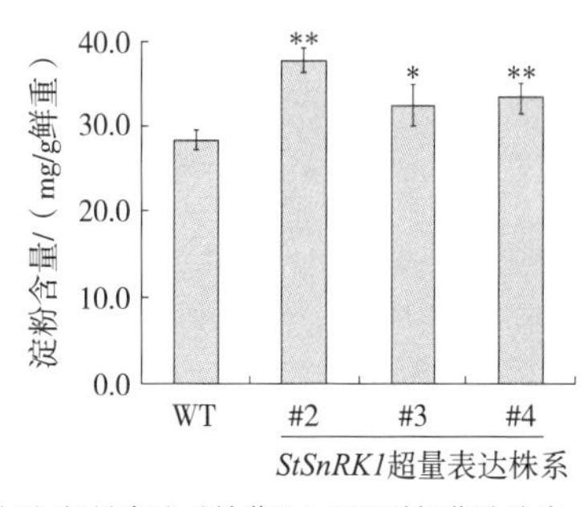

（2）超量表达马铃薯*StSnRK1*对烟草叶片中淀粉含量的影响

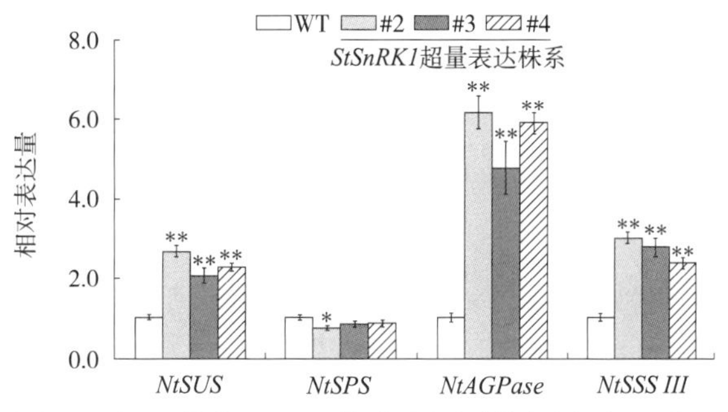

（3）超量表达马铃薯*StSnRK1*对烟草叶片中淀粉合成相关基因表达量的影响

柱形图表示为“平均数 ± 标准差”（n=3），*和**分别为P<0.05和P<0.01条件下的差异显著性

（二）蔗糖在源—库间的转运机制

光合作用必须与同化产物的转运、代谢和利用相协调才能提高植物产量（Fernie等，2020）。蔗糖运输是碳水化合物分配的关键，蔗糖从源到库的运输过程包括蔗糖的韧皮部装载（phloem loading）、长距离运输（long-distance transplort）、韧皮部卸载（phloem unloading）三个过程。

1. 蔗糖在源叶韧皮部装载机制

蔗糖转运的第一步需要将光合作用合成的蔗糖从源叶片输出到韧皮部，即韧皮部装载。目前认为，光合同化产物可以通过三种途径进行装载：①质外体途径（apoplastic loading），是主动运输过程，需要消耗能量，蔗糖首先从叶肉细胞跨越细胞膜进入细胞间隙，随后蔗糖再借助转运蛋白逆浓度梯度主动运输进入伴胞完成蔗糖装载。②共质体途径（symplastic loading），是被动运输过程，不需要消耗能量，蔗糖通过叶肉细胞与伴胞间的胞间连丝顺浓度梯度进入筛分子。③多聚体—陷阱模型，蔗糖的这种装载途径本质上也是共质体装载途径，叶肉细胞合成的蔗糖通过胞间连丝从维管束鞘进入居间细胞，在居间细胞蔗糖被转化为棉籽糖、水苏糖等多聚体，多聚体分子较大不能穿过维管束鞘与居间细胞间的胞间连丝，但能穿过居间细胞与筛分子间孔径较大的胞间连丝进入筛分子，该模型适用于木本植物中糖类物质的转运（Fernie等，2020）。

质外体装载是蔗糖韧皮部装载的普遍机制（图1-46）。质外体装载途径可以逆浓度梯度向筛分子装载蔗糖，是主动运输过程，需要消耗能量，可以持续提高源叶筛分子蔗糖浓度，使源端韧皮部与库端韧皮部间产生蔗糖浓度差，驱动蔗糖在韧皮部流动，为蔗糖长距离运输提供动力。蔗糖的质外体装载，需要蔗糖先从叶肉细胞进入质外体，蔗糖转运蛋白StSWEET11（Sugar Will Eventually be Exported Transporters，SWEET）可能在蔗糖从叶肉细胞进入质外体过程中发挥作用。SWEET转运蛋白是一类膜整合蛋白，其结构在植物基因组中非常保守，包含7个跨膜结构域。根据转运底物的不同，SWEET被分为cladeI、II、III、IV四类，其中I和II类中SWEET的成员主要转运己糖，III类中SWEET的成员主要转运蔗糖，而IV类中SWEET的成员主要调控果糖在细胞质和液泡间的运输（Chen等，2012）。StSWEET11属于III类SWEET转运蛋白，其在拟南芥中的同源蛋白AtSWEET11定位于韧皮部细胞膜，AtSWEET11突变体韧皮部装载缺陷（Chen等，2012；Abelenda等，2019）。

蔗糖从质外体再次跨越细胞膜进入筛分子需要蔗糖-H^+转运蛋白参与（图1-46）。*SUT1*编码蔗糖-H^+转运蛋白，植物中蔗糖转运蛋白SUT被分为SUT1、SUT2、SUT3、SUT4、SUT5等五类（Kuhn和Grof，2010）。马铃薯*StSUT1*、*StSUT2*和*StSUT4*均呈现节律性表达，即使在持续光照下同样呈现节律性表达，暗示其表达受生物钟调控（Chincinska等，2008）。*StSUT1*主要在成熟叶片韧皮部的筛分子伴胞复合体中表达，在其他器官中表达量较低，其表达受发育进程和激素调控（Riesmeier等，1993）。通过组成型启动子CaMV35S promoter或伴胞特异启动子rolC promoter反义抑制*StSUT1*表达，SUT1转运活性降低，影响植株蔗糖分配，植株叶片皱缩、碳水化合物含量升高、输出碳水化合物能力降低，植株根发育和块茎产量受损（Kuhn等，1996；Boorer等，1996）。Kuhn等（2003）进一步的研究发现*StSUT1*在块茎韧皮部也有表达，通过块茎特异启动子class I patatin promoter B33抑制*StSUT1*在块茎中表达，发现植株地上部分不受影响，但块茎鲜重降低（Kuhn等，2003）。因此推测，StSUT1可能在源韧皮部装载和库韧皮部卸载中均发挥作用。

与StSUT1不同，StSUT4主要定位于块茎和花器官筛分子的细胞膜，抑制*StSUT4*的表达导致转基因株系叶片输出的蔗糖量增加，同时块茎中蔗糖和淀粉积累量也随之增加，导致块茎产量提升（Chincinska等，2008），这些表明StSUT4也参与马铃薯蔗糖转运过程。

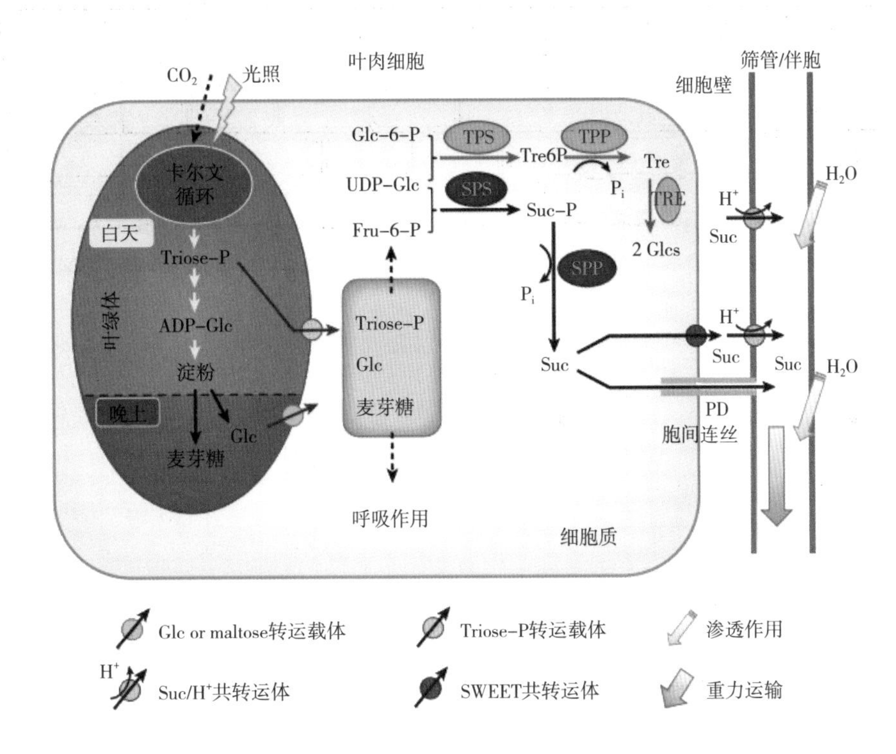

图1-46　源叶光合作用、蔗糖合成以及韧皮部装载（引自Ruan，2014）

2. 韧皮部长距离运输的压力流动模型

韧皮部运输的压力流动模型（pressure-flow model）认为筛分子（sieve element）中的物质运输是被动运输，不消耗能量，其动力来源于源器官与库器官间渗透作用造成的压力梯度，源和库间的压力梯度的产生依赖于源端韧皮部的主动装载和库端韧皮部的卸载机制。源端蔗糖在转运蛋白的帮助下通过质外体途径进行主动装载，导致源叶韧皮部蔗糖浓度升高；而蔗糖在块茎中的卸载和代谢使块茎韧皮部蔗糖浓度降低，导致源叶韧皮部和块茎韧皮部之间产生了蔗糖浓度差，不同浓度的蔗糖渗透势不同，由于细胞膜的半透过性，水分子向蔗糖浓度高的地方扩散，这样就在源与库韧皮部之间产生了膨压差（turgor pressure difference），驱动光合同化产物被动地从源器官持续不断地输入库器官（图1-47）（Ruan，2014；Thompson和Wang，2017）。在马铃薯中，细胞膨压影响马铃薯蔗糖吸收及分配，暗示马铃薯韧皮部的蔗糖运输符合韧皮部运输的压力流动模型（Oparka和Wright，1988）。

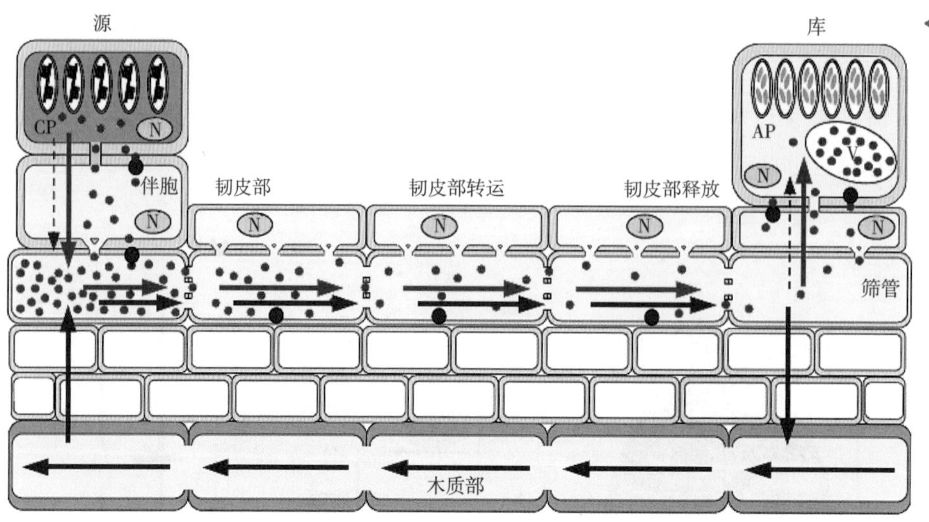

◀ 图1-47　韧皮部转运的压力流动模型（引自Thompson和Wang，2017）

源端，蔗糖在源叶合成并装载到筛分子，蔗糖在筛分子的积累降低了源端韧皮部水势，水分子从水势高的木质部或周围细胞顺水势进入筛分子，导致源端韧皮部膨压升高；库端，蔗糖通过共质体或质外体途径卸载，蔗糖的卸载导致库端水势升高，膨压降低，使源器官与库器官间产生膨压差，驱动蔗糖从源器官流入库器官。

●—糖分子　●—糖转运蛋白　→—糖流动方向　→—水流动方向　N—细胞核　CP—叶绿体　AP—造粉体　V—液泡

3. 蔗糖在库器官的卸载机制

通过韧皮部从源叶运输至库器官的蔗糖可以通过质外体和共质体两种途径进行卸载，但在马铃薯块茎发育过程中蔗糖主要通过共质体途径卸载（图1-48）。匍匐茎还未膨大阶段韧皮部卸载以质外体途径为主，SWEET转运蛋白在蔗糖从筛分子进入质外体过程中发挥作用（Fernie等，2020；Ruan，2014；Viola等，2001）。进入质外体的蔗糖可以通过两种途径进入库细胞：一条途径是进入质外体的蔗糖在细胞膜上的StSUT1等蔗糖-H^+转运蛋白的协助下重新进入库细胞；另外一条途径是进入质外体的蔗糖在细胞壁转化酶（cell wall invertase，CWIN）的催化作用下分解为葡萄糖和果糖，随后葡萄糖和果糖在细胞膜上的己糖转运蛋白（hexose transport protein）的帮助下进入库细胞（Fernie等，2020；Ruan，2014）。匍匐茎开始膨大后，蔗糖卸载由质外体途径转变为共质体卸载途径（Viola等，2001），这一转变过程可能与诱导块茎形成的信号分子StSP6A相关，短日照与韧皮部蔗糖浓度的升高共同诱导*StSP6A*在韧皮部伴胞转录并翻译成蛋白质后随蔗糖一起被转运至匍匐茎，在匍匐茎顶端StSP6A蛋白与StSWEET11蛋白结合并阻止蔗糖通过StSWEET11蛋白转运至细胞间隙，从而使块茎蔗糖卸载转变为共质体途径（图1-28；Abelenda等，2019）。

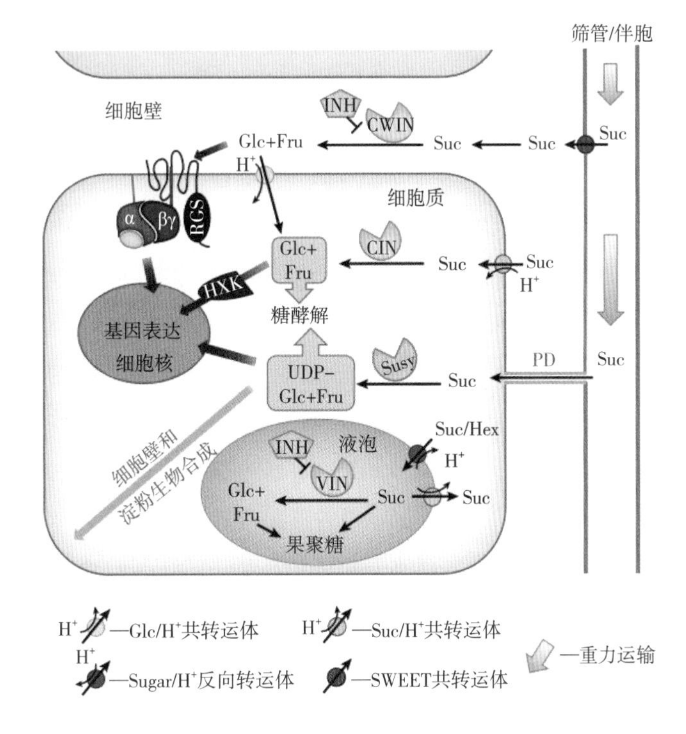

图1-48　蔗糖转运、卸载及其在库器官的代谢（引自Ruan，2014）

（三）蔗糖在库器官的代谢

马铃薯块茎膨大过程中，功能叶通过光合作用生产光合同化产物的能力（源活性）对块茎膨大和最终产量的形成至关重要；同时，块茎对光合同化产物的贮存能力（库容）也同等重要。库强受库容量（sink size）与库活力（sink activity）共同影响。库容量反映了库组织总的生物量，而库活力反映了单位生物量的库组织吸收光合同化产物的速率（宋纯鹏等，2015）。

1. 库器官中蔗糖的分解机制及其对库活性的影响

马铃薯块茎中无论蔗糖通过哪种途径卸载，最终都将通过转化酶（细胞壁转化酶，invertase cell wall invertase，CWIN；细胞质转化酶，cytoplasmic invertase，CIN；液泡转化酶，vacuolar invertase，VIN）分解为葡萄糖和果糖，或者通过细胞质中的蔗糖合酶（sucrose synthase，Susy）转化为UDP-葡萄糖和果糖（图1-46）。SuSy与invertase活性的相对变化与块茎库强相关，对块茎持续膨大至关重要（Fernie等，2001）。块茎形态建成过程中，库器官卸载由质外体途径为主转变为共质体途径卸载为主的同时，库器官蔗糖分解也由匍匐茎膨大前的转化酶途径，转变为更高效的蔗糖合酶途径，库中淀粉积累量与蔗糖合酶活性呈正相关，暗示蔗糖合酶对库强有决定性影响，蔗糖分解产生己糖供植株生长发育所需，或合成淀粉贮存在块茎中（Hastilestari等，2018）。抑制*SuSy*基因表达，马铃薯块茎蔗糖含量没有显著变化，但还原糖大量积累且淀粉合成受阻，同时导致块茎个数和干物质含量降低（Zrenner

等，1995）。而增强*SuSy*基因表达导致马铃薯块茎中淀粉积累量显著提升，且UDP-葡萄糖和ADP-葡萄糖含量也升高，块茎总产量、干物质含量与对照株系相比显著增加，同时发现蔗糖合酶活性与转化酶活性呈负相关（Baroja-Fernandez等，2009）。这些结果都表明蔗糖合酶是马铃薯块茎库强的决定因素之一。

2. 库器官中淀粉合成对库活性的影响

增强马铃薯块茎淀粉合成，使更多的光合同化产物以淀粉的形式贮存在块茎中，这被认为是增强库活性的有效策略之一（Katoh等，2015）。ADP-葡萄糖焦磷酸化酶（ADP-glucose pyrophosphorylase，AGPase）催化磷酸己糖库中的葡萄糖-1-磷酸形成ADP-葡萄糖（合成淀粉的前体物质），是合成淀粉的第一步，也是植物淀粉合成的限速酶（Jonik等，2012）。AGPase与SuSy一样在发育中的块茎中高表达，随着蔗糖的周期性变化呈现节律性表达（Sokolov等，1998；Geigenberger 2003；Müller-Röber等，1990）。蔗糖能够在转录水平和转录后水平调控AGPase、SuSy活性。尽管蔗糖对*AGPase*、*SuSy*基因的调控机制还不清楚，但在*SnRK1*反义马铃薯株系中蔗糖对*SuSy*基因的诱导作用降低，暗示*SnRK1*可能参与蔗糖对*AGPase*基因以及*SuSy*基因的表达调控（Purcell等，1998）。AGPase活性除了可以通过转录水平调控外，还可以通过酶蛋白构象、辅酶因子、氧化还原修饰等机制进行调节（Geigenberger 2003；Tiessen等，2002）。蔗糖和葡萄糖通过不同的调控机制调控AGPase的翻译后修饰影响AGPase活性，其中蔗糖通过SnRK1途径调控AGPase氧化还原状态，而葡萄糖通过己糖激酶调控AGPase磷酸化（Tiessen等，2003）。抑制*StAGPase*表达使块茎形成个数增加，质量变小，淀粉含量降低96%，而蔗糖、葡萄糖含量增加（Müller-Röber等，1992）。*StAGPase-RNAi*株系块茎个数增加可能与蔗糖含量升高诱导了块茎形态建成有关；而块茎变小可能与淀粉合成能力不足以支撑块茎形态建成后的持续膨大有关，这暗示马铃薯块茎形态建成与膨大是两个同步进行，但又相互独立的生物学过程。

蔗糖是调控马铃薯库—源关系的信号分子，一方面，蔗糖对块茎中的*SuSy*和*AGPase*基因表达和酶活性有促进作用（Geigenberger，2003）；另一方面，蔗糖对叶片中光合作用相关基因表达和酶活性有抑制作用（Rolland和Sheen，2005）。因此，马铃薯植株通过蔗糖分子调控叶片光合作用效率和块茎糖代谢相关基因表达，进行叶片和块茎间的双向通信，以保证源活性和库强间的协调（Geigenberger，2003；Rolland和Sheen，2005；Hastilestari等，2018）。

四、糖信号与其他信号途径的关系

（一）糖信号影响植物激素信号途径

植物激素是作用最广泛、研究最深入的植物生长发育调节分子，主要包括生长素、赤霉素（GA）、细胞分裂素、脱落酸（ABA）、乙烯、油菜素内酯以及独脚金内酯等。大量遗传学和功能基因研究发现糖信号与各种植物激素在调控植物开花、种子萌发、幼苗生长、果实成熟等生长发育过程中存在互作（Eveland和Jackson，2012；Ljung等，2015；Qi等，2020）。GA、ABA、茉莉酸（JA）和细胞分裂素等植物激素参与调控马铃薯块茎发育（Dutt等，2017；Hannapel等，2017）。其中GA促进匍匐茎伸长抑制块茎形成，ABA和JA促进块茎形成，细胞分裂素可能通过调节库—源关系增加块茎产量和数量。GA在调控马铃薯块茎形成过程中发挥主导作用，ABA通过拮抗GA诱导块茎形成（Muniz Garcia等，2014；Xu等，1998）。离体条件下，匍匐茎内源GA_1含量与培养基蔗糖浓度呈负相关，低浓度蔗糖培养基中，匍匐茎内源GA_1含量升高，匍匐茎维持伸长生长；高浓度蔗糖培养基中，匍匐茎内源GA_1含量降低，匍匐茎停止伸长生长，亚顶端膨大形成块茎（Xu等，1998），这一结果表明蔗糖可能通过影响GA合成调控马铃薯块茎形成。

（二）糖信号与光周期的协同调节机制

糖信号与光周期信号在调控马铃薯块茎发育过程中存在协同作用。蔗糖转运蛋白基因*StSUT1*和*StSUT4*均呈节律性表达，且均参与光周期调控马铃薯块茎发育过程。*StSUT1*表达受StSP6A诱导，抑制其表达导致块茎产量显著下降。抑制*StSUT4*表达除导致前文所述的块茎产量增加外，还导致*andigena*（野生型仅能在短日照下形成块茎）植株结薯和开花均比野生型对照提前，且能在长日照下形成块茎，节间变短等表型变化；基因表达分析显示，*StSUT4-RNAi*株系中GA合成关键酶*StGA20ox1*基因和乙烯合成关键酶*ACC oxidase*基因（*StACO3*）表达量均显著低于对照植株；离体实验表明*StSUT4-RNAi*株系可在蔗糖浓度更低的培养基上形成试管薯；且*StSUT4*在长日照和短日照条件下对*StCOL1*、*StSOC1*、*StSP6A*等光周期调控马铃薯块茎发育基因表达的影响不同，说明*StSUT4*以光周期依赖的方式调控*StCOL1*、*StSOC1*、*StSP6A*等基因表达（Chincinska等，2008；Chincinska等，2013）。Abelenda等（2019）研究发现，StSWEET11正调控StSP6A，*StSWEET11-RNAi*株系叶片*StSP6A*表达和块茎产量均下降；叶片光合作用合成的蔗糖通过StSUT和（或）SUC等转运蛋白装载进入筛分子，与光周期信号共同诱导*StSP6A*在伴胞细胞表达，合成的StSP6A蛋白通过韧皮部转运至匍匐茎与StSWEET11互作阻断蔗糖向质外体泄漏从而促进共质体途径卸载。StSWEET11再次将马铃薯块茎发育调控的糖信号途径与光周期途径联系在一起。

五、糖信号调控马铃薯块茎发育的模型

基于上述关于糖信号调控马铃薯块茎发育的论述，我们可以提出糖信号调控马

铃薯块茎发育的如下模型：源叶中，通过光合作用合成的蔗糖可以与葡萄糖、Tre6P相互转运，糖信号一方面通过葡萄糖-TOR信号途径调控源叶光合作用过程，另一方面通过Tre6P-SnRK1信号途径调控叶片生长发育，在短日照和蔗糖的共同诱导下*StSP6A*在叶片韧皮部表达并翻译成蛋白，StSP6A蛋白与蔗糖一起通过韧皮部被运输至匍匐茎；在匍匐茎中，蔗糖一方面可以调控GA合成，另一方面通过Tre6P-SnRK1信号途径调控生长发育、糖代谢、淀粉合成等过程，因而糖信号对马铃薯块茎发育过程的调控作用可能是通过调控*StSP6A*基因表达、GA合成、Tre6P-SnRK1信号途径共同作用的结果（图1-49）。

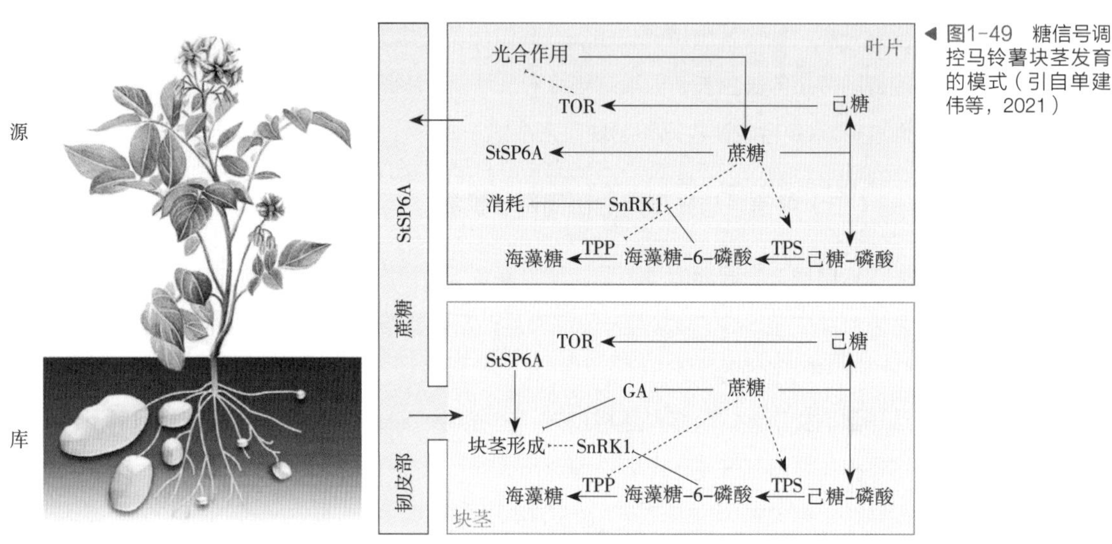

图1-49　糖信号调控马铃薯块茎发育的模式（引自单建伟等，2021）

第四节

讨论与展望

一、马铃薯块茎形态建成和膨大的细胞学机制

马铃薯块茎是地下匍匐茎顶端膨大的结果，因为在此过程中没有新器官的发生，研究者普遍认为马铃薯的块茎发育不涉及器官的分化，但块茎发育过程中是否具有个别细胞或细胞层的分化尚不清楚。块茎发育过程中在组织水平的变化动态是比较明确的，由于块茎发育过程的形态变化具有快速且剧烈的特点，因此，现有的研究要么阐述了组织层次以上的宏观变化动态，要么阐述了在个别发育期的部分组织层次的细胞学动态。因此，完整而精细的块茎发育时空细胞学图谱还不完全清楚。现有结果显

示，块茎膨大是部分组织主导膨大，同时多个组织共同参与的结果，但因为细胞学发育图谱的缺乏，现有这些组织细胞学的变化在马铃薯的不同遗传材料中是否具有一致性或者变异还未见报道；此外，块茎发育过程中内部的不同组织间的细胞学协调机制也不清楚，即表皮、皮层、维管束、环髓带和髓区之间是否存在信号沟通以协调整个膨大过程准确完成。由于细胞学机制的不完善，马铃薯块茎发育的细胞分子生物学研究尚未起步，即细胞分裂的方向、分裂次数及不同组织的分裂差异等的分子生物学调控机制。近年来，细胞学研究技术的进步以及分子生物学的发展，如激光显微切割、基因组学测序、基因编辑单细胞测序等新兴技术的快速发展，将为马铃薯块茎发育的细胞学和分子生物学研究提供良好基础。这些研究有可能全面揭示块茎膨大的细胞学和分子生物学机制，如揭示马铃薯试管薯与大田薯相比缺乏环髓带继续膨大的原理等重要科学问题，将为马铃薯脱毒种薯无季节限制的工厂化生产和直接利用提供有价值的参考和解决思路。

二、光周期结薯信号通路的完善

现有研究表明，多个长距离信号分子参与了光周期结薯（Hannapel等，2017），其中以StCOL1-StSP6A为核心途径。然而该途径中仍存在大量不明确的地方，如研究表明在StCOL1、StSP5G和StSP6A中还存在一些未知的调控因子决定块茎形成与否。而哪些转录因子如何调控了*StSP6A*的转录，StSP6A蛋白如何被转运到匍匐茎顶端以及StSP6A在匍匐茎顶端的详细作用机制还不完全清楚。先前的研究大多集中在转录调控，而这些核心因子的转录后调控尤其翻译后修饰基本没有报道，如StCOL1蛋白稳定性的调控，FT蛋白的磷酸化修饰。已有证据表明组蛋白和DNA甲基化等表观修饰在块茎发育过程中起到重要调控作用，但详细的分子机制才刚开始研究。此外，现有研究大多都是基于RNA沉默的手段开展基因功能的研究，难以判断这些基因对于结薯的必要性，因此，通过基因编辑技术获得完全功能缺失的突变体将进一步完善现有的调控模型。综上所述，光周期结薯信号通路的完善仍有大量的工作需要完成。

三、长日照结薯适应的其他潜在途径

*StCDF1*的自然变异在马铃薯的长日照适应中起到重要作用。但Gutaker（2019）发现1650—1750年在欧洲种植的马铃薯并不是来自已知的*StCDF1*变异，并分析发现10号染色体上存在其他控制长日照适应的遗传位点。此外，我们也发现一些材料没有*StCDF1*长日照适应变异，但依然能在长日照结薯，同时这些材料的光周期信号组分如*StCDF1*、*StSP6A*等对光周期的响应依然十分保守。这暗示可能还存在独立于已

知的StCOL1-StSP6A之外的途径或该途径的未知调控组分的变异参与马铃薯的长日照适应。因此，在这些材料中获得现有光周期组分的功能缺失突变体将有利于证明其确切的存在及适应位点的探究。

四、糖信号与块茎形态建成及膨大

糖是调控马铃薯块茎发育的重要信号途径，同时调控块茎形态建成以及库—源关系，并与光周期、激素等途径存在协同互作。尽管糖信号调控马铃薯块茎发育的研究由来已久，但其分子机制仍不清晰，有待更深入、更系统的研究。作者认为可以从以下几个方面对糖信号调控马铃薯块茎发育进行更深入系统的研究：①块茎形态建成与淀粉积累是同时进行但又相互独立的生物学过程，那么调控这两个生物学过程的糖信号途径是否相同？如果不同，那么调控淀粉合成与块茎形态建成的糖信号分别是什么？②尽管目前普遍认同蔗糖调控马铃薯块茎发育，但仍缺乏直接证据，植物体内蔗糖与其他糖分子及糖的衍生物能够相互转化，给证明蔗糖作为信号分子直接调控马铃薯块茎发育提出了更大的挑战，欲证明蔗糖是否作为信号分子直接调控块茎发育，最直接的方式可能是分离植物蔗糖受体，并验证其是否影响块茎发育；③StCOL1-StSP6A途径是研究得最为深入，也是调控马铃薯块茎发育最核心的途径，Abelenda等（2019）的研究证明调控马铃薯块茎发育的StCOL1-StSP6A途径与糖信号存在互作，但其机制仍不清晰，需要进一步研究阐明。

（景晟林，单建伟，孙小梦，宋波涛）

参考文献

［1］段晓艳．蔗糖诱导马铃薯块茎形成及相关基因的表达［D］．昆明：云南师范大学，2008．

［2］高小溪．蔗糖诱导马铃薯（*S.tuberosum* L.）试管薯形成的转录组分析与关键基因筛选［D］．武汉：华中农业大学，2018．

［3］连勇，邹颖，杨宏福，等．马铃薯试管薯发育机理研究——温度对试管薯形成的影响［J］．马铃薯杂志，1996（10）：133-137．

［4］柳俊，谢从华，黄大恩，等．马铃薯试管块茎形成机制的研究——BA对试管块茎形成与膨大的影响［J］．马铃薯杂志，1995（9）：7-11．

［5］柳俊，谢从华，黄大恩．马铃薯试管块茎形成机制的研究——暗处理与光照时间对试管块茎形成的影响［J］．马铃薯杂志，1994（8）：138-141．

[6] 柳俊. 马铃薯试管块茎的形成机理及块茎形成调控[D]. 武汉:华中农业大学，2001.

[7] 罗玉，李灿辉. 糖类及其衍生物对马铃薯块茎形成的影响[J]. 昆明学院学报，2011，33: 85-89.

[8] 马崇坚，谢从华，柳俊，等. 内源生长物质在马铃薯试管块茎形成中的作用[J]. 华中农业大学学报，2003（4）: 389-394.

[9] 司怀军，柳俊，谢从华. 马铃薯class I patatin基因在试管块茎形成中的功能[J]. 作物学报，2006（9）: 1406-1409.

[10] 单建伟，柳俊，索海翠，等.糖信号调控马铃薯块茎发育的研究进展[J].华中农业大学学报，2021，40（4）: 27-35.

[11] 宋纯鹏，王学路，周云. 植物生理学[M]. 北京：科学出版社，2015.

[12] 苏亚拉其其格，樊明寿，贾立国，等. 土壤pH对马铃薯块茎发育及其内源激素含量的影响[J]. 土壤通报，2020，51（5）: 1160-1165.

[13] 孙梦遥. 糖对马铃薯微型薯诱导机制的研究[D]. 兰州：兰州理工大学，2016.

[14] 王蒂，陈劲枫. 植物组织培养[M]. 北京：中国农业出版社，2016.

[15] 周俊. 马铃薯（*Solanum tuberosum* L.）试管块茎形成的QTL定位及遗传分析[D]. 华中农业大学，2014.

[16] ABE M, KOBAYASHI Y, YAMAMOTO S, et al. FD, a bZIP protein mediating signals from the floral pathway integrator FT at the shoot apex [J]. Science, 2005, 309: 1052-1056.

[17] ABELENDA J A, CRUZ-ORO E, FRANCO-ZORRILLA J M, et al. Potato stconstans-like1 suppresses storage organ formation by directly activating the ft-like stsp5g repressor [J]. Current Biology, 2016, 26 (7): 872-881.

[18] ABELENDA J, BERGONZI S, OORTWIJN M, et al. Source-sink regulation is mediated by interaction of an ft homolog with a sweet protein in potato [J]. Current Biology, 2019, 29 (7): 1178-1186.

[19] AKSENOVA N P, KONSTANTINOVA T N, GOLYANOVSKAYA S A, et al. Hormonal regulation of tuber formation in potato plants [J]. Russian Journal of Plant Physiology, 2012, 59: 451-466.

[20] AMADOR V, MONTE E, GARCÍA-MARTÍNEZ J L, et al. Gibberellins signal nuclear import of phor1, a photoperiod-responsive protein with homology to drosophila armadillo [J]. Cell, 2001, 106 (3): 343-354.

[21] ARTSCHWAGER E F. Anatomy of potato plant, with special reference to the ontogeny of the vascular system [J]. Journal of Agricultural Research, 1918, 27: 187-190.

[22] AUKERMAN M J, SAKAI H. Regulation of flowering time and floral organ identity by a microRNA and its APETALA2-like target genes [J]. Plant Cell, 2003, 15 (11): 2730-2741.

[23] BAENA-GONZALEZ E, LUNN J E. SnRK1 and trehalose 6-phosphate-two ancient pathways converge to regulate plant metabolism and growth [J]. Current Opinion in

Plant Biology, 2020, 55: 52-59.

[24] BANERJEE A K, CHATTERJEE M, YU Y Y, et al. Dynamics of a mobile RNA of potato involved in a long-distance signaling pathway [J]. Plant Cell, 2006, 18 (12): 3443-3457.

[25] BAROJA-FERNANDEZ E, MUNOZ F J, MONTERO M, et al. Enhancing sucrose synthase activity in transgenic potato (*Solanum tuberosum* L.) tubers results in increased levels of starch, ADPglucose and UDPglucose and total yield [J]. Plant Cell Physiology, 2009, 50: 1651-1662.

[26] BATUTIS E J, EWING E E. Far-Red reversal of red light effect during Long-Night induction of potato (*Solanum tuberosum* L.) tuberization [J]. Plant Physiology, 1982, 69: 672-674.

[27] BERG J H V D, IMKO I, DAVIES P J, et al. Morphology and [^{14}C] Gibberellin A 12 metabolism in wildType and dwarf *Solanum tuberosum* ssp [J]. Andigena Grown under Long and Short Photoperiods, 1995, 146 (4): 467-473.

[28] BHOGALE S, MAHAJAN A S, NATARAJAN B, et al. MicroRNA156: A potential graft-transmissible microrna that modulates plant architecture and tuberization in *Solanum tuberosum* ssp andigena [J]. Plant Physiology, 2014, 164 (2): 1011-1027.

[29] BLANC A, MERY J C, BOISARD J. Action des radiations de lumiere rouge sur la survie et la tuberisation de germes de pomme de terre cultives '*in vitro*': influence de leur age physiologique [J]. Potato Research, 1986, 29: 381-389.

[30] BOORER K J, LOO D D, FROMMER W B, et al. Transport mechanism of the cloned potato H+/sucrose cotransporter StSUT1 [J]. Journal of Biological Chemistry, 1996, 271: 25139-25144.

[31] BOOTH A. The role of growth substances in the development of stolons [J]. The Growth of the Potato. 1963.

[32] BOU-TORRENT J, MARTINEZ-GARCIA J F, GARCIA-MARTINEZ J L, et al. Gibberellin A1 metabolism contributes to the control of photoperiod-mediated tuberization in potato [J]. PLoS One, 2011, 6 (9): e24458.

[33] BRADSHAW J E, HACKETT C A, PANDE B, et al. QTL mapping of yield, agronomic and quality traits in tetraploid potato (*Solanum tuberosum subsp. tuberosum*) [J]. Theoretical and Applied Genetics, 2008, 116:193-211.

[34] CAMIRE M E, KUBOW S, DONNELLY D J. Potatoes and human health [J]. Critical Reviews in Food Science and Nutrition, 2009, 49: 823-840.

[35] CARRERA E, BOU J, GARCÍA-MARTÍNEZ J L, et al. Changes in GA20-oxidase gene expression strongly affect stem length, tuber induction and tuber yield of potato plants [J]. Plant Journal, 2000, 22 (3): 247-256.

[36] CHAILAKHYAN M K, YANINA L I, DEVEDZHYAN A G, et al. Photoperiodism and tuber formation in graftings of tobacco onto potato [J]. Doklady Akademii Nauk SSSR, 1981,

257: 1276-1280.

[37] CHAILAKHYAN M K. New facts in support of the hormonal theory of plant development[J]. Comptes Rendus de l'Académie des Sciences URSS, 1936, 13: 79-83.

[38] CHAPMAN H W. Tuberization in the potato plant [J]. Physiologia Plantarum, 1958, 11 (2): 215-224.

[39] CHEN H, ROSIN F M, PRAT S, et al. Interacting transcription factors from the three-amino acid loop extension superclass regulate tuber formation [J]. Plant Physiology, 2003, 132 (3): 1391-1404.

[40] CHEN L Q, QU X Q, HOU B H, et al. Sucrose efflux mediated by SWEET proteins as a key step for phloem transport [J]. Science, 2012, 335: 207-211.

[41] CHEN X M. A microRNA as a translational repressor of APETALA2 in Arabidopsis flower development [J]. Science, 2004, 303 (5666): 2022-2025.

[42] CHINCINSKA I A, LIESCHE J, KRUGEL U, et al. Sucrose transporter StSUT4 from potato affects flowering, tuberization, and shade avoidance response [J]. Plant Physiology, 2008, 146: 515-528.

[43] CHINCINSKA I, GIER K, KRÜGEL U, et al. Photoperiodic regulation of the sucrose transporter StSUT4 affects the expression of circadian-regulated genes and ethylene production [J]. Frontiers in Plant Science, 2013, 4: 26.

[44] CHO S K, SHARMA P, BUTLER N M, et al. Polypyrimidine tract-binding proteins of potato mediate tuberization through an interaction with StBEL5 RNA [J]. Journal of Experimental Botany, 2015, 66 (21): 6835-6847.

[45] COLLINS A, MOLBOURNE D, RAMSAY L, et al. QTL for field resistance to late blight in potato are strongly correlated with maturity and vigor [J]. Molecular Breeding, 1999, 5:387-398.

[46] CRUZ-ORO E. Control of potato tuberization by GI and proteins of the FT family [D]. Madrid: University Autonoma de Madrid, 2017.

[47] CUTTER E G. Structure and development of the potato plant [J]. In: HARRIS P M, ed. The potato crop. The scientific basis for improvement. London: Chapman & Hall, 1978, 70-152.

[48] CWB. StGA2ox1 is induced prior to stolon swelling and controls GA levels during potato tuber development [J]. Plant Journal, 2007, 52: 362-373.

[49] DAVIDSON S E, ELLIOTT R C, HELLIWELL C A, et al. The pea gene NA encodes ent-kaurenoic acid oxidase [J]. Plant Physiology, 2003, 131 (1): 335-344.

[50] DAVIES H V, SHEPHERD L V, BURRELL M M, et al. Modulation of fructokinase activity of potato (*Solanum tuberosum*) results in substantial shifts in tuber metabolism [J]. Plant Cell Physiology, 2005, 46: 1103-1115.

[51] DEBAST S, NUNES-NESI A, HAJIREZAEI M R, et al. Altering trehalose-6-phosphate

content in transgenic potato tubers affects tuber growth and alters responsiveness to hormones during sprouting [J] . Plant Physiology, 2011, 156 (4) :1754-1771.

[52] DIJKWEL P P, HUIJSER C, WEISBEEK P J, et al. Sucrose control of phytochrome a signaling in Arabidopsis [J] . Plant Cell, 1997, 9: 583-595.

[53] DUTT S, MANJUL A S, RAIGOND P, et al. Key players associated with tuberization in potato: potential candidates for genetic engineering [J] . Critical Reviews in Biotechnology, 2017, 37: 942-957.

[54] EVELAND A L, JACKSON D P. Sugars, signalling, and plant development [J] . Journal of Experimental Botany, 2012, 63: 3367-3377.

[55] EWING E E, DAVIES P J. The role of hormones in potato (*Solanum tuberosum* L.) tuberization [J] . Springer Netherlands, 1987, 515-538.

[56] EWING E E, STRUIK P C. Tuber formation in potato: induction, initiation, and growth [J] . Horticulture reviews, 2010, 14 (1992) : 89-133.

[57] FENG J, ZHAO S, CHEN X, et al. Biochemical and structural study of Arabidopsis hexokinase 1 [J] . Acta Crystallogr D Biol Crystallogr, 2015, 71: 367-375.

[58] FERNIE A R, BACHEM C W B, HELARIUTTA Y, et al. Synchronization of developmental, molecular and metabolic aspects of source-sink interactions [J] . Nature Plants, 2020, 6: 55-66.

[59] FERNIE A R, ROESSNER U, GEIGENBERGER P. The sucrose analog palatinose leads to a stimulation of sucrose degradation and starch synthesis when supplied to discs of growing potato tubers [J] . Plant Physiology, 2001, 125: 1967-1977.

[60] FRITZ C C, WOLTER F P, SCHENKEMEYER V, et al. The gene family encoding the ribulose- (1, 5) -bisphosphate carboxylase/oxygenase (Rubisco) small subunit of potato [J] . Gene, 1993, 137: 271-274.

[61] GANCEDO J M. Carbon catabolite repression in yeast [J] . FEBS Journal, 1992, 206: 297-313.

[62] GAO H, WANG Z, LI S, et al. Genome-wide survey of potato MADS-box genes reveals that StMADS1 and StMADS13 are putative downstream targets of tuberigen StSP6A [J] . BMC Genomics, 2018, 19 (1) :1-20.

[63] GARDNER A, DAVIES H V, BURCH L R. Purification and properties of fructokinase from developing tubers of potato (*Solanum tuberosum* L.) [J] . Plant Physiology, 1992, 100: 178-183.

[64] GARNER N, BLAKE J. The induction and development of potato microtubers *in vitro* on media free of growth regulating substances [J] . Annals of Botany, 1989, 663-674.

[65] GARNER W W, ALLARD H A. Further studies in photoperiodism: the response of the plant to relative length of day and night [M] . US Government Printing Office. 1923.

[66] GEIGENBERGER P. Regulation of sucrose to starch conversion in growing potato tubers

［J］. Journal of experimental botany, 2003, 54: 457-465.

［67］GONZALEZ-SCHAIN N D, SUAREZ-LOPEZ P. CONSTANS delays flowering and affects tuber yield in potato［J］. Biologia Plantarum, 2008, 52（2）: 251-258.

［68］GONZALEZ-SCHAIN N D, DIAZ-MENDOZA M, ZURCZAK M, et al. Potato CONSTANS is involved in photoperiodic tuberization in a graft-transmissible manner［J］. Plant Journal, 2012, 70（4）: 678-690.

［69］GOODWIN P B. The control of branch growth on potato tubers［J］. Journal of Experimental Botany, 1967, 18, 78-86.

［70］GRANOT D, DAVID-SCHWARTZ R, KELLY G. Hexose kinases and their role in sugar-sensing and plant development［J］. Frontiers in Plant Science, 2013, 4: 44.

［71］GREGORY L E. Some factors for tuberization in the potato plant［J］. American Journal of Botany, 1956, 43（4）: 281-288.

［72］GUTAKER R M, WEISS C L, ELLIS D, et al. The origins and adaptation of European potatoes reconstructed from historical genomes［J］. Nature Ecology & Evolution, 2019, 3（7）: 1093-1101.

［73］HAAKE V, ZRENNER R, SONNEWALD U, et al. A moderate decrease of plastid aldolase activity inhibits photosynthesis, alters the levels of sugars and starch, and inhibits growth of potato plants［J］. Plant Journal, 1998, 14: 147-57.

［74］HANANO S, GOTO K. Arabidopsis TERMINAL FLOWER1 is involved in the regulation of flowering time and inflorescence development through transcriptional repression［J］. Plant Cell, 2011, 23（9）: 3172-3184.

［75］HANNAPEL D J, SHARMA P, LIN T, et al. The multiple signals that control tuber formation［J］. Plant Physiology, 2017, 174: 845-856.

［76］HANNAPEL D J. Signalling the induction of tuber formation［M］. Potato biology and biotechnology: advances and perspectives. Amsterdam, Elsevier, 2007, 237-256.

［77］HARDIGAN M A, LAIMBEER F P E, NEWTON L, et al. Genome diversity of tuber-bearing *Solanum uncovers* complex evolutionary history and targets of domestication in the cultivated potato［J］. Proceedings of the National Academy of Sciences of the United States of America, 2017, 114（46）: e9999-e10008.

［78］HASTILESTARI B R, LORENZ J, REID S, et al. Deciphering source and sink responses of potato plants（*Solanum tuberosum* L.）to elevated temperatures［J］. Plant Cell and Environment, 2018, 41: 2600-2616.

［79］HASTILESTARI B R. Molecular analysis of potato（*Solanum tuberosum*）responses to increased temperatures. 2019.

［80］HERIK VAN DEN B, BERGONZI S, BACHEM C W B, et al. Modelling the physiological relevance of sucrose export repression by an Flowering Time homolog in the long-distance phloem of potato［J］. Plant Cell and Environment, 2021, 44: 792-806.

[81] HSU P Y, HARMER S L. Wheels within wheels: the plant circadian system [J]. Trends in Plant Science, 2014, 19 (4): 240-249.

[82] INUI H, OGURA Y, KIYOSUE T. Overexpression of arabidopsis thaliana LOV KELCH REPEAT PROTEIN 2 promotes tuberization in potato (*Solanum tuberosum* cv. May Queen)[J]. Febs Letters, 2010, 584 (11): 2393-2396.

[83] JACKSON S D, HEYER A, DIETZE J, et al. Phytochrome B mediates the photoperiodic control of tuber formation in potato [J]. Plant Journal, 1996, 9 (2): 159-166.

[84] JACKSON S D, JAMES P, PRAT S, et al. Phytochrome B affects the levels of a graft-transmissible signal involved in tuberization [J]. Plant Physiology, 1998, 117 (1): 29-32.

[85] JACKSON S D. Multiple signaling pathways control tuber induction in potato [J]. Plant Physiology, 1999, 119 (1): 1-8.

[86] JANG J C, LEON P, ZHOU L, et al. Hexokinase as a sugar sensor in higher plants [J]. Plant Cell, 9: 5-19.

[87] JANG J C, SHEEN J. Sugar sensing in higher plants [J]. Plant Cell, 1997, 6: 1665-1679.

[88] JONIK C, SONNEWALD U, HAJIREZAEI M R, et al. Simultaneous boosting of source and sink capacities doubles tuber starch yield of potato plants [J]. Plant Biotechnology Journal, 2012, 10: 1088-1098.

[89] KATOH A, ASHIDA H, KASAJIMA I, et al. Potato yield enhancement through intensification of sink and source performances [J]. Breeding Science, 2015, 65: 77-84.

[90] KHURI S, MOORBY J. Investigations into the role of sucrose in patato cv. estima microtuber produciton *in vitro* [J]. Annals of Botany, 1995, 75: 295-303.

[91] KITTIPADUKAL P, BETHKE P C, JANSKY S H. The effect of photoperiod on tuberisation in cultivated × wild potato species hybrids [J]. Potato Research, 2012, 55:27-40

[92] KLOOSTERMAN B, ABELENDA J A, GOMEZ M D C, et al. Naturally occurring allele diversity allows potato cultivation in northern latitudes [J]. Nature, 2013, 495 (7440): 246-250.

[93] KLOOSTERMAN B, NAVARRO C, BIJSTERBOSCH G, et al. StGA2ox1 is induced prior to stolon swelling and controls GA levels during potato tuber development [J]. Plant Journal, 2007, 52 (2): 362-373.

[94] KLOOSTERMAN B, VORST O, HALL R D, et al. Tuber on a chip: differential gene expression during potato tuber development [J]. Plant Biotechnology Journal, 2005, 3: 505-519

[95] KODA Y, KAZAWA Y. Characteristic changes in the levels of endogenous plant hormones in relation to the onset of potato tuberization [J]. Japanese journal of crop science, 1983, 52 (4): 592-597.

[96] KONDHARE K R, VETAL P V, KALSI H S, et al. BEL1-like protein (StBEL5) regulates CYCLING DOF FACTOR1 (StCDF1) through tandem TGAC core motifs in potato [J] . Journal of Plant Physiologyogy, 2019, 241:153041.

[97] KUHN C, GROF C P. Sucrose transporters of higher plants [J] . Current Opinion in Plant Biology, 2010, 13: 288-298.

[98] KUHN C, HAJIREZAEI M R, FERNIE A R, et al. The sucrose transporter StSUT1 localizes to sieve elements in potato tuber phloem and influences tuber physiology and development [J] . Plant Physiology, 2003, 131: 102-13.

[99] KUHN C, QUICK W P, SCHULZ A, et al. Companion cell-specific inhibition of the potato sucrose transporter SUT1 [J] . Plant Cell & Environment, 1996, 19 (10) :1115-1123.

[100] KUMAR A, KONDHARE K R, MALANKAR N N, et al. The Polycomb group methyltransferase StE (z) 2 and deposition of H3K27me3 and H3K4me3 regulate the expression of tuberization genes in potato [J] . Journal of Experimental Botany, 2020, 72 (2) : 426-444.

[101] KUMAR A, KONDHARE K R, VETAL P V, et al. PcG proteins MSI1 and BMI1 function upstream of miR156 to regulate aerial tuber formation in potato [J] . Plant Physiology, 2020, 182 (1) : 185-203.

[102] KUMAR D, WAREING P F. Studies on tuberization in solanum andigena: I. Evidence for the existence and movement of a specific tuberization stimulus [J] . New Phytologist, 1973, 72 (2) : 283-287.

[103] LASTDRAGER J, HANSON J, SMEEKENS S. Sugar signals and the control of plant growth and development [J] . Journal of experimental botany, 2014, 65: 799-807.

[104] LEHRETZ G G, SONNEWALD S, HORNYIK C, et al. Post-transcriptional regulation of FLOWERING LOCUS T modulates heat-dependent source-sink development in potato [J] . Current Biology. 2019,

[105] LI J, LI G, WANG H, et al. Phytochrome signaling mechanisms [J] . The Arabidopsis Book / American Society of Plant Biologists, 2011, 9: e0148.

[106] LI S. Research on the allelic variance of F T-like PEBP proteins in *Solanum tuberosum* [J]. Wageningen university, 2018.

[107] LINDEN K J, CALLIS J. The ubiquitin system affects agronomic plant traits [J] . Journal of Biological Chemistry, 2020, 295 (40) : 13940-13955.

[108] LIU J, XIE C. Correlation of cell division and cell expansion to potato microtuber growth *in vitro* [J] . Plant Cell, Tissue and Organ Culture, 2001, 67 (2) .

[109] LIU L, LIU C, HOU X L, et al. FTIP1 is an essential regulator required for florigen transport [J] . Plos Biology, 2012, 10 (4) .

[110] LJUNG K, NEMHAUSER J L, PERATA P. New mechanistic links between sugar and hormone signalling networks [J] . Current Opinion in Plant Biology, 2015, 25: 130-137.

[111] LOVELL P H, BOOTH A. Effeet of gibberellin acid on growth, tuber formation and earbohydrate distribution in *Solanum tubeorsum* L [J]. New Physiology, 1967, 66: 525-537.

[112] MACHACKOVA I, KONSTANTINOVA T N, SERGEEVA L I, et al. Photoperiodic control of growth, development and phytohormone balance in *Solanum tuberosum* [J]. Physiologia Plantarum, 1998, 102 (2): 272-278.

[113] MACINTOSH G C, ULLOA R M, RAICES M, et al. Changes in calcium-dependent protein kinase activity during *in vitro* tuberization in potato [J]. Plant Physiology, 1996, 112: 1541-1550.

[114] MAHAJAN A, BHOGALE S, KANG I H, et al. The mRNA of a Knotted1-like transcription factor of potato is phloem mobile [J]. Plant molecular biology, 2012, 79 (6): 595-608.

[115] MALOSETTI M, VISSER R G F, CELIS-GAMBOA C, et al. QTL methodology for response curves on the basis of non-linear mixed models, with an illustration to senescence in potato [J]. Theoretical and Applied Genetics, 2006, 113:288-300.

[116] MARTIN A, ADAM H, DIAZ-MENDOZA M, et al. Graft-transmissible induction of potato tuberization by the microRNA miR172 [J]. Development, 2009, 136 (17): 2873-2881.

[117] MARTINEZ-GARCIA J F, VIRGOS-SOLER A, PRAT S. Control of photoperiod-regulated tuberization in potato by the Arabidopsis flowering-time gene CONSTANS [J]. Proceedings of the National Academy of Sciences of the United States of America, 2002, 99 (23): 15211-15216.

[118] MENDOZA H A, HAYNES F L. nheritance of tuber initiation in tuber bearing *Solanum* as influenced by photoperiod [J]. American Potato Journal, 1977, l 54:243-253.

[119] MENZEL C M. Tuberization in potato (*Solanum tuberosum* cultivar Sebago) at high temperatures: interaction between shoot and root temperatures [J]. Annals of Botany, 1983a. 52:65-70.

[120] MITA S, MURANO N, AKAIKE M, et al. Mutants of Arabidopsis thaliana with pleiotropic effects on the expression of the gene for beta-amylase and on the accumulation of anthocyanin that are inducible by sugars [J]. Plant Journal, 1997, 11: 841-851.

[121] MOORE B, ZHOU L, ROLLAND F, et al. Role of the arabidopsis glucose sensor HXK1 in nutrient, light, and hormonal signaling [J]. Science, 2003, 300: 332-336.

[122] MORRIS W L, DUCREUX L J M, MORRIS J, et al. Identification of TIMING OF CAB EXPRESSION 1 as a temperature-sensitive negative regulator of tuberization in potato [J]. Journal of Experimental Botany, 2019, 70 (20): 5703-5714.

[123] MORRIS W L, HANCOCK R D, DUCREUX L J M, et al. Day length dependent restructuring of the leaf transcriptome and metabolome in potato genotypes with contrasting tuberization phenotypes [J]. Plant Cell and Environment, 2014, 37 (6):

1351-1363.

[124] MÜLLER-RÖBER B T, KOSSMANN J, HANNAH L C, et al. One of two different ADP-glucose pyrophosphorylase genes from potato responds strongly to elevated levels of sucrose [J]. Molecularand General Genetics, 1990, 224: 136-146.

[125] MÜLLER-RÖBER B, SONNEWALD U, WILLMITZER L. Inhibition of the ADP-glucose pyrophosphorylase in transgenic potatoes leads to sugar-storing tubers and influences tuber formation and expression of tuber storage protein genes [J]. The EMBO Journal, 1992, 11 (4): 1229-1238.

[126] MUNIZ GARCIA M N, STRITZLER M, CAPIATI D A. Heterologous expression of Arabidopsis ABF4 gene in potato enhances tuberization through ABA-GA crosstalk regulation [J]. Planta, 2014, 239: 615-631.

[127] NICOLAS M, TORRES-PEREZ R, WAHL V, et al. Spatial control of potato tuberisation by the TCP transcription factor BRANCHED1b [J]. 2020.

[128] NIWA M, DAIMON Y, KUROTANI K, et al. BRANCHED1 interacts with FLOWERING LOCUS T to repress the floral transition of the axillary meristems in arabidopsis [J]. Plant Cell, 2013, 25 (4): 1228-1242.

[129] OPARKA K J, WRIGHT K M. Influence of cell turgor on sucrose partitioning in potato tuber storage tissues [J]. Planta, 1988: 175: 520-526.

[130] PICO S, ORTIZ-MARCHENA M I, MERINI W, et al. Deciphering the Role of POLYCOMB REPRESSIVE COMPLEX1 variants in regulating the acquisition of flowering competence in arabidopsis [J]. Plant Physiology, 2015, 168 (4): 1286-u1286.

[131] PLAISTED P H. Growth of the potato tuber [J]. Plant Physiology, 1957, 32: 445-453.

[132] PLANTENGA F, HEUVELINK E, RIENSTRA J A, et al. Coincidence of potato CONSTANS (StCOL1) expression and light cannot explain night-break repression of tuberization [J]. Physiologia Plantarum, 2019, 167 (2).

[133] PONTIS H G. On the scent of the riddle of sucrose [J]. Trends in Biochemical Sciences, 1978, 3: 137-139.

[134] PRAT S, FROMMER W B, HOFGEN R. Geneex pression during tuber development in potatos [J]. FEBS, 1990, 268 (2): 234-338.

[135] PRAT S. Hormonal and daylength control of potato Tuberization [M]. Plant Hormones. 2010,

[136] PURCELL P C, SMITH A M, HALFORD N G. Antisense expression of a sucrose non-fermenting-1-related protein kinase sequence in potato results in decreased expression of sucrose synthase in tubers and loss of sucrose-inducibility of sucrose synthase transcripts in leaves [J]. The Plant Journal, 1998, 2: 195-202.

[137] QI X, LI Q, SHEN J, et al. Sugar enhances waterlogging-induced adventitious root formation in cucumber by promoting auxin transport and signalling [J]. Plant Cell and Environment, 2020, 43: 1545-1557.

[138] QU D, SONG Y, LI W M, et al. Isolation and characterization of the organ-specific and light-inducible promoter of the gene encoding rubisco activase in potato (*Solanum tuberosum*)[J]. Genetics and Molecular Research, 2011, 10: 621-631.

[139] RAÍCES M, CHICO J M, TÉLLEZ-IÑÓN M T, et al. Molecular characterization of StCDPK1, a calcium-dependent protein kinase from *Solanum tuberosum* that is induced at the onset of tuber development [J]. Plant Molecular Biology, 2001, 46: 591-601.

[140] RAICES M, ULLOA R M, MACINTOSH G C, et al. StCDPK1 is expressed in potato stolon tips and is induced by high sucrose concentration [J]. Journal of experimental botany, 2003, 54: 2589-2591.

[141] RAMIREZ GONZALES L, SHI L, BERGONZI S B, et al. Potato CYCLING DOF FACTOR1 and its lncRNA counterpart StFLORE link tuber development and drought response [J]. The Plant Journal: for cell and molecular biology, 2021, 105 (4): 855-869.

[142] REYNOLDS P M, EWING E E. Effects of high air and soil temperature stress on growth and tuberization in *Solanum tuberosum* [J]. Annals of Botany, 1989b, 64: 241-247.

[143] RIESMEIER J W, FLÜGGE U I, SCHULZ B, et al. Antisense repression of the chloroplast triose phosphate translocator affects carbon partitioning in transgenic potato plants [J]. Proceedings of the National Academy of Sciences of the United States of America, 1993, 90: 6160-6164.

[144] RIESMEIER J W, HIRNER B, FROMMER W B. Potato sucrose transporter expression in minor veins indicates a role in phloem loading [J]. Plant Cell, 1993, 5: 1591-1598.

[145] RIOU-KHAMLICHI C, MENGES M, HEALY J M, et al. Sugar control of the plant cell cycle: differential regulation of Arabidopsis D-type cyclin gene expression [J]. Molecular Biology of the cell, 2000, 20: 4513-4521.

[146] RODEN L C, SONG H R, JACKSON S, et al. Floral responses to photoperiod are correlated with the timing of rhythmic expression relative to dawn and dusk in Arabidopsis [J]. Proceedings of the National Academy of Sciences of the United States of America, 2002, 99 (20): 13313-13318.

[147] RODRIGUEZ-FALCON M, BOU J, PRAT S. Seasonal control of tuberization in potato: conserved elements with the flowering response [J]. Annual Review of Plant Biology, 2006, 65 (57): 151-180.

[148] ROLLAND F, SHEEN J. Sugar sensing and signalling networks in plants [J]. Biochemical Society Transactions, 2005, 33: 269-271.

[149] ROSIN F M, HART J K, HORNER H T, et al. Overexpression of a knotted-like homeobox gene of potato alters vegetative development by decreasing gibberellin accumulation [J]. Plant Physiology, 2003, 132 (1): 106-117.

[150] ROSIN F M, HART J K, VAN ONCKELEN H, et al. Suppression of a vegetative MADS box gene of potato activates axillary meristem development [J]. Plant Physiology, 2003, 131 (4): 1613-1622.

[151] ROUMELIOTIS E, KLOOSTERMAN B, OORTWIJN M, et al. The effects of auxin and strigolactones on tuber initiation and stolon architecture in potato [J]. Plant Signaling & Behavior, 2012, 63 (12): 4539-4547.

[152] RUAN Y L. Sucrose metabolism: gateway to diverse carbon use and sugar signaling [J]. Annual Review of Plant Biology, 2014, 65: 33-67.

[153] SALZMAN R A, TIKHONOVA I, BORDELON B P, et al. Coordinate accumulation of antifungal proteins and hexoses constitutes a developmentally controlled defense response during fruit ripening in grape [J]. Plant Physiology, 1998, 117: 465-472.

[154] SANZ M J, MINGO-CASTEL A, VAN LAMMEREN A A M, et al. Changes in the microtubular cytoskeleton precede *in vitro* tuber formation in potato [J]. Protoplasma, 1996, 191 (1): 46-54.

[155] SHARMA P, LIN T, HANNAPEL D J. Targets of the StBEL5 transcription factor include the FT ortholog StSP6A [J]. Plant Physiology, 2016, 170 (1): 310-324.

[156] SHEEN J, ZHOU L, JANG J C. Sugars as signaling molecules [J]. Current Opinion in Plant Biology, 1999, 2: 410-418.

[157] SHI L. Research on the allelic variance of FT-like PEBP proteins in *Solanum tuberosum* [J]. Wageningen: Wageningen University. 2018.

[158] SHORT T W. Overexpression of Arabidopsis phytochrome B inhibits phytochrome A function in the presence of sucrose [J]. Plant Physiology, 1999, 119: 1497-1506.

[159] SLATER J W. Mechanisms of tuber initiation [M]. In: The Growth of the Potato (Ed. by JD Ivins & FL Milthorpe). London: Butterworths, 1963: 114.

[160] SNYDER E, EWING E E. Interactive effects of temperature, photoperiod, and cultivar on tuberization of potato cuttings [J]. Scientia Horticulturae, 1989, 24: 336-338.

[161] SOKOLOV L N, DÉJARDIN A, KLECZKOWSKI L A. Sugars and light/dark exposure trigger differential regulation of ADP-glucose pyrophosphorylase genes in Arabidopsis thaliana (thale cress). Biochemcal Journal, 1998, 336 (3): 681-687.

[162] SOWOKINOS J R, THOMAS C, BURRELL M M. Pyrophosphorylases in potato V allelic polymorphism of UDP-glucose pyrophosphorylase in potato cultivars and its association with tuber resistance to sweetening in the cold [J]. Plant Physiology, 1997, 113: 511-517.

[163] TAOKA K, OHKI I, TSUJI H, et al. 4-3-3 proteins act as intracellular receptors for rice Hd3a florigen [J]. Nature, 2011, 1476 (7360): 332-u397.

[164] TAYLOR M A, ROSS H A, GARDNER A, et al. Characterisation of a cDNA encoding fructokinase from potato (*Solanum tuberosum* L.) [J]. Plant Physiology, 1995, 145: 253-256.

[165] TEO C J, TAKAHASHI K, SHIMIZU K, et al. Potato tuber induction is regulated by interactions between components of a tuberigen complex [J]. Plant and Cell Physiology, 2017, 58 (2): 365-374.

[166] THOMPSON G A，WANG H L. Encyclopedia of applied plant sciences [M] . 2nd edition. http://dx.doi.org/10.1016/B978-0-12-394807-6.00071-X. 2017.

[167] THORBJØRNSEN T，ASP T，JØRGENSEN K，et al. Starch biosynthesis from triose-phosphate in transgenic potato tubers expressing plastidic fructose-1，6-bisphosphatase [J] . Planta，2002，214: 616-624.

[168] TIESSEN A，HENDRIKS J H，STITT M，et al. Starch synthesis in potato tubers is regulated by post-translational redox modification of ADP-glucose pyrophosphorylase: a novel regulatory mechanism linking starch synthesis to the sucrose supply [J] . Plant Cell，2002，14: 2191-2213.

[169] TOGNETTI J A，PONTIS H G，MARTINEZ-NOEL G M. Sucrose signaling in plants: a world yet to be explored [J] . Plant Signaling Behavior，2013，8: e23316.

[170] TSAI A Y，GAZZARRINI S. Trehalose-6-phosphate and SnRK1 kinases in plant development and signaling: the emerging picture [J] . Frontiers in Plant Science，2014，5: 119.

[171] TURCK F，FORNARA F，COUPLAND G. Regulation and identity of florigen: FLOWERING LOCUS T moves center stage [J] . Annual Review of Plant Biology，2008，59: 573-594.

[172] VALVERDE F. CONSTANS and the evolutionary origin of photoperiodic timing of flowering [J] . Journal of Experimental Botany，2011，62（8）: 2453-2463.

[173] Van den BERG J H，EWING E E，PLAISTED R L，et al. QTL analysis of potato tuberization [J] . Theoretical and Applied Genetics，1996，93:307-316.

[174] VERAMENDI J，FERNIE A R，LEISSE A，et al. Potato hexokinase 2 complements transgenic Arabidopsis plants deficient in hexokinase 1 but does not play a key role in tuber carbohydrate metabolism [J] . Plant Molecular Biology，2002，49: 491-501.

[175] VERAMENDI J，ROESSNER U，RENZ A，et al. Antisense repression of hexokinase 1 leads to an overaccumulation of starch in leaves of transgenic potato plants but not to significant changes in tuber carbohydrate metabolism [J] . Plant Physiology，1999，121: 123-134.

[176] VERAMENDI J，WILLMITZER L，RICHARD N. *In vitro* grown potato microtubers are a suitable system for the study of primary carbohydrate metabolism [J] . Plant Physiology and Biochemistry，1999，37: 693-697.

[177] VIOLA R，ROBERTS A G，HAUPT S，et al. Tuberization in potato involves a switch from apoplastic to symplastic phloem unloading [J] . Plant Cell，2001，13（2）: 385-398.

[178] VISKER M H P W，HEILERSIG H B，KODDE L P，et al. Genetic linkage of QTLs for late blight resistance and foliage maturity type in six related potato progenies [J] . Euphytica，2005，143: 189-199

[179] VOCHTING H. Uber die Kiemung der KartoffelknoUen [J] . Bot Ztg，1902，60: 87.

[180] VREUGDENHIL D, SERGEEVA L I. Gibberellins and tuberization in potato [J]. Potato Research, 1999, 42 (3-4): 471-481.

[181] WANG F, YE Y, CHEN X, et al. A sucrose non-fermenting-1-related protein kinase 1 gene from potato, StSnRK1, regulates carbohydrate metabolism in transgenic tobacco [J]. Physiology and Molecular Biology of Plants, 2017, 23: 933-943.

[182] WEBER H, BORISJUK L, WOBUS U. Controlling seed development and seed size in Vicia faba: a role for seed coat-associated invertases and carbohydrate state [J]. Plant Journal, 2010, 10: 823-834.

[183] WELLENSIEK S J. The physiology of tuber formation in *Solanum tuberosum* [D]. Wageningen: Wageningen U & R, 1929.

[184] WERNER H O. The effect of a controlled nitrogen supply with different temperatures and photoperiods upon the development of the potato plant [J]. 1934.

[185] WERNER H O. The effect of size of tubers and seed pieces in Western Nebraska dryland potato culture [J]. American Potato Journal, 1954, 31 (1): 19-27.

[186] WIGGE P A, KIM M C, JAEGER K E, et al. Integration of spatial and temporal information during floral induction in Arabidopsis [J]. Science, 2005, 309 (5737): 1056-1059.

[187] WINGLER A. Transitioning to the next phase: the role of sugar signaling throughout the plant life cycle [J]. Plant Physiology, 2018, 176: 1075-1084.

[188] WOOLLEY D J, WAREING P F. The role of roots, cytokinins and apical dominance in the control of lateral shoot form in Solanum andigena [J]. Planta, 1972, 10: 33-42.

[189] WU G, PARK M Y, CONWAY S R, et al. The sequential action of miR156 and miR172 regulates developmental timing in Arabidopsis [J]. Cell, 2009, 138 (4): 750-759.

[190] XIE C. Physiology of tuber growth and tuber size control in potato (*Solanum tuberosum* L.) [D]. Wye College, University of London. 1989.

[191] XU X, Van LAMMEREN A A, VERMEER E, et al. The role of gibberellin, abscisic acid, and sucrose in the regulation of potato tuber formation in vitro [J]. Plant Physiology, 1998b, 117: 575-584.

[192] XU X, VREUGDENHIL D, LAMMEREN A A M V. Cell division and cell enlargement during potato tuber formation [J]. Journal of Experimental Botany, 1998a, 49: 573-582.

[193] YADAV U P, IVAKOV A, FEIL R, et al. The sucrose-trehalose 6-phosphate (Tre6P) nexus: specificity and mechanisms of sucrose signalling by Tre6P [J]. Journal of experimental botany, 2014, 65: 1051-1068.

[194] YANG H X, CHANG F, YOU C J, et al. Whole-genome DNA methylation patterns and complex associations with gene structure and expression during flower development in Arabidopsis [J]. Plant Journal, 2015, 81 (2): 268-281.

[195] YANG Z, ZHANG L, DIAO F, et al. Sucrose regulates elongation of carrot somatic

embryo radicles as a signal molecule'[J], Plant Molecular Biology, 2004, 54: 441-459.

[196] YANOVSKY M J, IZAGUIRRE M, WAGMAISTER J A, et al. Phytochrome A resets the circadian clock and delays tuber formation under long days in potato [J] . Plant Journal, 2000, 23 (2) : 223-232.

[197] YOON J, CHO L H, TUN W, et al. Sucrose signaling in higher plants [J] . Plant Science, 2021.https://doi.org/10.1016/j.plantsci.2020.110703.

[198] ZHANG X, CAMPBELL R, DUCREUX L J M, et al. TERMINAL FLOWER-1/ CENTRORADIALIS inhibits tuberisation via protein interaction with the tuberigen activation complex [J] . Plant Journal, 2020, 103 (6) : 2263-2278.

[199] ZHOU T, SONG B, LIU T, et al. Phytochrome F plays critical roles in potato photoperiodic tuberization [J] . Plant Journal, 2019, 98 (1) :42-54.

[200] ZRENNER R, KRAUSE K P, APEL P, et al. Reduction of the cytosolic fructose-1, 6-bisphosphatase in transgenic potato plants limits photosynthetic sucrose biosynthesis with no impact on plant growth and tuber yield [J] . Plant Journal, 1996, 9: 671-681.

[201] ZRENNER R, SALANOUBAT M, WILLMITZER L, et al. Evidence of the crucial role of sucrose synthase for sink strength using transgenic potato plants (*Solanum tuberosum* L) [J] . Plant Journal, 1995, 7: 97-107.

第二章

马铃薯抗旱性

第一节
马铃薯抗旱性形成的生物学基础

一、马铃薯响应干旱胁迫概论

（一）马铃薯响应干旱胁迫的类型

干旱是一个很复杂的生理生化过程，影响生物大分子与小分子活动（王小静，2016）。当植株水分消耗多于吸收时，体内产生水分短缺现象，植株体内呈现出水分极度短缺的特征，称作干旱。旱害则是指土壤水分不足或大气相对湿度较低，造成植株萎蔫脱水死亡的现象。

植物为了长期适应干旱的生长环境，各自发展了不同的抗旱机制，但总的来说分为避旱性和耐旱性两种类型。避旱性是指植物在干旱环境中，水分严重亏缺来临之前及时完成其生活史的能力，这类植物一般是在雨季短暂的无水分胁迫时期迅速地发芽生长、开花结果，果实成熟后即死去，而其余各季则以成熟的种子来逃避干旱的危害。耐旱性可以分为高水势下耐旱和低水势下耐旱两种，高水势下耐旱是指干旱环境中的植物，能通过增加吸水或减少失水的方式，来保持植物自身水势，以此推迟植物组织脱水过程的发生。低水势下耐旱是指植物不仅要耐受脱水，还需要在低水势下保持一定的膨压和正常的代谢功能，这就需要植物具备渗透调节、细胞体积变小和组织弹性增加等功能。

马铃薯抗旱性是指马铃薯适应和抵御干旱胁迫的能力，即在土壤干旱情况下，马铃薯受胁迫程度较轻，产量基本不受影响（何丹丹等，2016）。马铃薯是典型的温带气候作物，性喜低温冷凉的生长条件，对水分短缺敏感，缺乏有效的耐旱机制（秦军红等，2019）。马铃薯的抗旱性是一个相当复杂的特性，经过人工与自然的多次选择，有避旱性和耐旱性两种适应方式（毛自朝，2013）。因此，马铃薯的抗旱性研究越来越受到国内外学者的关注。

（二）干旱胁迫对马铃薯的影响

马铃薯植株的干旱状态很容易被察觉，干旱对植株的影响最直接的表现是萎蔫，也就是因水分短缺，细胞紧张度丧失，造成叶子和茎秆的幼嫩部位低垂（李海珀，

2018），对其细胞以及内部组织造成一定的影响。萎蔫分暂时萎蔫与永久萎蔫两种。永久萎蔫时原生质体会过度失水，导致一连串的生理生化变化，如膜结构与透性发生变化、光合作用减弱或受到抑制、呼吸作用在一段时间内加强、内源激素代谢失调、核酸代谢受到破坏、部分蛋白质明显被分解、大量积累脯氨酸、诱导蛋白增加等（毛自朝，2013）。同时，植株体内水分分配异常会导致植株的生长受限；如果干旱严重时，会造成植株机械性损害，从而加速植株的死亡（王彧超，2017）。

1. 干旱胁迫对马铃薯产量的影响

干旱胁迫会抑制马铃薯生长，降低其光合速率，损伤膜系统，并使马铃薯的能量代谢和营养代谢失调，从而使马铃薯的产量及品质降低。马铃薯对缺水非常敏感，主要原因之一就是根系相对稀少且有85%的根系分布在地表30cm处（Kang等，2002；Opena和Porter，1999）。在马铃薯整个生育期内的一个或几个阶段遭遇干旱，阻碍了植株生长发育或造成损伤，就会影响产量和块茎品质（Bélanger，2001）。块茎萌发时要经历一系列复杂的生理生化变化，这些过程受酶的调控，若是遭遇干旱得不到充足水分，就会抑制或延迟块茎萌发，从而缩短结薯和干物质积累期导致减产。若马铃薯发棵期遭遇干旱，则匍匐茎数、单株结薯数以及成薯率都将减少（Deblonde，2001）。若在地上部分迅速生长时遭遇干旱，叶片缺水，则叶片的伸长受阻，接受光合作用的叶面积相应减少，势必影响光合作用。结薯期若遇到干旱，马铃薯叶片早衰，叶面积系数减少，同时下部叶片变黄脱落，也会阻碍新叶片的形成（Susnoschi，1982）。若在块茎膨大期中度干旱，则有利于营养物质向块茎转移（抗艳红等，2011）。马铃薯生长结薯阶段干旱，会不同程度地影响到块茎性状、干物质和还原糖含量。在块茎膨大期的短期干旱，会使块茎产生二次生长，造成薯块畸形（康玉林等，1997；抗艳红等，2010）。石晓华等（2011）研究表明，干旱条件下马铃薯的块茎数量、大薯比例以及产量均会受到抑制（Levy等，2013；Cantore，2014）。不同马铃薯品种抗旱指数不同，抗旱能力存在着一定的差异，早熟品种在花期对干旱敏感，晚熟品种在薯块膨大期对干旱敏感（徐建飞，2011）。不同马铃薯品种受干旱影响不同，同一水分条件下不同品种间产量及抗氧化活性存在一定差异（Deblonde，2001；Levy等，2013）。Ouiam等（2005）调查了4个不同熟性的马铃薯栽培品种在田间和温室的抗旱能力。在干旱条件下匍匐茎数量增加但其长度减小。干旱条件下匍匐茎上不定根数量减少并与根干重呈负相关。在田间条件下块茎产量明显与根重相关，田间条件下抗旱指数明显与根深度呈正相关，由此认为匍匐茎上不定根数量可作为抗旱性鉴定的指标。Lahlou等（2003）调查了4个不同成熟期的马铃薯栽培种对干旱的抵抗能力，结果表明干旱可减少产量的11%～53%，还可减少叶片的干重。早熟品种在干旱时减少块茎数，而晚熟品种则减少叶面积和叶面积指数，那些在干旱条件下最初3周块茎保持较好生长的品种可获得较好产量。这说明早熟和晚熟品种对干旱的反应机制不同。

2．干旱胁迫对马铃薯生长发育的影响

干旱对植物的生长发育及生理生化代谢都会产生巨大影响，主要表现在破坏膜透性、降低膨压、导致气孔关闭、内源激素中促进生长的激素减少、蛋白质合成减少、活性氧积累增多等6个方面（刘祖祺，1994）。制约马铃薯健康生长发育的因素很多，干旱胁迫是最主要的限制因子（饶泽来，2019；王建武等，2016）。干旱胁迫下，马铃薯的生长发育受到抑制，可能是由于水分亏缺导致细胞生长和分裂受阻，体内分生组织发育缓慢（焦志丽等，2011），马铃薯株高、主茎、根系的生长，叶片数、叶面积、产量等普遍受到抑制（杨宏羽等，2016；姚春馨等，2013）。张瑞玖等（2016）研究认为，马铃薯单株结薯数、单株结薯质量、生物量等受干旱影响，均引起大幅度的降低。有学者认为，马铃薯植株在土壤水势下降至-25kPa或者土壤相对田间持水量低于50%时会遭遇干旱胁迫，各生育时期皆对干旱敏感（Schafleitner，2007）。尤其在块茎膨大期若遇到干旱胁迫产量会受到影响，严重干旱时可导致产量大幅度下降。同时，会造成一连串的不良反应，导致马铃薯品质降低，如外观畸变、组织器官异常、代谢紊乱及空心薯等（刘燕清等，2019；秦天元等，2018）。王燕等（2016）研究表明，株高胁迫指数与抗旱指数成反比，且达到1%显著差异水平；干旱对株高的胁迫程度会随株高胁迫指数的下降而减轻，抗旱能力增强。

马铃薯作为典型的温带气候作物，在不同的生长发育阶段均对干旱胁迫非常敏感（Pmk等，1999；Belanger，2001）。焦志丽等（2011）研究了不同程度干旱胁迫下马铃薯幼苗的生长情况，结果表明，马铃薯幼苗在受到中度和重度干旱胁迫时生长会受到显著影响，且随着受胁迫时间的延长，其株高、茎粗、单株叶面积以及地上部分鲜重都明显降低，同时伴有萎蔫的现象。Deblonde和Ledent（2001）研究指出，在马铃薯块茎形成前，若受到干旱胁迫，其茎高、叶片数、叶长等都会受到影响，出现植株生长缓慢、叶片蒸腾作用下降等现象，直接影响到马铃薯产量和块茎数。

3．干旱胁迫对马铃薯生理代谢的影响

作物的一些生理指标含量的变化能够反映作物的受胁迫情况，因此，常被作为抗旱性鉴定的指标（Bansal等，1991；van Rossouw 1997）。干旱胁迫下，马铃薯的生理代谢指标，如土壤含水量、游离脯氨酸含量、可溶性糖含量、叶绿素含量、根系拉力、ATP含量、叶水势、电导率、过氧化氢酶（CAT）活性、超氧化物歧化酶（SOD）活性、丙二醛（MDA）含量等皆会产生变化，反映马铃薯的胁迫状况（尹智宇等，2017；范敏等，2006）。一般情况下，低浓度的脯氨酸含量，表明胁迫程度低（任永峰等，2011）。尹智宇和肖关丽（2017）认为干旱胁迫导致马铃薯叶片内脯氨酸、可溶性糖、可溶性蛋白等大量增加，渗透压下降，增强马铃薯植株对干旱环境的适应能力及本身的抗旱性。赵媛媛等（2017）对干旱胁迫15d与空白处理的马铃薯植株光合特性指标相对量进行分析，结果显示干旱胁迫在较大程度上影响马铃薯植株光合特性指标，导致马铃薯植株的净光合速率、蒸腾速率、气孔导度和胞间CO_2浓度皆下降。顾尚敬等（2013）研究干旱胁迫下马铃薯叶片部分和能量代谢指标，发现在受干旱胁迫情况下叶片的可溶性蛋白含量呈增加趋势，叶面积指数呈降低趋势，可溶性蛋白含量会随供水量的减少而增加。叶片失水率增加，抗旱性降低；反之，叶片失水率下降，抗旱性增加（杜培兵等，2012）。丁海兵等（2011）研究表明，马铃薯品系抗旱性与叶片可溶性糖含量成正比且达到1%的显著差异水平，与离体叶片失水速率、叶片含水量成反比且达到显著差异水平。梁丽娜等（2018）认为干旱胁迫造成马铃薯细胞内MDA的大量积聚；干旱胁迫程度的加深，会增强SOD活力，从而及时清除过氧化氢来抵抗逆境。

抗艳红等（2011）对冀张薯8号和夏波蒂两个马铃薯品种不同生育期进行干旱处理后发现，马铃薯在各生育期受到干旱胁迫后均会导致其MDA、脯氨酸含量增加，SOD活性降低。Van Der Mescht等（1998）对12个品种的马铃薯叶片在干旱胁迫下的多胺浓度进行了测定，结果表明多胺浓度也能反映马铃薯受胁迫程度。高占旺等（1995）对坝薯9号、坝薯10号以及乌盟851 3个品种在干旱胁迫下叶片的相对含水量、叶水势和叶绿素含量等相关生理指标进行了检测，结果发现胁迫强度越大，叶片相对含水量和叶水势下降越明显，随胁迫强度的增加，块茎干物质含量、叶绿素含量增加。

杨宏羽等（2016）用陇薯3号（四倍体）、大西洋（四倍体）、2-27（二倍体）、富利亚（二倍体）、03129-488（六倍体）和03120-565（六倍体）6个马铃薯材料，利用10% PEG6000处理马铃薯试管幼苗，测定并分析与品种抗旱性有关的多项生理生化指标，结果表明随着胁迫时间的延长，不同品种的可溶性糖含量均呈下降的趋势。干旱胁迫对大西洋、富利亚的叶片叶绿素含量的影响比较明显，两个品种干旱胁迫处理的叶绿素含量较0h处理（对照）分别降低6.06%和11.85%，而其他品种中叶绿素含量呈上升趋势。在干旱胁迫24h后，大西洋和03120-565的根系活力最高，之后急剧下降，富利亚的根系活力随干旱胁迫程度的加剧呈现先上升再下降的变化趋势，且在72h达到最高；干旱胁迫后03129-448和2-27的根系活力降低的最多，较对照分别降低78.26%和52.17%。干旱胁迫使马铃薯叶片中的SOD活性和MDA含量均呈现持续上升趋势。干旱条件对6种马铃薯SOD活力的影响有所不同。03120-565、富利亚和2-27的SOD活性随胁迫时间的延长有明显的增加趋势，比对照分别增加128.87%、51.03%和52.03%；在胁迫24h后，大西洋的SOD活性达到最大，而陇薯3号和03129-448降到最小，此后随胁迫时间的延长逐渐增加。干旱胁迫之后，陇薯3号和03120-565叶片脯氨酸含量明显增加，而大西洋、03129-448、富利亚和2-27的脯氨酸含量随着处理时间的延长下降幅度加大，干旱胁迫较对照分别增加26.48%、54.98%、44.53%和28.65%。

马铃薯是一年生草本植物，具有典型的温带气候特性，所以性喜湿润的生长环境，对水分亏缺比较敏感（Schapendonk等，1989）。马铃薯对干旱胁迫的响应机制是指在干旱条件下，马铃薯植株不仅能够生存，还具有维持正常或接近正常代谢水平及维持正常生长发育进程的能力，并且在干旱解除以后能迅速恢复正常的生长、发育和繁殖的能力。干旱胁迫对马铃薯的影响因其品种、生长期、组织或器官的不同而异，且块茎产量的积累受水分胁迫的影响较大，不耐旱品种对水分胁迫更为敏感。马铃薯的耐旱性状是多基因加性互作的复杂性状（Jansky等，2011），研究者通过大量的田间（贾琼等，2009；肖厚军等，2011；赵海超等，2008；丁玉梅等，2013）和实验室室内（抗艳红等，2011；邓珍等，2014；李建武等，2008）工作对其进行了研究。在干旱胁迫下，马铃薯的形态、生理和产量的反应对于马铃薯适应干旱逆境的能力尤为重要（秦玉芝等，2011；杨海鹰和陈伊里，1996）。研究表明马铃薯在干旱逆境下，其植株形态、叶片光合特性、保护酶活性、渗透调节物质的含量以及块茎产量等指标均受到了不同程度的影响，说明马铃薯的形态、生理和产量各个指标在干旱逆境下的反应存在差异。随着科技的发展，马铃薯抗旱研究已经由对生理指标、形态指标的研究，发展到对其生理机制和分子机制的深入研究。

二、马铃薯形态结构对干旱胁迫的响应

国内外学者对马铃薯的抗旱机制已进行了深入研究，并且筛选出了诸多与抗旱性有关的形态指标（秦玉芝等，2011；姚春馨等，2012）。对于马铃薯干旱胁迫的研究，也屡见报道并取得了显著的进展。但由于抗旱性是一个受多基因控制的复杂性状，不同抗旱性品种的抗旱机制各有不同（白志英等，2008）。马铃薯抗旱性是通过一系列形态变化表现出来（祁旭升，2012）。Deblonde等（2001）在块茎形成前测定了6个品种在干旱条件下茎高、叶片数、叶长，发现这些指标对水分较敏感。萨如拉（2012）以马铃薯品种根优1号、根优2号、根优3号、根优4号和费乌瑞它为实验材料，通过对干旱胁迫下马铃薯形态结构进行比较，分析了株高、根系长度、根系鲜重、生物量等指标。结果表明不同马铃薯品种的根长与根鲜重、地上部鲜重、株高呈显著正相关，单株产量和株高相关性明显。根系和地上部分的生长旺盛，有利于提高马铃薯对水分和养分吸收能力，利于提高产量。根优系列的品种比费乌瑞它品种根系生长旺盛，所以单株产量也相对较高。根优系列的品种具有较强的根系生长发育和水分吸收能力，较强的叶片生长发育能力。

（一）马铃薯气孔对干旱胁迫的响应

植物的气孔一般由一对保卫细胞围成，当保卫细胞吸水时，含水量增加，细胞体

积增大，向外膨胀，壁薄的部分易于伸长，将孔口的厚壁拉开，气孔张开；当保卫细胞失水时，膨压降低，体积缩小，气孔关闭。气孔的启闭受干旱胁迫的控制。植物叶片对干旱胁迫的初期响应可能是通过调节气孔导度、关闭气孔以减少失水，而植物的气孔指数、气孔密度、气孔大小和气孔形态结构等也与植物的抗旱性密切相关。马铃薯避开干旱的主要形式有通过关闭气孔、根的适应性生长和形态改变来节水保水（倪郁，2001）。李建武等（2005）研究发现，干旱会导致马铃薯的气孔关闭，叶片含水量降低，叶面积指数减小，从而造成光合速率下降。

（二）马铃薯根对干旱胁迫的响应

干旱胁迫对植物根系的生长和形态结构产生一定的影响，植物在受到干旱胁迫时，根的生长受到抑制，根的形态结构会获得相适应的变化。干旱胁迫会降低植物根的干重、根体积和根冠比，但抗旱性强的基因型上述指标则降低幅度较小。根系活力反映植物根系吸收与代谢能力的强弱，直接影响植株的抗逆性及地上部分茎叶的生长和作物的产量，是衡量植物根系抵御干旱能力大小的重要生理指标。李建武等（2005）研究发现，根系在干旱胁迫下的吸收能力受限，根系活力降低，水分和有机营养不足而引起整体的营养不足。李志燕等（2015）以马铃薯干旱敏感型品种费乌瑞它、中度耐旱型品种克新18号和耐旱型品种克新1号的脱毒试管苗作为试验材料，在组织培养条件下，采用固体和液体培养PEG-6000根际模拟渗透胁迫的方法研究了水分胁迫对马铃薯组培苗形态指标的影响，在液体培养和固体培养条件下，通过变异系数分析和方差分析各个抗旱指标的变化，结果表明，马铃薯根鲜重的变异系数大于其他指标，说明根鲜重对干旱胁迫最为敏感，能较好地鉴定出不同马铃薯品种之间的耐旱性强弱；根长的变异系数较小，但也能较好地反映出不同马铃薯品种之间的耐旱性差异，所以根鲜重可以作为鉴定马铃薯耐旱性强弱的指标。李亚杰等（2013）也研究发现，干旱胁迫下不同品种马铃薯的根数量、长度、体积、干重、根冠比都有所下降，但不同品种表现出不同的降低幅度，根系分布深度会影响马铃薯水分的吸收，根深的品种抗旱性较强。Ouiam等（2005）调查了4个不同熟性的栽培马铃薯品种在田间和温室的抗旱能力。在干旱条件下最大根干重减少，匍匐茎数量增加但其长度减小。干旱条件下匍匐茎上不定根数量减少并与根干重呈负相关。在田间条件下块茎产量明显与根重相关，田间条件下抗旱指数明显与根深度呈正相关。

（三）马铃薯叶形态结构对干旱胁迫的响应

植物一般通过较高的叶组织密度、较大的叶厚度和很小的叶面积来适应干旱胁迫。植物减小叶面积和单位面积内的叶生物量，减少新叶的产生，增加老叶的脱落和减小叶面积的大小。叶面积减少是减少水分散失的一种逆境适应。此外，叶片在干旱胁迫下会发生运动，如叶片萎蔫、方位改变和叶角变化。旱生植物为了适应其特定的生境条件，在形态结构、解剖构造和生理功能上均发生着一系列适应性变化，从而使植物有利于保水和提高水分利用效率。主要变化表现在以下两个方面：一是旱生植物叶往往退化，或只有基生叶，光合作用已部分或全部被幼小的绿色同化枝条所替代，叶片或同化枝卷曲或萎蔫，从而降低表面积，减少了水分的散失；二是旱生植物叶表皮及其附属物发生明显变化，如表皮细胞小，排列紧密，表皮外壁加厚，上面有厚的角质层和蜡被覆，以防止水分散失来响应干旱胁迫。秦玉芝等（2011）研究发现，经聚乙二醇（PEG）处理的马铃薯幼苗叶片面积减小。陈永坤等（2019）通过对19个二倍体马铃薯种质资源（C1～C19）和1个四倍体品种进行抗旱性研究发现，干旱处理下马铃薯植株叶片形态变化明显，干旱胁迫20d后，20份马铃薯叶片表现出不同程度的萎蔫，其中C1、C8、C12、C14、C15、C18、C19和合作88叶片卷曲失水严重，C2、C7、C11、C16复叶的顶部叶片向内卷曲，C5、C13叶片萎蔫变软，C12、C14、C16、C17叶尖有明显焦枯，C9、C10叶片稍变软，C3、C4、C6未发生明显变软萎蔫的现象。Deblonde等（2001）在马铃薯块茎形成前测定了6个品种在干旱条件下叶片数和叶长，发现马铃薯叶对水分较敏感，干旱胁迫下叶片数和叶长明显减少。卢福顺（2013）以东农308、东农309、东农310、东农311、克新13号和延薯4号6个马铃薯品种为试验材料，研究干旱胁迫对马铃薯叶片显微结构的影响，结果表明：干旱胁迫下，6个品种的叶片结构均有很大变化，栅栏组织细胞排列密度减少，海绵组织细胞排列混乱，叶片变厚，叶片内部空隙增大；对于6个品种而言，东农308、东农310和克新13号的叶片内部结构变化程度相对较小，东农309、东农311和延薯4号的叶片内部结构变化相对较大，东农311和延薯4号的栅栏组织明显变小，海绵组织表现增厚（图2-1）。

（四）马铃薯株高对干旱胁迫的响应

干旱胁迫下，植株的高度普遍降低。王燕等（2016）对供试的40份马铃薯材料株高进行了测定，分析得出高抗旱性品种的株高胁迫系数平均值为0.16，中抗旱性品种的株高胁迫系数平均值为0.21，低抗旱性品种的株高胁迫系数平均值为0.29，不抗旱性品种的株高胁迫系数平均值为0.33。随着材料抗旱能力的增强，干旱对株高的影响减少，由干旱引起的株高降低致使块茎产量降低的幅度变小，因此株高可以作为抗旱性鉴定的指标。有研究指出，干旱对株高的影响程度还与材料的熟性有关，早熟品种要弱于晚熟品种。研究还发现，干旱对株高的影响除与熟性有关外，还与品种的节间有关，对于短节间的品种株高影响程度要小于长节间品种。秦玉芝等（2011）研究也发现，经聚乙二醇（PEG）处理的马铃薯幼苗株高会降低。总体来看，株高的影响因素可能存在多方面原因，但在干旱胁迫下，马铃薯可以通过降低株高适应干旱胁迫。

图2-1　水分胁迫▶对马铃薯叶片结构的影响（引自卢福顺，2013）

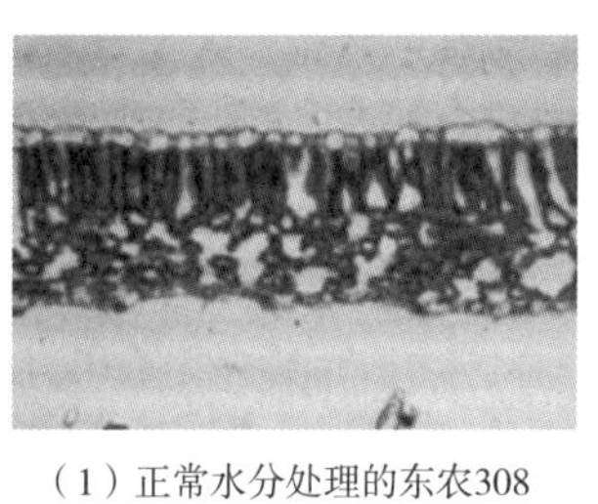

（1）正常水分处理的东农308

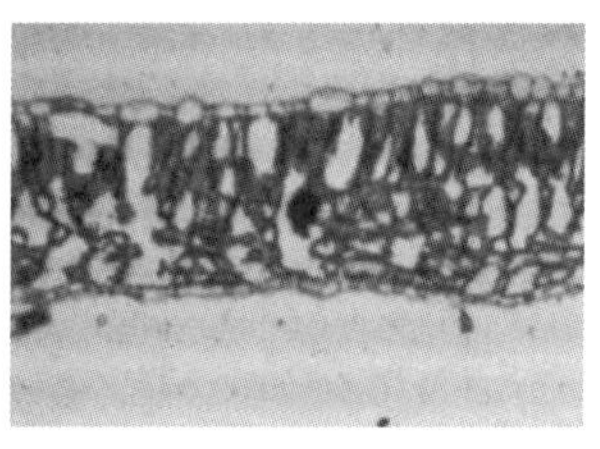

（2）水分胁迫处理的东农308

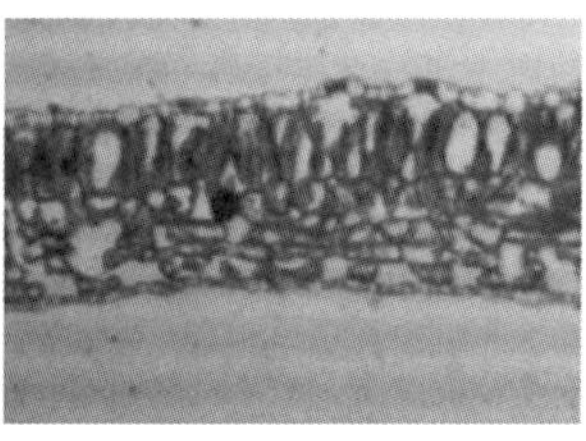

（3）正常水分处理的东农309

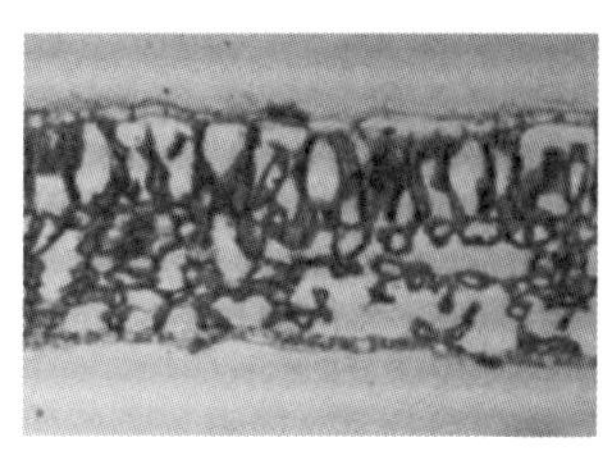

（4）水分胁迫处理的东农309

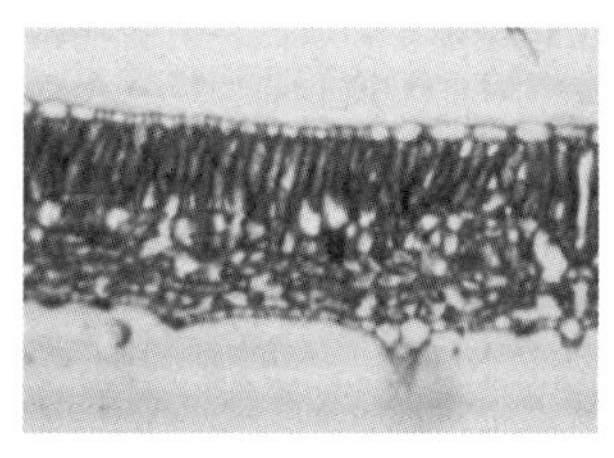

（5）正常水分处理的东农310

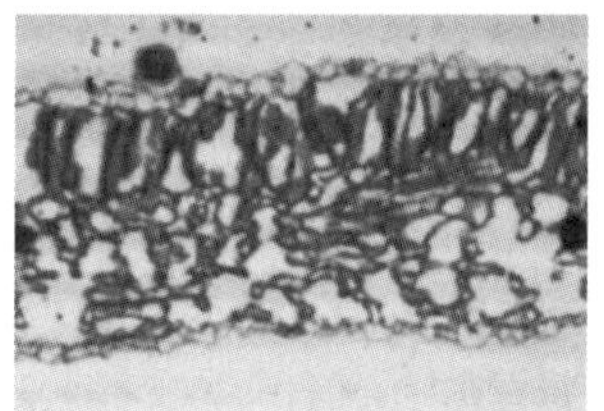

（6）水分胁迫处理的东农310

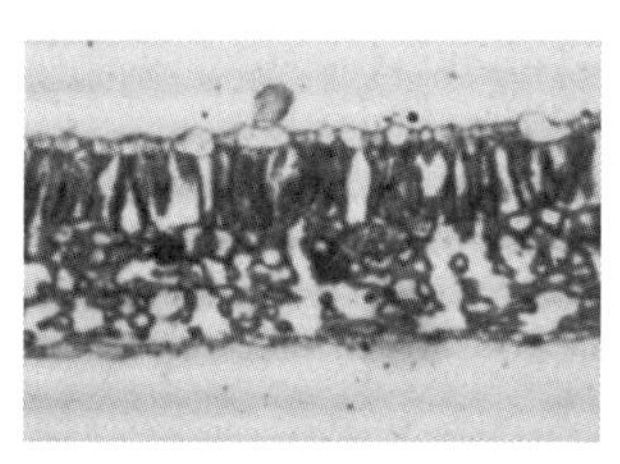

（7）正常水分处理的东农311

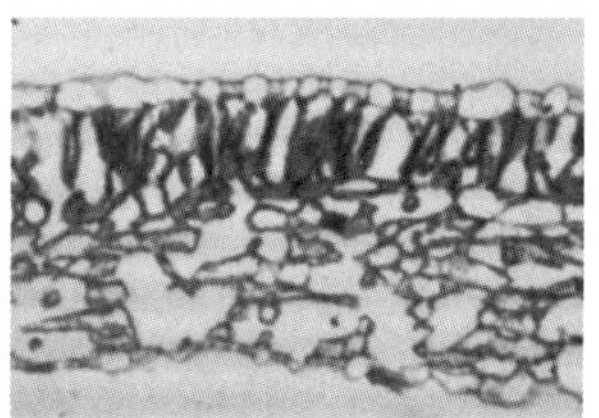

（8）水分胁迫处理的东农311

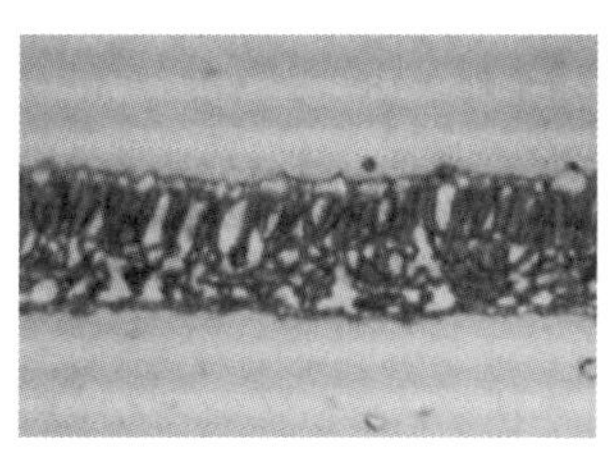

（9）正常水分处理的延薯4号

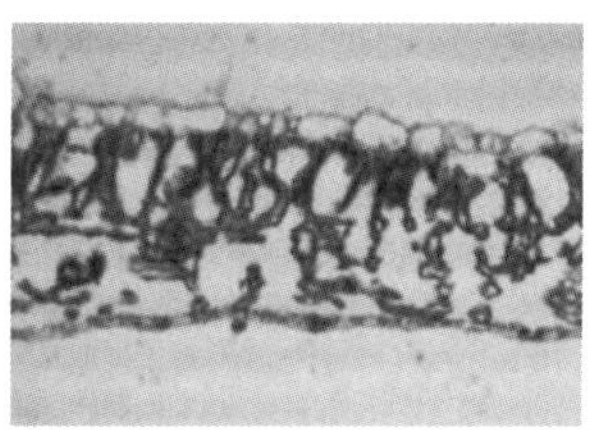

（10）水分胁迫处理的延薯4号

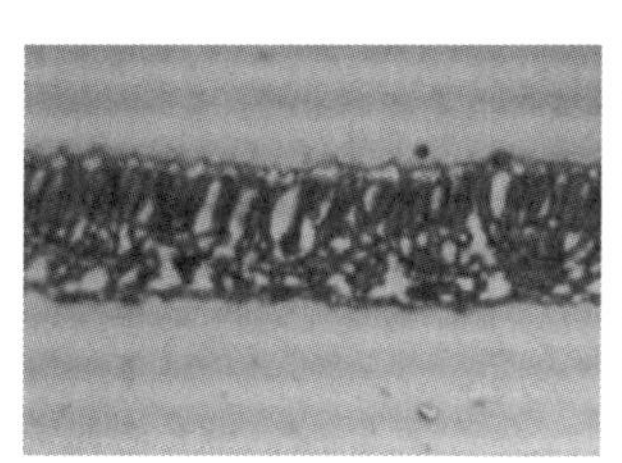

（11）正常水分处理的克新13号

（12）水分胁迫处理的克新13号

三、马铃薯生理生化代谢对干旱胁迫的响应

植物在干旱条件下表现出的反应是研究水分利用效率生理生态机制的关键。水分胁迫条件下作物的生理行为发生变化，集中表现为生长受到抑制、质膜系统受损、光合作用降低、渗透调节能力减弱、物质代谢失调、品质和产量降低（Deblonde等，2001；于海秋，2008）。作物对水分胁迫的适应能力和反应方式因不同作物或作物的品种而不同，这些特性综合反映了作物的抗旱性。具体表现在生理生化和结构等方面（于海秋，2008）。国内外学者对马铃薯的抗旱机制已进行了深入研究，并且筛选出了诸多响应干旱胁迫的生理指标。但由于抗旱性是一个受多基因控制的复杂性状，不同抗旱性品种的抗旱机制各有不同。马铃薯抗旱性是通过一系列生理生化变化表现出来，具有单项研究的局限性和综合研究的复杂性。水分胁迫时马铃薯表现出的适应环境的能力很重要，主要体现在形态和生理机制上（Gabriele和Bernd，2006）。前人研究发现，在干旱胁迫下，马铃薯植株、光合特性、渗透调节能力及质膜系统等指标受到不同程度上的影响，因而马铃薯生理与形态指标对干旱胁迫的反应存在差异（刘玲玲，2004）。在马铃薯生理上也存在很多抗旱机制。干旱胁迫下，根系吸收量减少，有机营养合成减少，根系活力降低，从而营养失调；在水分正常情况下，自由基活性氧处于稳定状态，马铃薯不受损害；但受到水分胁迫后，植株生长缓慢，叶片出现萎蔫，随着胁迫的加重，大量产生自由基、膜脂过氧化产物丙二醛和游离脯氨酸，同时质膜相对透性增加，叶片膜保护及叶绿体膜系统被破坏（倪郁和李唯，2001；Iwama，2008；Bush，1998）。萨如拉（2012）以根优1号、根优2号、根优3号、根优4号和费乌瑞它5个不同马铃薯品种为实验材料，分析了光合生理指标净光合速率、蒸腾速率、叶绿素含量，渗透调节物质脯氨酸、质膜相对透性、MDA，膜保护系统过氧化物酶、SOD、CAT等指标，初步明确了水分利用效率对马铃薯生理特性和产量的影响。结果表明，干旱对不同马铃薯品种的蒸腾强度、气孔导度和光合速率等三个指标的影响呈显著差异。叶片水分利用效率与光合速率呈显著正相关，根优系列马铃薯品种具有较强的水分吸收和渗透调节能力，较高的水分利用率，因此，光合速率、蒸腾速率和气孔导度都不同程度地影响单叶的水分利用效率。水分胁迫下对马铃薯抗逆性的研究表明，耐旱性强的根优系列的品种质膜相对透性、MDA含量和脯氨酸含量均较小，并维持较高的SOD和过氧化物酶活性，CAT活性较低。

（一）马铃薯光合作用对干旱胁迫的响应

干旱胁迫对植物的净光合速率、蒸腾速率、气孔导度等光合生理指标值均会产生明显影响，但不同的植物下降的幅度和敏感程度不同。随着干旱胁迫强度的增加和时间的延长，净光合速率、蒸腾速率和气孔导度均呈下降趋势，最终导致光合速率的降

低。在水分胁迫条件下，叶片的光合作用对马铃薯的生长发育非常重要。马铃薯块茎发育依赖于叶片的碳水化合物供应。干旱胁迫会影响叶片的净光合速率，从而降低叶片的光合作用。近年来，人们已就马铃薯光合作用各过程对干旱逆境的响应进行了详细的研究，并对其原因进行了分析。Bush等（1998）研究发现，马铃薯净光合速率（PN）在水胁迫下明显下降，光化学能电子产量（FV/FM）、相对电子输出率（ETR）、光化学猝灭（QP）在高辐射下明显被抑制。Melanie等（2000）研究发现，一种新的硫氧还蛋白CDSPS2（叶绿体干旱诱导胁迫蛋白），在干旱、氧胁迫时可保持叶绿体结构稳定免受其害。Ghislaine等（1996）研究发现，马铃薯在干旱条件下类囊体中可诱导产生一种相对分子质量为34000的蛋白，该蛋白可能具有增加叶绿体稳定性的功能。Eymery等（1999）对马铃薯叶绿体干旱诱导蛋白CDSP32和CDSP34进行了细胞免疫学定位，发现这两个蛋白主要分布在叶绿体基质和类囊体片层中，在维持叶绿体稳定方面起作用。脱水叶片单位叶面积可溶性糖的量明显增加，复水后PN、FV/FM又恢复到对照植物的值。Jefferies（1994）以种植在正常浇水和干旱条件下的马铃薯为材料，分别测定了它们的光拦截、气孔导度以及叶绿素荧光，并比较了灌溉和干旱处理光拦截和气孔导度，两个处理中荧光产量与光合电子密度呈负相关。光合电子猝灭和光系统II（PSII）产量没有受干旱影响，认为干旱导致气孔导度下降限制了光合作用，多余的能量被光化学猝灭增加了光呼吸。植物抗旱性状是复杂性状，受多基因控制，干旱胁迫条件下很多基因的表达被诱导。

Elena等（1999）采用RNA差异显示技术（DDRT-PCR）从马铃薯中分离出一个cDNA克隆C40.4，该cDNA所对应mRNA和蛋白是光诱导型的。序列分析显示它与干旱诱导的类囊体蛋白CDSP34几乎一致，并且与类胡萝卜素相关蛋白fibrillin和ChrB、辣椒果实中的PAP、黄瓜花中的CHRC高度同源，通过使用抗辣椒fibrillin抗体，证明C40.4蛋白与类囊体膜有关，类囊体色素蛋白复合体双向电泳C40.4蛋白与PSII多亚基复合体有关。减少C40.4在叶中的积累的反义植株显示出生长迟滞、块茎减产、叶绿素a荧光非光化学猝灭值降低。这些结果说明，C40.4蛋白与光系统天线色素复合体有关。另外，研究发现在干旱胁迫下，马铃薯品种大西洋和富利亚的叶绿素含量的变化表明，与干旱胁迫时间呈负相关，分别较对照降低了6.06%和11.85%，且这两个品种在以隶属函数法为基础的聚类分析中被归为一类。结果的多样性可能与叶绿素代谢有关，也有可能和相对含水量有关（Eymery和Rey，1999；Elena等，1999）。肖关丽等（2007）在不同光照和温度条件下也对马铃薯各叶位的叶绿素含量的变化规律进行研究，为在室内种植的马铃薯生长发育的温光调控提供依据。叶片光合能力的强弱、叶面积大小及叶片光合时间的长短，直接关系到产量的高低（王树安，1995）。这主要取决于叶面积的合理动态变化状况，水分胁迫影响了马铃薯的生长发育，造成叶绿素分解（张武，2007），并且叶绿素的合成有可能受阻，由于叶绿素较稳定，不易分解，因此，在一定范围内，马铃薯块茎产量及干物质产量随叶面积指数的增加而增加（大崎亥左雄，1988；门福义和刘梦芸，1995），叶绿素含量越高，品种抗旱性越强。综合来说，叶片叶绿素含量和光合速率的提高，有利于块茎膨大和产量的提高。马铃薯的器官生长发育和干物质合成与分配等方面的研究报道也较多（加德纳等，1993；哈里斯等，1984）。

（二）马铃薯渗透调节对干旱胁迫的响应

植物受到干旱、盐等环境的渗透胁迫时可以通过细胞内水分减少、细胞体积变小和细胞内容物质增加等途径来实现渗透调节。渗透调节是植物适应干旱胁迫的一个重要组成性状，它能增加细胞水分吸收、保持膨压、改善细胞水分状况，维持植物在低水势下的细胞膨压而不至于很快萎蔫，使其保持一定的生长量，同时通过溶质的积累，可以避免细胞蛋白质、各种酶、细胞器和细胞膜在脱水时受到伤害，改善水分胁迫植物的生理功能，维持一定的生长和光合能力，提高植物在低水势条件下的生存能力。在整体植株水平上可使根系继续生长，以吸取深层土壤中更多的水分。最后，由于渗透调节的作用，使细胞组织具有一定的抗脱水能力，并具有一定恢复生长的功能。植物在受到渗透胁迫时，通常在体内合成一类小分子量、高度可溶、对细胞几乎没有毒性的物质。如胺类化合物（甜菜碱和多胺）、氨基酸类化合物（脯氨酸），以及海藻糖、果聚糖和甘露醇等糖与糖醇类化合物。这种物质多为具有很高溶解性的中性或两性化合物，并能够维持细胞正常渗透压水平、保护细胞蛋白质活性和细胞膜结构等。渗透调节主要是一些生理生化指标的变化，是植物遭受干旱逆境时用以抵御干旱而产生的一种重要的适应性作用。植物受到水分胁迫时，体内细胞接收到干旱信号并对其感知和转导，调节相关基因的表达和诱导蛋白的合成，产生脯氨酸等渗透调节物质以维持细胞内水势，从而达到适应干旱逆境，保护植物的目的。

1. 脯氨酸对马铃薯干旱胁迫的响应

目前马铃薯中研究较多的渗透调节物质是脯氨酸，除脯氨酸外其他渗透调节物质在干旱胁迫下也起重要作用。田丰等（2009）发现，在水分胁迫下马铃薯叶片脯氨酸含量和水势随干旱时间升高。李建武等（2005）研究发现，在干旱逆境下，马铃薯会大量积累脯氨酸和可溶性糖等渗透调节物质，从而维持细胞内的渗透势平衡。卢福顺（2013）以东农308、东农309、东农310、东农311、克新13号和延薯4号6个马铃薯品种为试验材料，研究马铃薯生长不同时期干旱胁迫对脯氨酸含量的影响，结果表明：供试的6个品种的叶片脯氨酸含量在5个不同处理时期的表现各不相同（图2-2）。

2. 生物碱对马铃薯干旱胁迫的响应

除脯氨酸外，生物碱在植物抗旱中的重要作用也逐渐引起人们的重视。生物碱是作物体内另一类理想的亲和性渗透物质。在逆境下生物碱会大量积累。生物碱是一种

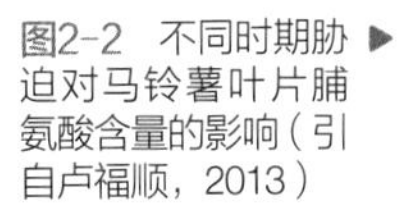
图2-2　不同时期胁迫对马铃薯叶片脯氨酸含量的影响（引自卢福顺，2013）

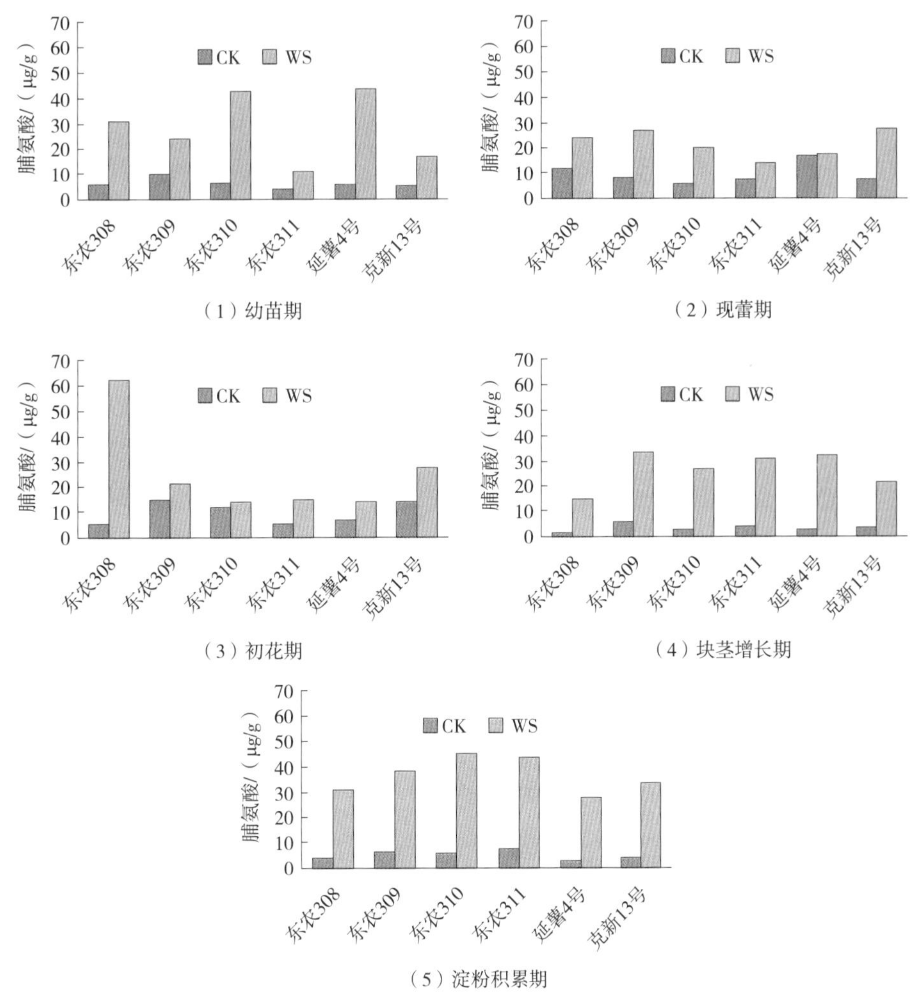

CK—正常水分，土壤相对含水量为70%～80%　WS—水分胁迫处理，土壤相对含水量为45%～55%

具有两性特点的水溶性物质，独特的分子特性使其既可以与生物大分子如酶的亲水区结合，也可以与疏水区结合，是一种很好的调渗保护剂，通过其大量积累来参与细胞渗透调节、稳定生物大分子结构与功能，以及影响离子在细胞中的分布，达到提高作物抗旱性的目的。另外，在干旱胁迫下，生物碱能稳定生物大分子的结构和属性，如稳定二羧酸循环关键酶、末端氧化酶类和光系统等，对维持植物正常的呼吸和光合作用具有重要的生理意义。Fokion等（1999）研究了低温、高温、水涝、干旱等逆境对马铃薯块茎生物碱含量的影响，干旱可增加马铃薯品种British Queen的生物碱含量，而品种Rocket的生物碱含量不受逆境环境的影响。Liliana等（2000）研究了干旱对6个马铃薯品种生物碱的影响，试验发现干旱可明显增加马铃薯块茎中α-茄碱、α-卡茄碱含量，并且生物碱主要分布在薯皮中，抗旱品种Pampena生物碱含量无论是在正常浇水还是干旱条件下都是最低的。Sonia等（2000）研究发现，马铃薯悬浮细胞在受到干旱胁迫（PEG处理）时细胞中腐胺和亚精胺含量增加，腺苷甲硫氨酸脱羧酶和二胺氧化酶活力增加2～3倍，细胞乙烯含量也增加。Anna等（2004）调查了不同胁迫条件对儿茶酚胺途径的影响，酪氨酸脱羧酶（TD）、酪氨酸羟化酶（TH）和L-多巴脱羧酶（DD）在盐胁迫和干旱胁迫条件下的变化，结果表明，在高盐条件下TD活力增加，在干旱条件下TH、DD活力增加。在所有胁迫条件下儿茶酚胺代谢明显减少，说明儿茶酚胺在逆境中起重要作用。

3. 可溶性糖对马铃薯干旱胁迫的响应

可溶性糖是一种重要的渗透调节物质。一般植物体内的可溶性糖包括葡萄糖、果糖、蔗糖、果聚糖和淀粉等碳水化合物。水分胁迫下，可溶性糖的积累可以降低细胞水势，提高植物吸水和保水能力。另外，可溶性糖具有一个更重要的作用，植物在中等到严重程度的干旱胁迫下，随着水分的进一步散失，大多数渗透调节物质都不能保护蛋白质和生物膜，只有可溶性糖才能够通过替代水分子的位置与蛋白质形成氢键，维持蛋白质的特定结构与功能。再者生物膜之间充满着糖类物质，可以减少生物膜之间直接融合，从而避免生物膜系统的崩溃。杨宏羽（2016）在对马铃薯的研究中发现，可溶性糖也是在干旱条件下积累增加，但对大西洋等6个马铃薯品种进行研究，结果是可溶性糖含量与胁迫时间呈负相关。因此，可溶性糖作为抗旱性指标有待进一步研究。卢福顺（2013）以东农308、东农309、东农310、东农311、克新13号和延薯4号6个马铃薯品种为试验材料，研究马铃薯生长不同时期干旱胁迫对可溶性糖含量的影响，结果表明：6个品种的叶片可溶性糖含量在5个不同处理时期的表现各不相同，幼苗期中东农308、东农309、东农310、东农311、延薯4号和克新13号的叶片可溶性糖含量受水分胁迫增加的幅度分别为40.00%、51.38%、34.70%、30.38%、53.26%和56.64%，水分胁迫后的可溶性糖的增加，相对于对照均达到极显著差异水平（$P<0.01$）；在水分胁迫后克新13号的变化幅度最大，水分胁迫对其影响较小，东农311的变化幅度最小，水分胁迫对其影响较大。现蕾期中东农308、东农309、东农310、东农311、延薯4号和克新13号的叶片可溶性糖含量受水分胁迫增加的幅度分别为63.81%、31.71%、20.63%、23.75%、72.05%和23.43%，水分胁迫后可溶性糖的增加，相对于对照均达到极显著差异水平（$P<0.01$），水分胁迫后克新13号的可溶性糖变化最大，水分胁迫对其影响最小，延薯4号的可溶性糖变化幅度最小，受水分胁迫的影响较大。初花期中东农308、东农309、东农310、东农311、延薯4号和克新13号的叶片可溶性糖含量受水分胁迫增加的幅度分别为89.09%、83.79%、5.84%、48.42%、2.35%和23.79%，水分胁迫后延薯4号的可溶性糖量相对于对照没有达到显著差异水平，其余相对于对照均达到了极显著差异水平（$P<0.01$），水分胁迫后东农308的含可溶性糖变化幅度最大，其受水分胁迫影响最小，延薯4号的可溶性糖变化最小，其受水分胁迫影响最大。块茎增长期中东农308、东农309、东农310、

东农311、延薯4号和克新13号的叶片可溶性糖含量受水分胁迫增加的幅度分别为17.20%、36.19%、82.03%、41.84%、152.50%和59.51%，水分胁迫后的可溶性糖的含量相对于对照均达到极显著差异水平（$P<0.01$），延薯4号在水分胁迫后可溶性糖含量增幅最大，水分胁迫对其影响最小，东农308的增幅最小，水分胁迫对其影响最大。淀粉积累期中东农308、东农309、东农310、东农311、延薯4号和克新13号的叶片可溶性糖含量受水分胁迫增加的幅度分别为8.41%、36.80%、86.34%、24.98%、10.97%和48.60%，水分胁迫后可溶性糖的含量相对于对照均达到极显著差异水平（$P<0.01$），东农310受水分胁迫后可溶性糖增幅最大，水分胁迫对其影响最小，东农308受水分胁迫后可溶性糖的增幅最小，水分胁迫对其影响最大（图2-3）。

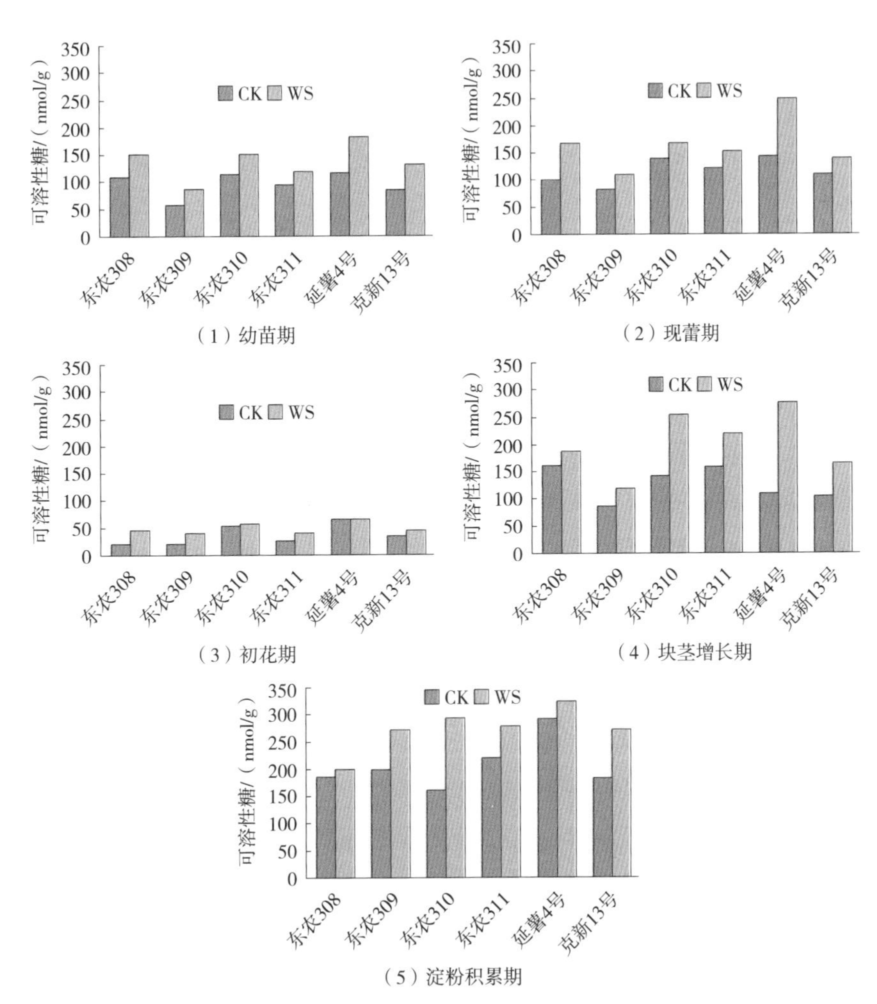

图2-3　不同时期胁迫对马铃薯叶片可溶性糖含量的影响（引自卢福顺，2013）

（三）马铃薯激素对干旱胁迫的响应

干旱条件下植物的激素合成、配比和运输均发生显著变化，响应水分胁迫的植物内源激素主要有脱落酸、生长素、赤霉素、多胺、乙烯和细胞分裂素、油菜素内酯等。

1. 脱落酸

脱落酸（ABA）是一种植物体内存在的具有倍半萜结构的植物内源激素，是植物五大类激素之一，具有控制植物生长、抑制种子萌发及促进衰老等效应。植物在干旱条件下细胞内迅速积累ABA，ABA被作为一种许多干旱响应基因表达的胁迫调节因子。目前，一致认为受干旱胁迫的根系，其ABA可作为一种正信号参与调节地上部分的生理活动。在高等植物中，对水分响应的ABA积累是植物适应干旱或其他胁迫的最初信号。植物在水分胁迫下，根源ABA是植物体内ABA的主要来源，可能是植物体在逆境条件下根系感受逆境信息而产生的一种向地上部分传递的逆境信号。研究发现，当植物处于干旱、高盐、低温等逆境时，植物体内ABA大量增加，使植物对不利环境产生抗性，因而被称为植物的“胁迫激素”。作为内源激素，正常情况下ABA含量很少，但在干旱等逆境下含量明显增加。ABA在调控很多逆境相关基因的表达中具有作用。

ABA在植物地上与地下部分的信息联系中发挥着枢纽作用。植物根系中ABA浓度与根周围土壤水分含量、叶片气孔导度和生长速率显著相关。ABA可以有效减缓水分胁迫，当植物根系受到水分胁迫时，ABA通过木质部运输到地上部分，叶片内ABA含量升高，保卫细胞膜上K^+外流通道开启，K^+外流量增多，同时K^+内流通道活性受抑，K^+内流量减少，叶片气孔开度受抑或关闭气孔，因而水分蒸腾量减少，提高了植物的保水能力和对干旱的耐受性。ABA可提高活性氧清除效率，外施适当浓度的ABA对于提高植物抗性效果显著，ABA对植物叶绿体PSII具有保护作用，ABA有助于保护膜结构的完整性，干旱胁迫时，ABA能降低叶片细胞膜透性，增加叶片细胞可溶性蛋白质含量，诱导生物膜系统保护酶形成，降低膜脂过氧化程度保护膜结构的完整性，增强植物逆境胁迫下的抗氧化能力，进而提高植物的抗旱性。Liu等（2005）温室条件下在马铃薯发育的两个阶段（块茎开始形成、块茎膨大期）调查了土壤逐渐干旱情况下以及正常浇水时叶片相对含水量、叶片水势、根系水势、气孔导度、光合作用速率、木质部伤流液中ABA含量。试验发现，在中度缺水条件下，伤流液中ABA含量增加，叶片气孔导度受木质部中ABA的调控，光合作用没有气孔导度对土壤干燥那么敏感，在中度缺水时光合水使用效率增加。Robert等（2005）研究发现，干旱诱导的*DS2*基因是协迫和成熟（Abscisic acid，ASR）家族的一个成员，以前的研究显示*DS2*基因是马铃薯叶干旱特异的基因，它不被冷、热、盐、缺氧或氧胁迫所诱导，独立于ABA之外。现在又发现它也不受蔗糖、植物激素的影响。*DS2*基因的这种唯一调控模式的保守性在茄科植物中进行了研究。*DS2*的同源基因在番茄和辣椒中被发现但在烟草中没有被发现。在番茄中发现的*LeDS2*启动子同*StDS2*启动子序列极为相似，只有45bp的插入序列不同。*LeDS2*启动子、*StDS2*启动子在转基因烟草中不能启动GUS基因表达，说明*DS2*表达必需的转录因子在烟草中是不保守的。这些结果表明，*DS2*类基因在茄属中具有较窄的种特异性。

2. 油菜素内酯

油菜素内酯（BR），又称芸苔素内酯，是一类甾醇化合物，被列为第六大类植物激素。其作为一种天然植物激素，在植物调节干旱适应方面起着非常重要的作用（Bajguz，2009）。干旱胁迫下，外源施加BR可以提高植物的干旱适应性，减缓干旱对植物生长的限制。干旱胁迫下植物组织水势会出现显著下降，BR有助于提高植物在低水势生境下的存活能力。叶水势的高低与叶肉细胞原生质体渗透率呈正相关，在BR介导下，原生质体渗透率将会增加。外源施加BR能维持其在干旱条件下的叶水势，从而保持叶片具有较高的生理活性，有利于叶片的光合作用途径正常运转，提高植物个体的存活能力。BR本身不能作为专门的渗透物质直接对原生质体的渗透率产生影响，该过程与水孔蛋白有密切关系，水孔蛋白是细胞膜上的水通道，在控制细胞含水量上发挥了重要作用。

干旱条件下外源施加BR可增加脯氨酸和可溶性糖等渗透调节物质的质量分数，从而保持膨压，减轻植物在干旱胁迫下受到的伤害。在BR介导下，植物中的保护酶体系（如SOD、APX、CAT、POD、ASA和GSH等）会更好地清除干旱胁迫下产生的过量的活性氧自由基，保持新陈代谢的稳态水平，从而减轻对细胞和组织的伤害。夏雪等（2019）研究发现，干旱胁迫下，BR处理可以延缓马铃薯可溶性糖和脯氨酸含量的升高、叶绿素和类胡萝卜素的上升、胁迫后期可溶性蛋白的降解；提升了净光合速率、气孔导度、蒸腾速率、叶片含水量；增强了SOD、POD活性，减少H_2O_2、O_2^-的积累，降低电导率、MDA含量，增加ABA含量；增强了马铃薯的抗旱能力。Hu等（2016）以不同浓度BR处理盐胁迫下的4周苗龄马铃薯组培苗，20d后测定芽和根的生物量及生理指标，研究发现，BR以剂量依赖性方式影响马铃薯根系的体外生长，低浓度BR（0.1μg/L和0.01μg/L）能促进根伸长和侧根的发育，提高根系活力，而高BR浓度（1～100μg/L）抑制根伸长。此外，用50μg/L BR处理的马铃薯幼苗通过增强体内脯氨酸含量、抗氧化酶活性和降低MDA含量，表现出更高的盐胁迫耐受性。*CPD*和*DWF4*基因分别编码C-3氧化酶和C-22羟化酶，均被认为是植物体内油菜素内酯合成的限速酶基因，周香艳（2016）在马铃薯中克隆了*CPD*和*DWF4*基因的全序列，分别构建了由*CaMV 35S*启动子驱动的植物过表达载体，并通过农杆菌介导法转化马铃薯获得转基因植株。通过对转基因植株的形态学、分子生物学和生理生化特征进行比较分析发现：*StCPD*基因过表达的马铃薯植株中MDA含量降低，脯氨酸、可溶性蛋白、可溶性糖含量均提高，SOD、CAT、POD、谷胱甘肽还原酶（GR）和抗坏血酸过氧化物酶（APX）活性均显著提高。在干旱处理下，*StCPD*转基因的马铃薯植株长势明显优于非转基因植株，株高、茎粗、根长、鲜重等指标都明显高于非转基因马铃薯植株。

第二节
马铃薯抗旱性形成的分子机制解析

马铃薯是干旱胁迫敏感型作物，干旱是造成马铃薯单产不高、总产不稳的主要因素之一。因此，研究和筛选抗旱、高产品种是促进马铃薯生产发展，实现马铃薯高产稳产的重要途径。马铃薯抗旱性是由多基因控制的复杂数量遗传性状；并且马铃薯是同源四倍体，遗传机制复杂。近年来，随着分子生物学和现代生物技术的快速发展，国内外研究者利用现代生物技术手段来解析马铃薯抗旱的遗传特性的报道也越来越多。这些研究结果显示，增强马铃薯抗旱能力的基因主要分为调控基因和功能基因两大类。调控基因包括各类转录因子、miRNA、泛素化修饰基因等；功能基因包括渗透调节物质合成基因、水分代谢基因等。虽然马铃薯抗旱机制复杂，但通过众多科研人员的努力，现已克隆和揭示了部分与马铃薯抗旱相关的基因功能并阐明了部分调控途径（图2-4）。马铃薯抗旱机制的研究仍在不断深入，以下将对已经发掘的抗旱相关基因进行综述。

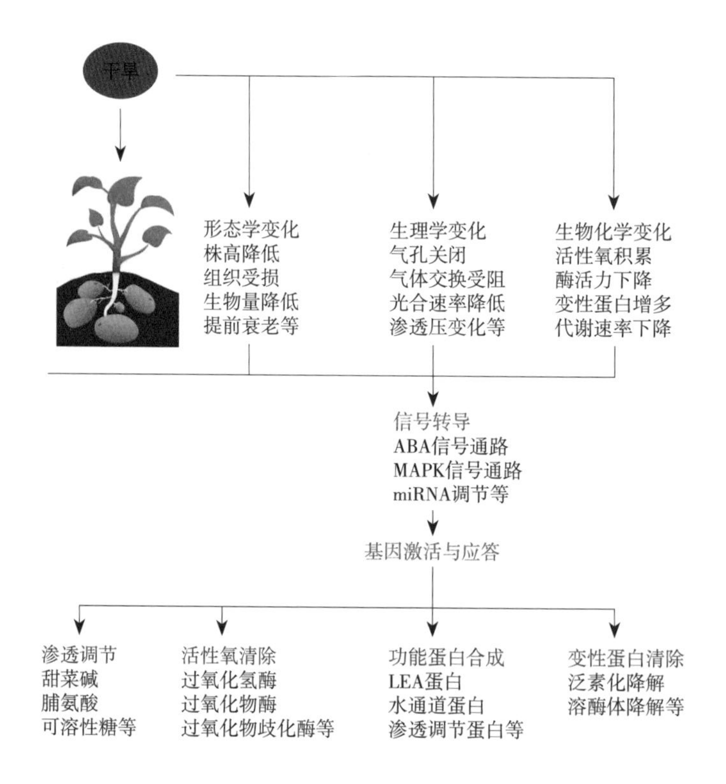

图2-4　马铃薯响应干旱胁迫分子机制的模式

一、渗透调节基因

植物细胞吸收水分的方式主要是通过自由扩散，水分在细胞间的流动是从水势高的一侧流向水势低的一侧，同样根系要想从土壤中吸收水分，那么根系细胞的水势必须低于土壤的水势。干旱条件下，土壤的水势降低，植物细胞为了保水必须降低自身的水势，所以在遇到干旱胁迫的时候，植物体内的渗透调节物质便会积累，以增加细胞液浓度来降低水势，常见的渗透调节物质有脯氨酸、甜菜碱、可溶性糖类、游离氨基酸、生物碱、无机离子等。

脯氨酸游离于植物液泡、细胞质基质、叶绿体等区间内，降低细胞内溶液的水势从而避免植物细胞在渗透胁迫下遭受脱水伤害。植物遭遇逆境胁迫时，脯氨酸具有稳定亚细胞结构、清除自由基、缓冲氧化还原势能等功能。逆境条件下，植物积累脯氨酸的生理作用主要包括：①作为细胞的有效渗透调节物质，降低渗透势，提高细胞吸水保水能力，适应水分胁迫环境；②脯氨酸也可以保护酶活性和维持生物膜结构稳定，能够维持细胞正常生理功能；③脯氨酸降解产生碳源和氮源参与叶绿素的合成。脯氨酸在植物体内短时间的集聚能够抵御渗透胁迫，而胁迫解除后的快速降解过程也为植物提供大量能量。

植物体内脯氨酸的合成场所为细胞质基质和叶绿体，合成途径分为谷氨酸途径和鸟氨酸途径。谷氨酸途径多发生在渗透胁迫和氮素缺乏的情况下，而鸟氨酸途径存在于氮素充足的环境。谷氨酸途径中，谷氨酸（Glu）在吡咯啉-5-羧酸合成酶（P5CS）催化下生成谷氨酰半醛（GSA），GSA自动环化形成吡咯啉-5-羧酸（P5C），P5C在吡咯啉-5-羧酸还原酶（P5CR）作用下生成脯氨酸（Pro）。鸟氨酸途径与谷氨酸途径相比仅一步反应不同，通过鸟氨酸转氨酶（OAT）催化鸟氨酸（Orn）生成P5C而进入循环反应。脯氨酸的降解过程发生在细胞线粒体基质内，先由脯氨酸脱氢酶（ProDH）将脯氨酸氧化为吡咯啉-5-羧酸，吡咯啉-5-羧酸在吡咯琳-5-羧酸脱氢酶（P5CDH）作用下还原成谷氨酸。脯氨酸代谢途径见图2-5。

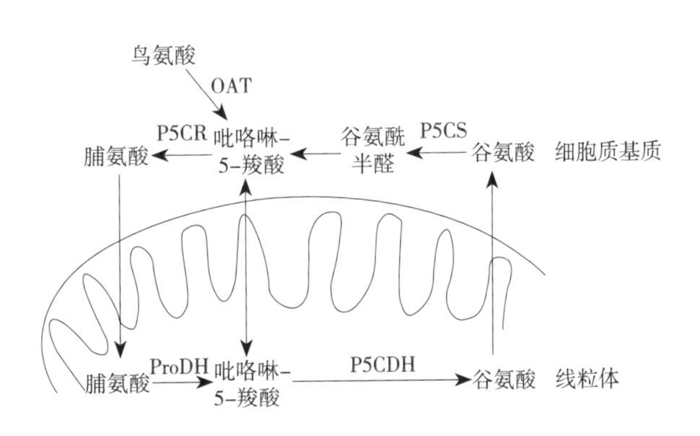

图2-5　高等植物脯氨酸代谢途径（引自Ashraf和Foolad，2005）

研究脯氨酸在干旱胁迫下的调控机制有利于揭示马铃薯抗旱机制，可提高其产量。李葵花等（2014）通过农杆菌介导法获得转基因马铃薯，转基因植株脯氨酸含量显著提高，抗旱性增强。杨江伟等（2014）分析干旱胁迫下miRNAs与脯氨酸代谢相关酶mRNAs的关联性，以脯氨酸代谢相关酶的mRNAs作为miRNAs的靶标，利用BLAST搜索miRBase，预测出6个miRNA家族中的11个已知miRNA。再通过qRT-PCR分析最终发现miR172、miR396a、miR396c和miR4233可能调控*P5CS*基因，miR2673和miR6461可能分别调控*P5CR*和*ProDH*基因。

甜菜碱是重要的渗透调节物质之一，在细胞内作为渗透调节剂存在，不仅能降低细胞的渗透势，增强吸水能力，维持细胞膨压，提高植物对逆境适应能力，还具有稳定酶和复合蛋白等生物大分子结构，保持膜的有序状态等非渗透调节功能。植物中的甜菜碱按其结构和合成途径不同可分为4种类型，即甘氨酸甜菜碱、脯氨酸甜菜碱、羟脯氨酸甜菜碱和丙氨酸甜菜碱。现已证明，甘氨酸甜菜碱的渗透保护作用通常是最强的，因此，现有研究多以甘氨酸甜菜碱为主。在高等植物体内，甘氨酸甜菜碱由胆碱经两步氧化反应生成，即第一步反应是胆碱单加氧酶（CMO）催化胆碱生成甜菜碱醛，第二步反应是甜菜碱醛脱氢酶（BADH）催化甜菜碱醛脱氢后生成甘氨酸甜菜碱。甘氨酸甜菜碱合成途径如图2-6所示。

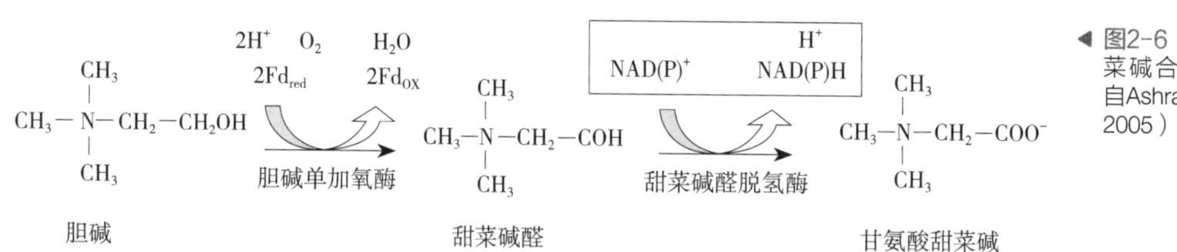

◀ 图2-6　甘氨酸甜菜碱合成途径（引自Ashraf和Foolad，2005）

栗亮等（2009）采用农杆菌介导法将菠菜*CMO*基因转入马铃薯中，转基因马铃薯的抗旱和抗盐能力均得到了提高。张宁等（2006）通过根癌农杆菌介导法将甜菜碱醛脱氢酶（BADH）基因导入马铃薯栽培品种甘农薯2号，转基因马铃薯在NaCl和PEG胁迫下株高和单株质量均显著提高，说明外源*BADH*基因的导入提高了马铃薯植株对干旱和盐碱的抗性。因此，加强甘氨酸甜菜碱合成途径，促进甘氨酸甜菜碱积累有助于提高马铃薯对干旱胁迫的耐性。

将海藻糖合成过程的限速酶编码基因海藻糖-6-磷酸合酶（TPS）基因导入马铃薯，转基因植株中海藻糖含量增加，抗旱性增强（Goddijn等，1997；Yeo等，2000）。Jeong等（2001）将3-磷酸甘油醛脱氢酶（GPD）基因导入马铃薯，使得转基因马铃薯能够持续表达该基因，并由此获得了对盐胁迫的耐性（Jeong和Park，2001）。

马铃薯抗旱性实验室研究时常需要进行模拟干旱处理，模拟干旱实验不受季节限制，试验周期也较短。采用渗透调节物质对植物进行渗透胁迫是稳定且较容易操作的模拟干旱的方法。研究表明PEG6000诱导水分胁迫的干旱模拟效果与对土壤进行逐步干旱的效果基本一致。山梨醇、甘露醇和甘氨酸甜菜碱等渗透调节物质能在植株体内合成，也常用来模拟植物的干旱环境。这些分子结构中有许多羧基、羟基、氨基等亲水基团，当它们遇到水分子时分子表面的亲水性基团发生电离与水分子结合并形成氢键，通过这种方式来吸收大量的水分，而具有较强的亲水性。刘维刚等（2020）分析多种实验用渗透胁迫剂对马铃薯组织含水量、相对电导率和MDA的影响来筛选和评价合适的马铃薯模拟干旱胁迫渗透剂。结果显示山梨醇胁迫对马铃薯叶片细胞的毒害作用最小、细胞膜的破坏程度最轻，更适于模拟马铃薯干旱胁迫。

二、活性氧清除与抗氧化基因

空气中的氧气为植物体有氧呼吸提供了原料，但也使细胞暴露在强氧化剂的环境下，受到氧化损伤的威胁；而非生物胁迫如干旱胁迫使氧化损伤加强，具体的表现是活性氧（ROS）大量积累。ROS是一类由O_2转化而来的自由基或具有高度反应活性的离子或分子。常见的ROS包括单线态氧（$^1O_2$）、过氧化氢（H_2O_2）、羟自由基（OH^-）、臭氧（O_3）和超氧阴离子（O_2^-）。植物体内ROS浓度的高低对植物自身的影响不同，低浓度的ROS可作为第二信使，参与细胞信号转导和多种胁迫应答反应；高浓度的ROS导致细胞氧化胁迫加重引起脂质损伤、蛋白质氧化、核酸损伤、酶失活，甚至引起植株死亡。$^1O_2$的产生与CO_2浓度有关，盐、干旱等胁迫引起气孔关闭，导致CO_2量不足，加快了$^1O_2$的产生。$^1O_2$被认为是能够诱发细胞凋亡的最重要的活性氧。H_2O_2的产生很普遍，当植物处于正常条件下、逆境胁迫或自身创伤等条件下植物细胞都能够产生H_2O_2。H_2O_2的稳定性比其他ROS高，且容易透过生物膜，从而能够进行远距离的传输和引发远距离的氧化损伤。高浓度H_2O_2能够发生氧化反应，导致一些酶类的失活，还能进一步诱发程序性细胞死亡。

植物在漫长的进化历程中形成了抗氧化防御系统，能够清除细胞内积累的ROS。抗氧化防御系统也作为植物体内主要的抗逆机制之一，通过加快清除因逆境胁迫造成的ROS积累，避免或减轻氧化损伤而提高抗胁迫能力。抗氧化系统主要包括抗氧化酶类和非酶类还原性分子，两者共同作用抵抗胁迫反应。抗氧化酶能够对植物体内的一些氧化还原反应起到催化作用，或能够清除代谢氧化类物质。其中对ROS起直接作用的酶类包括超氧化物歧化酶（SOD）、过氧化氢酶（CAT）、过氧化物酶（POD）、抗坏血酸过氧化物酶（APX）、谷胱甘肽还原酶（GR）等。

根据金属辅基不同可将SOD分为三大类：Cu/Zn-SOD、Mn-SOD、Fe-SOD。Van Der Mescht等（1999）研究了12个马铃薯品种在干旱条件下Cu/Zn-SOD、GR、APX的变化情况，试验结果认为Cu/Zn-SOD对干旱耐受的作用更大。Ahmad等（2010）将甜菜碱、SOD和APX合成基因转入马铃薯植株，多基因转化植株与仅转SOD和APX及非转基因植株相比，多基因转化植株具有更强的盐和干旱耐受能力。说明渗透调节物质甜菜碱与抗氧化酶SOD和APX具有协同耐受干旱的作用。

赵希胜等（2020）通过生物信息学方法鉴定出8个*StAPXs*基因，并发现*StAPX3*、*StAPX7*和*StAPX8*在受到盐和甘露醇胁迫后转录水平提高。Silvana等（2000）从马铃薯块茎中纯化出APX，发现该酶在解除马铃薯干旱胁迫下活性氧的毒害作用中具有重要作用。与质体脂相关的纤维蛋白*CDSP34*基因从马铃薯中克隆出来，研究发现此基因的表达能够响应干旱、氧化、低温等胁迫（Georg等，2001）。

抗坏血酸—谷胱甘肽与H_2O_2与NADPH共同调节细胞氧化还原水平，其中谷胱甘肽还原酶（GR）催化氧化型谷胱甘肽（GSSG）生成还原型谷胱甘肽（GSH），对细胞清除活性氧至关重要。林久生等（2001）克隆了马铃薯谷胱甘肽还原酶，发现其在提高抗旱活性中具有功能（图2-7）。

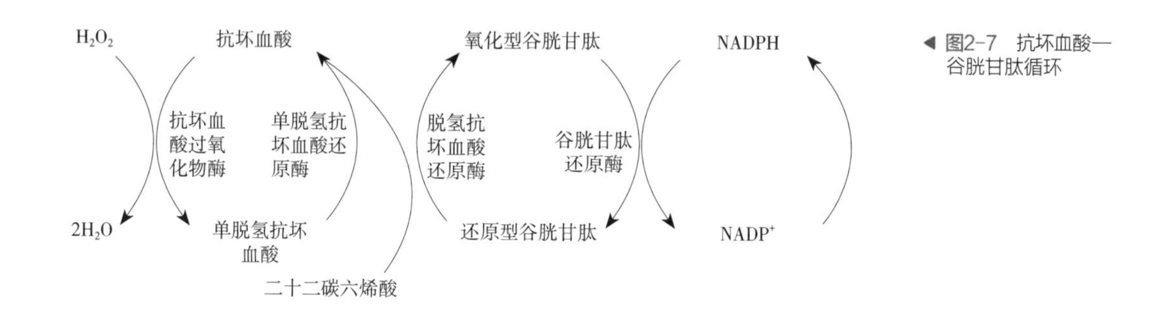

图2-7 抗坏血酸—谷胱甘肽循环

三、植物激素与信号调控

植物激素是指植物体内合成的，能从合成部位运往作用部位，并对植物的生长发育产生显著作用的微量有机物。植物激素可以在合成部位发挥作用，也可以经维管系统运输到其他组织甚至整个植物体中发挥作用。最初研究的植物激素主要包括五类：生长素（auxins）、细胞分裂素（cytokinin）、赤霉素（gibberellin，GA）、脱落酸（abscisic acid，ABA）、乙烯（ethylene）。但随着研究的深入更多的激素被发现，例如：油菜素内酯（brassinosteroids，BRs）、茉莉酸（jasmonic acid，JA）、水杨酸（salicylic acid，SA）、独脚金内酯（strigolactones，SLs）及多肽类激素等。在模式植物的研究中脱落酸、细胞分裂素、赤霉素、水杨酸、油菜素内酯等被证明参与干旱胁迫响应，在马铃薯中也有类似的报道。

脱落酸具有倍半萜结构，因广泛参与各种非生物胁迫而被称为胁迫激素或应激激素，脱落酸是马铃薯干旱响应中最重要的激素之一。田伟丽等（2015）通过降低土壤相对含水量至85%、65%、45%和25%时研究干旱胁迫对马铃薯全生育期叶片脱落酸含量和水分利用效率的影响。结果发现马铃薯发棵期土壤相对含水量在25%～85%，随着土壤相对含水量降低，马铃薯叶片ABA含量和控制ABA合成的关键酶9-顺式环氧类胡萝卜素双加氧酶基因（*StNCEDs*）的转录水平逐渐增加，说明ABA

响应干旱胁迫。马瑞等（2016）克隆了马铃薯*StNCED1*基因，并通过构建植物表达载体和转化马铃薯研究其功能，最终发现过表达*StNCED1*基因的马铃薯ABA含量升高，抗旱性增强。

*GA2ox*基因是赤霉素合成途径中的一种关键酶基因。Shi等（2018）从马铃薯克隆*StGA2ox1*基因，构建了植物表达载体pCAEZ1383-StGA2ox1并转化马铃薯。结果发现*StGA2ox1*转基因植株表现出更强的耐盐性和抗旱性，转基因植株脯氨酸大量积累，叶绿素和类胡萝卜素的含量也增高。因此，*StGA2ox1*基因可能通过调节赤霉素的合成，进而调控马铃薯植株的多种代谢途径，提高抗旱性。

油菜素最初是从油菜花粉中分离得到的，因此而得名。后续的研究中陆续分离得到了几十种油菜素类物质及其衍生物，统一称为油菜素内酯（Brassinosteroide，BRs）。夏雪（2019）通过外施2,4-表油菜素内酯增加了干旱胁迫下马铃薯的可溶性糖、可溶性蛋白、脯氨酸、ABA含量，降低了MDA含量，提高了马铃薯的耐旱性。周香艳等（2018）利用人工microRNA技术构建马铃薯油菜素内酯合成途径中的限速酶基因*StCPD*干扰表达载体，并通过根癌农杆菌介导法转入马铃薯。结果发现*StCPD*干扰表达转化植株的株高、茎粗、根长、鲜重、薯块大小和鲜重等指标均较非转基因植株显著下降，模拟干旱胁迫处理下*StCPD*干扰表达转化植株叶片中MDA含量显著高于非转基因，说明*StCPD*调节马铃薯生长和调控干旱胁迫。

四、转录因子和蛋白质修饰

响应干旱的众多功能蛋白受到相应的转录因子调控，这些转录因子调控功能蛋白在受到干旱胁迫时启动表达或者关闭表达。响应干旱的转录因子众多，它们调控的基因也很多，这就形成了复杂的调控网络。截至目前，一些家族的转录因子调控干旱胁迫的机制已经阐明，但更多转录因子的功能还有待研究。

MYB转录因子是植物界最大的转录因子家族之一，其中R2R3-MYB成员是研究最多的一类转录因子。Li等（2020）在马铃薯中鉴定出111个StR2R3-MYB转录因子，并利用RNA-SEQ技术分析干旱敏感和耐旱四倍体马铃薯品种在干旱胁迫下*StR2R3-MYB*的表达情况，结果发现多数*StR2R3-MYB*基因参与干旱胁迫响应。Shin等（2011）利用Northern blot分析非生物环境胁迫条件下的马铃薯植株时发现一个编码R1型MYB类转录因子*StMYB1R-1*。*StMYB1R-1*定位于细胞核，并与DNA序列（G）/（A）GATAA结合。在马铃薯植株中过表达*StMYB1R-1*基因提高了植株对干旱胁迫的耐受性，而对其他农艺性状没有明显影响。在干旱胁迫条件下，转基因植株表现出比野生型植株更低的失水率和更快的气孔关闭速度。此外，*StMYB1R-1*的过表达增强了干旱调控基因*AtHB-7*、*RD28*、*ALDH22a1*和*ERD1-like*的表达。

碱性区域亮氨酸拉链（bZIP）转录因子通过寡聚亮氨酸形成同源二聚体或异源二聚体，再以二聚体的形式结合DNA。bZIP类转录因子识别核心序列为ACGT的顺式作用元件，一些受脱落酸诱导的基因的启动子区都含有ACGT元件。Muñiz等（2018）将拟南芥bZIP转录因子ABF4转入马铃薯，获得了组成性表达拟南芥*ABF4*基因（35S::ABF4）的转基因马铃薯植株。结果发现*ABF4*的组成型表达提高了马铃薯耐盐性和抗旱性，还提高了正常和逆境条件下块茎的产量，增强了块茎的贮藏能力，改善了块茎的加工品质。HD-ZipI转录因子*ATHB12*基因在马铃薯中过表达，干旱处理下转基因植株MDA含量降低，而脯氨酸含量增加，说明*ATHB12*基因参与了马铃薯对干旱胁迫的应答反应（武亮亮等，2016）。

多数蛋白翻译后的前体蛋白是没有活性的，常常要进行一系列的翻译后加工才能成为具有功能的成熟蛋白。翻译后加工过程是其他的生物化学官能团附在蛋白质上从而改变蛋白质的化学性质，或是造成结构的改变来实现蛋白质功能的开启或关闭。这些翻译后修饰中磷酸化、泛素化、琥珀酰化、糖基化和乙酰化是研究较热门的翻译后修饰。

丝裂原活化蛋白激酶（MAPK）是磷酸化级联反应的重要成员，起着信号从细胞表面传导到细胞核内部的作用。MAPK通路一般包括三级激酶模式：MAPK激酶激酶（MAPKKK）、MAPK激酶（MAPKK）和MAPK，这三种激酶能依次激活，共同调节着细胞的生长、分化、对环境的应激适应。朱熙等（2021）在马铃薯中鉴定出15个*MAPKs*基因、5个*MAPKKs*基因和13个*MAPKKKs*基因；其中干旱条件下*StMAPK11*的表达明显上调。通过构建*StMAPK11*过表达载体pCPB-StMAPK11和下调表达载体pCPBI121-miRmapk11，并将其导入马铃薯品种大西洋以验证其功能。结果表明，*StMAPK11*促进了马铃薯在干旱条件下的生长，其生理作用表现为增强SOD、CAT、POD活性以及提高细胞内Pro和叶绿素含量。因此，*StMAPK11*上调通过增强抗氧化能力和光合作用速率来提高马铃薯植株的抗旱性（图2-8）。

五、受损蛋白清除与维持胞内稳态

植物细胞遭受干旱胁迫时产生大量受损或变性失活的蛋白，这些“垃圾”蛋白需要及时降解才能维持细胞内能源和物质的平衡。真核细胞降解这些蛋白质主要依赖3条途径，溶酶体途径、泛素化途径和胱天蛋白酶途径，其中马铃薯泛素化降解途径被证明与干旱胁迫响应密切相关。

经典的泛素—蛋白酶体系统（ubiquitin-proteasome system，UPS）的成员包括泛素（Ub）、泛素激活酶（E1）、泛素结合酶（E2）、泛素连接酶（E3）、26S蛋白酶体和去泛素化酶（DUBs）。泛素化级联反应如图2-9所示，E1催化泛素C端羧基

图2-8　干旱胁迫感受和信号转导（引自Fuminori等，2005）

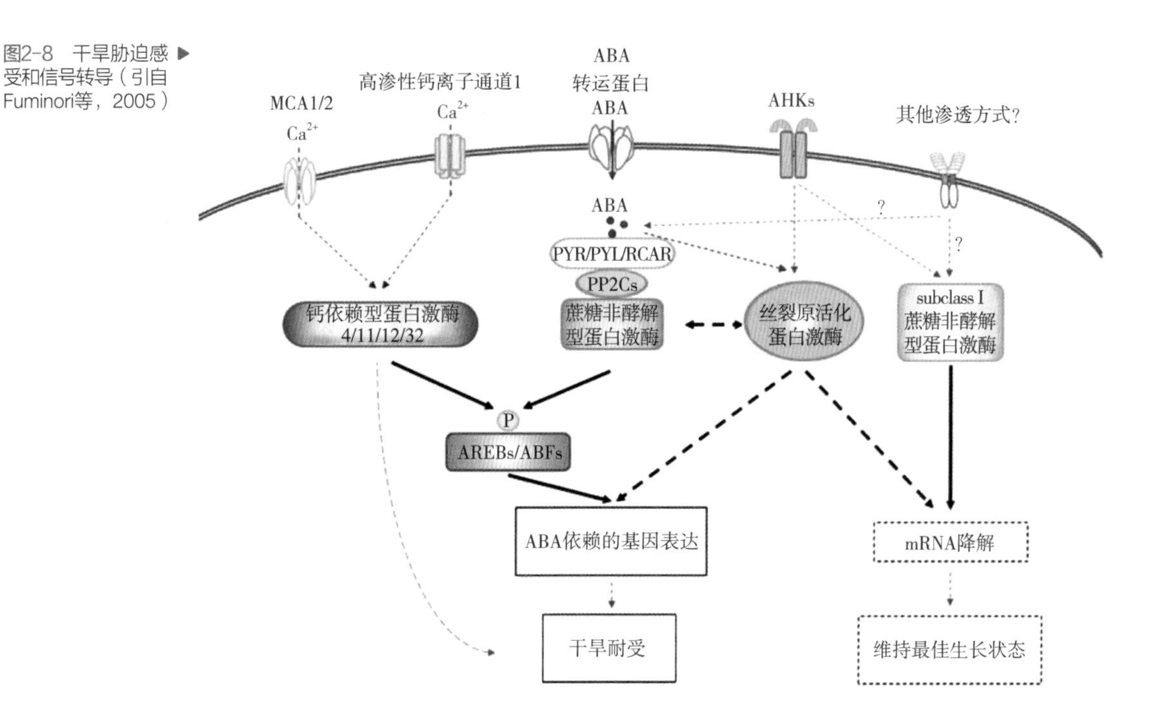

与ATP发生腺苷酸化反应而活化，活化的Ub与E1上的半胱氨酰残基发生硫酯连接形成Ub-S-E1复合体。Ub-S-E1复合体通过转酯作用将Ub转移到E2的半胱氨酰残基上形成Ub-S-E2复合体。根据E3种类不同Ub-S-E2复合体将Ub转移至靶蛋白上有两条途径，一种是通过E3（如U-box）特异性地识别靶蛋白后直接将Ub的C端连接到靶蛋白Lys的ε氨基上；另一种是先将Ub通过转酯反应连接到E3（如HECT）的半胱氨酰残基上，再由E3特异性地识别靶蛋白后将Ub的C端连接到靶蛋白Lys的ε氨基上。被泛素化标记的靶蛋白进入26S蛋白酶体发生ATP依赖的肽键断裂而水解，Ub被重新利用进入其他的泛素化过程。发生泛素化的靶蛋白也有可能在DUB的作用下释放Ub，这一过程被称为去泛素化，去泛素化在调节泛素化蛋白质的丰度和性质方面也发挥着重要作用。

靶蛋白泛素化修饰存在多种类型，不同的泛素化类型决定了蛋白质不同的命运，从而实现泛素化修饰的多重生物学功能。只有一个Ub分子连接到靶蛋白称为单泛素化（monoubiquitylated），靶蛋白的多个Lys残基均连接Ub为多泛素化（multiubiquitylated），Ub分子内部的Lys残基再连接Ub被称为多聚泛素化（polyubiquitylated），其中Ub连接在同一位置的Lys残基上为线性多聚泛素化（linear polyubiquitylated），而Ub连接在不同位置的Lys残基上称为分枝多聚泛素化（branched polyubiquitylated）。单泛素化和多泛素化作为一种蛋白质修饰通常被认为可以改变靶蛋白的细胞定位、蛋白质的相互作用关系以及靶蛋白的活性和功能，而蛋白质的泛素化水解通常依赖于多聚泛素化。在拟南芥中，泛素Lys11、Lys63和Lys48

的多聚泛素化被证实参与26S蛋白酶体降解。最近的蛋白质组学分析表明，单泛素化比多泛素化和多聚泛素化发生得频繁，单泛素化类似于乙酰化是一种可逆的蛋白质修饰，是细胞内最广泛的翻译后调控方式之一（图2-9）。

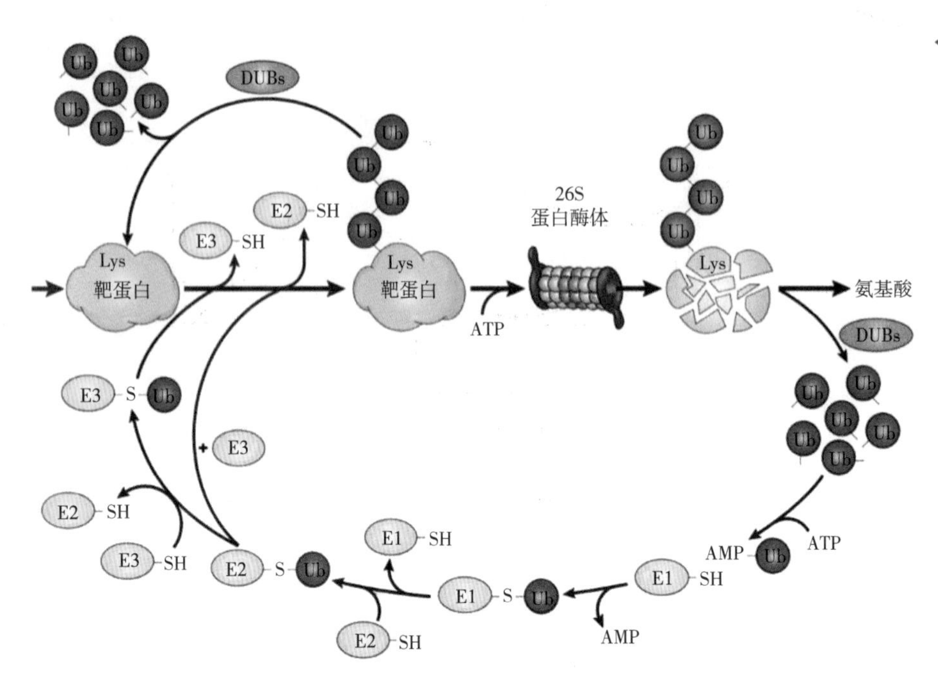

E1—泛素激活酶　E2—泛素结合酶　E3—泛素连接酶　DUBs—去泛素化酶　Ub—泛素

◀ 图2-9　泛素化降解途径（引自Vierstra等，2009）

刘维刚等（2018）鉴定出57个马铃薯泛素结合酶（E2），其中，27个*StUBCs*基因在ABA处理下表达上调，有8个*StUBCs*基因响应盐胁迫，其中*StUBC2*、*StUBC12*、*StUBC30*和*StUBC13*上调表达基因明显。唐勋等（2020）鉴定出66个马铃薯U-box型泛素连接酶，其中*StPUB27*通过调节气孔开放度响应渗透胁迫。祁学红等（2020）克隆了一个马铃薯RING型泛素连接酶*StRFP2*基因，该基因在细胞膜和细胞质中表达，在模拟干旱胁迫处理下转*StRFP2*基因植株具有更强的保水能力，说明*StRFP2*能够增强植物对干旱胁迫的耐受性。小泛素样修饰蛋白（SUMO）被认为是泛素化蛋白中特殊的一类，SUMO化途径不参与蛋白质降解，发生SUMO化修饰的蛋白往往发生功能、活性或者细胞定位的改变。Shantwana等（2020）在马铃薯中鉴定出9个*SUMO*基因和7个*SUMO*结合酶基因，在PEG处理下*StSCE1/5/6/7*表达上调，*StSCE9*和*StSUMO2/4*表达下调，说明SUMO化途径参与马铃薯干旱胁迫响应。

综上所述，马铃薯通过积累渗透调节物质、增强活性氧清除能力、加快失活蛋白清除、细胞信号转导和转录因子调节水分代谢功能蛋白表达等方法可以增强抗旱能力。这些研究结果对培育抗旱马铃薯品种提供了理论依据。但目前的研究还很有限，需要进一步的深入研究。

第三节 马铃薯抗旱资源评价、遗传解析与品种选育

一、马铃薯资源材料的抗旱性评价

（一）抗旱鉴定的方法

许多学者提出了多种马铃薯抗旱性评价的方法，目前常用于对植株进行抗旱性鉴定的方法主要有田间直接鉴定法，干旱池、生长箱、干旱棚或人工模拟气候箱法和组培苗胁迫法等。

1. 田间直接鉴定法

田间直接鉴定法是将待鉴定的马铃薯直接种植在田间，在自然条件下以自然降水或灌水控制土壤含水量，使植株受到不同程度的干旱胁迫，分析马铃薯植株生长状况和产量，借以评价供试品种的抗旱性（黎裕，1993）。此方法比较简单，无需复杂设备，但此法易受到季节限制，因降水年际间变幅大，试验重复性较差，结果差异性较大，工作量大，耗时长。但是，该方法在进行大规模鉴定时比较有效，所获结果在当地条件下比较可靠，是目前育种工作者选择抗旱品种的主要方式，也是最直接有效的抗旱性鉴定方法之一。

2. 干旱池、生长箱、干旱棚或人工模拟气候箱法

将马铃薯种植于人工可控水分的人工气候箱、生长箱、干旱池或干旱棚内，通过控制土壤含水量、空气湿度或喷施化学试剂等模拟干旱，比较马铃薯不同生育时期内生长发育、生理过程或产量的变化，比较鉴定材料的抗旱性（张木清和陈如凯，2005）。该方法的优点是便于控制胁迫强度和重复次数，结果可靠，重复性好，可选择任何生长发育阶段进行鉴定，缺点是试验周期相对较长，需要一定设备，能源消耗大，不能大批量进行（杨根平和盛宏达，1990）。

3. 组培苗胁迫法

组培苗胁迫法是在组培环境下研究马铃薯植株胁迫处理下的抗旱性，通过渗透调节物质来模拟干旱，是相对稳定且易控制的模拟系统，目前常用聚乙二醇（PEG）来模拟干旱环境（邓珍等，2014）。此法条件易控制、重复性好、周期短，适合早期、大批量材料的抗旱性鉴定，该方法在筛选耐旱材料时优于田间鉴定法。另外，甘露糖、蔗糖、山梨糖醇和甘露醇等物质曾用来模拟干旱环境，可被植物组织和细胞吸收，影响植物组织在平衡期间的势能，使得所测定的水势与实际有较大差别。此外，一些渗透调节物质对植物本身还有一定的毒害，具有一定的弊端（周桂莲和杨慧霞，1996）。

（二）马铃薯资源材料的抗旱性评价指标

干旱胁迫对马铃薯植株的生长发育、形态结构与生理代谢有巨大影响。马铃薯抗旱评价指标主要有产量指标、形态指标、生理指标、生化指标、综合指标等。抗旱系数是目前公认的抗旱性鉴定的指标，为水分胁迫下产量与正常供水条件下产量的比值，作为一种产量指标，常与多种形态指标和生理生化指标相结合用于马铃薯抗旱性鉴定。形态指标包括发芽能力、幼苗存活与生长状况；根长或扎根深度和数量多少、根冠比大小、根系拉力；叶片大小、角质层厚度、气孔多少、气孔下陷、维管束紧密度、导管直径大小、芽鞘长度等。生理生化指标包括叶片临界饱和度、根冠淀粉水解状况、花粉败育率、叶绿素稳定性、气孔开度、ABA、叶水势、耐高温承受力、冠层温度、气孔调节、膜透性、叶片导性、SOD活性，以及渗透调节能力，其包括K^+、Ca^{2+}、无机盐、脯氨酸、甘露醇、甜菜碱、糖等物质的调节。

1．马铃薯抗旱性评价的产量指标

抗旱性鉴定的目的之一是培养干旱条件下能够高产、稳产的品种，因此，干旱条件下作物的产量和减产百分率常被用作抗旱性鉴定的一项重要指标。抗旱系数是目前公认的抗旱性鉴定综合指标，它是水分胁迫下产量与正常供水条件下产量的比值，常与多种生理生化指标相结合用于马铃薯抗旱性鉴定。干旱胁迫下，马铃薯产量指标比较直观。抗旱性的强弱主要体现在产量部分，能作为马铃薯抗旱品种判定的重要指标。Chionoy的抗旱系数法、Fish的干旱敏感指数（SI）法和胡福顺的抗旱指数（DI）法是传统评价方法（谢婉和郑维列，2015）。顾尚敬等（2013）研究认为，水分胁迫下，马铃薯块茎产量的变化程度是抗旱能力大小的评价指标，抗旱指数直观表现植株对干旱的敏感水平。Deblonde（2001）在块茎形成前测定了不同品种在干旱条件下叶片数、茎高、叶长等，发现这些指标都对水分敏感；在干旱条件下产量和块茎数都明显减少，认为可作为抗旱性筛选、鉴定的指标。Lahlou等（2003）调查了4个不同成熟期的马铃薯栽培种对干旱的抵抗能力，结果显示干旱可减少产量的11%～53%，干旱减少了叶片的干重。早熟品种在干旱时减少块茎数，而晚熟品种则减少叶面积和叶面积指数，那些在干旱条件下最初3周块茎保持较好生长的品种可获得较好产量。认为早熟和晚熟品种对干旱的反应机制不同，但其机制还不清楚。

2．马铃薯抗旱性评价的形态指标

用植株形态鉴定马铃薯抗旱能力是国内外广泛采用的研究方法。马铃薯根系拉力、根长、根重、根冠比、株高、茎粗、生物量、鲜重、叶重、气孔下陷程度、叶面积大小等形态特性与抗旱能力有关。国内外对马铃薯抗旱形态特性的研究主要集中在植株的根系。根系是马铃薯接收土壤水分信号及吸收土壤水分的器官。干旱胁迫下，根系吸收量下降，根系活力降低，造成营养失衡（谢婉和郑维列，2015）。Richards

（1996）研究了在干旱条件下提高产量的方法，认为干旱时的开花数和早期发育叶面积可作为抗旱育种的选择指标。杜培兵等（2012）认为，抗旱性强的品种在干旱条件下根系发达，产量较高；同时，根系拉力与根重、根数、根长呈显著的正比关系，是衡量根系发育程度的重要指标。Deblonde等（1999）用块茎干重、收获指数、干物质含量等构成的农艺参数和碳同位素分辨率对早熟品种和晚熟品种对干旱的忍耐能力进行了评价，用碳同位素法反映的水分利用效率可作为抗旱性评价的方法。另外，马铃薯的株高、叶面积等农艺性状指标均与抗旱性关系密切，也可作为马铃薯抗旱品种鉴定的重要参考指标。Deblonde等（2001）在块茎形成前测定了6个品种在干旱条件下茎高、叶片数、叶长，发现这些指标对水分较敏感；在干旱条件下产量和块茎数都明显减少，认为它们可作为抗旱性鉴定的指标。Ouiam等（2005）调查了4个不同熟性的栽培马铃薯品种在田间和温室的抗旱能力。在干旱条件下最大根干重减少，匍匐茎数量增加但其长度减小。干旱条件下匍匐茎上不定根数量减少并与根干重呈负相关。在田间条件下块茎产量明显与根重相关，田间条件下抗旱指数明显与根深度呈正相关，认为匍匐茎上不定根数量可作为抗旱性鉴定的指标。樊民夫等（1993）认为马铃薯冠层覆盖度与块茎数、根系拉力、茎叶鲜重、根鲜重呈直线正相关，根系拉力、冠层覆盖度可作为评价抗旱种质资源和筛选抗旱品种的两个主要指标。Richard（1996）认为干旱时的蒸腾效率、开花数量和早期生长叶面积可作为抗旱育种的选定指标。Ouiam和Jean（2005）通过研究发现，干旱条件下匍匐茎上不定根数量减少并与根干重呈负相关，在田间条件下块茎产量明显与根重相关，认为匍匐茎上不定根数量可作为抗旱性鉴定的指标。

3. 马铃薯抗旱性评价的生理指标

抗旱性鉴定指标的确定为抗旱育种工作提供了理论依据和方法。植物抗旱性评价生理指标包括土壤含水量、叶片含水量、叶绿素荧光、叶绿素含量、根系拉力、ATP含量、叶水势、电导率、光合速率、水势、呼吸速率、干物质胁迫指数、渗透调节能力、水分胁迫指数、离体叶片持水力等（Vander 1999；Bansal等，1991）。Richard（1996）研究了在干旱条件下提高产量的方法，认为干旱时的蒸腾效率可作为抗旱育种的选择指标。杜培兵等（2012）研究表明，冠层覆盖度与产量成正比，达5%显著水平，两者可作为抗旱评价的重要生理指标。有研究结果表明，80%土壤含水量马铃薯植株长势最好，60%土壤含水量为轻度干旱胁迫，40%土壤含水量为中度干旱胁迫，20%土壤含水量为重度干旱胁迫。因此，土壤含水量可以作为评价马铃薯抗旱的生理指标之一（尹智宇和肖关丽，2017；焦志丽等，2011）。Van Der Mescht等（1998）通过测定干旱条件下12个马铃薯品种叶绿素荧光值和叶绿素a、叶绿素b含量发现，叶绿素荧光值仅能作为早熟品种抗旱性的指标，叶绿素a与叶绿素b的比值可作为早熟、中熟、晚熟马铃薯品种干旱4周内的抗旱性的指标。Ranalli等（1997）测定了种植在田间的包括Désirée和5个无性系在内的6个基因型马铃薯正常浇水和干旱条件下叶片叶绿素荧光和冠层温度。认为叶绿素荧光和冠层温度可作为筛选马铃薯种质资源的工具。Jefferies（1994）采用生理指标为主的参数评价马铃薯的抗旱性，试验发现，一般情况下（正常浇水和轻微干旱条件下）增加根长和增加水分利用效率并不能增加产量，只有在严重缺水条件下增加根长和增加水分利用效率才增加产量。认为在严重缺水条件下根系长度和水分利用效率可作为抗旱性评价的指标。Ekanayake等（1992）以250个不同马铃薯品种为试验材料，测定了定植45d后各参试品种的产量，试验结果为在干旱条件下马铃薯产量与根系拉力呈正相关。认为根系拉力可作为抗旱性评价的指标。杨明君和樊民夫（1995）研究结果为旱作马铃薯根系拉力与冠层覆盖度及块茎产量均呈极显著正相关，即根系拉力越大，冠层越旺盛，块茎产量越高。认为根系拉力和冠层覆盖度可作为干旱条件下选择块茎高产的有效指标。当马铃薯植株受干旱胁迫，水分亏缺时，会导致光合作用减弱、光合速率降低，导致其作物减产（杨喜珍等，2019）。所以，光合速率是马铃薯抗旱性评价的重要指标（李晓炜和童婷，2018）。叶片保水能力是马铃薯抗旱性的一种体现。刘玲玲等（2004）研究指出品种抗旱性越强，ATP含量越高。田丰等（2009）研究认为马铃薯叶片游离脯氨酸含量相对值、叶片水势相对值均可以作为马铃薯品种抗旱性评价的生理指标。张明生等（2001）认为品种抗旱性越强，叶片相对含水量下降幅度及MDA含量上升幅度越小，SOD活性增加幅度越大。丁玉梅等（2013）研究表明，在干旱胁迫条件下，马铃薯叶片游离脯氨酸含量和MDA含量均升高，不同品种马铃薯脯氨酸含量升高1.01～5.40倍，MDA升高1.10～1.91倍。马铃薯品种叶片游离脯氨酸含量相对值、MDA含量相对值和相应品种的根系拉力、产量系数均呈显著或极显著正相关，游离脯氨酸相对值、MDA含量相对值可以作为马铃薯植株生长早期评价品种耐旱性的生理生化指标。王燕等（2016）研究表明，抗旱能力越低的品种失水能力越强，也就相当于保水能力越低；抗旱系数会随失水力的升高而下降，失水力与抗旱系数呈负相关且达1%显著水平，马铃薯产量降低。刘玲玲等（2004）对水分胁迫下马铃薯叶片部分物质和能量代谢指标的研究结果表明，在水分胁迫下叶片中可溶性蛋白含量明显增加；叶绿素a、叶绿素b、总叶绿素含量及叶绿素a/b比值与对照相比均有所下降；ATP含量有增有减，但品种抗旱性越强，ATP含量越高；叶片中可溶性蛋白含量、叶绿素a/b比值、ATP含量与品种抗旱性之间的相关性较高。胳敬等（2009）研究水分胁迫对不同品种可溶性糖、游离脯氨酸、MDA含量的影响，通过盆栽控水测定了贵州地区的几个品种在水分胁迫下这几种物质含量的变化，分析了各品种的抗旱性强弱。

4. 马铃薯抗旱性评价的生化指标

植物抗旱性生化指标通常包括可溶性糖含量、脯氨酸含量、甜菜碱含量、ATP酶活性、维生素C含量、SOD活性、POD活性、CAT活性、MDA含量等（Vander，

1992）。在干旱胁迫、缺水条件下，马铃薯植株体内会大量积累脯氨酸，品种之间、胁迫时间有差异（李晓炜和童婷，2018）。丁玉梅等（2013）研究发现在干旱胁迫下，不同品种马铃薯脯氨酸和MDA含量均明显上升，脯氨酸含量和MDA含量可以作为马铃薯抗旱评价的生化指标。宋志荣（2004）对马铃薯在干旱胁迫下叶片内脂质过氧化作用产物MDA的积累与ASA含量、SOD和POD活性的关系做了研究，发现抗旱性强的品种质膜透性、MDA含量增加幅度较小，脯氨酸含量增加幅度大，ASA含量降低幅度较小，SOD和POD活性较高，抗旱性弱的品种反之，认为这些指标及变化可以作为评价马铃薯抗旱能力的依据。碳同位素分辨率与细胞内CO_2浓度（Ci）呈正相关，而Ci又与水分利用效率（WUE）呈负相关，因而推理碳同位素分辨率与WUE呈负相关，这就是碳同位素分辨率作为作物WUE的间接指标的理论基础。碳同位素分辨率是作为作物水分利用效率的一个间接指标，在其他作物试验中由于使用材料不同、环境不同、取样部位和时间不同而有较大差异。Jefferies等（1997）测定了干旱和正常浇水条件下马铃薯植株体内碳同位素分布，在灌溉条件下出苗21～63d随着叶片膨大叶中碳同位素分辨率增加，在成熟叶中碳同位素分布没有明显差异。在干旱条件下上部叶片中碳同位素含量连续下降。碳同位素分布在品种之间有较大差异，品种之间的差异与茎叶气孔水势差异一致。在两种水处理中碳同位素品种间的差异没有反映出干物质产量的差异，所以碳同位素没有提供一种干旱条件下筛选干物质产量的简单选择方法。

5. **马铃薯抗旱性评价的综合指标**

采用综合指标法，能准确地评价马铃薯抗旱能力。隶属函数法是对各品种所有抗旱指标的隶属值进行累加，求其平均数以及进行品种间比较，由此评价其抗旱能力的大小（杨明君和樊民夫，1995）。王谧（2014）利用主成分分析法，分析马铃薯的生理和产量等指标，以此表明MDA含量是马铃薯抗旱评价的重要指标，采用隶属函数法对马铃薯抗旱性进行概况评价，评定成果与实践几乎相同。

（三）马铃薯抗旱性评价

干旱除造成马铃薯减产绝收外，还会引起一系列的不良反应，造成马铃薯品质下降，如形态畸变、生理功能失常、代谢紊乱和空心薯等。因此，在全球气候异常、干旱频发的背景下，建立马铃薯资源材料的抗旱性评价体系，筛选出抗旱种质、培育节水新品种是现实可行的生物节水措施，对缓解中国粮食安全和节约用水有重要意义。

近年来，在马铃薯抗旱性评价方面，研究者做了大量工作。张艳萍（2014）对96份从秘鲁引进的马铃薯的植株形态特征、农艺性状、生态适应性等方面进行观测，进而对马铃薯种质资源的多样性和抗旱性进行了评价。姚春馨等（2012）通过对马铃薯根系拉力和产量来综合评价鉴定了当地30个马铃薯品种的抗旱性、丰产性和稳产性，而且成功地筛选出适宜当地生产环境的马铃薯品种。王娟等（2014）通过观察马铃薯植株形态学特征和分析生物学特性对国内外引进的45份马铃薯进行鉴定和评价。杨宏羽等（2016）对陇薯3号、大西洋、2-27（二倍体）、富利亚（二倍体）、03129-488（六倍体）和03120-565（六倍体）6个不同倍性马铃薯品种的抗旱性评价，通过隶属函数与综合评价分析得出6个马铃薯品种的抗旱性由高到低依次为陇薯3号、2-27、03129-488、大西洋、富利亚和03120-565，同时也确定了可用于马铃薯抗旱性评价的指标以及它们与马铃薯抗旱性之间的关系。陈永坤等（2019）对二倍体马铃薯*S.phureja*种质资源和四倍体品种进行抗旱性鉴定，测定了叶片含水量、相对电导率、叶绿素含量、MDA含量、可溶性糖含量、脯氨酸含量等生理生化指标，利用主成分分析和隶属函数分析综合评价其抗旱性。试验结果表明，品种间干旱胁迫响应差异显著，干旱处理下生理生化指标与对照相比差异显著，通过主成分分析和隶属函数分析，筛选出5个二倍体马铃薯抗旱种质C3、C4、C6、C9和C10。赵媛媛（2017）采用抗旱棚盆栽控水试验对入选的17份马铃薯材料进行抗旱性综合评价，测定农艺性状、抗旱生理指标、光合参数及产量，利用隶属函数分析法鉴定出高度抗旱材料6份，其中ND23、ND20的抗旱性强于定薯1号；ZD33、ZD29的抗旱性强于克新1号，但弱于定薯1号；ND2的抗旱性强于冀张薯8号，但弱于克新1号、ND22的抗旱性强于东农311，但弱于冀张薯8号。王谧（2014）通过主成分分析法和隶属函数法对19份马铃薯资源的抗旱性进行了综合评价，马铃薯的抗旱由强到弱顺序为F12、乐薯1号、青薯9号、克新6号、139、Er-1、下寨65、冀张薯8号、393371.58、陇薯2号、FL1533、552、波S、石引08-1、R9、Pepo418、俄引、Russia2、国外品种2。鉴定结果与生产实际基本一致。

刘燕清等（2019）利用离体条件下PEG6000渗透胁迫对马铃薯组培苗生长指标的影响，以培育的17份高代品系为供试材料，测定了8% PEG6000胁迫下马铃薯的株高、根长、根数、叶片数、茎鲜质量、根鲜质量等6个生长指标，采用主成分分析法以及隶属函数法分析研究不同品系间的抗旱性差异，并对17份材料进行抗旱性评价，结果表明17份高代品系中5份为高度抗旱，5份为中度抗旱，5份为低度抗旱，2份为不抗旱。王燕等（2016）对全国主栽的40份马铃薯栽培品种进行了抗旱性评价，应用抗旱系数和抗旱指数2个重要产量指标，分析了干旱环境对每个品种产量的影响，以及不同品种的耐旱能力。综合分析各品种的抗旱系数、抗旱指数、株高胁迫系数和失水力4个指标，筛选出高抗旱性材料4份，分别是晋早1号、晋薯8号、冀张薯8号和延薯6号，中抗旱性品种有冀张薯12号、克新19号、东农310、云薯202、闽薯1号、延薯8号、丽薯6号、云薯304、延薯7号等9份材料，其余品种均为低抗旱性或不抗旱性品种。卢福顺（2013）通过隶属函数法比较了6个马铃薯品种东农308、东农309、东农310、东农311、克新13号和延薯4号在不同生长时期的抗旱性差异，结果表明：东农308对水分敏感时期为现蕾期和淀粉积累期，幼苗期和块茎增长期表现为高抗；东农309对水分敏感时期为幼苗期，其余均表现为中抗；东农310在幼苗期和现蕾期表现为高抗，其余时期均表现为中抗水平；东农311在块茎增长期和淀粉积累期表现为对水分敏感，其余时期表现为中抗；延薯4号在5个时期均表现为较高的抗性；克新13号在幼苗期和初花期表现出对水分更为敏感，其余时期表现为中抗。

二、马铃薯抗旱性遗传解析

数量性状位点（quantitative trait locus，QTL）是指控制数量性状的基因在基因组中的位置。确定某一性状的QTL必须使用遗传标记，人们通过寻找遗传标记和感兴趣的数量性状之间的连锁关系，将与性状相关的一个或多个QTL定位于染色体上。QTL定位的基本原理是当标记与某一性状的表型之间连锁时，不同的基因型对应的表型之间会出现显著差异。根据标记与性状表型之间的连锁分析，可以确定QTL在相应的连锁群上的具体位置。QTL分析有三个基本的步骤：①培育适宜的遗传分离群体。②构建遗传连锁图谱。③分析标记基因型和数量性状表型值之间的内在联系，确定QTL在染色体上的相对位置，估算QTL的遗传效应。分子遗传标记检测QTL就是寻找目标性状与分子标记之间的关系，通过分子标记将数量性状的QTL定位到遗传图谱上。具体方法主要有以下5种：单标记分析法、区间作图法、复合区间作图法、混合线性模型方法、完备区间作图法。

Khan等（2015）利用国际马铃薯中心测序的双单倍体品系DM和二倍体品种杂交而成“DMDD”在温室和大田进行了两个耐旱性试验，采用充分浇水和后期干旱两种处理，后期干旱处理在种植60d后暂停浇水。利用已发表的基因型数据构建了两个致密的亲本遗传图谱，最终数量性状位点（QTL）分析确定了45个基因组区域，其中45个区域与水分充足和末期干旱处理的9个性状相关，26个区域可能与干旱胁迫相关。Anithakumari等（2012）连续两年在温室条件下记录了干旱胁迫和复水处理下的4个生理参数、7个生长参数和3个产量参数的QTL分析。结果共检测到47个数量性状基因位点（QTL），其中28个为干旱专性位点，17个为复水处理位点，2个为水分充足条件下的QTL。碳同位素标记δ ^{13}C有4个QTL，叶绿素含量有3个QTL，产量和其他生长性状共定位到4个QTL。研究发现δ ^{13}C与干旱胁迫密切相关，能够作为耐旱性育种的QTL。赵明辉（2014）利用马铃薯在NaCl胁迫条件下，共检测到与耐盐相关的4个形态性状的6个位点；包括1个控制芽长相对值的QTL，1个控制芽干重相对值的QTL，3个控制根鲜重相对值的QTL，1个控制根干重相对值的QTL；其中，控制根干重相对值的QTL对耐盐性贡献率最大，为31.48%。越来越多的研究证明植物抗盐和抗旱的分子机制具有相似性，这些耐盐QTL也是潜在的抗旱QTL，但还需要被验证。

三、马铃薯抗旱品种选育

（一）马铃薯抗旱种质资源

马铃薯种起源于墨西哥与中美洲，向南迁徙，在厄瓜多尔、秘鲁、玻利维亚、阿根廷等国家和地区形成大量的种，以二倍体种居多；向北迁徙在中美洲建立Conicibaccata系的多倍体种，如墨西哥的六倍体种（*Solanum demissum*）。自17世纪种植马铃薯（*S. tuberosum*）开始，马铃薯已广泛种植于150多个国家。在长期的发育进化中，马铃薯栽培种通过保持远系繁殖、自交不亲和或近交衰退等特征来更好地适应自然选择或人工选择。马铃薯共有7个栽培种，其中主要包括原始栽培种和普通栽培种，这二者均来源于南美洲，*S. ajanhuiri*、*S. chaucha*、*S. curtilobum*、*S. juzepczukii*、*S. phureja*和*S. stenotomum*，两个亚种*tuberosum*和*andigena*。马铃薯栽培种在不断地种内杂交过程中，遗传背景越来越窄，成为限制现代马铃薯育种的主要因素。马铃薯野生种主要分布在阿根廷、玻利维亚、秘鲁和墨西哥，从二倍体到多倍体，有着丰富的倍性资源，但大多数种是不孕的，主要靠无性繁殖繁衍后代（Spooner和Hijmans，2001）。因为原始栽培种和野生种都具有长日照不结薯或与栽培种有倍性差异（70%为二倍体）的特性，所以在马铃薯育种工作中，利用原始栽培种和野生种来改良栽培种的农艺、加工和抗逆性的工作一直受到限制。通过野生种回交或分子标记技术可以选择理想的具有抗性的野生种基因组并成功渐渗到栽培种中，一些研究已在改良栽培种产量、抗病虫害和品质方面取得进展（Naess等，2001；Hamernik和Hanneman 2009；Weber等，2012），如抗晚疫病基因渐渗到栽培种马铃薯品种*S. demissum*和*S. stoloniferum*，抗病毒基因渐渗到*S. chacoense*和*S. acaule*，抗金线虫基因渐渗到*S. vernei*和*S. spegazzinii*。Jansky等（2011）发现，单倍体与野生种杂交，50%的植株能在长时间内结薯，并且能选择块茎性状。

马铃薯野生种具有比较丰富的遗传基因背景，这对发掘马铃薯的优良基因以解决普通栽培种狭窄遗传背景和基因库贫乏的难题以及有效地改良现有马铃薯普通栽培种等发挥着极其重要的作用（陈珏等，2010）。目前，已建立多个马铃薯种质资源库，其中有国际马铃薯中心（International Potato Center，CIP，Lima，Peru）、荷兰—德国马铃薯种质库（Dutch-German Potato Collection，CGN，Wageningen，The Netherlands）、英国马铃薯种质库（Commonwealth Potato Collection，CPC，Dundee，Scotland）、德国马铃薯种质库（Gro Lüsewitz Potato Collection，GLKS，IPK，Gro Lüsewitz，Germany）和美国马铃薯基因库（US Potato Genebank，NRSP-6，Sturgeon Bay，USA）等，构成了马铃薯跨基因库协会（Association for Potato Intergenebank Collaboration，APIC），形成了马铃薯跨基因库数据库（Inter-genebank Potato Database，IPD），种质资源库中包含大量马铃薯种质资源，具有生物多样性，主要包括247个野生种马铃薯分类群中的188个野生种，具有55种性状的33000个野生种马铃薯评价。

我国马铃薯育种的主要目标是培育具有高产、多抗、高淀粉等特性的马铃薯，虽然做了大量原始栽培种和野生种的引进和利用工作，但是总体水平落后于世界，由于对马铃薯种质资源的研究起步较晚，对现有资源的利用存在缺陷，缺乏长期和系统的研究（赵青霞等2013）。盛万民等（2009）利用原始栽培种和野生种与栽培种杂交创造大量中间育种材料和种质资源。在育种工作中，对原始栽培种和野生种的引进和利用，不仅可以提高马铃薯品种的抗逆性、产量，也可以减少生物与非生物胁迫造成的损害。因此大量收集和引进马铃薯野生种和原始栽培种资源，并在适宜的环境条件下评价它们的品质（Jansky，2011），用作现代马铃薯育种材料，为马铃薯种质资源的利用奠定了理论和实践基础，对于马铃薯品种选育，特别是专用型品种选育具有重大意义。

（二）马铃薯抗旱育种

干旱不仅能降低马铃薯的产量，而且还会出现一系列的不良反应，如马铃薯品质不佳、形态发生畸变、正常的生理功能失调和代谢出现紊乱等（孙慧生，2003）。因而培育优良的抗旱马铃薯品种已经成为科研学者开展马铃薯育种的当务之急。马铃薯的普通栽培种是同源四倍体，而且高度杂合，由于其狭窄的遗传背景，所以现在培育的优良抗旱品种并不多见。马铃薯种质资源在发掘其优良基因，解决育种工作中遗传背景狭窄、基因库贫乏等问题上具有重要意义。王谧（2014）对不同马铃薯种质资源进行水分胁迫的处理，测定了叶片中的MDA、游离脯氨酸、可溶性糖蛋白等生理指标，采用主成分分析法和隶属函数法对19份马铃薯种质资源的抗旱性进行评价。樊民夫等（1993）对从国际马铃薯中心（CIP）引入的44份材料和国内10个抗旱品种进行了抗旱鉴定和评价，选育出短日照类型，经济性状表现好、高产抗旱的品种，可作为马铃薯抗旱资源进行利用。

当前国内85%左右的马铃薯品种亲本均属20世纪40—50年代从欧美引进的多子白、卡它丁、白头翁、疫不加、米拉等品种，由此可见引进种质资源对中国马铃薯育种具有重要作用（孙秀梅，2000），同时也可以看出遗传资源狭窄是制约中国马铃薯育种取得突破性进展的关键因素。因此，引进外来种质资源，拓宽遗传背景，是加快选育抗旱品种的主要措施。此外，马铃薯育种过程中需要对大量的高代材料采用有重复的试验设计以评价其产量潜力和稳定性。马铃薯是块茎繁殖作物，种薯质量对评价结果的影响非常大，繁殖大量种薯不仅耗时而且耗资较大。因此，采用增广试验设计的方法，不仅可以提高育种效率，还可以节约成本。

中国马铃薯育种始于20世纪30年代末，最初以引进国外种质资源为主，后来逐渐开始利用这些资源开展抗晚疫病、抗病毒病、高产和加工专用品种育种，但对抗旱育种的关注度较小（蔡兴奎和谢从华，2016）。抗旱性是多基因控制的复杂性状，受环境影响较大。目前，国内外在马铃薯抗旱资源筛选上的研究多数是在组培苗（娄艳等，2016；Barra和Correa，2013）或大田雨养条件下（王晓斌等，2017；宋伯符等，1992；余斌等，2018）对大量材料进行抗旱性筛选，或在人工控水条件下对少量材料进行代谢产物和基因表达分析，发掘与抗旱相关的基因或分子标记（Evers等，2010；Anithakumari等，2011；Sprenger，2011），但马铃薯高度杂合的基因组导致已开发出的标记应用价值大大减弱。宋伯符等（1992）对来自国际马铃薯中心（CIP）的17个品种在内蒙古武川县和乌兰察布市、河北坝上和山西大同市进行了多点抗旱性评价，筛选出了在各点产量均较高的品种中心24。马恢等（2007）从CIP引进的杂交实生种子组合中筛选出了抗旱性较强的品种冀张薯8号。张艳萍和王舰（2008）对引进的271份CIP种质资源进行了抗病、耐逆性、产量水平及品质指标等综合性状的评价，结果表明仅1份材料综合性状较好，可在青海大部分地区种植，另有19份高产材料和部分具有特殊抗性基因的资源可为马铃薯育种提供亲本材料。杨琼芬等（2009）对来自欧洲的19个马铃薯品种进行干旱适应性评价，筛选出1个适宜云南小春种植的品种。Cabello等（2013）通过多个指标对CIP的918份资源进行抗旱性评价，不仅筛选出了一批抗性较强的材料，而且明确了抗旱指数，平均生产力和几何平均生产力可作为批量材料抗旱筛序的可靠指标。Arya等（2017）通过田间试验和农民参与式选择对CIP的8份资源进行抗旱性评价，并筛选出1份抗旱性好，农民接受度最高的材料。余斌等（2018）对来自CIP的119份资源在雨养条件下进行了连续2年的抗旱性评价，通过表型性状的分析，筛选出了5份在甘肃省定西市干旱条件下表现出高产稳产的材料。秦军红等（2019）对来自CIP的315份高代品系和中国已有的3个品种进行抗旱性评价，获得7个抗旱的基因型材料（C93、C46、C82、C87、D160、D175和YS902），其中C93表现最佳。

四、马铃薯抗旱育种展望

（一）马铃薯抗旱育种目标

我国马铃薯大多数种植于干旱、半干旱地区，近几年干旱极端气候出现频率不断上升，且呈现出无规律性变化，干旱胁迫对马铃薯各生育期都有影响，严重时导致马铃薯死亡绝产，给农民造成很大的经济损失。抗旱马铃薯品种可适应不同的气候条件，在干旱条件下，能表现出相对高产的优势。因此，培育干旱胁迫条件下抗旱的马铃薯品种都有利于解决生产实际问题。目前研究的结论一致认为，多数抗旱性指标显著的品种，多半是耐瘠薄低产型地方农家种，育种价值有限。但是，农业生产中推广的中间型和旱肥型品种，其抗旱性指标往往不够典型。因此，马铃薯抗旱育种不能单一依靠生理性状（植株矮化、根系发达、叶片厚具蜡质化、减少叶面蒸腾）进行选择。马铃薯抗旱育种初期，就必须注重产量潜力、一般农艺性状和综合抗逆性，以高产、优质、高效为导向，制定明确的育种目标，找出现有品种存在的差距，结合不同地区的不同干旱类型，如土壤干旱、大气干旱和不同季节降水分布不均所造成的干旱，研究确定抗旱指标的临界值变化范围，使所选育马铃薯品种在其取值范围内能抵御或及时避开干旱而获得高产。

（二）马铃薯抗旱育种方法

近年来，随着生物技术的兴起和发展，我国马铃薯生产方式发生了或正在发生巨大变革，育种理念也在与时俱进。马铃薯抗旱育种不仅要满足抗旱要求，而且更要具备高产优质等特点，同时还要适应新耕作制度和机械化种植。目前作物育种主要采用杂交育种、诱变育种和生物技术育种的方法，但单一的育种方法很难培育出明显抗旱的品种，因此，开展多种育种方法联合育种是马铃薯抗旱育种的途径。杂交育种与生物技术联合育种，诱变育种与生物技术联合育种是未来马铃薯抗旱育种的方向。

1. 杂交育种与生物技术联合育种

常规育种与生物技术育种在马铃薯品种选育中都表现出各自的优势。由于受遗传基因狭窄的限制，利用传统单纯的品种进行种内杂交、自交，已很难选育出高抗旱的马铃薯品种。当前生物技术育种大多是独立于杂交育种过程，只是对杂交育种等方法选育出的品种的个别缺陷性状进行改良，改良后新品种的基因组结构与原品种变化很小。转基因育种和分子标记辅助选择育种只是对现有品种的个别性状加以改良。由于杂交育种具有费用少、技术简单、容易操作等优点，从育种的效率和效果看，马铃薯杂交育种方法依旧是主流方法。但是，杂交育种一定要在选育过程中与现代育种技术相结合，避免过去仅限于大田的纯表型选择，在杂交育种完成后再开展不良性状的改良，在开展杂交育种之前，一定要先明确育种目标，首先要筛选符合育种目标的材料作为亲本，再明确亲本中调控目标性状的主要基因是否有功能或者功能强弱。这样，在杂交育种的低世代材料中根据农艺性状选择一些优良单株，再对这些单株进行分子标记辅助选择，从中选择携带无法目测的优良目标基因的单株，进入下一个世代，在杂交育种过程中完成标记辅助选择，使新品种具有育种目标性状。另外，由于马铃薯遗传基础复杂，通过多代自交很难筛选获得纯自交系，纯自交系间的杂种优势利用也难实现。但如果利用单倍体加倍的方法获得抗旱的纯四倍体自交系，这将为利用杂种优势培育抗旱马铃薯新品种带来新的希望。

2. 诱变育种与生物技术联合育种

诱变育种在改良作物不良性状方面比较有效，现已在小麦、水稻和蔬菜等作物育种中取得成功，但诱变育种最大的困难在于对目标突变体材料的筛选。研究发现抗逆、抗病和优质等性状与某些农艺性状有所关联，选育过程可以参考农艺性状，但要提高育种的效率和准确性，还得依靠人工接种和品质分析等技术。依托现代分子生物技术的发展，通过核辐射与航空环境等诱变马铃薯群体的目标性状突变体进行定向筛选，将直接筛选田间表型与生理生化分析技术与分子标记辅助筛选等技术相结合，以及利用高分辨熔解曲线分析和定向诱导基因组局部突变、基因表达分析、多样性微阵列等技术，可以高通量高效地对突变基因进行筛选，促进马铃薯种质创新。除了具有育种周期短、针对性强、破除基因连锁、促进优异基因聚合等技术优点，辐射诱变育种还能与传统育种及分子生物育种技术相结合，多种技术及学科的协同合作，将带动诱变育种的进一步发展，在未来马铃薯育种的抗逆性增强、产量提高、品质优化等方面发挥巨大作用。

（杨江伟，唐勋，张宁）

参考文献

[1] 白志英，李存东，孙红春，等．小麦代换系抗旱生理指标的主成分分析及综合评价［J］．中国农业科学，2008，41（12）：4264-4272．

[2] 蔡兴奎，谢从华．中国马铃薯发展历史、育种现状及发展建议［J］．长江蔬菜，2016，（12）：30-33．

[3] 陈永坤，李灿辉，雷春霞，等．二倍体马铃薯*S.phureja*种质资源的抗旱性鉴定与综合评价［J］．分子植物育种，2019，17（10）：3416-3423.

[4] 陈珏，秦玉芝，熊兴耀．马铃薯种质资源的研究与利用［J］．农产品加工，2010（8）：70-73．

[5] 大崎亥左雄．马铃薯的生理营养与施肥（译文）［J］．马铃薯杂志，1988，2（1）：10-15．

[6] 邓珍，徐建飞，段绍光，等．PEG-8000模拟干旱胁迫对11个马铃薯品种的组培苗生长指标的影响［J］．华北农学报，2014，29（5）：99-106．

[7] 丁海兵，邓宽平，李飞，等．贵州主栽马铃薯品种抗旱性评价［J］．江苏农业科学，2011，39（5）：79-80．

[8] 丁玉梅，马龙海，周晓罡，等．干旱胁迫下马铃薯叶片脯氨酸，丙二醛含量变化及与耐旱性的相关性分析［J］．西南农业学报，2013（1）：106-110.

[9] 杜培兵，杜珍，白小东，等．马铃薯品种抗旱性鉴定研究［J］．现代农业科技，2012（5）：136-137．

[10] 范敏，金黎平，刘庆昌，等．马铃薯抗旱机理及其相关研究进展［J］．中国马铃薯，

2006，20（5）：101-107.

［11］樊民夫，杨明君，李久昌．马铃薯抗旱资源评价与抗旱指标探讨［J］．山西农业科学，1993（2）：6-11.

［12］F. P. 加德纳．作物生理学［M］．于振文，译．北京：中国农业出版社．1993.

［13］高占旺，庞万福，宋伯符．水分胁迫对马铃薯的生理反应［J］．中国马铃薯，1995（1）：1-6.

［14］胳敬，宋碧，冯跃华．8个马铃薯品种抗旱性研究初报［J］．湖北农业科学，2009，48（2）：301-303.

［15］顾尚敬，王朝贵，王朝海，等．马铃薯盆栽控水抗旱性鉴定［J］．农业开发与装备，2013（1）：104-105.

［16］何丹丹，贾立国，秦永林，等．马铃薯抗旱鉴定研究进展［C］//2016年中国马铃薯大会论文集，2016.

［17］贾琼，张冬红，蒙美莲，等．PEG6000渗透胁迫对马铃薯生理特性的影响［J］．中国马铃薯，2009，23（5）：263-267.

［18］焦志丽，李勇，吕典秋，等．不同程度干旱胁迫对马铃薯幼苗生长和生理特性的影响［J］．中国马铃薯，2011，25(6)：329-333.

［19］抗艳红，龚学臣，田再民，等．聚乙二醇处理马铃薯脱毒试管苗的生理反应［J］．江苏农业科学，2011（2）：162-164.

［20］抗艳红，龚学臣，赵海超，等．不同生育时期干旱胁迫对马铃薯生理生化指标的影响［J］．中国农学通报，2011，27（15）：97-101.

［21］李海珀．马铃薯抗旱性研究进展［J］．种子科技，2018，36（3）：118-120.

［22］李建武，王蒂，司怀军．水分胁迫下马铃薯试管苗的生理响应［J］．甘肃农业大学学报，2005（3）：319-323.

［23］李建武，王蒂，司怀军，等．水分胁迫下马铃薯试管苗的生理响应［J］．甘肃农业大学学报，2008，40（3）：319-327.

［24］李葵花，高玉亮，吴京姬．转P5CS基因马铃薯“东农303”耐盐、抗旱性研究［J］．江苏农业科学，2014，42（11）：131-133.

［25］李志燕．PEG-6000胁迫下马铃薯耐旱指标的筛选［D］．哈尔滨：东北农业大学，2015.

［26］李亚杰，不同马铃薯品种根系提水能力与抗旱性研究［D］．兰州：甘肃农业大学，2013.

［27］黎裕．作物抗旱鉴定方法与指标［J］．干旱地区农业研究，1993，11（1）：91-99.

［28］栗亮，文钢，杨涛，等．根癌农杆菌介导的CMO基因转化马铃薯的研究［J］．生物技术，2009，19（3）：16-19.

［29］梁丽娜，刘雪，唐勋，等．干旱胁迫对马铃薯叶片生理生化指标的影响［J］．基因组学与应用生物学，2018，37（3）：1343-1348.

［30］林久生，王根轩，雒梅. 谷胱甘肽还原酶基因的表达载体构建及对马铃薯的转化［J］. 中国农业科学，2001（2）：223-226.

［31］刘玲玲，李军，李长辉，等. 马铃薯可溶性蛋白、叶绿素及ATP含量变化与品种抗旱性关系的研究［J］. 中国马铃薯，2004，18（4）：201-20.

［32］刘祖祺. 植物抗性生理学［M］. 北京：中国农业出版社，1994.

［33］刘燕清，许庆芬，佟卉，等. 离体条件下马铃薯抗旱资源的评价和筛选［J］. 天津农业科学，2019，25（9）：25-28.

［34］刘维刚，祁学红，唐勋，等. 马铃薯模拟干旱胁迫渗透剂的筛选［C］. 定西：2020年中国马铃薯大会，2020.

［35］娄艳，白江平，杨宏羽，等. 马铃薯种质的遗传特性与抗旱性的关系［J］. 草业科学，2016，33（3）：431-441.

［36］卢福顺. 水分胁迫对马铃薯生理指标和叶片结构的影响［D］. 哈尔滨：东北农业大学，2013.

［37］马瑞. 马铃薯*StNCED1*基因的克隆及其功能研究［D］. 兰州：甘肃农业大学，2016.

［38］马恢，尹江，张希近. 马铃薯新品种-冀张薯8号［J］. 中国马铃薯，2007，21（3）：192.

［39］毛自朝. 植物生理学［M］. 武汉：华中科技大学出版社，2013.

［40］门福义，刘梦芸. 马铃薯栽培生理［M］. 北京：中国农业出版社，1995.

［41］倪郁，李唯. 作物抗旱机理及其指标的研究进展与现状［J］. 甘肃农业大学学报，2001，36（1）：14-22.

［42］P. M. 哈里斯，蒋先明，田玉丰，等. 马铃薯改良的科学基础［M］. 北京：中国农业出版社，1984.

［43］祁旭升，刘章雄，关荣霞，等. 大豆成株期抗旱性鉴定评价方法研究［J］. 作物学报，2012，38（4）：665-674.

［44］秦军红，张婷婷，孟丽丽，等. 引进马铃薯种质资源抗旱性评价［J］. 植物遗传资源学报，2019，20（3）：574-582.

［45］秦天元，孙超，毕真真，等. 马铃薯不同耐旱品系管栽苗及其根尖显微结构对干旱胁迫的响应［J］. 生物技术通报，2018，34（12）：102-109.

［46］秦玉芝，陈珏，刘明月，等. 聚乙二醇模拟干旱对马铃薯幼苗生长与细胞膜透性的影响［J］. 湖南农业大学学报：自然科学版，2011（6）：627-631.

［47］饶泽来. 干旱胁迫下马铃薯代谢研究［J］. 乡村科技，2019（5）：90-91.

［48］任永峰，赵举，张永平，等. 阴山北麓地区马铃薯品种抗旱特性的研究［J］. 作物杂志，2011（6）：53-56.

［49］萨如拉. 水分胁迫下不同马铃薯品种的耐旱生理研究［D］. 呼和浩特：内蒙古农业大学，2012.

［50］宋志荣. 马铃薯对旱胁迫的反应［J］. 中国马铃薯，2004，18（6）：330-332.

[51] 宋伯符，王桂林，杨海鹰，等．中国北方马铃薯抗旱资源评价［J］．中国马铃薯，1992，6（4）：223-225.

[52] 孙慧生．马铃薯育种学［M］．北京：中国农业出版社，2003.

[53] 孙秀梅．国外种质资源在我国马铃薯育种中的利用［J］．中国马铃薯，2000，14（2）：110-111.

[54] 盛万民，王凤义，宁海龙，等．马铃薯野生种*S. demissum*与普通栽培品种Katahdin回交一代材料主要产量性状细胞遗传效应分析［J］．东北农业大学学报，2009，40：10-15.

[55] 田伟丽，王亚路，梅旭荣，等．水分胁迫对设施马铃薯叶片脱落酸和水分利用效率的影响研究［J］．作物杂志，2015（1）：103-108.

[56] 田丰，张永成，张凤军，等．不同品种马铃薯叶片游离脯氨酸含量、水势与抗旱性的研究［J］．作物杂志，2009，2（19）：73-76.

[57] 王小静．不同基因型马铃薯对干旱及抗旱措施反应的研究［D］．杨凌：西北农林科技大学，2016.

[58] 王彧超，郭妙．马铃薯抗旱性研究进展［J］．山西农业科学，2017，45（11）：1890-1893，1899.

[59] 王谧．马铃薯抗旱指标研究及抗旱性鉴定［D］．西宁：青海大学，2014.

[60] 王建武，相微微，亢福仁．过表达截形苜蓿液泡膜H+-PPase基因提高马铃薯的抗旱性［J］．分子植物育种，2016，14（6）：1500-1506.

[61] 王晓斌，胡开明，范阿琪，等．作物抗旱基因研究进展及在马铃薯抗旱种质创新中的应用［J］．干旱地区农业研究，2017，35（1）：248-257.

[62] 王娟，汪仲敏，王瑞英，等．定西市马铃薯种质资源引进与利用［J］．中国马铃薯，2014，28（1）：1-6.

[63] 王晓斌，王瀚，胡开明，等．基于层次分析法和GGE双标图对引进马铃薯种质资源的综合评价．植物遗传资源学报［J］，2017，18（6）：1067-1078.

[64] 王燕，杨克俭，龚学臣，等．全国主栽马铃薯品种的抗旱性评价［J］．种子，2016，35（9）：82-85.

[65] 王树安．作物栽培学（北方本）［M］．北京：中国农业出版社，1995.

[66] 武亮亮，姚磊，马瑞，等．马铃薯HD-Zip I家族ATHB12基因的克隆及功能鉴定［J］．作物学报，2016，42（8）：1112-1121.

[67] 夏雪．2，4-表油菜素内酯（EBR）处理提高马铃薯抗旱机制的研究［D］．成都：四川农业大学，2019.

[68] 谢婉，郑维列．马铃薯抗旱评价指标及方法［J］．西藏农业科技，2015，37（4）：27-35.

[69] 徐建飞，刘杰，卞春松，等．马铃薯资源抗旱性鉴定和筛选［J］．中国马铃薯，2011，25（1）：1-6.

［70］肖厚军，孙锐锋，何佳芳，等．不同水分条件对马铃薯耗水特性及产量的影响［J］．贵州农业科学，2011，39（1）：73-75．

［71］肖关丽，郭华春．不同温光条件马铃薯不同叶位叶SPAD值变化规律研究［J］．中国马铃薯，2007，21（3）：146-148．

［72］杨根平，盛宏达．离体叶片脱水率作为植物抗旱指标的探讨［J］．华北农学报，1990（S5）：89-91．

［73］杨宏羽，平海涛，王蒂，等．不同倍性马铃薯品种的抗旱性［J］．中国沙漠，2016，36（4）：1041-1049．

［74］杨宏羽．马铃薯种质资源的抗旱性评价和抗旱机理研究［D］．兰州：甘肃农业大学，2016．

［75］杨明君，樊民夫．旱作马铃薯根系拉力与冠层覆盖度对块茎膨大及产量的影响［J］．华北农学报，1995，10（1）：76-81．

［76］杨喜珍，杨利，覃亚，等．PEG-8000模拟干旱胁迫对马铃薯组培苗叶绿素和类胡萝卜素含量的影响［J］．中国马铃薯，2019，33（4）：193-202．

［77］杨海鹰，陈伊里．水分胁迫对不同熟性马铃薯品种生长发育及块茎形成的影响［C］//中国马铃薯学术研讨文集，1996．

［78］杨琼芬，李先平，卢丽丽，等．引进马铃薯品种在云南的适应性评价［J］．西南农业学报，2009，22（6）：1550-1556．

［79］姚春馨，丁玉梅，周晓罡，等．水分胁迫下马铃薯抗旱相关表型性状的分析［J］．西南农业学报，2013，26（4）：1416-1419．

［80］姚春馨，丁玉梅，周晓罡，等．马铃薯抗旱相关表型效应分析与抗旱指标初探［J］．作物研究，2012（5）：474-477．

［81］尹智宇，郭华春，封永生，等．干旱胁迫下马铃薯生理研究进展［J］．中国马铃薯，2017，31（4）：234-239．

［82］尹智宇，肖关丽．干旱胁迫对冬马铃薯苗期生理指标及光合特性的影响［J］．云南农业大学学报：自然科学版，2017，32（6）：992-998．

［83］余斌，杨宏羽，王丽，等．引进马铃薯种质资源在干旱半干旱区的表型性状遗传多样性分析及综合评价［J］．作物学报，2018，44（1）：63-7．

［84］于海秋，王晓磊，蒋春姬．土壤干旱下玉米幼苗解剖结构的伤害进程［J］．干旱地区农此研究，2008，26（5）：143-147．

［85］张木清，陈如凯．作物抗旱分子生理与遗传改良［M］．北京：科学技术出版社，2005．

［86］张明生，谈锋，张启堂．快速鉴定甘薯品种抗旱性的生理指标及方法的筛选［J］．中国农业科学，2001，34（3）：260-265．

［87］张瑞玖，马恢，籍立杰，等．不同马铃薯品种抗旱性比较筛选试验研究［J］．农业科技通讯，2016（2）：49-51．

［88］张宁，司怀军，王帝，等．转甜菜碱醛脱氢酶基因马铃薯的抗旱耐盐性［J］．作物学报，2006，35（6）：1146-1150．

[89] 张武. 马铃薯叶绿素含量、CAT活性与品种抗旱性关系的研究 [J]. 农业现代化研究，2007，28（5）：622-624.

[90] 张艳萍，裴怀弟，石有太，等. 大量元素的浓度改变对彩色马铃薯试管薯诱导的影响 [J]. 江苏农业科学，2014，42（12）：38-40.

[91] 张艳萍，王舰. 国际马铃薯中心马铃薯资源引进、评价及利用 [J]. 中国种业，2008（7）：45-46.

[92] 赵媛媛. 马铃薯抗旱资源的筛选及抗旱相关基因的鉴定 [D]. 哈尔滨：东北农业大学，2017.

[93] 赵海超，抗艳红，龚学臣，等. 干旱胁迫对不同品种马铃薯生长指标的影响 [J]. 安徽农业科学，2008，36（28）：12102-12104.

[94] 赵青霞，林必博，张鑫，等. 马铃薯抗低温糖化渐渗系培育和炸片品系筛选 [J]. 中国农业科学，2013，46（20）：4210-4221.

[95] 周香艳. 马铃薯油菜素内酯合成限速酶基因*StCPD*和*StDWF4*对干旱和盐胁迫的响应 [D]. 兰州：甘肃农业大学，2016.

[96] 周香艳，杨江伟，唐勋，等. amiRNA技术沉默C-3氧化酶编码基因*StCPD*对马铃薯抗旱性的影响 [J]. 作物学报，2018，44（4）：512-521.

[97] 周桂莲，杨慧霞. 小麦抗旱性鉴定的生理生化指标及其分析评价 [J]. 干旱地区农业研究，1996，14（2）：65-71.

[98] ANNA W V，KATARZYNA L K，ALEKSANDRA S，et al. The catecholamine biosynthesis route in potato is affected by stress [J]. Plant Physiology and Biochemistry，2004，42: 593-600.

[99] AHMAD R，KIM Y H，KIM M D，et al. Simultaneous expression of choline oxidase，superoxide dismutase and ascorbate peroxidase in potato plant chloroplasts provides synergistically enhanced protection against various abiotic stresses [J]. Physiologia Plantarum，2010，138（4）: 520-533.

[100] ANITHAKUMARI A M，NATARAJA K N，VISSER R G F，et al. Genetic dissection of drought tolerance and recovery potential by quantitative trait locus mapping of a diploid potato population [J]. Molecular Breeding，2012，30（3）: 1413-1429.

[101] ANITHAKUMARI A M，DOLSTRA O，VOSMAN B，et al. *In vitro* screening and QTL analysis for drought tolerance in diploid potato [J]. Euphytica，2011，181（3）: 357-369.

[102] ARYA S，RAWAL S，LUTHRA S K，et al. Participatory evaluation of advanced potato（*Solanum tuberosum*）clones for water stress tolerance [J]. Indian Journal of Agricultural Sciences，2017，87（11）:1559-1564.

[103] BAJGUZ A，HAYAT S. Effects of brassinosteroids on the plant responses to environmental stresses [J]. Plant Physiology & Biochemistry，2009，47（1）: 1-8.

[104] BANSAL K C，NAGARAGAN S，SUKUMARAN N P. A rapid screening technique for

drought resistance in potato（*Solanum tuberosum* L.）[J]. Potato Research，1991，34: 241-248.

[105] BARRA M，CORREA J，SALAZAR E，et al. Response of potato（*Solanum tuberosum* L.）germplasm to water stress under *in vitro* conditions[J]. American Journal of Potato Research，2013，90（6）: 591-606.

[106] BÉLANGER G，WALSH J R，RICHARDS J E，et al. Tuber growth and biomass partitioning of two potato cultivars grown under different n fertilization rates with and without irrigation [J]. American Journal of Potato Research，2001，78（2）: 109-117.

[107] BUSH P S，ASHOO S，SUKUMARAN N P. Photosynthetic rate and chlorophyll fluorescence in patato leaves induced by water stress[J]. Photosynthetica，1998，35（1）: 13-19.

[108] CABELLO R，MONNEVEUX P，MENDIBURU F D，et al. Comparison of yield based drought tolerance indices in improved varieties，genetic stocks and landraces of potato（*Solanum tuberosum* L.）[J]. Euphytica，2013，193（2）: 147-156.

[109] CANTORE V，WASSAR F，YAMAÇ S S，et al. Yield and water use efficiency of early potato grown under different irrigation regimes [J]. International Journal of Plant Production，2014，8（3）: 409-428.

[110] DEBLONDE P M K，LEDENT J F. Effects of moderate drought conditions on green leaf number，stem height，leaf length and tuber yield of potato cultivars [J]. European Journal of Agronomy，2001，14（1）: 31-41.

[111] DEBLONDE P M K，HAVERKORT A J，LEDENT J F，et al. Responses of early and late potato cultivars to moderate drought conditions: a- gronomic parameters and carbon isotope discrimination[J]. European Journal of Agronomy，1999，1: 91-105.

[112] EYMERY F，REY P. Immunocytolocalization of two chloroplastic drought induced stress proteins in well watered or wilted *Solunum tuberosum* L. plants [J]. Plant Physiology and Biochemistry，1999，37: 305-312.

[113] ELENA M，DOLORS L，SALOME P. Leaf C40.4: a carotenoid- associated protein involved in the modulation of photosynthetic efficiency[J]. The Plant Journal，1999，19（4）: 399-410.

[114] EKANAYAKE I J，MIDMORE D J. Genotypic variation for root pulling resistance in potato and its relationship with yield under water-deficit stress[J]. Euphytica，1992，61（1）: 43-53.

[115] EVERS D，LEFÈVRE I，LEGAY S，et al. Identification of drought-responsive compounds inpotato through a combined transcriptomicand targeted metabolite approach [J]. Journal of Experimental Botany，2010，61: 2327-2343.

[116] FUMINORI T，TAKASHI K，HIKARU S，et al. Regulatory gene networks in drought stress responses and resistance in plants[J]. Advances in Experimental Medicine and Biology，2018，1081:189-214.

[117] FOKION P, SAMUEL H M, SALLY W, et al. Effect of environmental stress during tuber development on accumulation of glycoalkaloids in potato [J]. Journal of the Science of Food and Agriculture, 1999, 79: 1183-1189.

[118] GABRIELE K, BERND H. Effect of water stress on proline accumulation of genetically modified potatoes (*Solanum tuberosum* L.) generating fructans [J]. Journal of Plant Physiology, 2006, 163 (4): 392-397.

[119] GHISLAINE P, JACQUELINE M, GILLES P, et al. Effects of low tem-perature, high salinity and exogenous ABA on the synthesis of two chloroplastic drought induced proteins in *Solanum tuberosum* [J]. Physiologia Plantarum, 1996, 97 (1): 123-131.

[120] GEORG L K, NATHALIE M, MELANIE B, et al. Accumulation of plastid lipid associated proteins (fibrillin/CDSP34) upon oxidative stress, ageing and biotic stress in *Solanaceae* and in response to drought in other species [J]. Journal of Experimental Botany, 2001, 52 (360): 1545-1554.

[121] GODDIJN O, VERWOERD T, VOOGD E, et al. Inhibition of trehalase activity enhances trehalose accumulation in transgenic plants [J]. Plant Physiology, 1997, 113: 181-190.

[122] HU Y, XIA S, SU Y, et al. Brassinolide increases potato root growth *in vitro* in a dose-dependent way and alleviates salinity stress [J]. Biomed Research International, 2016, (3): 1-11.

[123] HAMERNIK A J, HANNEMAN R E, JANSKY S H. Introgression of wild species germplasm with extreme resistance to cold sweetening into the cultivated potato [J]. Crop Science, 2009, (49): 529-542.

[124] IWAMA K. Physiology of the potato: new insights into root system and repercussions for crop management [J]. Potato Research, 2008, 51 (3): 333-353.

[125] JANSKY S. Parental effects on the performance of cultivated × wild species hybrids in potato [J]. Euphytica, 2011, (178): 273-281.

[126] JEFFERIES R A. Drought and chlorophyll fluorescence in field - grown potato [J]. Physiologia Plantarum, 1994, 90 (1): 93-97.

[127] JEFFERIES R A, MACKERRON D K L. Carbon isotope discrimination in irrigated and droughted potato [J]. Plant Cell and Environment, 1997, 20: 124-130.

[128] JEONG M J, PARK S C, BYUN M O. Improvement of salt tolerance in transgenic potato plants by glyceraldehydes-3 phosphate dehydrogenase gene transfer [J]. Molecules and Cells, 2001, 12: 185-189.

[129] KANG Y, WANG F X, LIU S P. Effects of drip irrigation frequency on soil wetting pattern and root distribution of potato in north China plain [J]. Agricultural Water Management, 2002, 79: 248-264.

[130] KHAN M A, SARAVIA D, MUNIVE S, et al. Multiple QTLs linked to agro-morphological and physiological traits related to drought tolerance in potato [J]. Plant Molecular Biology Reporter, 2015, 33 (5): 1286-1298.

[131] LAHLOU O, OUATTAR S, LEDENT J F. The effect of drought and cultivar on growth parameters, yield and yield components of potato[J]. Agronomie, 2003, 23 (3): 257-268.

[132] LEVY D, COLEMAN W K, VEILLEUX R E. Adaptation of potato to water short age: irrigation management and enhancement of tolerance to drought and salinity[J]. AmericanJournal of Potato Research, 2013, 90 (2): 186-206.

[133] LILIANA B, ERIC M, ANDRE D, et al. Glycoalkaloids in potato tubers: the effect of variety and drought stress on the a- solanine and a- chaconine contents of potatoes[J]. Journal of the Science of Food and Agriculture, 2000, 80: 2096-2100.

[134] LIU F, CHRISTIAN R J, ALI S, et al. ABA regulated stomatal control and photosynthetic water use efficiency of potato (*Solanum tuberosum*) during progressive soil drying[J]. Plant Science, 2005, 168: 831- 836.

[135] LIU W, TANG X, ZHU X, et al. Genome-wide identification and expression analysis of the E2 gene family in potato[J]. Molecular Biology Reports, 2019, 46 (1): 777-791.

[136] LI Y, LIN W K, LIU Z, et al. Genome-wide analysis and expression profiles of the StR2R3-MYB transcription factor superfamily in potato (*Solanum tuberosum* L.)[J]. International Journal of Biological Macromolecules, 2020, 148: 817-832.

[137] MELANIE B, STÉPHAN C, GILLES P R, et al. Involvement of CDSP 32, a drought - induced thioredoxin, in the response to oxidative stress in potato plants[J]. FEBS Letters, 2000, 467: 245-248.

[138] NAESS S, BRADEEN J, WIELGUS S, et al. Analysis of the introgression of *Solanum bulbocastanum* DNA into potato breeding lines[J]. Molecular Genetics and Genomics, 2001, (265): 694-704.

[139] OPENA G B, PORTER G A. Soil management and supplemental irrigation effects on potato: ii. Root growth[J]. Agronomy Journal, 1999, 91 (3):426-431.

[140] OUIAM L, JEAN-FRANCOIS L. Root mass and depth, stolons and roots formed on stolons in four cultivars of potato under water stress[J]. Europ J Agronomy, 2005, 22: 159-173.

[141] PMK D, HAVERKORT A J, LEDENT J F. Responses of early and late potato cultivars to moderate drought conditions: agronomic parameters and carbon isotope discrimination [J]. Journal of Agronomy, 1999, 11 (2): 91-105.

[142] RANALLI P, CANDILO D, BAGATTA M. Drought tolerance screening for potato improvement[J]. Plant Breeding, 1997, 116 (3): 290-292.

[143] RÓBERT D, MIHÁLY K, GABRIELLA K, et al. Conservation of thedrought- inducible DS2 genes and divergences from their ASR paralogues in solanaceous species[J]. Plant Physiology and Biochemistry, 2005, 43: 269- 276.

[144] RICHARDS R A. Defining selection criteria to improve yield under drought[J]. Plant Growth Regulation, 1996, 20 (2): 157-166.

[145] SCHAPENDONK A, SPRITTERS C J T, GROOT P J. Effects of water stress on photosynthesis and chlorophyll fluorescence of five potato cultivars [J] . Potato Research, 1989, 32:17-32.

[146] SCHAFLEITNER R, GUTIERREZ R, ESPINO R, et al. Field screening for variation of drought tolerance in *Solanum tuberosum* L. by agronomical, physiological and genetic analysis [J] . Potato Research, 2007, 50 (1) : 71-85.

[147] SHI J, WANG J, WANG N, et al. Overexpression of StGA2ox1 gene increases the tolerance to abiotic stress in transgenic potato (*Solanum tuberosum* L.) plants [J] . Applied Biochemistry and Biotechnology, 2019, 187 (4) : 1204-1219.

[148] SHIN D, MOON S J, HAN S, et al. Expression of StMYB1R-1, a novel potato single MYB-like domain transcription factor, increases drought tolerance [J] . Plant Physiology, 2011, 155 (1) : 421-432.

[149] SILVANA D, NUNZIO D, SILVIO D, et al. Purification and characterization of an ascorbate peroxidase from potato tuber mito-chondria [J] . Plant Physiology and Biochemistry, 2000, 38: 773-779.

[150] SONIA S, STEFANIA B, ANTONELLA L, et al. Acclimation to low water potential in potato cell suspension cultures leads to changes in putrescine metabolism [J] . Plant Physiology and Biochemistry, 2000, 38 (4) :345-351.

[151] SPOONER D, HIJMANS R . Potato systematics and germplasm collecting, 1989-2000 [J] . American Journal of Potato Research, 2001, 78 (4) : 237-268.

[152] SUSNOSCHI M. Growth and yield studies of potatoes developed in a semiarid region 1. yield response of several varieties grown as a double crop [J] . Potato Research, 1982, 25 (1) :59-69.

[153] VAN D M A, ROSSOUW F T. Drought- tolerant potatoes? A strategy for the development of a screening method [J] . South African Journal of Science, 1997, 93 (6) : 257-258.

[154] VAN DER MESCHT A, De RONDE J A, VAN DER MERWE T, et al. Changes free praline concentrations and polyamine levels in potato leaves during drought stress [J] . South African Journal of Science, 1998, 94 (7) : 347- 354.

[155] VAN DER MESCHT A, De RONDE J A, ROSSOUW F T. Chlorophyll fluorescence and chlorophyll content as a measure of drought tolerance in potato [J] . South African Journal of Science, 1999, 95: 407-412.

[156] WEBER B, HAMERNIK A, JANSKY S. Hybridization barriers between diploid Solanum tuberosum and wild *Solanum raphanifolium* [J] . Genetic Resources and Crop Evolution, 2012, (45) :1-7.

[157] YEO E T, HAWK-BIN K, SANG-EUN H, et al. Genetic engineering of drought resistant potato plants by introduction of the trehalose- 6- phosphate synthase (TPS1) gene from Saccharomyces cerevisiae [J] . Molecules and Cells, 2000, 10 (3) : 263-268.

［158］ZHU X，ZHANG N，LIU X，et al. Mitogen-activated protein kinase 11（MAPK11）maintains growth and photosynthesis of potato plant under drought condition［J］. Plant Cell Reports，2021，1-16.

［159］ZHAI H，WANG F，LIU Q，et al. A myoinositol-1-phosphatesynthase gene，Ib MIPS1，enhances salt and drought toleranceand stem nematode resistance in transgenic sweet potato［J］. Plant Biotechnology Journal，2016，14（2）：592-602.

［160］ZHANG N，SI H J，WANG D，et al. Enhanced drought and salinitytolerance in transgenic potato plants with a BADH gene from spinach［J］. Plant Biotechnology Reports，2011，5（1）：71-77.

第三章

马铃薯块茎低温糖化

第一节

马铃薯块茎低温糖化形成的生物学基础

一、马铃薯块茎低温糖化的研究意义

我国是全球最大马铃薯生产国，但是所占的贸易份额少，由历年的贸易数据统计结果可以看出，我国对马铃薯加工产品需求不断上升，加工业的发展已具备很大的市场拉动力（FAO，2016）。目前，全球食用马铃薯消费正在从鲜食转向增值的马铃薯加工产品，如淀粉加工、食品加工和饲料等。国内马铃薯消费仍以鲜食为主，加工比例较低，其加工产品主要有淀粉、全粉、雪花粉、变性淀粉、粉丝、粉条、油炸薯片、速冻薯条和膨化食品等（刘宏，2003；贺加永，2020）。在马铃薯油炸加工产品中，薯条或薯片以其食用方便、风味独特备受人们青睐，占马铃薯食品加工的一半以上，但是适合油炸加工的品种极其缺乏（金黎平等，2003）。马铃薯油炸加工的品种除了需要满足鲜食薯所具备的高产、抗逆、成熟期适中等要求外，炸片品种还要求薯形圆球形、结薯整齐、薯块大小中等、薯皮薄而光滑、芽眼浅而少等；炸条品种要求薯形长椭圆形、薯块较大、薯肉白色、芽眼浅而少等；此外，还要求块茎淀粉含量在17%左右（干物质含量在20%～24%）、还原糖含量低于0.25%和耐低温贮藏性能。马铃薯中的葡萄糖和果糖都属于还原糖，如果块茎中还原糖含量高，在高温油炸过程中，块茎中的还原糖（葡萄糖和果糖）与含氮化合物的α-氨基酸发生“Maillard Reaction”（美拉德反应，即在低水分、120℃以上高温下，羰基化合物与氨基化合物之间发生的反应，在食品中反应物通常是还原糖类与氨基酸、肽及蛋白质），致使薯片或薯条表面颜色加深，产生丙烯酰胺，严重影响其加工品质（屈冬玉等，2001；Tareke等，2002；Shepherd等，2010）。

关于丙烯酰胺，瑞典国家食品管理局（National Food Administration Sweden，NFA）和斯德哥尔摩大学于2002年首次报道在高温烘烤和油炸食物中发现了丙烯酰胺（NFA，2002），国际癌症研究机构（International Agency for Research on Cancer，IARC）曾将其列为2A级致癌物质（IARC，1994），欧洲食品科学委员会（European Scientific Committee on Food，SCF）曾在1991年将其评估为“基因毒性致癌物”，这个结论被2002年的研究结果所证实（SCF，2002），由于它潜在的致癌性，引发了人们对食品安全问题的关注。Powers等（2013）分析了20个欧洲国家2002—2011年的40455个马铃薯薯片的丙烯酰胺含量，结果表明薯片中丙烯酰胺的含量从2002—2011年有显著的下降，2002年薯片中丙烯酰胺平均含量为763ng/g，2011年为358ng/g，降幅为53%；而且马铃薯的贮藏对薯片丙烯酰胺含量影响很大，上半年薯片丙烯酰胺含量高于下半年薯片丙烯酰胺含量；基于欧盟于2011年推荐的薯片丙烯酰胺含量应低于1000ng/g标准，2002年欧洲市场有22%的薯片超过这个标准，2011年下降到3.2%。Amrein等（2003）发现丙烯酰胺的形成与还原糖含量呈正相关，作者分析了来自17个马铃薯品种的74份样品的葡萄糖、果糖、蔗糖、游离的天冬酰胺和谷氨酰胺含量，并测定了这些品种丙烯酰胺形成的能力，结果显示不同品种块茎中丙烯酰胺的形成潜力不同，丙烯酰胺的形成与还原糖和天冬酰胺含量显著相关，并且葡萄糖和果糖含量决定丙烯酰胺的形成，还原糖含量越高，丙烯酰胺含量越高。而且，油炸薯片中丙烯酰胺的含量与油炸色泽变化也呈显著正相关，丙烯酰胺积累得越多，薯片油炸色泽越深（Pedreschi等，2005）。已有研究表明减少块茎中还原糖的含量是降低丙烯酰胺形成的一种非常高效的方法（Amrein等，2003；Biedermann-Brem等，2003）。

二、马铃薯块茎低温糖化

在马铃薯加工业中，为了保证马铃薯原材料的持续供应、延长加工周期、防止常温贮藏导致的块茎失水皱缩、发芽和病害传播等现象，生产上通常使用化学抑芽剂。然而，随着近年广泛使用的化学抑芽剂氯丙胺（CIPC）在使用过程中存在残留，并带来潜在毒性和致癌作用，于2019年在欧盟被禁止使用（EU2019/989 of 17 June 2019），同时其他的化学抑芽剂同样存在类似的食品安全风险，因此，迫切需要开发有效且安全的CIPC替代品来控制马铃薯的发芽，或者采取其他有效措施来保证马铃薯采后品质和保障马铃薯持续供应。

目前，生产中也常通过低温贮藏来抑制块茎发芽、失水皱缩、病害传播等，一般将块茎长期贮藏于低温条件下（一般不超过10℃），虽然低温贮藏可以解决这些问题，但是低温却影响了块茎中碳水化合物的代谢，会加速块茎中淀粉降解，生成还原糖（主要是葡萄糖和果糖），导致块茎中还原糖大量积累，也就是所谓的“低温糖化”现象（Cold-induced Sweetening，CIS）。低温条件下还原糖的累积是植物本身受外界低温胁迫时的一种自我保护现象，在多数植物中都有发生，这种“低温糖化”现象早在1882年就被Müller-Thurgau等（1882）发现。这种“低温诱导的块茎糖化”与马铃薯加工品质密切相关，低温贮藏中还原糖累积的区域分布在整个贮藏器官，在油炸加工过程中，块茎中积累的还原糖与食用油中的游离氨基酸会发生美拉德反应（美拉德反应发生的阈值很低，只要块茎中还原糖含量达到0.25g/100g鲜重便可发生），严重影响马铃薯油炸加工食品的外观品质，同时生成具有潜在神经毒性和致癌风险的丙烯酰胺，影响其食用品质。因此，“低温糖化”现象是绝大多数马铃薯品种不适合加工的主要原因，也是长期以来困扰马铃薯加工业的一大难题。

在美国，每年由于块茎低温糖化而被加工企业退回的马铃薯大约占15%（Bhaskar等，2010）。低温糖化对马铃薯加工业是一个巨大挑战，其食品安全问题也引起了广泛关注（Xin和Browse，2000；Mottram等，2002；Halford等，2012）。目前，马铃薯加工工艺中通常采用将低温贮藏的块茎进行室温下回暖处理来降低糖含量，这种措施可以在一定程度上缓解低温糖化问题，前提是需要经过足够的回暖时间，此措施比较耗时麻烦。屈冬玉等（2002）提出马铃薯块茎低温贮藏后，需要经过足够回暖时间，才可能使炸片颜色达到商业要求，然而回暖的时间长短因不同品种而异。此外，加工工艺中也常通过将用于商业薯条加工的薯块收获后立即进行半油炸并速冻，虽然避免了低温糖化和发芽，但是贮存和冷链运输成本较高。

长期以来，我国育成的马铃薯品种符合油炸加工要求的较少，国内消费的油炸马铃薯产品，其品种多为从国外引进，或是进口国外的加工产品。世界上最大的冷冻马铃薯产品生产商麦凯恩食品有限公司曾指出：“中国有望成为世界最大市场的国家，拥有生产、加工和销售我们产品的巨大机会”。因此，抗低温糖化加工型品种选育成为我国乃至世界马铃薯品质育种的主要方向，同时，低温糖化抗性形成的分子和遗传机制的解析也就成为了马铃薯性状调控研究的重要方向。

三、马铃薯块茎低温糖化的生理生化机制

低温刺激诱导许多植物累积糖分作为抗冻剂，该过程在马铃薯块茎中被称为低温糖化，该现象于1882年由Müller-Thurgau首次发现并提出（Müller-Thurgau，1882），由于低温糖化与块茎加工品质密切相关，因此受到广泛关注。现代马铃薯的祖先源于安第斯山脉，低温糖化过程可能有利于当地马铃薯的生存与繁衍。但是对于现代马铃薯品种来说，低温糖化是一个不利性状。马铃薯低温贮藏过程中，块茎中糖累积是一个受到多重调控的复杂代谢过程。一般认为参与低温糖化的主要代谢过程包括淀粉合成、淀粉降解、蔗糖合成与分解、糖酵解、糖异生和线粒体呼吸。然而低温糖化的起始过程可能始于低温诱导块茎中激素的变化，从而导致细胞膜通透性和组分的变化，而细胞膜结构和功能的改变进一步导致胞内离子、底物和酶效应分子等物质的分布变化。低温糖化还包括代谢物穿过淀粉体膜的转运过程。最终，低温通过转录水平或翻译后修饰等调控碳代谢过程中关键酶的活性，从而影响糖的形成（Sowokinos，2001）。Sowokinos（2001）认为块茎低温贮藏过程中

糖累积的两个关键点是蔗糖的形成以及蔗糖分解为还原性葡萄糖和果糖的过程。蔗糖合成由多个相关的酶共同调控，而蔗糖的分解主要依赖转化酶的活性（Stitt和Sonnewald，1995）。

第二节
马铃薯块茎低温糖化形成的分子机制解析

一、基因型、环境因子与块茎低温糖化

研究表明不同基因型与环境因素对马铃薯块茎低温糖化水平有一定影响。Ewing等（1981）发现1℃低温贮藏2d的马铃薯块茎炸片色泽和糖含量没有显著变化，1℃贮藏4d的马铃薯块茎中糖含量显著增加，随着低温处理时间的延长，块茎中的糖含量越高；低温处理后块茎中的葡萄糖和果糖含量也显示类似的增长；在贮藏后期，低温处理后再转入19℃回暖贮藏27d的块茎中含有较低水平的还原糖。而且不同品种对低温的反应有一定差异，Kennebec品种比Norchip品种积累更多的还原糖，低温处理转入19℃回暖的Kennebec和Monona块茎中有较低水平的蔗糖，而Norchip品种中蔗糖含量增加。Claassen等（1993）研究表明马铃薯不同基因型块茎在不同温度（2℃、4℃和8℃）贮藏过程中的低温糖化程度不一样，Bintje基因型块茎在2℃和4℃贮藏时积累较多的还原糖，而KW77-2916基因型块茎低温糖化现象相对较弱。Cottrell等（1993）分析了5个马铃薯栽培种在不同贮藏温度下的还原糖含量变化，结果显示4℃贮藏的块茎中还原糖含量显著增加，而在10℃贮藏期间块茎中还原糖含量并没有显著提升，而且低温对不同材料块茎中糖含量影响程度不同。Blenkinsop等（2003）发现3个季节的研究数据都显示4℃贮藏38d的低温糖化敏感品系Novachip块茎比低温糖化抗性品系ND 860-2、V 0056-1和Wis 1355-1块茎积累更多的还原糖，此外，生长季缺水胁迫可能会导致块茎还原糖含量积累。McCann等（2010）分析了多种马铃薯野生种和栽培种低温贮藏块茎中的糖含量和炸片色泽变化，发现2℃低温贮藏30d后，大多数野生种中积累的还原糖比栽培种Snowden中的少。成善汉等（2004）以“鄂马铃薯1号”和“鄂马铃薯3号”为材料，对不同贮藏温度、不同贮藏时间的贮藏块茎还原糖、总糖含量进行了测定，结果表明贮藏期间低温是促进块茎还原糖积累的主要影响因素。张会灵等（2013）对1个马铃薯二倍体野生种*S. berthaultii*、1个四倍体栽培种E3和10个二倍体品系（AC029-05、AC030-06、AC032-03、AC142-01、AC154-04、AC361-02、AC035-01、AC041-

03、AC143-03和AC290-21）进行了低温糖化抗性鉴定，结果表明不同马铃薯基因型材料具有不同的低温糖化抗性，这12个基因型材料收获的块茎在不同温度（4℃和20℃）贮藏不同时间（0d、5d、15d、30d、45d和60d）后的炸片色泽显示（图3-1），4℃处理后各个基因型炸片颜色均有不同程度的加深，但是*S. berthaultii*、AC030-06和AC142-01基因型炸片色泽加深较慢、还原糖积累速度较慢，属于抗低温糖化的基因型材料，而AC035-01、AC041-03和E3基因型炸片色泽加深较快、还原糖含量从15d开始迅速增加，属于低温糖化敏感性材料。尽管不同基因型与环境因素都对马铃薯块茎低温糖化水平有一定影响，但是其还原糖的积累是低温糖化的主要影响因素。

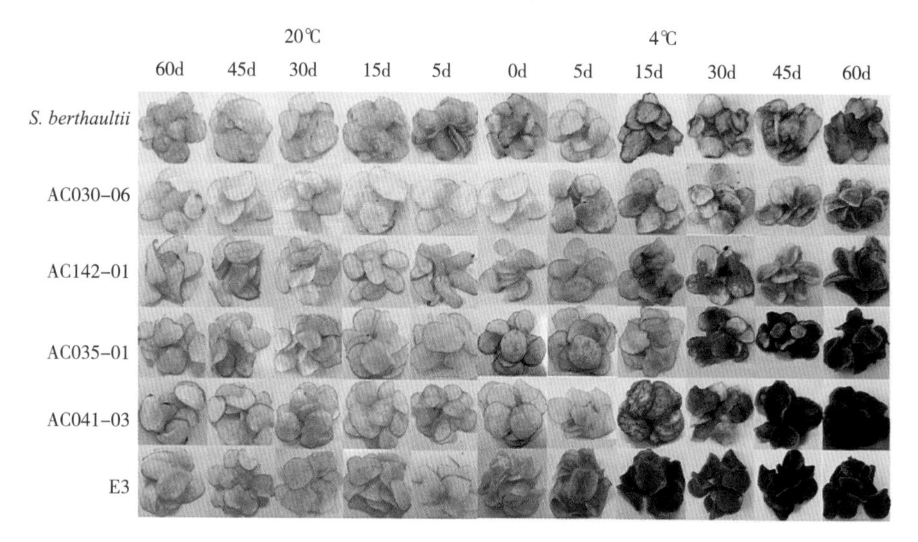

图3-1　6个马铃薯基因型块茎在4℃和20℃处理不同天数后炸片色泽（引自张会灵，2013）

马铃薯块茎还原糖积累是由于低温打破块茎内淀粉—糖代谢的平衡，是一个十分复杂的生理学过程，涉及淀粉合成与降解、蔗糖分解和再合成、糖酵解、有氧呼吸和无氧呼吸等（Finlay等，2003；Malone等，2006；Chen等，2012；Zhang等，2017），这些途径所涉及的相关酶类和酶的协同作用是调节淀粉—糖代谢的重要因子（Zhang等，2017），已被证明参与马铃薯块茎低温糖化的调控（图3-2）。

二、淀粉代谢与块茎低温糖化

（一）淀粉结构与块茎低温糖化

淀粉是植物界普遍存在的贮存多糖，是植物细胞中碳水化合物最主要的贮存形式，一般在光合作用质体（叶绿体等）或非光合作用质体（造粉体等）中合成（Steup，1988），存储于叶片、根、种子和块茎中，又称为淀粉粒。在马铃薯块茎中，主要的

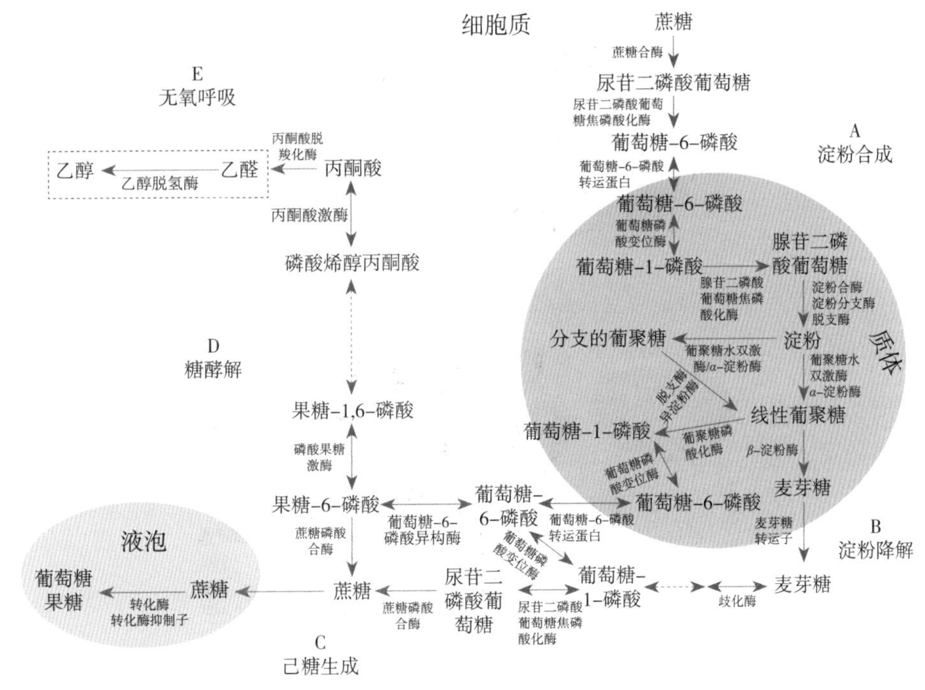

图3-2 马铃薯贮藏块茎中碳水化合物代谢相关途径（引自Zhang等，2017）

贮存能源就是淀粉，已有研究表明块茎淀粉结构、淀粉合成相关腺苷二磷酸葡萄糖焦磷酸化酶AGPase、淀粉降解相关的**α**-淀粉酶StAmy23、**β**-淀粉酶StBAM1、**β**-淀粉酶StBAM9、淀粉酶抑制子SbAI、RING finger protein SbRFP1、葡聚糖水双基酶GWD/R1、淀粉磷酸化酶PhL在马铃薯低温糖化调控中发挥着重要功能。

1. 淀粉结构

淀粉由简单的葡萄糖聚合物组成，但是不同物种的淀粉形态差异较大（Tateoka，1962；Czaja，1978；Jane等，1994；Shapter等，2008；Matsushima等，2010；Nakamura等，2015）。淀粉粒的形态一般分为4种类型：复合型淀粉粒、双峰单粒型淀粉粒、均匀单粒型淀粉粒，以及同一细胞中同时包含有复合型和单粒型的混合型淀粉粒。每个质体中通常有多个淀粉粒，而在非自养组织中的造粉体中一般只形成一个淀粉粒，复合型淀粉粒或者单粒型淀粉粒（图3-3），而两类型淀粉粒的区别在于复合型淀粉粒是由多个小淀粉粒组成，而单粒型淀粉是由单独的一个淀粉粒组成。马铃薯淀粉属于单粒型淀粉，同属于单粒型淀粉的还有山药（*Dioscorea batatas*）淀粉，而在红薯（*Ipomoea batatas*）和芋头（*Colocasia esculenta*）中可合成复合型淀粉粒（图3-4）。此外，水稻（*Oryza sativa*）胚乳中的淀粉也是复合型的，大麦（*Hordeun vulgare*）和小麦（*Triticum aestivum*）淀粉属于双峰单粒型，玉米（*Zea mays*）和高粱（*Sorghum bicolor*）淀粉属于均匀单粒型（Matsushima等，2010）。

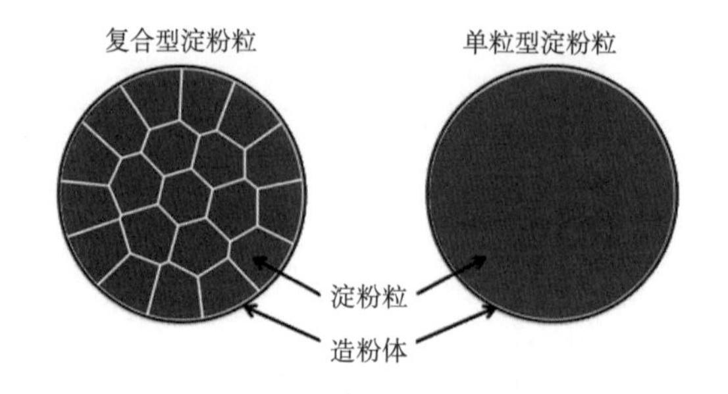

图3-3　复合型淀粉粒和单粒型淀粉粒形态模式图（引自Nak-amura等，2015）

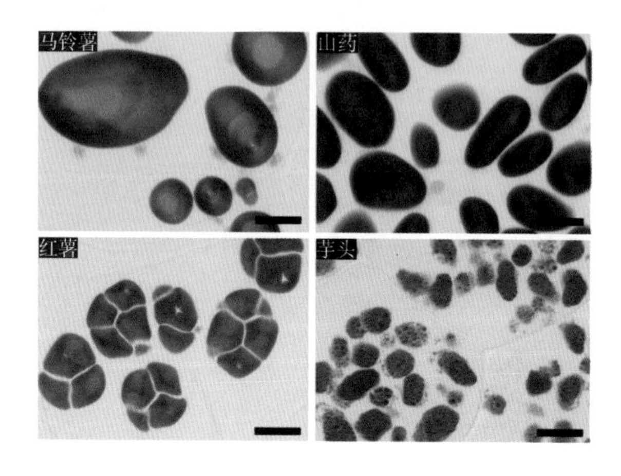

图3-4　块茎中的淀粉粒（引自Nakam-ura等，2015）

马铃薯淀粉由支链淀粉和直链淀粉组成（图3-5），淀粉粒中存在由支链淀粉构成的无定形区和由直链淀粉构成的结晶区两部分。支链淀粉是淀粉粒的主要组成部分，通常占淀粉粒质量的70%～80%；而直链淀粉通常占淀粉粒质量的20%～30%（Buléon等，1998）。直链淀粉分子是由葡萄糖分子通过*α*-1,4-糖苷键形成长链化合物；支链淀粉分子是葡糖基残基通过*α*-1,4-糖苷键形成长链，且分支点由*α*-1,6-糖苷键连接，它的结构决定了淀粉粒半晶状结构的性质，链长的分布及分支点的排列导致了双螺旋结构有序排列的形成（Smith 2001；Zeeman等，2002）。支链淀粉分子和直链淀粉分子形成高度有序的半晶状结构的不溶性淀粉粒，呈现为层状结构，存在着结晶区和无定形区［图3-5（1）］，马铃薯块茎淀粉粒内部也如同其他物种的淀粉粒一样显示出同心年轮结构（Pilling和Smith，2003；Zeeman等，2010），这些年轮反映了交替的结晶区和无定形区形成近乎球形结晶区的组织［图3-5（2）］。

2. 淀粉结构与块茎低温糖化

前人研究显示淀粉结晶区分子间由于氢键数较多而相对稳定、抗酶解，而无定形区对酶降解敏感（Dunn，1974；Hood，1982）。直链淀粉分子晶体结构紧密、结晶区大且淀粉颗粒小；而支链淀粉分子的高分支度阻碍了结晶区形成，降低了分子内及分子间的氢键数目，所以支链淀粉含量越高，晶体结构越不紧密、结晶区越小且

图3-5 淀粉粒的组成及结构（引自Zeeman等，2010）

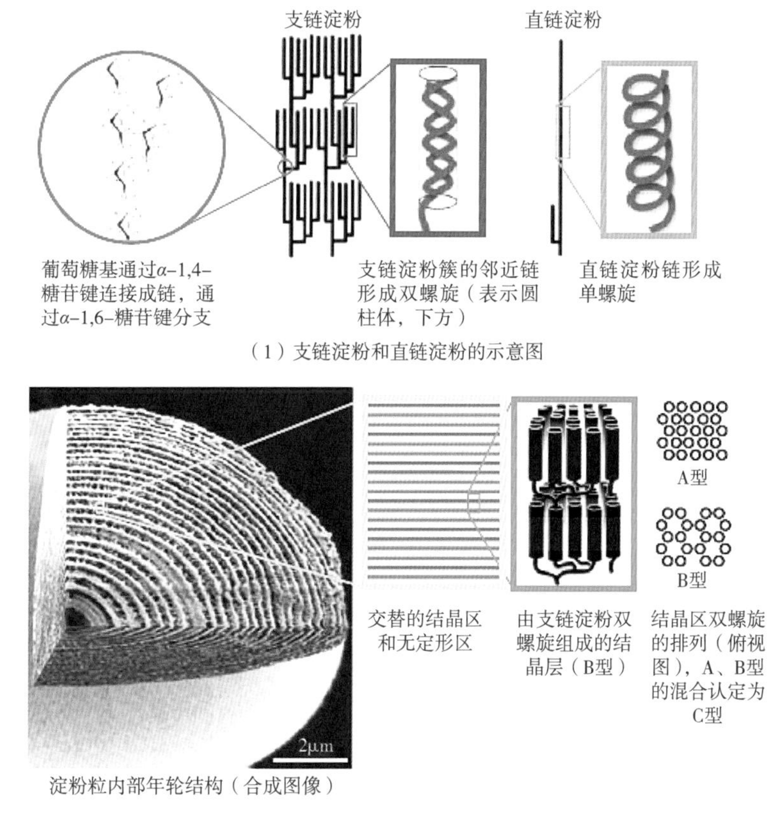

（1）支链淀粉和直链淀粉的示意图

（2）马铃薯淀粉粒（左图）和支链淀粉结构的关系

淀粉颗粒越大，淀粉粒结构就越不稳定，更容易被淀粉酶降解（Hoover和Sosulski，1985）。在马铃薯低温糖化中，有研究发现低温贮藏后块茎中首先积累的是蔗糖，而麦芽糖含量并没有升高，推测直链淀粉的水解在块茎低温糖化中应该起次要作用（Mares等，1985；Morell和Rees，1986）。Leszkowiat等（1990）发现马铃薯低温糖化抗性品种（ND860-2）和低温糖化敏感品种（Norchip）的淀粉粒结构稳定性有显著差异，与低温糖化敏感品种Norchip相比，低温糖化抗性品种ND860-2的淀粉有较高含量的直链淀粉、较低含量的支链淀粉和较高的结晶度，并且由直链淀粉形成的结晶区对于α-淀粉酶的攻击展现出更高的抗性；而低温糖化敏感的品种Norchip淀粉支链淀粉含量高，有较多的无定形区，容易被酶解，抗糊化能力弱，膨胀系数大，因此，淀粉结构及构成是影响马铃薯低温糖化的一个因素，一般支链淀粉含量高的马铃薯块茎可能更容易发生低温糖化。Jansky和Fajardo（2014）发现直链淀粉的含量与马铃薯块茎低温糖化相关，在4个抗马铃薯低温糖化的品种中的直链淀粉含量高于5个低温糖化敏感的品种（表3-1），其直链淀粉含量不仅受品种影响，而且受贮藏时间、生产年和生产地影响。

表3-1　　不同低温糖化抗性马铃薯块茎淀粉中的直链淀粉含量

品种	低温糖化抗性	直链淀粉含量/%
M5	抗	30.97a
ND860-2	抗	30.66a
White Pearl	抗	30.61a
M3	抗	30.35a
Jacqueline Lee	敏感	30.26ab
Katahdin	敏感	29.58bc
Superior	敏感	29.17c
Atlantic	敏感	28.92c
Yukon Gold	敏感	28.89c

a、b、c表示基于LSD测验的显著性差异（P=0.05）。

（引自Jansky和Fajardo，2014）

（二）淀粉合成与块茎低温糖化

1．淀粉合成途径

淀粉一般在光合作用组织（如叶绿体）或非光合作用组织（如造粉体）中合成，可分为瞬时淀粉和贮藏淀粉。例如，在叶片光合组织叶绿体中合成的淀粉是瞬时淀粉，在白天有光合作用时合成，夜里无光合作用时进行降解，为自身呼吸和蔗糖合成提供能量和碳源。而贮藏淀粉一般在块茎、种子、根等库器官的非光合组织造粉体中合成，可以在相应贮存器官中长时间贮存，用于不同发育时期相应器官的生长、休眠、发芽等生理过程。马铃薯块茎中的淀粉主要是贮藏淀粉。贮藏淀粉和瞬时淀粉合成过程基本相似，涉及的相关酶类多数相同，只有少数酶可能只参与其中一种形式淀粉的合成。

马铃薯块茎中淀粉合成涉及以下几个步骤（图3-6）：第一步是蔗糖的利用，在细胞质中通过一系列反应生成葡萄糖-6-磷酸（Glucose-6-phosphate），随后Glucose-6-phosphate被转运蛋白运到造粉体，在葡萄糖磷酸变位酶（Phosphoglucomutase，PGM）的作用下转化为葡萄糖-1-磷酸（Glucose-1-phosphate）；第二步是淀粉合成的葡萄糖基供体（腺苷二磷酸葡萄糖，ADP-Glucose）的合成，它是通过腺苷二磷酸葡萄糖焦磷酸化酶（AGPase）催化Glucose-1-phosphate生成ADP-Glucose，此反应需要消耗ATP，并释放焦磷酸（PPi）；第三步是淀粉链延伸，通过淀粉合成酶催化葡萄糖基供体ADP-Glucose的葡萄糖残基转向葡聚糖苷非还原性末端，进而进行延伸。不同类型淀粉的链延伸途径不同，直链淀粉的链延伸是通过颗粒淀粉合成酶（Granule bound starch synthase，GBSS）催化，而支链淀粉链延伸是通过可溶性淀粉合成酶（Soluble starch synthase，SS）催化ADP-Glucose的葡萄糖残基转向α-1,4-葡聚糖苷非还原性末端，进行淀粉链延伸。随后支链淀粉通过淀粉分支酶（Starch branching enzyme，SBE）形成α-1,6-糖苷键连接的分支点，形成侧链，最后通过淀粉脱支酶（Starch debranching enzyme，DBE）移除不必要的分支，形成支链淀粉的精细结构，最后支链淀粉分子和直链淀粉分子融合构成半晶状结构的淀粉粒。

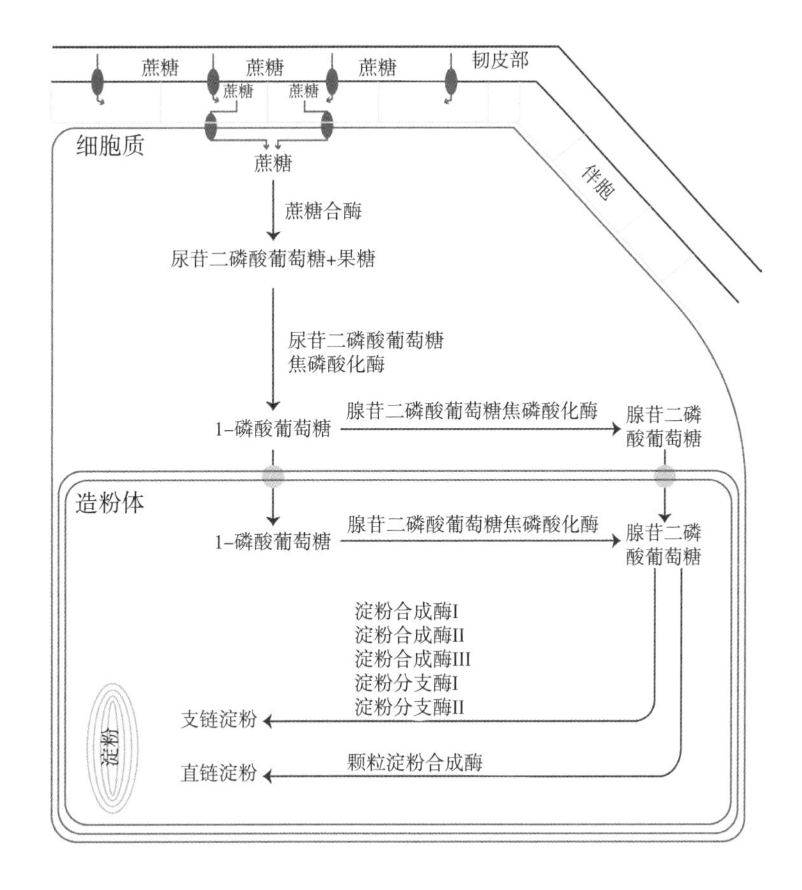

图3-6　马铃薯块茎淀粉合成途径（引自Nazarian-Firouzabadi和Visser，2017）

2. 淀粉合成途径相关酶与块茎低温糖化

以上淀粉合成途径中涉及的主要酶有：腺苷二磷酸葡萄糖焦磷酸化酶（AGPase）、可溶性淀粉合成酶（SSS）、颗粒淀粉合成酶（GBSS）、淀粉分支酶（BE）与去分支酶（DBE）等，然而每一种酶多数都有多个亚型，不同亚型的功能有一定差异，其中腺苷二磷酸葡萄糖焦磷酸化酶（AGPase）已经被证明参与马铃薯块茎低温糖化的调控，而其他几个淀粉合成相关酶的功能研究主要在于淀粉合成中的调控，而在低温糖化调控中的功能尚未报道。

（1）腺苷二磷酸葡萄糖焦磷酸化酶　腺苷二磷酸葡萄糖焦磷酸化酶（AGPase）是淀粉合成的一个限速酶，可催化Glucose-1-phosphate与ATP作用，生成ADP-Glucose和焦磷酸（PPi），由于ADP-Glucose是淀粉合成的前体物质，因此提高AGPase活性可以促进还原糖向淀粉合成方向转化，减少还原糖的积累。马铃薯AGPase为异源四聚体，由2个大亚基和2个小亚基组成，AGPase大亚基起调节作用，活性由小亚基催化（Iglesias等，1993；Ballicora等，1995；Tiessen等，2002）。Sweetlove等（1996）研究显示马铃薯淀粉合成曲线与AGPase积累曲线基本一致，AGPase对淀粉合成的一般控制系数在0.3～0.6（Sweetlove等，1999），抑制AGPase活性可抑制淀粉合成（Müller-Röber等，1990；1992）。Stark等（1992）发现将大肠杆菌AGPase基因*glgc*抑制位点突变后，将突变基因*glgc16*转化马铃薯后，相比于对照株系，转基因块茎酶活平均增加40%左右，淀粉含量增加了35%，进一步证明了调节AGPase活性，可改善淀粉—糖代谢。Lloyd等（1999）发现AGPase活性的改变可以影响马铃薯块茎淀粉的结构和成分，反义抑制AGPase的表达，转基因块茎中淀粉粒减小，直链淀粉含量显著减少，支链淀粉显示出更多的短链，而且转基因块茎淀粉粒中颗粒淀粉合成酶蛋白含量增加。此外，AGPase转录后氧化还原修饰及变构调节在淀粉合成中也发挥着重要作用，Sowokinos等（1981；1982）发现马铃薯块茎AGPase容易发生变构调节，它可以被3-磷酸甘油酸（glycerate-3-phosphate，3PGA）激活，被Pi抑制。马铃薯块茎淀粉合成也受AGPase转录后氧化还原修饰调节，当被还原时活性被激活（Fu等，1998；Tiessen等，2002）。

Menéndez等（2002）通过QTL和候选基因法定位到了涉及马铃薯块茎低温糖化性状的候选基因之一AGPase，结果显示AGPase亚基AGPaseS（a）和AGPaseS（b）对葡萄糖的表型变异解释率分别为12.5%和13.3%，对果糖的表型变异解释率为13.4%和14.5%。成善汉等（2004）对不同贮藏温度和时间的“鄂马铃薯1号”和“鄂马铃薯3号”块茎的还原糖、总糖含量、淀粉—糖代谢中重要酶类的活性炸片色泽指数进行了测定，结果进一步表明，AGPase是影响低温贮藏条件下块茎还原糖积累的关键酶之一，其活性与块茎还原糖含量呈显著负相关，同时指出了贮藏期间低温是促进块茎还原糖累积的主要影响因素，还原糖含量与炸片色泽呈显著正相关。宋波涛等（2005a）从高淀粉、低还原糖且抗低温糖化的马铃薯品系中克隆了马铃薯AGPase小亚基基因*sAGP*，该基因具有AGPase的两个活性结构域IKRAIIDKNAR（467～477）和SGIVTVIKDALIPSGI（503～519）（Press，1996），酵母表达表明sAGP具有AGPase活性，诱导表达的酵母中AGPase活性明显上升。马铃薯*sAGP*基因作为AGPase的活性亚基，直接控制着AGPase活性，超量表达小亚基基因*sAGP*，14个转基因株系块茎收获5d后AGPase活性的确显著增加，还原糖含量下降、淀粉含量升高；反义抑制表达*sAGP*，AGPase活性普遍下降，还原糖含量上升，淀粉含量下降（宋波涛等，2005b）。基于AGPase在马铃薯块茎淀粉—糖代谢中的功能，马铃薯块茎低温糖化性状可以通过调节AGPase活性来进行改善。

（2）淀粉合酶　马铃薯中涉及淀粉合成的淀粉合成酶主要有颗粒淀粉合酶

（GBSS）和可溶性淀粉合酶（SS）两大类，对于这两类酶的功能研究主要集中在马铃薯淀粉合成调节中的功能，而对于低温糖化的调控还未被报道。

直链淀粉的合成主要是通过颗粒淀粉合酶（GBSS）调节。Kuipers等（1994；1995）反义抑制马铃薯*GBSS*导致转基因块茎中直链淀粉含量显著下降，GBSS活性也显著降低，与未转化对照相比（直链淀粉含量为20.9%，GBSS活性为53.8pmol/min mg），完全被抑制的转基因块茎中直链淀粉含量为4.1%，GBSS活性降为1.6%，其表型几乎与无直链淀粉突变体*amf*表型一致，进一步暗示了GBSS调控直链淀粉合成的功能（Kuipers等，1995），基于不同的抑制表达株系块茎中直链淀粉的含量，相应块茎切片鲁戈氏碘液（Lugol's solution）染色结果也不一样（图3-7），未转化野生型对照PD007（直链淀粉含量20%）块茎淀粉粒完全染为蓝色［图3-7（2）］，检测不到直链淀粉的*GBSS*抑制表达株系块茎淀粉粒基本被染为红色，但是淀粉粒脐的位置被染为蓝色，靠近脐位置的红色年轮部分位置被染为蓝色［图3-7（3）］，仍含有5%直链淀粉的抑制表达块茎淀粉粒大部分区域被染为红色，但是各个淀粉粒上被染为蓝色的区域不等［图3-7（4）］（Kuipers等，1994）。Visser等（1991）也发现了相似的结果，马铃薯*GBSS*的反义抑制导致转基因块茎中GBSS活性被抑制了70%～100%，GBSS活性被完全抑制的块茎中GBSS蛋白和直链淀粉缺乏，通过鲁戈氏碘液染色后显示缺乏GBSS活性（无直链淀粉）的块茎切面被染成红色，还含有直链淀粉的块茎被染为蓝色。*GBSS*在马铃薯栽培种中有4个等位基因，Andersson等（2017）通过CRISPR-Cas9技术在四倍体马铃薯中进行了*GBSS*编辑，获得了相似的研究结果，与野生型对照［图3-8（1）］相比，其中3个等位基因被突变的基因编辑株系试管薯淀粉粒仍被染为蓝色［图3-8（2）］，说明尽管只有1个等位基因没有被突变，但是仍然有一定的GBSS活性，并合成直链淀粉，4个等位基因都被突变的试管薯淀粉粒被染为红棕色［图3-8（3）］，暗示了淀粉GBSS活性被完全敲除，不含直链淀粉。Veillet等（2019）也通过CRISPR-Cas9编辑了马铃薯*StGBSSI*基因，利用尺寸排阻色谱法对编辑株系收获块茎进行了淀粉多糖分离及碘染，结果也表明*StGBSSI*基因被敲除后损坏了直链淀粉合成，与对照野生型Desiree相比，编辑株系块茎中直链淀粉合成被完全或强烈抑制，块茎切片被染为红棕色。

可溶性淀粉合酶（SSS）主要有4个亚型，SS Ⅰ、SS Ⅱ、SS Ⅲ、SS Ⅳ。涉及块茎支链淀粉合成的可溶性淀粉合酶主要是SS Ⅰ、SS Ⅱ、SS Ⅲ（Abel等，1996；Marshall等，1996；Kossmann等，1999；Edwards等，1999）。反义抑制马铃薯*SS I*，特异的淀粉合酶活性显著降低至检测不到的水平，但是支链淀粉结构及淀粉形态没有显著变化，可能是由于自身的表达模式引起，*SS I*主要在源叶和库叶中表达，而在块茎中的表达较低，与其他淀粉合酶*GBSS*、*SS II*、*SS III*的表达模式不同，暗示了SS Ⅰ在块茎淀粉合成中贡献较低，可能在叶片瞬时淀粉的合成中发挥一定的功能（Kossmann

图3-7　反义抑制*GBSS*马铃薯块茎淀粉碘染特征（引自Kuipers等，2017）

（1）*GBSS*抑制表达株系WA516（直链淀粉含量5%）块茎切面碘染图

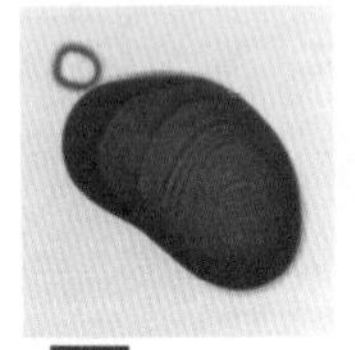

20μm

（2）未转化的野生型对照PD007（直链淀粉含量20%）淀粉粒碘染图

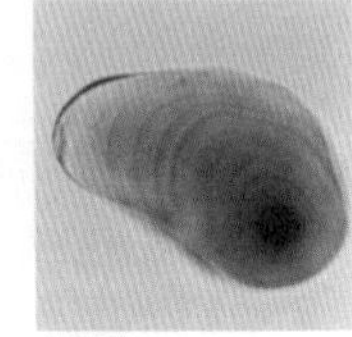

20μm

（3）*GBSS*抑制表达株系WA501（直链淀粉含量0）淀粉粒碘染图

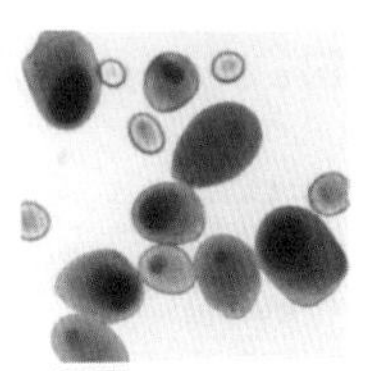

50μm

（4）WA516淀粉粒碘染图

图3-8　基于CRISPR-Cas9编辑马铃薯*GBSS*的试管薯淀粉粒（引自Andersson等，2017）

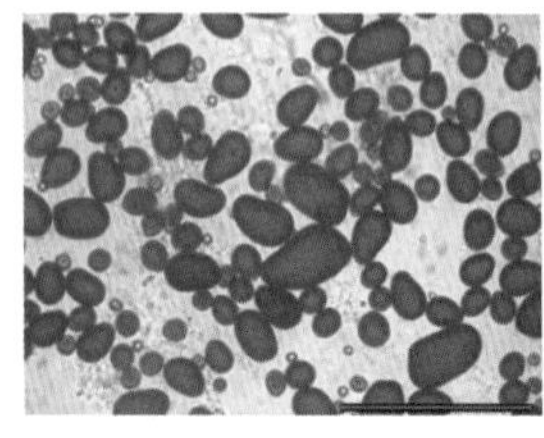

（1）野生型

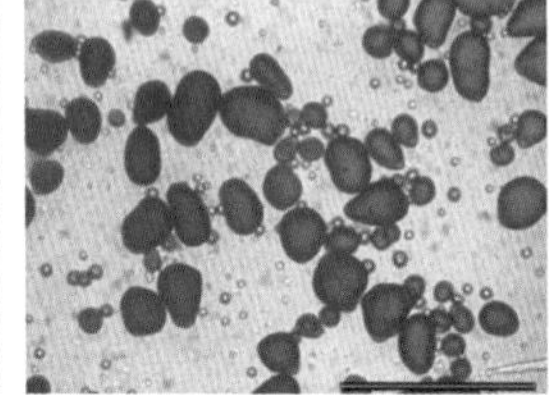

（2）P11088株系（*GBSS*的3个等位基因被敲除）

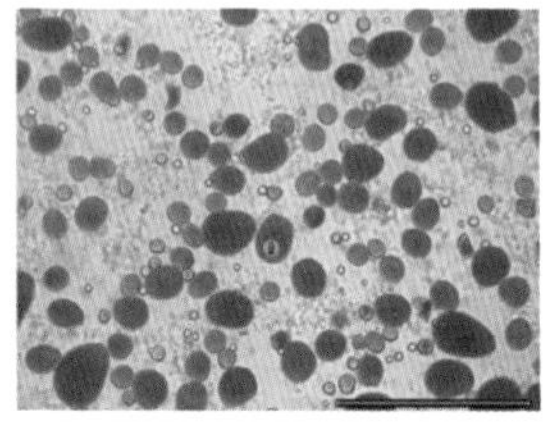

（3）P24023株系（*GBSS*的4个等位基因都被敲除）

等，1999），也可能是由于块茎中其他淀粉合酶亚型回补了该基因缺失后的功能。已有研究表明SS Ⅱ和SS Ⅲ是调控马铃薯块茎中支链淀粉合成的主要淀粉合酶，Marshall等（1996）和Edwards等（1999）构建了反义抑制马铃薯*SS Ⅱ*或*SS Ⅲ*，或同时抑制*SS Ⅱ*和*SS Ⅲ*的表达转基因株系，单独抑制*SS Ⅲ*表达的株系和同时抑制*SS Ⅱ*和*SS Ⅲ*表达株系块茎中的可溶性淀粉合酶活性显著降低，淀粉粒形态显著改变［图3-9（3）（4）］，而且这两类转基因块茎淀粉粒形态有一定差异，单独抑制*SS Ⅲ*表达的株系块茎淀粉粒不规则、破裂、许多小的淀粉粒成簇聚集［图3-9（3）］；而同时抑制*SS Ⅱ*和*SS Ⅲ*表达的转系块茎淀粉粒除了有这些改变以外，另有淀粉粒在光学显微镜下显示中心凹陷的表型，扫描电镜下显示有洞穿过淀粉粒中心［图3-9（4）~（7）］。单独抑制*SS II*表达的株系块茎中的可溶性淀粉合酶活性没有显著变化，淀粉形态轻微改变，淀粉粒表面出现裂纹［图3-9（2）］。同时，各类转基因块茎支链淀粉的链长分布也有显著改变。从*SS II*和*SS III*同时被抑制和单独被抑制表达的块茎表型来看，这两个酶在支链淀粉的合成中发挥着不同的功能，可能协同调控支链淀粉的合成。此外，SS也影响淀粉的磷酸化，马铃薯叶片SS II活性的减弱减少了C6磷酸化（Kossmann等，1999），然而SS III参与马铃薯块茎C3磷酸化（Carpenter等，2015）。Carpenter等（2015）通过关联分析发现马铃薯SS III与马铃薯块茎淀粉磷酸化相关，*SS III*基因的SNP与葡糖基C3磷酸化显著相关。对于SS Ⅳ，虽然已在拟南芥中报道缺乏SS Ⅳ的突变体在淀粉粒起始时显示畸形（Roldán等，2007），谷物类胚乳和叶片中显示有两个亚型SS Ⅳ：SS Ⅳa和SS Ⅳb（Leterrier等，2005；Dian等，2005），而在马铃薯中目前还未有关于SS Ⅳ功能的报道，Nazarian-Firouzabadi和Visser（2017）通过序列比对发现在马铃薯2号染色体上有个3kb的基因可能属于SS Ⅳ亚型，具有预测的转运肽，可能会进入质体中调控淀粉合成。

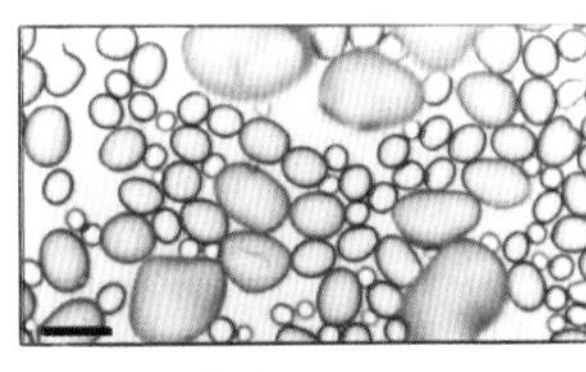

（1）Désirée

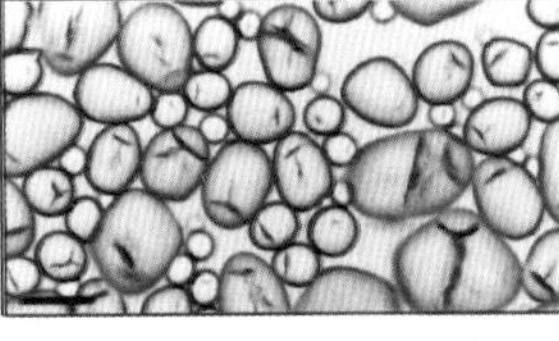

（2）反义抑制马铃薯*SS II*株系

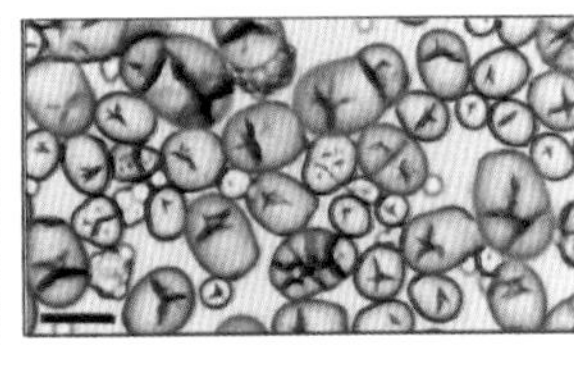

（3）反义抑制马铃薯*SS III*株系

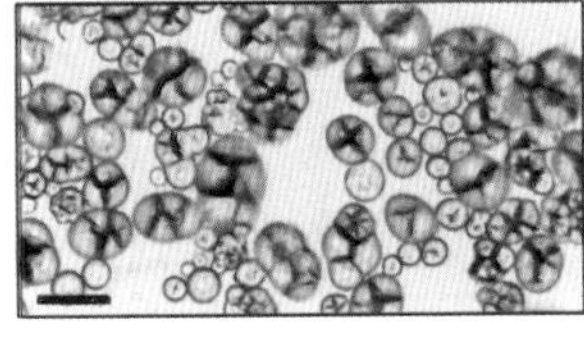

（4）同时抑制*SS II*和*SS III*株系

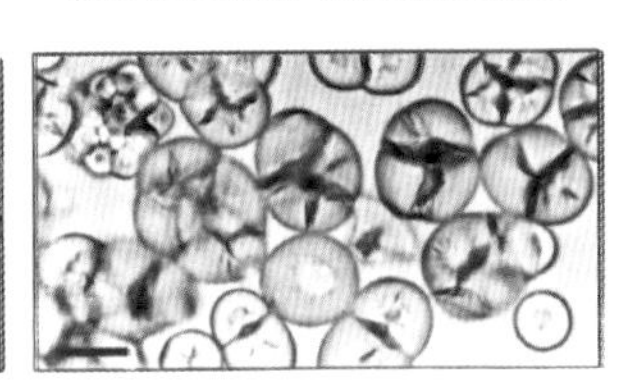

（5）同时抑制*SS II*和*SS III*株系在高倍镜下的状态

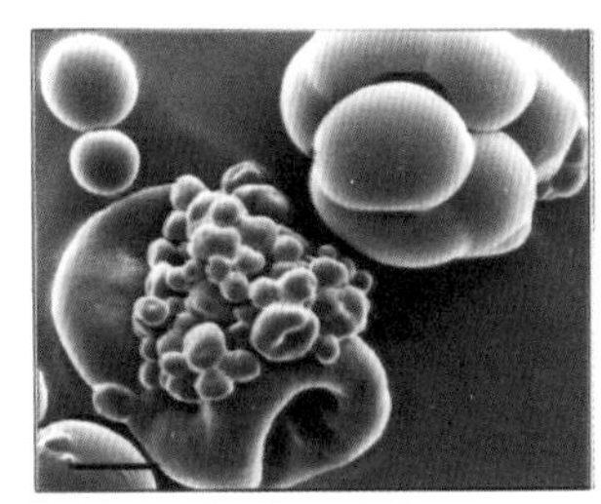

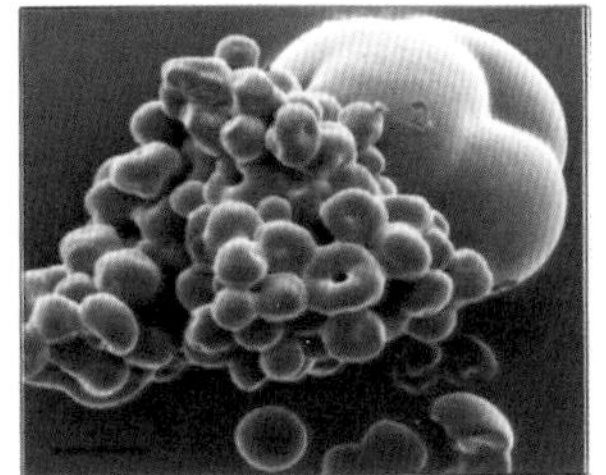

（6）~（7）同时抑制*SS II*和*SS III*株系在扫描电镜下的形态

图3-9　反义抑制马铃薯*SS II*、*SS III*与同时抑制*SS II*和*SS III*的转基因块茎淀粉在光学显微镜［（1）~（5）］和扫描电镜［（6）~（7）］下的形态（引自Edwards等，1999）

以上结果表明淀粉合酶在淀粉合成中发挥着重要功能，可以影响直链淀粉和支链淀粉的结构与含量，虽然它们在马铃薯低温糖化调控中的功能暂未见报道，但是已有研究表明淀粉结构（Leszkowiat等，1990）、直链淀粉与支链淀粉比率不同会影响马铃薯块茎低温糖化抗性（Jansky和Fajardo，2014），而且支链淀粉比直链淀粉更容易被降解（Hoover和Sosulski，1985）。因此，推测淀粉合酶（SS和GBSS）可能会通过改变块茎淀粉结构及淀粉降解速率来调节马铃薯低温糖化，其在低温糖化调节中的功能及调控机制值得进一步研究。

（3）淀粉分支酶 支链淀粉的合成需要淀粉分支酶的参与，支链淀粉的分支模式不仅会改变淀粉的结构，也会影响淀粉含量，对于这类酶的功能研究也是主要集中在马铃薯淀粉合成调节方面，而对于低温糖化的调控未被报道。

马铃薯中有两类淀粉分支酶（SBE Ⅰ和SBE Ⅱ），在大肠杆菌中异源表达马铃薯SBE Ⅰ和SBE Ⅱ蛋白，体外与底物孵育反应后的产物链长分布结果显示两个亚型对底物的分支影响不同，当同时将SBE Ⅰ、SBE Ⅱ与底物孵育时，其产物分支度为3.7%（Andersson等，2002）。

Schwall等（2000）发现同时反义抑制马铃薯淀粉分支酶*SBE A*和*SBE B*的块茎中SBE A和SBE B蛋白含量显著减少至检测水平之下，与对照（WT）相比，同时抑制*SBE A*和*SBE B*株系（201、202、208、292和298）块茎中SBE活性减少到0.9%以下，叶片中的SBE活性减少到0.7%以下，缺乏正常的支链淀粉，直链淀粉含量显著增加，有些株系直链淀粉含量达到60%以上，最好的株系直链淀粉含量可达75%；此外，还发现反义抑制株系块茎淀粉显示了高度的磷酸化，野生型淀粉磷含量在500μg/g，然而高直链淀粉株系有6倍左右的增加，达到了3000μg/g，通过对来自208株系淀粉的丁醇分馏，结果表明其磷酸化与淀粉分支的支链淀粉组分相关。而且同时抑制*SBE A*和*SBE B*也改变了块茎形态和淀粉粒形态结构，与对照相比，高直链淀粉抑制株系收获的块茎形态更长；野生型块茎淀粉粒表面光滑、椭圆形，在偏振光下显示双折射，暗示了淀粉粒的晶体结构［图3-10（1）］，高直链淀粉株系208淀粉粒显示较低的双折射，暗示了淀粉粒晶状结构的改变，而且淀粉粒表面不规则，中央有深裂纹（图3-10（2））；淀粉粒结构和组分的改变也导致了膨胀特性变化，野生型淀粉粒在70℃左右开始膨胀，95℃加热后形成黏性糊状［图3-10（3）］；高直链淀粉株系淀粉粒糊化温度增加，在95℃处理后淀粉粒膨胀完全受到抑制［图3-10（4）］。淀粉链长分布测定显示同时抑制*SBE A*和*SBE B*抑制了淀粉链的分支，在对照中dp13-14的链长处于峰值，而在抑制株系中dp18～19的链长处于峰值［图3-11（1）］，短链（dp6～15）显著减少，长链（dp>20）分支显著增加［图3-11（2）］。随后Blennow等（2005）研究表明反义抑制马铃薯*SBE Ⅰ*和*SBE Ⅱ*也导致了转基因块茎中支链淀粉单位链长、直链淀粉、磷酸化含量显著增加，淀粉形态改变。相似的研究结果也被Wischmann等（2005）和Wickramasinghe等（2009）报道。Carpenter等（2015）通过关联分析也发现马铃薯*SBE Ⅰ*和*SBE Ⅱ*与淀粉磷酸化相关，*SBE Ⅰ*和*SBE Ⅱ*基因多态性与葡萄糖基C6和C3磷酸化显著相关。由于支链淀粉和直链淀粉降解难易程度不同，直链淀粉含量增加可能导致淀粉降解速率减弱、还原糖含量积累减少，在低温贮藏的马铃薯块茎中磷含量与还原糖含量显著相关（Lorberth等，1998），因此，推测马铃薯低温贮藏过程中，淀粉分支酶可能通过改变淀粉结构及磷酸化水平来调控低温糖化，这也值得进一步研究。

图3-10 反义抑制马铃薯淀粉分支酶*SBEA*和*SBEB*块茎淀粉粒的光学显微结构（引自Schwall等，2000）

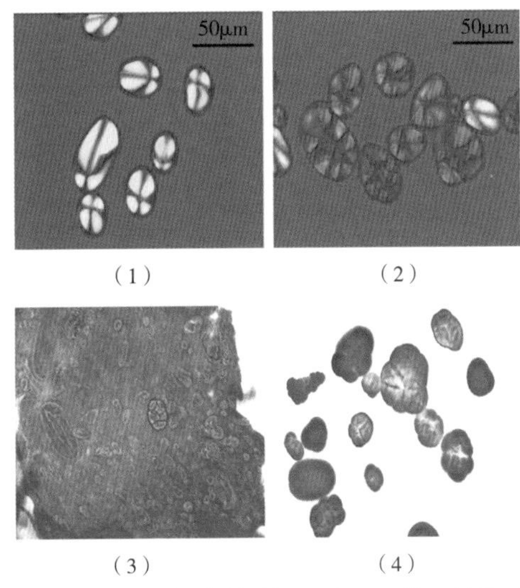

（1）（2）偏振光下野生型：（1）与同时抑制*SBEA*和*SBEB*的208株系、（2）淀粉粒的形态；（3）（4）野生型：（3）和208（4）淀粉粒95℃处理5min碘染后的淀粉粒形态

图3-11 反义抑制马铃薯淀粉分支酶*SBEA*和*SBEB*块茎淀粉链长分布（引自Schwall等，2000）

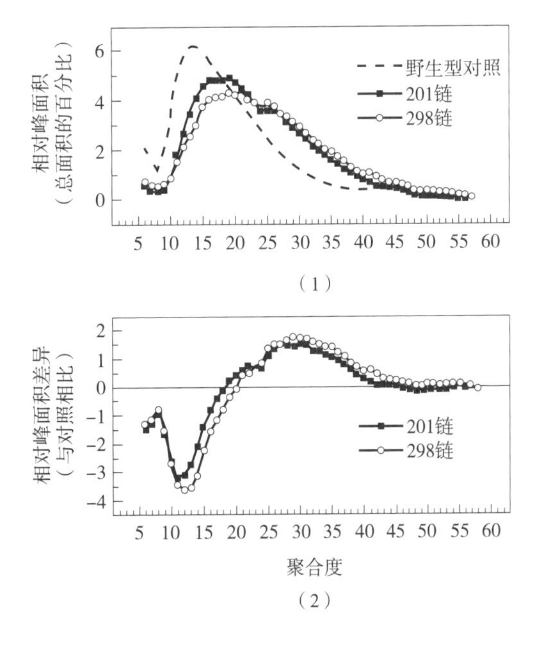

（4）淀粉去分支酶 支链淀粉的合成也需要淀粉去分支酶的参与，植物包含两类去分支酶：异淀粉酶（ISA）和极限糊精酶（LDA）。对于这类酶的功能研究也是主要集中在淀粉合成调控方面，而对于块茎低温糖化的调节未报道。马铃薯基因组编码

5个异淀粉酶（Zhang等，2014a），抑制表达*Stisa1*或*Stisa2*块茎中积累了少量的可溶性葡聚糖、较多的小淀粉粒（图3-12）（Bustos等，2003）。同时沉默马铃薯*ISA1*、*ISA2*和*ISA3*导致收获块茎中淀粉含量显著降低、淀粉粒减小、蔗糖含量增加、己糖含量降低（Ferreira等，2017）。然而，这些转基因块茎中直链和支链淀粉含量没有测定，基于淀粉结构、直链淀粉与支链淀粉比率对块茎低温糖化的影响，猜测淀粉去分支酶也可能通过改变支链淀粉的形成来影响低温糖化。

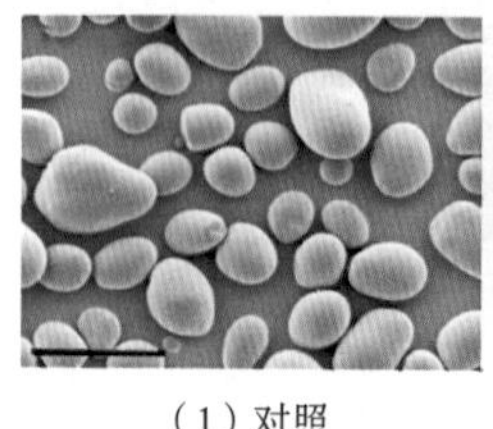

（1）对照　（2）反义抑制*Stisa1*块茎淀粉粒

（3）反义抑制*Stisa2*块茎淀粉粒

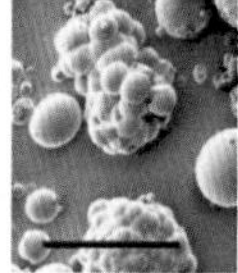

（4）反义抑制*Stisa1*块茎淀粉粒簇

（5）来自反义抑制*Stisa1*块茎淀粉的小淀粉粒

◀ 图3-12　反义抑制马铃薯异淀粉酶*Stisa1*或*Stisa2*块茎的淀粉形态（引自Bustos等，2003）

（三）淀粉降解与低温糖化

淀粉降解处于淀粉—糖分解代谢的源头，是植物细胞中可溶性糖的主要来源，是还原糖积累的主要途径之一。淀粉降解分为淀粉水解和淀粉磷酸解两个途径，主要是通过一系列不同的淀粉降解酶的协同作用来完成的，主要包括淀粉水解途径相关淀粉酶、淀粉磷酸解相关磷酸激酶与磷酸化酶等（Trethewey和Smith，2006）。杨建文（2006）和陈霞（2012）构建了抗低温糖化马铃薯野生种CW2-1（*Solanum berthaultii*）不同温度贮藏块茎的抑制差减杂交文库，利用基因芯片技术筛选到188个在低温贮藏块茎中表达模式不同的基因，其中部分基因涉及淀粉降解途径（Chen等，2012）。现有研究表明参与马铃薯块茎低温糖化调控的淀粉水解途径基因有*α*-淀粉酶基因*StAmy23*、*β*-淀粉酶基因*StBAM1*与*StBAM9*（Zhang等，2014a；Hou等，2017）、淀粉酶抑制子基因*SbAI*（Zhang等，2014b）、淀粉降解相关RING finger蛋白SbRFP1（Zhang等，2013）、淀粉磷酸解途径相关葡聚糖水双激酶GWD/R1（Lorberth等，1998）和磷酸化酶PhL（Rommens等，2006；Kamrani等，2016）。

1. 淀粉水解与低温糖化

淀粉水解途径主要涉及*α*-淀粉酶（α-amylase）和*β*-淀粉酶（*β*-amylase）的调

控，每种淀粉酶有不同的亚型。淀粉水解的第一步是半晶状淀粉粒表面通过相应的酶催化形成线性或分支的葡聚糖，体外试验发现多个不同类型的酶都可以从淀粉粒表面释放可溶性葡聚糖（Steup等，1983；Scheidig等，2002），通常是*α*-淀粉酶来发挥此功能，它是一种内切酶，特异地切断*α*-1, 4-糖苷键，生成各种线性和分支的寡糖。糖苷链的水解主要是通过*β*-淀粉酶来催化，它是一种外切酶，从多聚糖非还原性末端切断*α*-1, 4-糖苷键，生成麦芽糖（Weise等，2005），但它不能水解*α*-1, 6-分支点，当底物是直链淀粉时，产物为麦芽糖和少量葡萄糖；而当底物是支链淀粉时，产物为麦芽糖和极限糊精，支链淀粉完全的水解还需要脱支酶的作用。前人研究表明低温贮藏条件下马铃薯块茎中的*α*-淀粉酶和*β*-淀粉酶的表达量上调、活性增加（Cochrane等，1991）。Cottrell等（1993）将5个马铃薯栽培种块茎贮藏在4℃或10℃几个月，4℃贮藏的第一周*α*-淀粉酶和*β*-淀粉酶活性显著增加，还原糖含量显著积累。而且，当块茎贮藏温度从20℃降到5℃或3℃时，*β*-淀粉酶活性显著升高，并且贮藏10d后*β*-淀粉酶活性增强了4～5倍，伴随着麦芽糖积累（Nielsen等，1997）。Wiberley-Bradford等（2016）研究表明当马铃薯块茎贮藏温度降低到3～5℃时，*β*-淀粉酶表达显著上调，还原糖含量大量积累。这些结果暗示了淀粉酶介导的淀粉降解途径在马铃薯低温糖化过程中发挥着重要功能。

（1）淀粉酶　淀粉酶包括*α*-淀粉酶和*β*-淀粉酶，马铃薯基因组编码2个*α*-淀粉酶基因（*StAmy1*和*StAmy23*）、7个*β*-淀粉酶基因（*StBAM1*、*StBAM3*、*StBAM4*、*StBAM5*、*StBAM7*、*StBAM8*和*StBAM9*）（Zhang等，2014a；Hou等，2017）。侯娟（2017）通过对这2个*α*-淀粉酶和7个*β*-淀粉酶基因在不同低温糖化抗性的马铃薯基因型、不同植物组织及不同贮藏温度下的块茎中进行了表达分析，结果显示只有*α*-淀粉酶*StAmy23*、*β*-淀粉酶*StBAM1*和*StBAM9*在各组织中总体表达较高，并且在低温4℃贮藏的块茎中显著被诱导表达，可能参与调节马铃薯块茎低温糖化。Hou等（2017）通过RNAi技术分别对马铃薯*StBAM1*和*StBAM9*进行了单独干涉和同时干涉，并利用前人已获得的*StAmy23*干涉株系（Ferreira，2011），分别测定了相应转基因块茎低温贮藏后的糖含量、薯片油炸色泽、淀粉酶活性、淀粉含量等，结果表明，在低温贮藏的块茎中，与对照（E3）相比，干涉*StBAM1*的转基因块茎（RNAi-*StBAM1*系列）和同时干涉*StBAM1*和*StBAM9*的转基因块茎（RNAi-（*StBAM1*+*StBAM9*）系列）中*β*-淀粉酶活性降低，但是干涉*StBAM9*的转基因块茎中*β*-淀粉酶活性没有显著变化。干涉*StBAM1*和*StBAM9*均可抑制淀粉降解和还原糖积累，有效改善油炸加工品质，而双干涉转基因的效果则更明显（图3-13），说明*StBAM1*和*StBAM9*可能存在功能叠加。另外，可溶性淀粉含量在干涉*StBAM1*的转基因块茎中增加，但是在干涉*StBAM9*的转基因块茎中显著降低。基于StBAM1质体基质的定位、StBAM9淀粉粒的定位（图3-14），推测StBAM1可能通过水解质体基质中的可溶性淀粉来调节低温

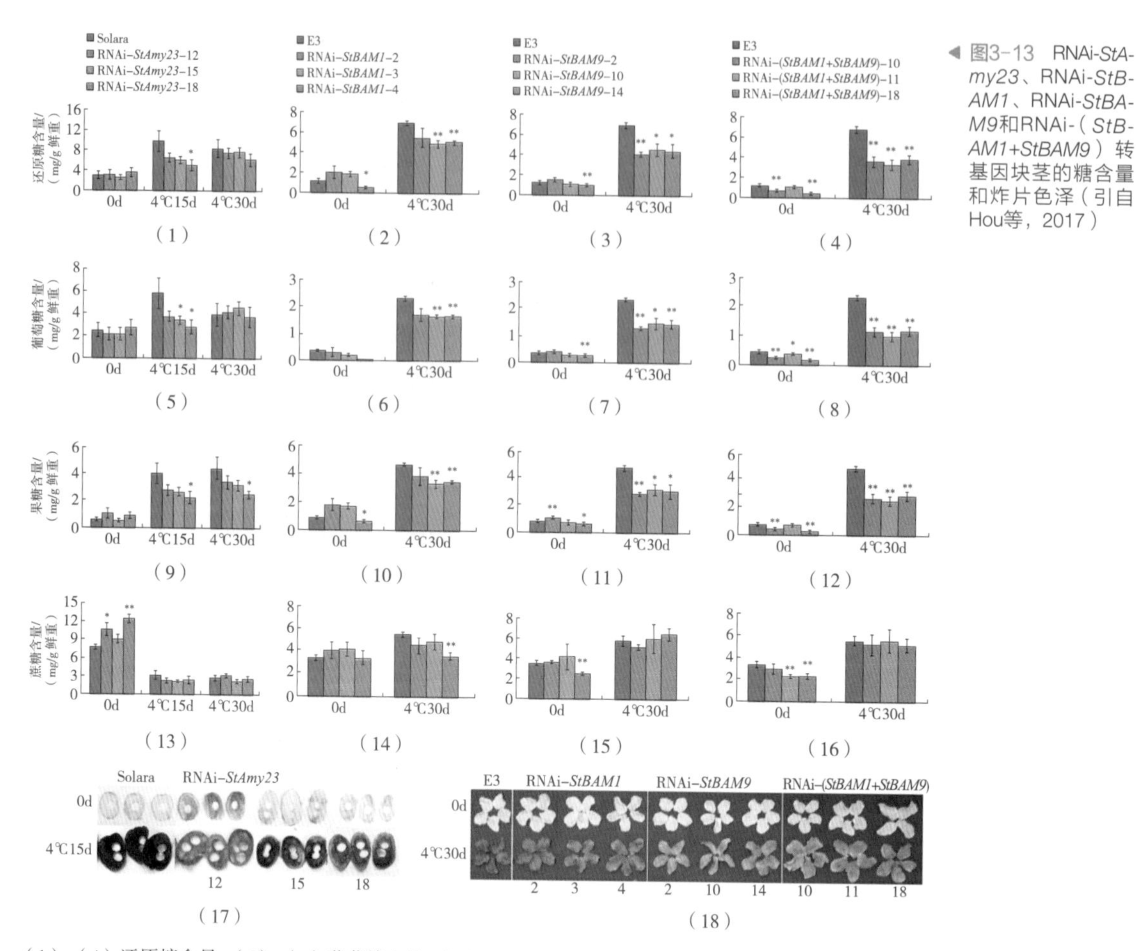

（1）~（4）还原糖含量，（5）~（8）葡萄糖含量，（9）~（12）果糖含量，（13）~（16）蔗糖含量，（17）4℃贮藏0d和15d的RNAi-*StAmy23*块茎薯片，（18）4℃贮藏0d和30d的RNAi-*StBAM1*、RNAi-*StBAM9*和RNAi-（*StBAM1*+*StBAM9*）块茎薯片。

◀ 图3-13　RNAi-*StAmy23*、RNAi-*StBAM1*、RNAi-*StBAM9*和RNAi-（*StBAM1*+*StBAM9*）转基因块茎的糖含量和炸片色泽（引自Hou等，2017）

糖化，而StBAM9可能直接作用于淀粉粒来调节低温糖化。干涉*StAmy23*导致低温贮藏转基因块茎（RNAi-*StAmy23*系列）中可溶性糖原含量显著增加，还原糖含量降低，基于StAmy23细胞质的定位，推测StAmy23通过降解细胞质中的可溶性糖来调节低温糖化。

通过不同类型转基因块茎中还原糖的含量及炸片色泽结果显示，相比于*StBAM1*和*StAmy23*，干涉St*BAM9*的块茎显示了更少的还原糖积累和更浅的薯片油炸色泽，暗示淀粉酶StBAM9在低温糖化中的功能最显著。然而StBAM9是一个无活性的*β*-淀粉酶，其葡聚糖水解酶结构域比对显示StBAM9在底物结合位点和活性位点有氨基酸缺失或替换，如催化亚基Glu-380被Gln替换，外环处有5个氨基酸的缺失，内环处Thr-342变为Pro，并且原核表达的融合蛋白也无活性（Zhang等，2014b）。基于StBAM9淀粉粒的定位，推测StBAM9处于淀粉降解的源头，可能作用于淀粉粒，控制着不溶性淀粉向可溶性淀粉的转化过程，有助于从淀粉粒表面释放可溶性糖苷。这些结果

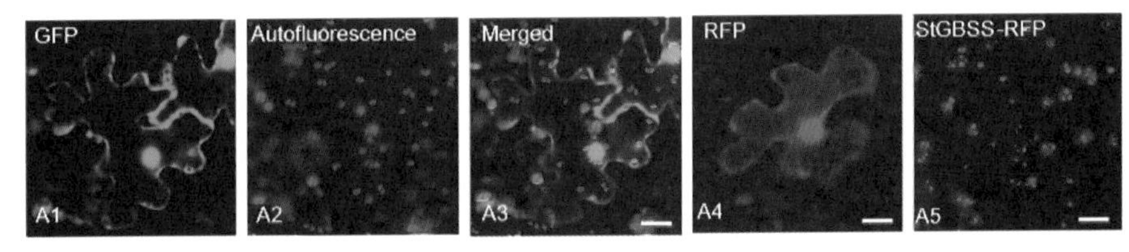

（1）空载GFP（A1～A3）、空载RFP（A4）、淀粉粒Mark StGBSS-RFP（A5）的定位

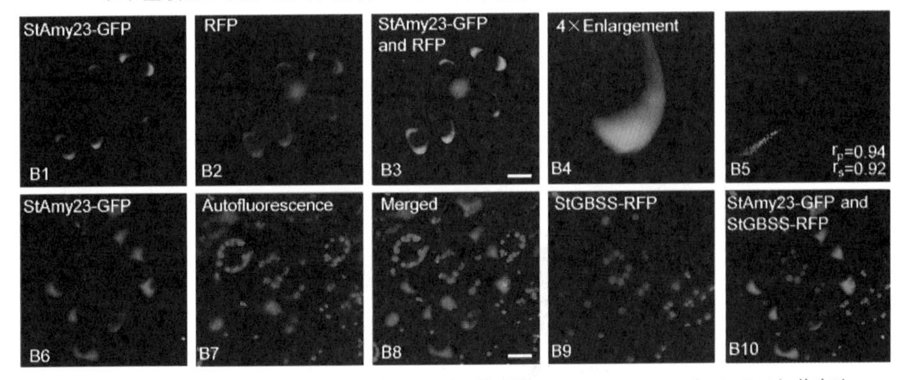

（2）StAmy23分别与细胞质Mark RFP（B1～B5）、淀粉粒Mark StGBSS-RFP（B6～B10）共表达

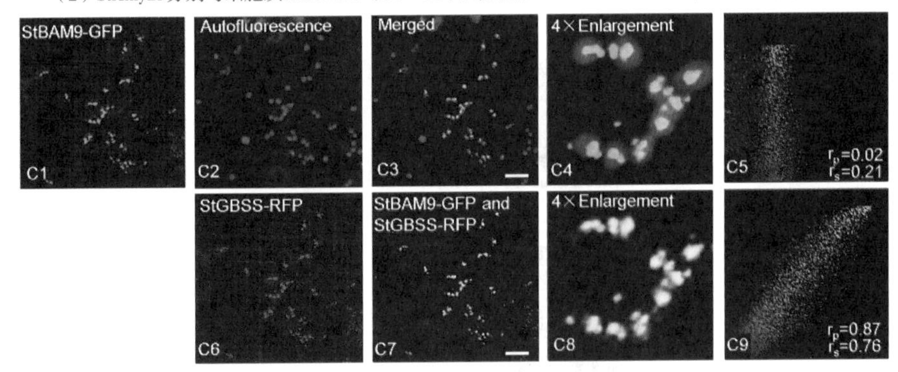

（3）StBAM9-GFP与StGBSS-RFP共表达（C1～C9）

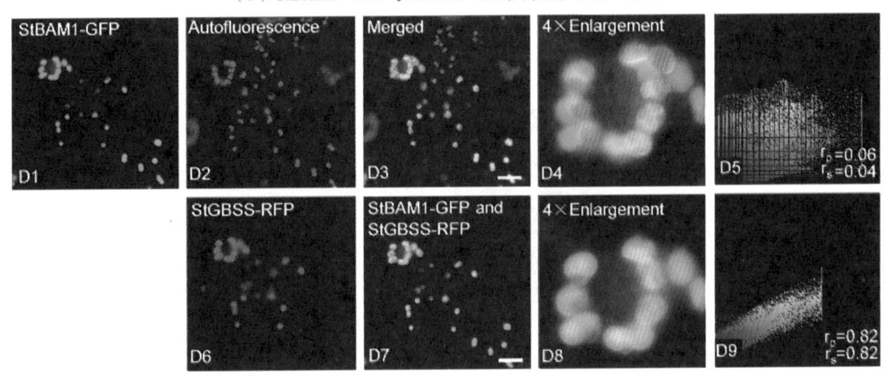

（4）StBAM1-GFP与StGBSS-RFP共表达（D1～D9）

图3-14 StAmy23、StBAM1和StBAM9在本氏烟草叶片中的亚细胞定位（引自Hou等，2017）

A1、B1、C1、D1—GFP荧光 A2、B7、C2、D2—叶绿素自发荧光 A4、A5、B2、B9、C6、D6—RFP荧光 A3、B3、B8、C3、C7、D3、D7—叠加后的图片 B5、C5、C9、D5、D9—对叠加后的区域利用ImageJ进行的共定位分析，r_p（Pearson相关系数）和r_s（Spearman相关系数）的值为1时表示完全的共定位 标尺为10μm

证明了StBAM9在块茎淀粉降解中发挥着不一样的功能，可能是通过直接作用淀粉粒来调节块茎低温糖化过程，是调节马铃薯低温糖化的重要因子。此外，StBAM9与StBAM1互作于淀粉粒表面（图3-15），首次证明了植物淀粉酶之间存在互作，推测StBAM9与StBAM1可能形成一个复合体，将StBAM1从质体基质招募到淀粉粒表面，进行进一步的淀粉降解。基于StAmy23、StBAM1和StBAM9在马铃薯低温糖化中不同的功能，推测StAmy23、StBAM1和StBAM9参与的淀粉降解路径是马铃薯低温糖化过程中的重要路径，不同的淀粉酶可能在不同的亚细胞位置通过优先作用不同的底物发挥着不一样的功能，马铃薯低温糖化可能是受多个淀粉降解相关酶的协同调节。

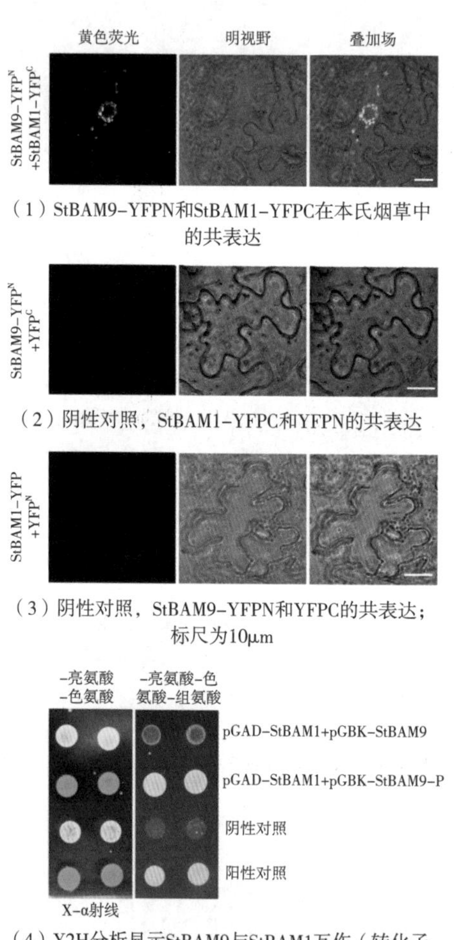

（1）StBAM9-YFPN和StBAM1-YFPC在本氏烟草中的共表达

（2）阴性对照，StBAM1-YFPC和YFPN的共表达

（3）阴性对照，StBAM9-YFPN和YFPC的共表达；标尺为10μm

（4）Y2H分析显示StBAM9与StBAM1互作（转化子在短日照/-亮氨酸-色氨酸/X-α射线筛选培养基上显示蓝色并且可以在短日照/-亮氨酸-色氨酸-组氨酸筛选培养基上生长表示互作）

（1）~（3）：BiFC互作分析显示StBAM9与StBAM1互作于淀粉粒。

图3-15　StBAM9与StBAM1的互作验证（引自Hou等，2017）

刘腾飞（2019）进一步对*StBAM1*和*StBAM9*在块茎中的低温诱导机制进行了探究，结果显示马铃薯块茎在低温贮藏过程中，低温可能诱导*StNCED1*的表达进而诱导ABA的合成，随后激活ABA信号通路上的下游转录因子*StAREB2*，*StAREB2*可以识别和结合*StBAM1*和*StBAM9*启动子上的ABA响应元件ABRE（图3-16），从而激活*StBAM1*和*StBAM9*的表达，加速淀粉的降解，导致还原糖的积累（图3-17）。

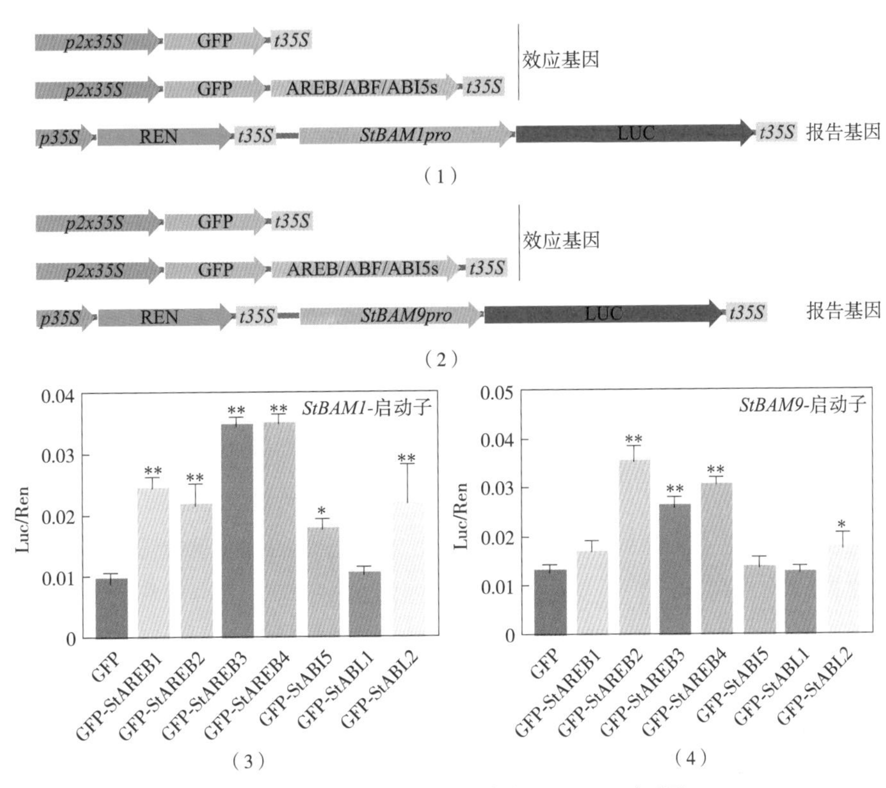

图3-16　双荧光素酶试验验证马铃薯AREB/ABF/ABI5亚家族成员对*StBAM1*和*StBAM9*的启动子激活作用（引自刘腾飞，2019）

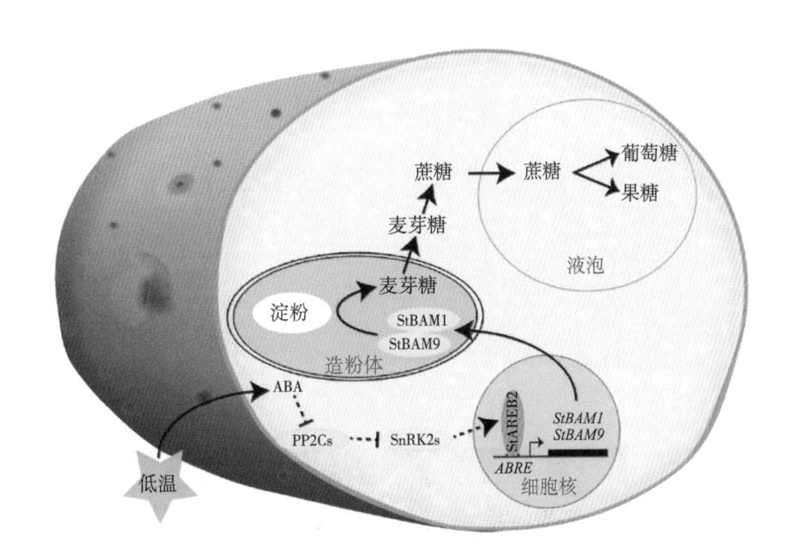

图3-17　ABA调控低温诱导块茎淀粉降解的模式（引自刘腾飞，2019）

（2）**淀粉酶抑制子**　Zhang等（2014b）从抗低温糖化马铃薯野生种*S. berthaultii*中克隆了一个可以通过调节淀粉酶活性来调控马铃薯块茎低温糖化的淀粉酶抑制子*SbAI*基因，分别转化低温糖化敏感的马铃薯品种鄂马铃薯3号（E3）和抗低温糖化品系AC142-01，超量表达*SbAI*导致低温贮藏块茎（OE系列）*β*-淀粉酶活性、淀粉降解率、还原糖含量显著降低、炸片色泽显著变浅，干涉表达的转基因块茎（Ri系列）中出现相反的结果（图3-18），表明*SbAI*通过抑制淀粉酶的活性减缓淀粉的降解，从而改善马铃薯的加工品质。此外，原核表达的SbAI蛋白可显著抑制马铃薯块茎中*α*-淀粉酶活性和*β*-淀粉酶活性，并且SbAI分别与StAmy23、StBAM1和StBAM9互作，可抑制融合蛋白StAmy23和StBAM1活性（图3-19），表明马铃薯淀粉酶抑制子SbAI是通过与淀粉酶互作来抑制淀粉酶活性，降低块茎中淀粉降解速率，从而调控马铃薯块茎的低温糖化。

（3）**淀粉降解相关RING finger protein SbRFP1**　Zhang等（2013）发现了一个可以通过调节淀粉水解来调控马铃薯块茎低温糖化的新基因*SbRFP1*（RING finger protein）。以低温糖化敏感的马铃薯品种E3为受体材料对*SbRFP1*进行超量表达，以抗低温糖化品系AC142-01为受体材料进行干涉表达，结果表明超量表达*SbRFP1*导致低温贮藏块茎（OE系列）炸片色泽显著变浅，还原糖含量显著降低，干涉表达的转基因块茎（Ri系列）则相反（图3-20）。而且*SbRFP1*可以改变块茎淀粉粒形态，超表达转基因块茎中的淀粉粒长宽比显著增加，干涉块茎中的淀粉粒长宽比显著减小（Zhang等，2019）。Zhang等（2013）研究发现4℃贮藏30d的转基因块茎中淀粉水解酶基因*StAmy23*、*StBAM1*和转化酶基因*StvacINV1*的表达受*SbRFP1*基因表达影

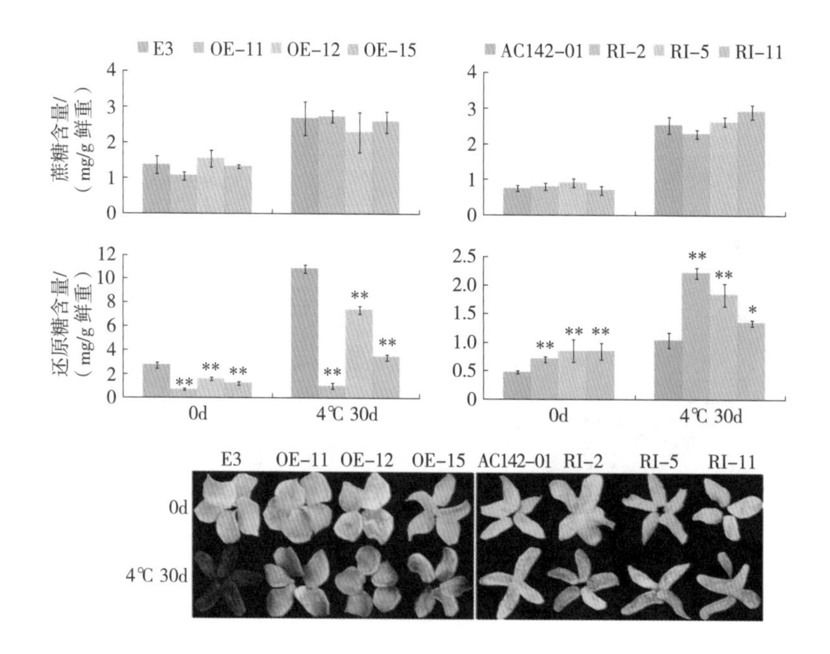

◀ 图3-18　超量表达（OE系列）和干涉表达*SbAI*（Ri系列）转基因块茎还原糖含量和炸片色泽（引自Zhang等，2014b）

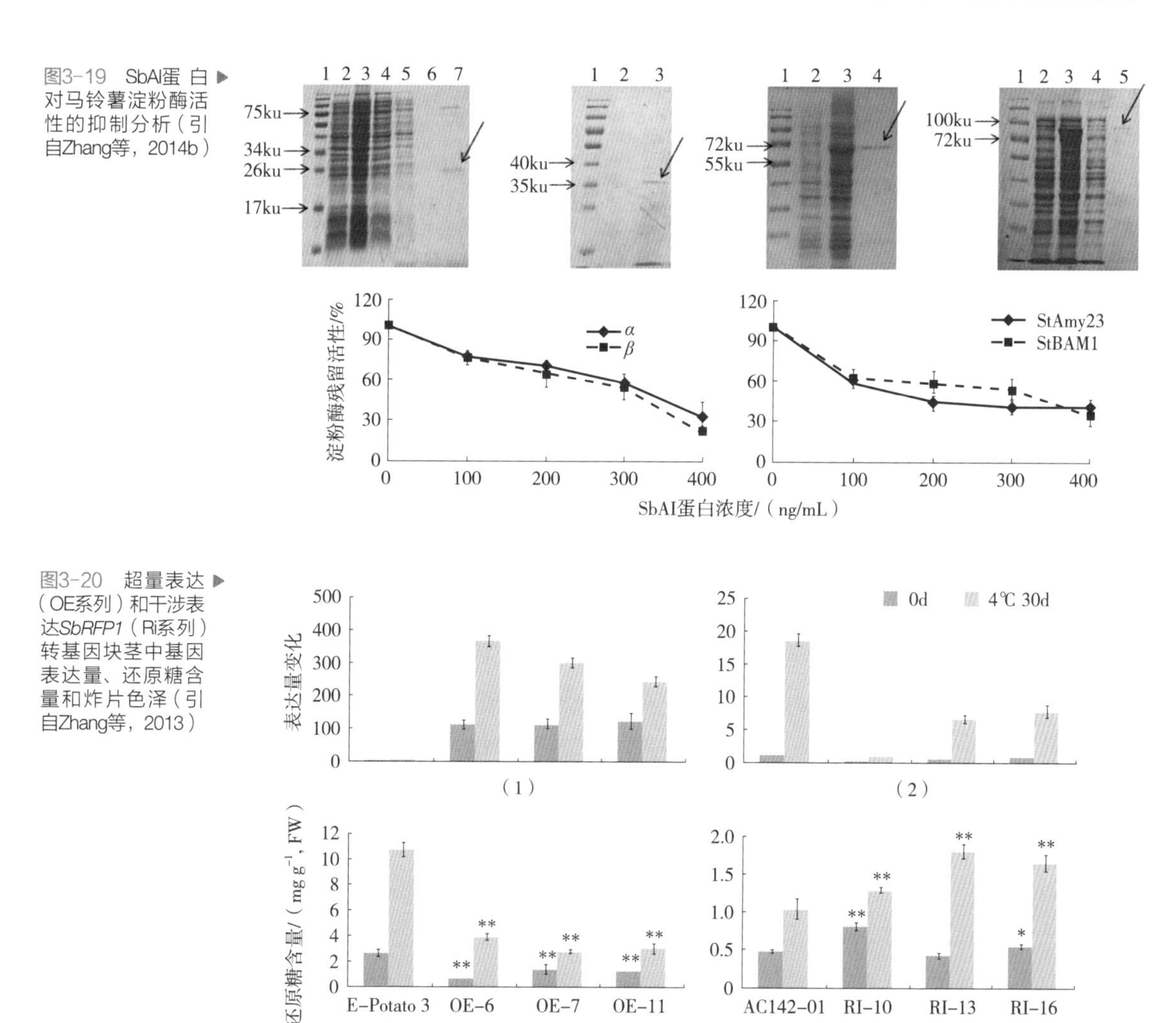

图3-19 SbAI蛋白对马铃薯淀粉酶活性的抑制分析（引自Zhang等，2014b）

图3-20 超量表达（OE系列）和干涉表达*SbRFP1*（Ri系列）转基因块茎中基因表达量、还原糖含量和炸片色泽（引自Zhang等，2013）

响，而且超表达低温贮藏块茎中的*β*-淀粉酶活性和转化酶活性显著减弱，淀粉降解率显著降低，而在干涉转基因块茎中表现出相反的趋势。Zhang等（2019）进一步研究显示SbRFP1与StBAM1和StAmy23互作，体外酶活抑制分析发现SbRFP1可以抑制融合蛋白StBAM1的活性（图3-21），而当SbRFP1的RING-motif中His140和Cys150突变为Try140和Ser150时，突变的融合蛋白sbrfp1对StBAM1的活性没有明显的抑制，暗示了His140和Cys150对于SbRFP1对StBAM1活性的抑制是必要的。此外，泛素化分析显示SbRFP1具有E3泛素连接酶活性，而sbrfp1没有检测到泛素化，暗示了RING finger保守域对于SbRFP1的E3泛素连接酶活性非常重要，这些结果暗示块茎中SbRFP1通过降解StBAM1和泛素化来抑制*β*-淀粉酶活性，从而减弱淀粉水解，调控块茎低温糖化。

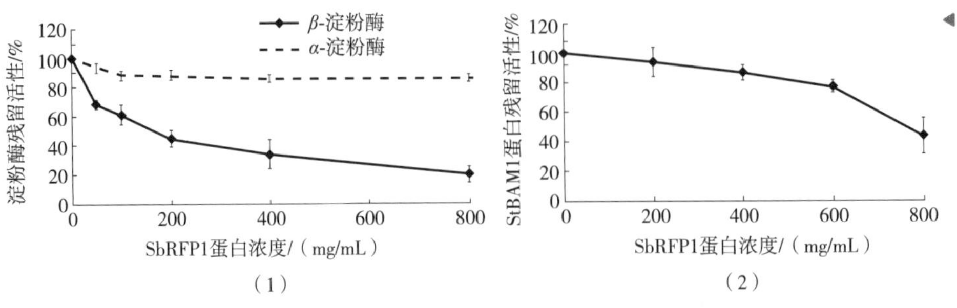

图3-21　SbRFP1对马铃薯淀粉酶活性的影响（引自Zhang等，2019）

2．淀粉磷酸解与低温糖化

多数研究表明淀粉粒表面可逆的葡聚糖磷酸化是淀粉合成及完全降解所必需的，淀粉的磷酸化途径主要涉及淀粉磷酸化和去磷酸化两个过程（Silver等，2014）。马铃薯块茎淀粉一般是高度磷酸化的（Blennow等，2000；Haebel等，2008）。淀粉被磷酸化的位置有30%～40%是在葡糖基C3位置上，60%～70%是在C6位置上，仅有约1%是在C2位置上（Møller，1994）。淀粉粒表面的磷酸化可诱导水合作用，打乱支链淀粉的半晶状结构排列，将线性的糖苷链暴露出来，随后通过*β*-淀粉酶进行水解（Silver等，2014）。淀粉磷酸解途径主要涉及淀粉磷酸激酶和磷酸化酶的调控，研究表明参与马铃薯低温糖化调控的有葡聚糖水双激酶GWD/R1、磷酸化酶PhL（Phosphorylase-L）（Lorberth等，1998；Rommens等，2006；Kamrani等，2016）。

Lorberth等（1998）研究发现反义抑制马铃薯葡聚糖水双激酶*GWD*（*R1*），导致4℃贮藏2个月的转基因块茎中还原糖含量显著降低、淀粉含量显著增加，可明显抑制马铃薯低温糖化现象。同时，转基因叶片和块茎淀粉磷酸化水平显著降低，仅达到对照的10%～50%，并且磷酸化水平的减少也显著影响了淀粉的糊化特性。Rommens等（2006）研究发现同时沉默马铃薯多酚氧化酶基因*Ppo*（polyphenol oxidase）、葡聚糖水双激酶基因*R1*（*GWD*）和磷酸化酶基因*PhL*的转基因低温贮藏块茎（371系列）中积累的葡萄糖含量降低，仅占野生型对照（C系列，Ranger Russet，RR，Russet Burbank，RB）的30%～60%［图3-22（2）］，炸条色泽显著变浅［图3-22（3）、（4）］，丙烯酰胺含量显著降低［图3-22（7）］，显著改善了马铃薯低温糖化现象；单独沉默*R1*的转基因低温贮藏块茎（332系列）中葡萄糖含量也有一定程度降低，含量为野生型对照的60%～90%［图3-22（2）］，单独沉默*Ppo*也可以显著降低基于撞伤或瘀伤诱导的薯条加工黑斑现象。此外，单独沉默*PhL*块茎中淀粉磷酸化水平增加，同时沉默*Ppo*、*R1*、*PhL*和单独沉默*R1*均导致块茎淀粉磷酸化水平降低［图3-22（6）］。相似的研究结果显示*R1*和*PhL*的同时沉默导致4℃贮藏90d的转基因试管薯淀粉磷酸化水平显著降低、淀粉含量显著升高增加、总糖含量和还原糖含量显著减少，暗示了在低温贮藏条件下*R1*和*PhL*的沉默可以减弱淀粉的降解，降低淀粉向糖的转化，从而调控马铃薯低温糖化（Kamrani等，2016）。

图3-22 低温贮藏转基因块茎中的糖含量和薯条品质状态（引自Rommens等，2006）

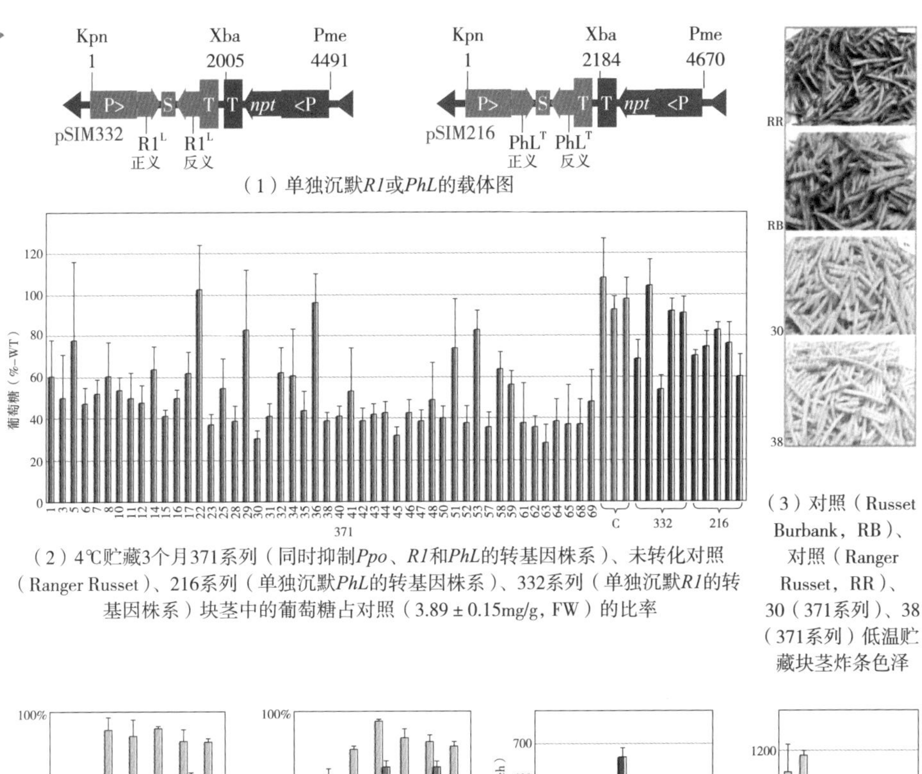

（1）单独沉默*R1*或*PhL*的载体图

（2）4℃贮藏3个月371系列（同时抑制*Ppo*、*R1*和*PhL*的转基因株系）、未转化对照（Ranger Russet）、216系列（单独沉默*PhL*的转基因株系）、332系列（单独沉默*R1*的转基因株系）块茎中的葡萄糖占对照（3.89±0.15mg/g，FW）的比率

（3）对照（Russet Burbank，RB）、对照（Ranger Russet，RR）、30（371系列）、38（371系列）低温贮藏块茎炸条色泽

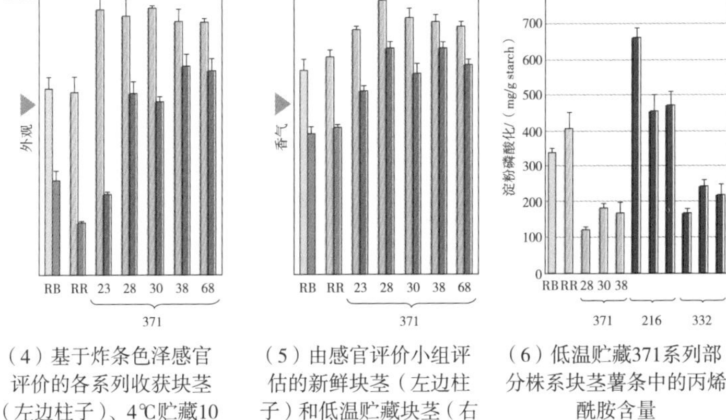

（4）基于炸条色泽感官评价的各系列收获块茎（左边柱子）、4℃贮藏10周块茎（右边柱子）薯条的整体外观

（5）由感官评价小组评估的新鲜块茎（左边柱子）和低温贮藏块茎（右边柱子）薯片香味

（6）低温贮藏371系列部分株系块茎薯条中的丙烯酰胺含量

（7）

Xu等（2016）分别在不同遗传背景的马铃薯（包含直链淀粉株系KD、无直链淀粉突变体*amf*）中超量表达*GWD1*，结果表明转基因块茎淀粉磷酸化水平变异较大，并且淀粉磷酸盐的含量显著影响了淀粉粒形态、链长分布、直链淀粉含量及糊化特性等。例如，低磷酸化转基因株系（GI类）KDGI淀粉粒呈现出带裂纹的均匀圆形［图3-23（2）（8）］，有一些聚集的气泡和凹槽突出在淀粉粒表面［图3-23（11）］，而未转化的对照UT-KD淀粉粒为椭圆形［图3-23（1）（5）］且表面光滑［图3-23（10）］；淀粉粒形态改变程度与其磷酸化水平相关，磷含量高的淀粉粒裂纹小，当高于一定值时裂纹消失；高磷酸化转基因株系（GII类）KDGII淀粉粒不规则且表面崎岖不平［图3-23（3）（9）和（12）］，淀粉粒内部结构显示，与对照和KDGII淀粉粒相

比，KDGI淀粉粒内部有严重的裂纹［图3-23（4）~（6）］。而在直链淀粉缺乏的突变体*amf*背景下，与对照和*amf*GII淀粉粒相比，*amf*GI淀粉粒的球形更为明显［图3-23（16）~（18）］，且淀粉粒年轮呈同心圆分布，近端和远端年轮宽度相似，脐点更靠近中心［图3-23（14）］；而对照和*amf*GII淀粉粒年轮分布相同，年轮环的宽度从脐点至外周逐渐减小，远端明显大于近端［图3-23（13）（15）］。此外，淀粉磷酸化水平与*GWD1*表达量呈正相关，直链淀粉含量与磷酸化水平呈显著负相关，淀粉磷酸化水平显著影响了淀粉中直链淀粉/支链淀粉的比率，而且*GWD1*表达的改变影响了淀粉代谢相关基因*SP*、*SSII*、*SSIII*、*SBEII*、*SUSY4*、*AGPase*、*GPT2*和*INV*的表达，进一步暗示了淀粉的磷酸化在淀粉粒形成和淀粉合成中有重要功能。

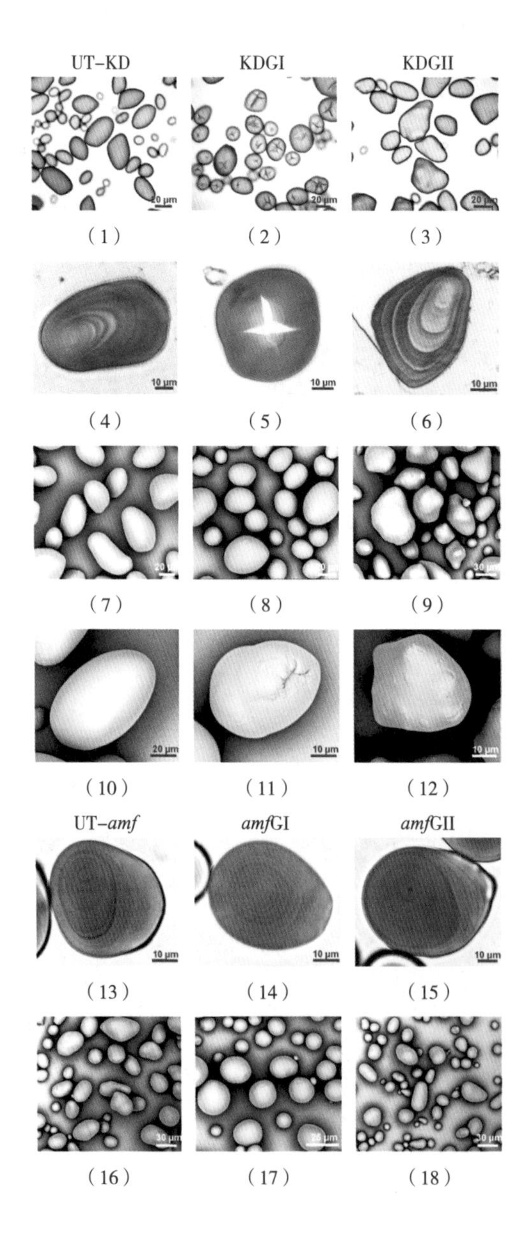

图3-23　UT-KD［（1）（4）（7）和（10）］、KDGI［（2）（5）（8）和（11）］、KDGI［（3）（6）（9）和（12）］、UT-amf［（13）和（16）］、amfGI［（14）（17）］和amfGII［（15）和（18）］淀粉粒形态（引自Xu等，2016）

（四）蔗糖合成与低温糖化

蔗糖磷酸合酶（SPS）被认为在植物光合和非光合组织中的蔗糖合成均起重要作用（Huber和Huber，1996）。SPS催化UDP-Glc和Fru-6-P生成Suc-6-P，该过程是蔗糖合成的关键步骤。随后，Suc-6-P在磷酸酶的作用下脱去磷酸形成蔗糖。研究发现，SPS的活性受到变构效应和磷酸化的调控（Reimholz等，1994）。通过调查不同的马铃薯品种低温贮藏期间SPS活性和糖累积的关系，结果显示，高蔗糖磷酸合酶与糖累积相关（Sowokinos等，2000）。探究低温糖化过程中引发糖积累的相关事件发现，块茎在4℃贮藏过程中，净蔗糖累积发生在低温贮藏后2～4d；而10d后，还原糖开始增加；从第20天开始，糖累积速率放缓，蔗糖含量开始降低，但还原糖含量持续上升。研究者认为低温诱导块茎蔗糖的累积是由于蔗糖合成速率的增加并伴随着磷酸己糖含量的降低，以及SPS激活的过程，该变化在时间上与蔗糖合成和磷酸己糖含量下降变化趋势相一致（Hill等，1996）。但是，通过反义抑制和共抑制等方式将*SPS*表达量降低70%～80%用于探究SPS在低温糖化过程中的作用，结果显示抑制*SPS*的表达并不能控制块茎低温贮藏过程中糖的累积（表3-2；Krause等，1998）。探究SPS底物（Fru-6-P和UDP-Glc）亲和常数与这些代谢物在细胞中的生理浓度的关系发现，SPS活性受到底物的限制，特别是UDP-Glc（Reimholz等，1994；Hill等，1996）。此外，在马铃薯块茎中的研究还发现SPS的最大活性比糖积累的净速率高50倍。因此相较于改变*SPS*的表达，通过改变SPS的动力学特性将更为有效地调控蔗糖的合成（Krause等，1998）。

表3-2　*SPS*干涉株系低温贮藏后糖的累积

基因型	糖积累量（占野生型的百分比）					蔗糖磷酸合酶活性（占野生型的百分比）平均数±标准差
	Expt I	Expt II	Expt III	Expt IV	Expt V	
野生型	100	100	100	100	100	100
5～15	88	n.d.	n.d.	n.d.	n.d.	34±4
1～67	n.d.	115	82	n.d.	83	22±4
1～74	79	83	86	n.d.	79	23±3
5～59	63	n.d.	n.d.	51	n.d.	19±5

n.d.表示未检出。

（引自Krause等，1998）

UDP-Glc焦磷酸化酶（UGPase）催化低温糖化的蔗糖合成的第一步，主要作用是生成蔗糖合成的关键底物UDP-Glc。并且低温会诱导块茎中*UGPase*的表达，暗示其可能参与了低温糖化过程（Zrenner等，1993）。为了探究UGPase在马铃薯低温糖化中的功能，Zrenner等（1993）利用反义抑制技术将马铃薯块茎中*UGPase*抑制至4%～5%，结果显示新鲜收获的块茎在产量、干重、淀粉含量、磷酸己糖含量和UGP-Glc含量上与野生型相比均无显著差异。长时间低温贮藏结果显示，块茎蔗糖含量与UGPase活性极显著相关（表3-3），表明UGPase可能在低温贮藏块茎的蔗糖合成过程中的作用更为显著（Spychalla等，1994；Borovkov等，1996）。

表3-3　*UGPase*干涉株系低温贮藏后淀粉和糖的累积

植物载体	UGPase*/（Glc-1-P/min/mg）（%）	收获处理（时间）（条件）	淀粉/（mg/g FW）	葡萄糖/（mg/g FW）	果糖/（mg/g FW）	蔗糖/（mg/g FW）
对照	4.96±0.30（100）	1周，RT	121.3±17.1	0.60±0.32	0.52±0.23	2.13±0.35
		2月，6℃	118.9±14.6	6.67±0.92	7.21±1.0	4.09±1.57
		2月，10 ℃	nd	1.29±0.40	1.06±0.36	1.58±0.22
685 antisense 2	3.36±0.19（68）	1周，RT	145.8±12.6	0.54±0.10	0.41±0.13	1.03 ±0.32
		2月，6℃	109.0±3.6	7.77±1.04	7.89±1.03	3.11±0.24
		2月，10 ℃	nd	1.20±0.36	0.91±0.20	1.89±0.42
1400 antisense 1	3.29±0.6a（67）	1周，RT	130.3±12.5	0.32±0.06	0.23±0.08	1.13±0.30
		2月，6℃	108.2± 12.7	6.01±0.55	6.20±0.66	2.21± 0.26
		2月，10℃	nd	0.65±0.29	0.55±0.24	1.32±0.11
1454 antisense 1	3.67±0.5a（74）	1周，RT	113.9±24.8	0.45±0.25	0.37±0.24	1.22±0.25
		2月，6℃	136.9±14.3	5.76±0.75	6.42±0.92	3.31±1.36
		2月，10 ℃	nd	0.91±0.44	0.73±0.37	1.26±0.08
1511 antisense 1	5.05±0.13（102）	1周，RT	120.0±18.3	0.37±0.21	0.25±0.21	1.37±0 .42
		2月，6℃	102.2±27.4	6.64±0.22	6.36±2.40	3.60±0.74
		2月，10 ℃	nd	0.45±0.09	0.35±0.08	1.27±0.11
1521 ribozyme 1	4.56±0.36（92）	1周，RT	117.5±16.9	0.33±0.16	0.29±0.18	1.66±0.35
		2月，6℃	119.8±20.1	4.51±0.73	4.48±0.59	2.39±0.28
		2月，10 ℃	nd	0.97±0.31	0.79±0.14	1.25±0.25
1621 antisense 1	nd	1周，RT	134.5±6.7	0.23±0.07	0.16±0.10	1.08±0.25
		2月，6℃	140.5±16.2	5.02±0.60	4.74±0.44	3.61±0.48
		2月，10 ℃	nd	0.50±0.22	0.37±0.17	1.40±0.20
1622 ribozyme 1	nd	1周，RT	130.5±7.9	0.74±0.63	0.39±0.33	1.61±0.64
		2月，6℃	135.0±19.4	5.27±0.72	5.55±0.93	5.52±1.07
		2月，10 ℃	nd	0.66±0.24	0.49±0.13	1.44±0.22

nd—未检出　*—尿苷二磷酸葡萄糖焦磷酸化酶　FW—鲜重。

（引自Krause等，1998）

1. 转化酶的功能

研究者早在1969年就发现，新鲜收获的马铃薯块茎中包含低水平的转化酶和高水平的转化酶抑制子。但在低温贮藏后，转化酶水平急剧增加时并不是所有品种的抑制子含量均降低，研究者分析37个品种和实生种收获的块茎低温贮藏3个月后还原糖含量与转化酶活性关系发现，块茎中还原糖含量与转化酶活性并不成比例。高糖含量与低转化酶抑制子水平显著相关，但低糖并不是意味着高含量的转化酶抑制子。该结果说明转化酶在还原糖形成过程中起重要作用，但还存在其他因子参与低温糖化过程中块茎糖累积的调控（Pressey，1969）。

由于通过操纵蔗糖合成途径中关键酶的表达并不能改善马铃薯低温糖化，研究者将目光聚焦于直接将蔗糖分解为葡萄糖和果糖的转化酶。为了研究低温诱导的己糖累积是否确实与转化酶活性相关，Zrenner等（1996）分别对24种不同栽培种马铃薯块茎低温贮藏后转化酶（包括中性转化酶和酸性转化酶）活性和可溶性糖含量进行测定。结果发现，不同品种间块茎低温贮藏后糖累积的差异很大（最多高达8倍），同样在中性和酸性转化酶活性上也存在巨大差异，其中酸性转化酶活性增加明显高于中性转化酶活性。进一步分析结果表明，转化酶活性与还原糖的积累并没有相关性，但可溶性酸性转化酶活性与己糖/蔗糖的比率极显著相关，相关系数高达0.91（图3-24）。上述结果说明低温主要是诱导酸性转化酶活性的升高，而酸性转化酶活性并不能控制低温贮藏后块茎中的可溶性糖含量，但能调控己糖/蔗糖的比率。

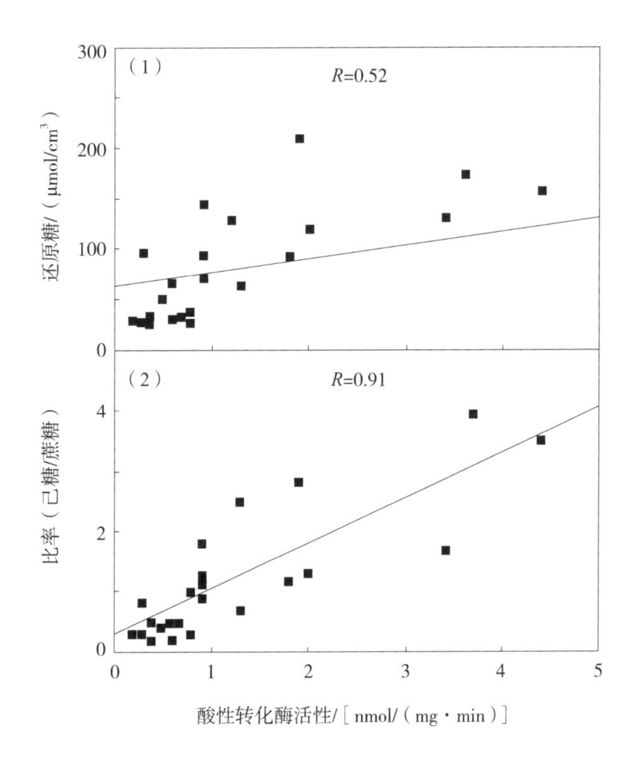

图3-24　酸性转化酶活性与低温贮藏块茎中糖累积的关系（引自Zrenner等，1996）

为了直接明确转化酶在低温糖化过程中的功能，研究者先后通过反义抑制或RNAi抑制转化酶基因的表达（Zrenner等，1996；Zhang等，2008）。Zrenner等（1993）利用反义抑制手段将低温贮藏后Desire块茎中转化酶的活性降低达92%，但是块茎中己糖含量只下降了43%。Zhang等（2008）通过RNAi将转化酶的表达量抑制78%，同样未能很好地控制块茎低温糖化。

Bhaskar等（2010）认为上述研究未能通过抑制转化酶而控制低温糖化可能是由于上述研究中转化酶的表达和活性仅得到部分抑制。为了验证这一假设，Bhaskar等（2010）仍然使用RNAi技术对马铃薯内源酸性转化酶基因进行了干涉，利用低温糖化敏感栽培种Katahdin为受体材料，研究者通过构建靶向转化酶基因不同区域的三个干涉载体一共获得了150个干涉转化株系，实时荧光定量结果显示，RNAi干涉株系转化酶的转录水平最高降低了99%；对不同转化酶干涉株系和Katahdin对照转化酶活性测定结果显示，干涉株系块茎转化酶活性在低温贮藏14d后相较于对照急剧降低，多个干涉效率超过97%的株系块茎中转化酶活性极低[甚至低于0.2nmol Glc/（min · mg）]；同时对低温和常温贮藏块茎中的蔗糖、葡萄糖和果糖测定结果显示，常温贮藏条件下，所有块茎中还原糖均较低；低温贮藏条件下Katahdin块茎中果糖和葡萄糖含量在14d后急剧升高并在60d时达到顶峰；值得注意的是干涉效率超过90%的块茎即使在低温贮藏180d后其果糖和葡萄糖含量几乎不升高；相反，低温贮藏后干涉株系块茎蔗糖含量明显高于对照，很可能是因为干涉转化酶后蔗糖酶解作用受到抑制（图3-25）。

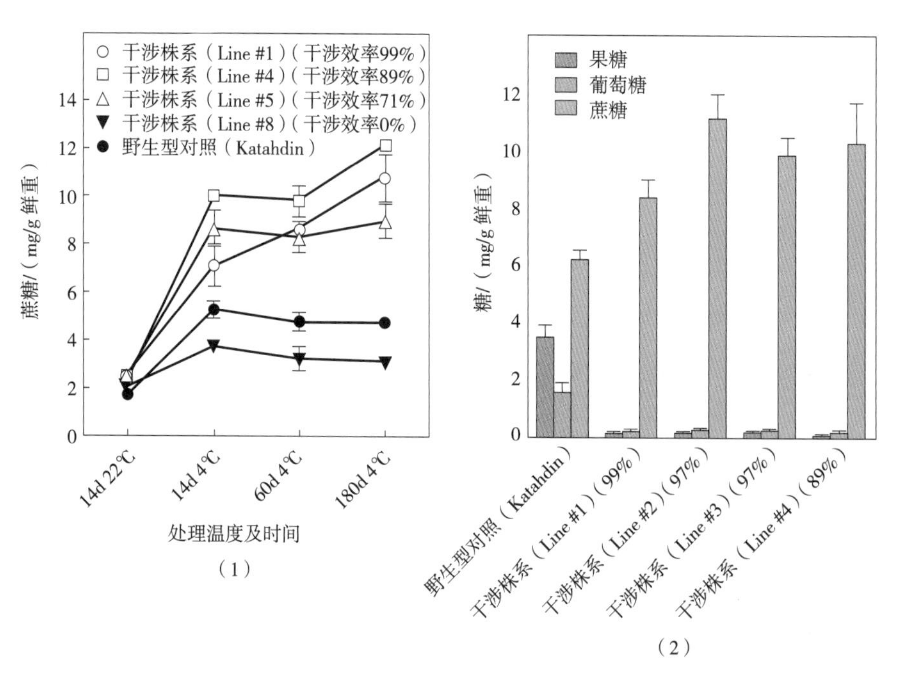

图3-25 干涉转化酶后不同贮藏条件下块茎中糖的累积情况（引自Bhaskar等，2010）

进一步对不同块茎的油炸加工品质及薯片丙烯酰胺含量进行了测定（图3-26），结果显示，常温贮藏时干涉株系块茎加工品质与对照差异不大；低温贮藏后，

Katahdin块茎高温油炸后明显变黑，而干涉株系块茎则与常温贮藏块茎相比没有明显差异，数据分析结果表明低温贮藏块茎的炸片色泽与转化酶的沉默效率高度相关；对油炸后薯片丙烯酰胺测定结果显示，Katahdin块茎低温贮藏块茎加工的薯片丙烯酰胺含量显著高于常温贮藏块茎加工的薯片，而对于干涉株系而言，低温贮藏块茎相较于常温贮藏块茎，加工后薯片的丙烯酰胺含量甚至出现了显著降低。

图3-26　干涉转化酶株系的油炸加工品质和丙烯酰胺含量测定（引自Bhaskar等，2010）

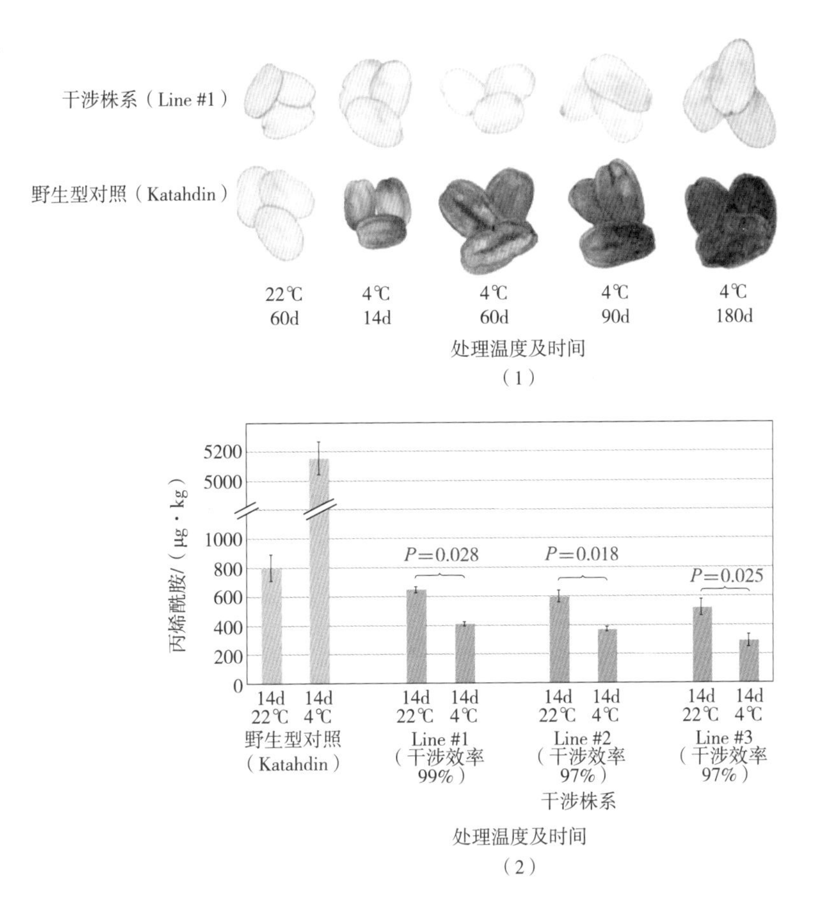

通过对低温糖化抗性野生种资源低温贮藏后块茎转化酶表达量进行测定，结果显示*S. raphanifolium*低温糖化抗性的形成可能与转化酶的低表达相关。该研究证明，马铃薯加工品质和丙烯酰胺含量问题均能通过控制转化酶的表达量或针对转化酶的定向育种解决。

Liu等（2011）对马铃薯转化酶基因家族进行了鉴定，通过数据库比对，共鉴定获得6个酸性转化酶基因，包括4个细胞壁酸性转化酶和2个液泡酸性转化酶。表达模式分析结果显示，这些基因表现出不同的组织特异性，有3个转化酶基因能在块茎中表达，其中*StvacINV1*在块茎中的表达量最高；进一步通过分析低温贮藏过程中的表达模式显示，*StvacINV1*的表达受到低温的强烈诱导，其转录丰度与低温下糖累积模式相似；在低温糖化敏感块茎中反义抑制*StvacINV1*，证实低丰度的*StvacINV1*转录水平与低温贮藏后块茎中低还原糖含量和浅炸片色泽相关（图3-27），该结果表明StvacINV1是马铃薯低温糖化过程中的关键基因。该研究成果为研究低温糖化的形成机制开辟了道路。

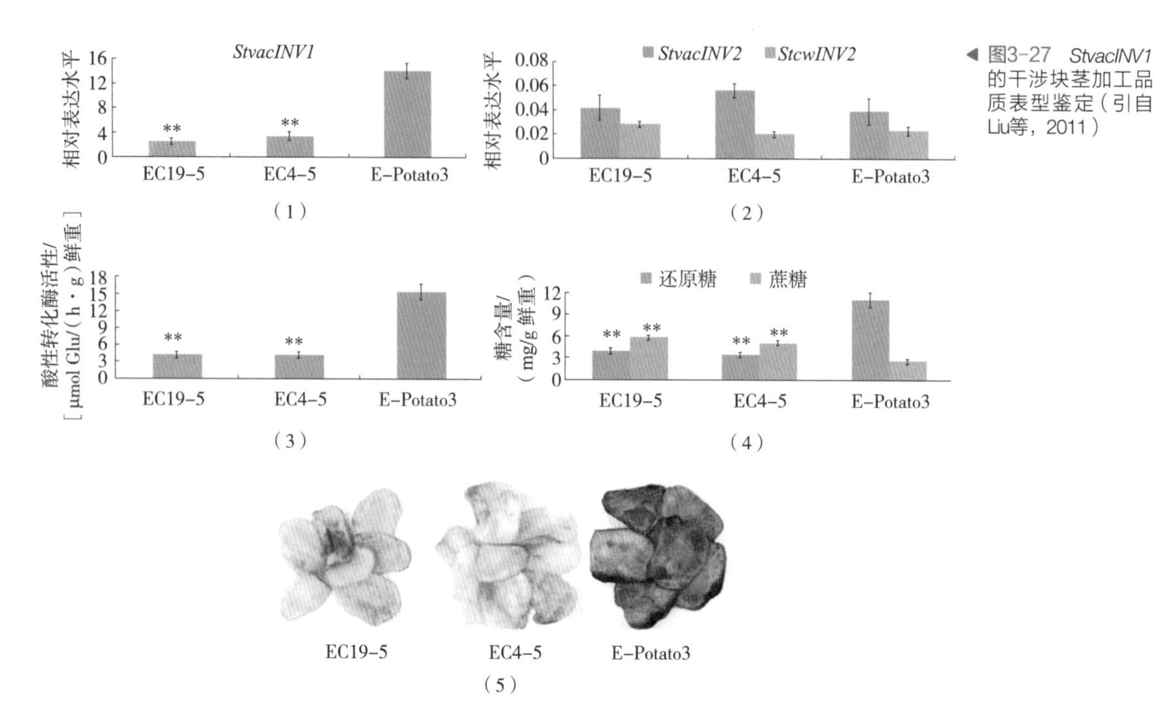

EC19-5、EC4-5、E-Potato 3—马铃薯不同基因型

◀ 图3-27　*StvacINV1*的干涉块茎加工品质表型鉴定（引自Liu等，2011）

尽管通过RNAi或反义抑制能极大地降低块茎中液泡酸性转化酶的活性，但是仍然存在沉默不完全及转基因方面的安全争议。为此，Clasen等（2016）利用转录激活样效应因子核酸酶（TALEN）将商业马铃薯品种Ranger Russet中的转化酶进行了敲除，一共获得了18株至少一个等位位点敲除的株系，其中5株将4个Vinv等位位点全部突变；这些Vinv完全突变的株系中几乎检测不到还原糖，油炸后薯片颜色变浅、丙烯酰胺含量也降低（图3-28），并且部分株系完全不包含任何外源DNA片段，因此与自然变异无异。该研究为商业马铃薯品种的特定性状的快速改良提供了可能性。

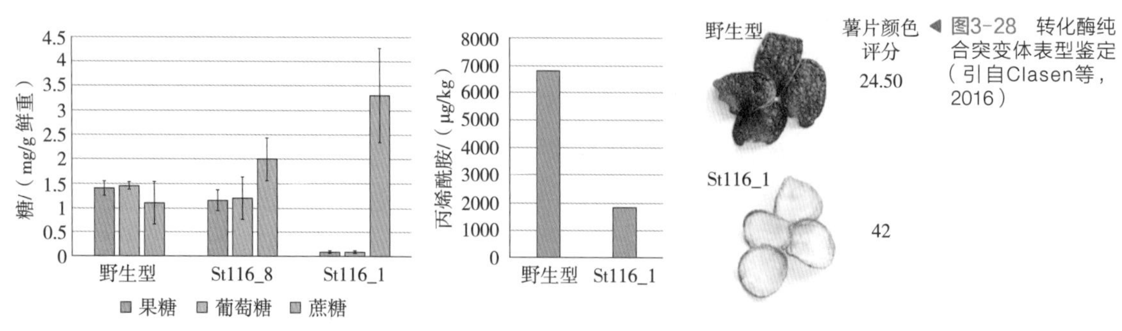

St116_8、St116_1—不同的转基因株系

◀ 图3-28　转化酶纯合突变体表型鉴定（引自Clasen等，2016）

2. 转化酶的转录水平调控

上述研究已证明StvacINV1在马铃薯低温糖化过程中起到关键作用。然而，StvacINV1转录水平上的调控机制还是未知的。Ou等（2013）对*StvacINV1*的启动子区域进行了克隆并构建了启动子驱动报告基因GUS的遗传转化株系。组织化学染色结果显示，*StvacINV1*启动子在马铃薯叶、茎、根和块茎中均有活性。对GUS活性的定量分析结果显示，*StvacINV1*的启动子活性受到蔗糖、葡萄糖、果糖和低温的抑制；而生长素（IAA）和细胞分裂素（GA_3）则能增强其活性。进一步通过片段截短分析表明，StvacINV1响应蔗糖/葡萄糖，GA3和IAA的区段分别位于-118至-551，-551至-1021和-1021至-1521的位置。该结果虽然为解析StvacINV1的转录机制提供了重要信息，但无法解释StvacINV1的低温诱导机制，暗示StvacINV1的低温诱导区段可能不在启动子区域。

Shumbe等（2020）同样对*StvacINV1*的启动子区域进行了探究，主要对不同抗感材料的启动子差异进行了分析。研究者分别克隆了Bintje、Nico、Laro和Verdi液泡酸性转化基因翻译起始ATG上游的1720～1730bp的区域，测序和比对结果显示这些序列间的相似性极高（98.33%～99.59%）。随后研究者对4℃贮藏3个月后的不同马铃薯材料液泡酸性转化酶启动子上的甲基化程度进行了分析，结果显示，低温糖化抗性材料Verdi的液泡酸性转化酶启动子上胞嘧啶的甲基化程度显著高于Bintje、Nico和Laro。进一步对启动子区域甲基化差异的详细分析显示，在*StvacINV1*启动子上1.0～1.7kb的区域，低温糖化抗性材料Verdi甲基化程度极显著高于敏感材料Nico。在针对这一段的截短后驱动荧光素酶（LUC）的试验中也显示，来自Verdi高度甲基化的区段驱动的LUC的活性降低，说明低温诱导*StvacINV1*启动子上胞嘧啶甲基化程度的变化调控了*StvacINV1*的表达，从而参与了低温糖化的抗性形成（图3-29）。研究者还利用定向甲基化对Nico的*StvacINV1*启动子上进行了修饰，结果显示，*StvacINV1*启动子上的甲基化增加确实能抑制其转录。该研究为通过基因组和表观修饰等途径解决马铃薯低温糖化现象提供了新的应用前景。

3. 转化酶的翻译后调控机制

早在1969年，研究者就发现马铃薯低温糖化过程中，能特异抑制转化酶活性的转化酶抑制子可能同样起着重要作用。但在当时，由于技术限制，马铃薯内源的转化酶抑制子基因难以分离。基于此，Greiner等（1999）探究了利用烟草已知的转化酶抑制子基因*Ntinhh*，通过在马铃薯中异源表达从而调控低温糖化的可能性。研究者发现，在异源表达*Ntinhh*的转基因块茎在低温贮藏6周后与受体材料Solara相比，还原糖含量最高降低了75%，而不影响块茎产量。并且在不影响块茎淀粉含量和质量的前提下，油炸加工品质得到了极大的提升（图3-30）。

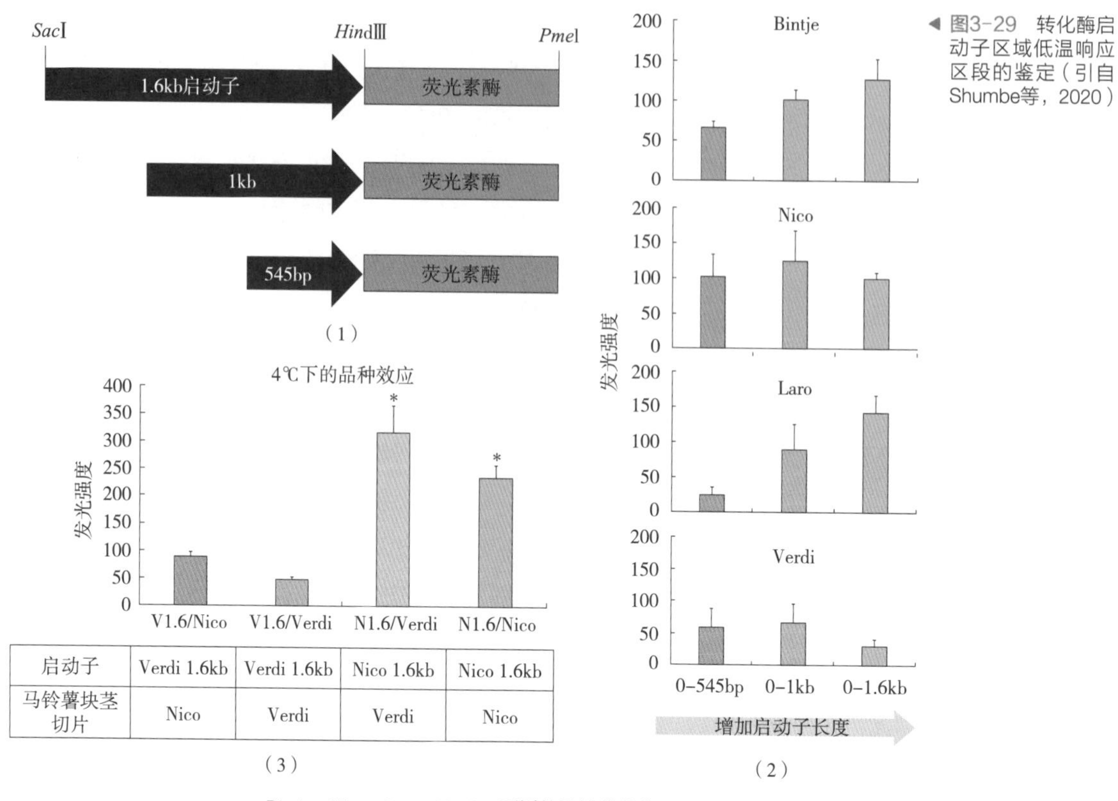

图3-29　转化酶启动子区域低温响应区段的鉴定（引自Shumbe等，2020）

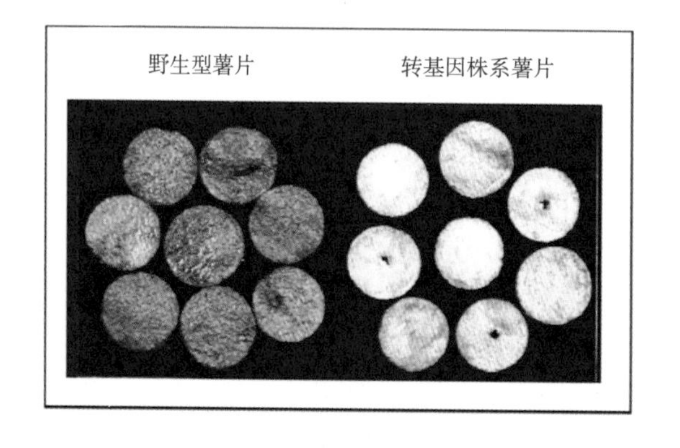

图3-30　异源表达*Nt-inhh*极大提高低温贮藏后块茎油炸加工品质（引自Greiner等，1999）

（1）马铃薯内源转化酶抑制子的鉴定　随着分子生物学相关技术的进步，分离马铃薯内源的转化酶抑制子基因成为了可能。Liu等（2010）利用已知的烟草转化酶抑制子氨基酸序列，在马铃薯数据库中进行比对，共鉴定到4个马铃薯转化酶抑制子。随后分析了转化酶StInv1与这些转化酶抑制子在6个不同低温糖化抗性材料中的表达模式及累积情况，结果显示StInvInh2与StInv1转录水平的比率与RS累积显著相关，表明StInv1和StInvInh2在响应低温糖化的过程中可能存在互作。进一步荧光双分子实验验证了StInvInh2的两个异构体StInvInh2A和StInvInh2B与StInv互作。并且体外表达的StInvInh2B蛋白能抑制可溶性酸性转化酶活性，该研究首次对马铃薯内源酸性转化酶抑制子基因进行了鉴定并在生化上首次验证抑制子StInvInh2与转化酶间的互作，并证实了StInvInh2B对马铃薯可溶性酸性转化酶的直接抑制作用（图3-31）。

图3-31 原核表达 StInvInh2B蛋白对转化酶活性的抑制（引自Liu等，2010）

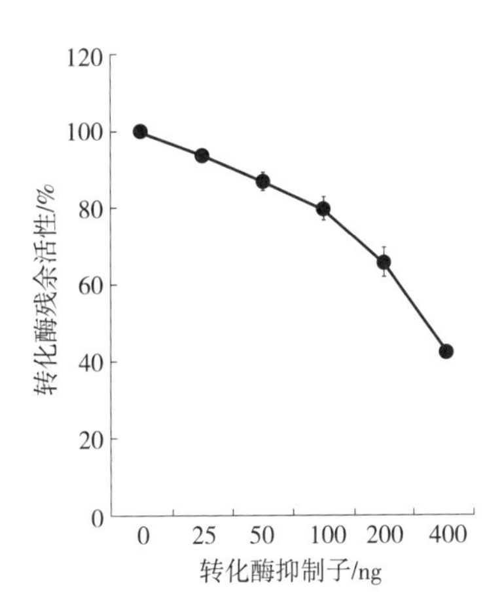

随后Brummell等（2011）通过筛选马铃薯cDNA文库，获得了两个编码蛋白与已报道转化酶抑制子高度同源的cDNA克隆，分别命名为INH1和INH2。荧光亚细胞定位结果显示INH1定位于质外体，而INH2定位于液泡。表达分析显示，INH2存在可变剪接的调控，除了编码全长抑制蛋白的转录本INH2*α*外，还存在两个杂合的编码羧基端变异的转录本INH2*β*A和INH2*β*B，该杂合的转录本融合了INH2的上游和INH1的下游序列。在低温贮藏过程中，相较于低温糖化敏感品种，低温糖化抗性品种会累积更多的INH2*α*和INH2*β*的转录本。这些低温诱导的转化酶抑制子可能通过抑制转化酶活性进而阻碍蔗糖的分解从而调控低温糖化。

（2）马铃薯内源转化酶抑制子 随着马铃薯内源转化酶抑制子的鉴定，这些内源抑制子在马铃薯低温糖化中的功能获得关注。McKenzie等（2013）通过在低温糖化抗性材料中超表达液泡酸性转化酶抑制子基因*INH2*发现，在低温贮藏过程中，过表达*INH2*能降低酸性转化酶的活性，减少还原糖的累积和油炸后薯片中丙烯酰胺的含量。相反，在低温糖化抗性材料中抑制*INH2*的表达能增强低温糖化的敏感性（图3-32）。该研究揭示了液泡酸性转化酶的活性受到转化酶抑制子的翻译后调控是低温糖化抗性形成的重要组分。

同年，Liu等（2013）报道了马铃薯液泡酸性转化酶抑制子StInvInh2A和StInvInh2B具有相似的功能，均能特异抑制液泡酸性转化酶StvacINV1的活性。分别在马铃薯低温糖化抗性材料和低温糖化敏感材料对这两个抑制子基因进行干涉和超表达，结果表明，在不影响*StvacINV1*转录的情况下，通过改变抑制子基因的表达，能很好地调控StvacINV1的活性。通过超量表达*StInvInh2A*和*StInvInh2B*能显著抑制低温贮藏马铃薯块茎中转化酶的活性，降低还原糖的累积和油炸薯片丙烯酰胺的含量，最终提高加工品质（图3-33）。这些抑制子将为马铃薯加工品质的提升提供优质的基因资源。

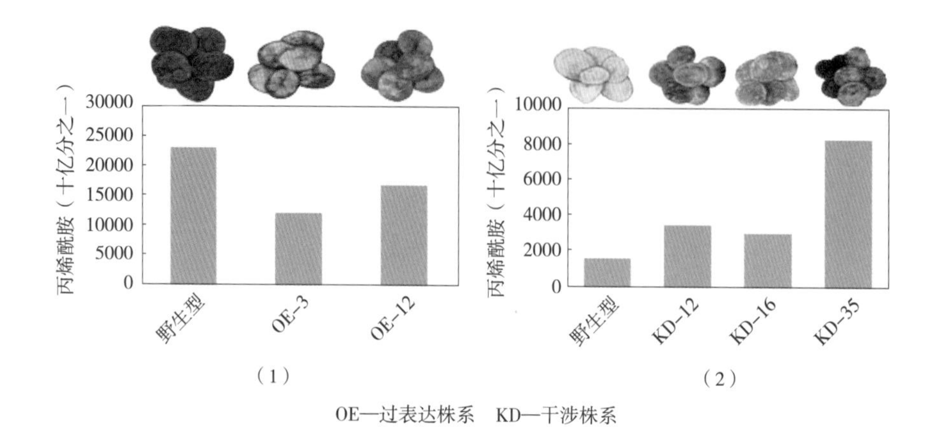

图3-32　马铃薯内源转化酶抑制转基因株系的低温糖化表型鉴定（引自McKenzie等，2013）

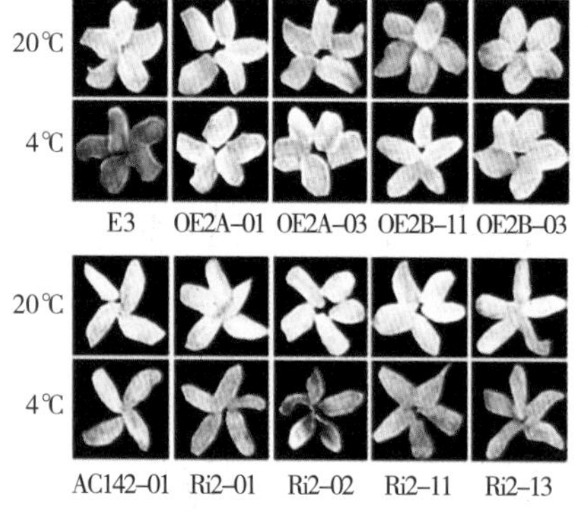

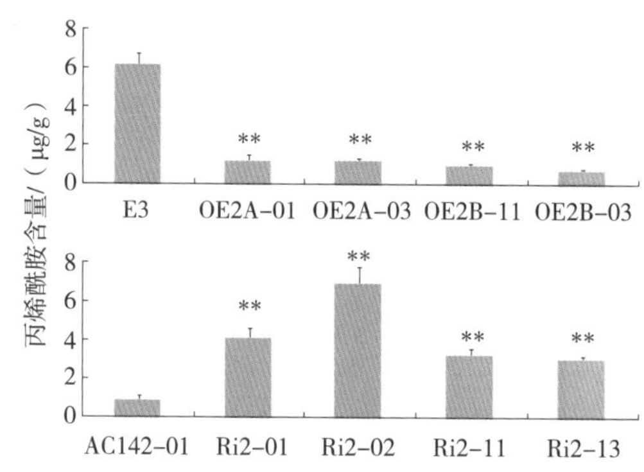

图3-33　*StInvInh2*转基因块茎的低温糖化表型鉴定（引自Liu等，2013）

转化酶受到转化酶抑制子翻译后修饰的调控，其互作调控机制是如何的？是否还存在其他蛋白参与了转化酶活性的调控？为了回答这些问题，研究者分别构建了低温糖化抗性材料和低温糖化敏感材料的低温贮藏后块茎的cDNA文库，并利用转化酶StvacINV1和转化酶抑制子StInvInh2B为饵来进行互作蛋白筛选。通过阳性筛选和测序，一共获得了27个StvacINV1和8个StInvInh2B的潜在互作蛋白，其中一个蔗糖非发酵相关蛋白质激酶1的不同亚基分别被StvacINV1和StInvInh2B捕获，暗示可能存在一个更大的蛋白复合体实现对转化酶活性的调控（Lin等，2013）。

随后进一步通过双分子荧光互补、共定位研究和体外活性研究，首次发现，StvacINV1、StInvInh2B、SbSnRK1α和SbSnRK1β能在液泡中形成转化酶调控复合物（invertase-regulation protein complex，IRPC），体外磷酸化和SnRK1α的内源磷酸化水平检测表明，SbSnRK1α的磷酸化程度决定了StvacINV1的活性大小。并提出了IRPC调控转化酶活性的精细调控机制，其中SbSnRK1β能封阻StInvInh2B对

StvacINV1的抑制作用，磷酸化的SbSnRK1α能解除SbSnRK1β的封阻功能，而失活的SbSnRK1α能维持转化酶的活性而促进低温糖化，最终实现对转化酶活性的精细调控（图3-34）。过表达SbSnRK1α伴随磷酸化SbSnRK1α的累积，从而抑制转化酶活性，提高低温贮藏后薯块蔗糖与己糖的比率，提高低温贮藏后马铃薯块茎油炸加工品质（Lin等，2015）。

图3-34 液泡酸性转化酶活性的精细调控模式（引自Lin等，2015）

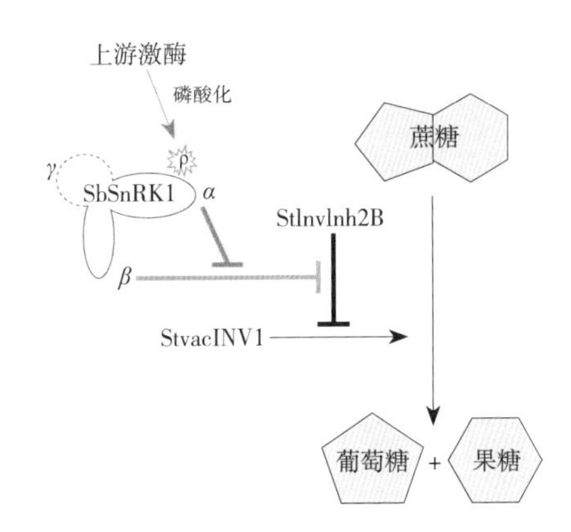

（3）转化酶抑制子的转录调控机制 转化酶抑制子（StInvInh2B）在低温糖化过程中起到重要作用，并且*StInvInh2B*的转录在低温糖化抗性材料中受到诱导，而在低温糖化敏感材料中受到抑制。然而其在低温抗感材料间截然不同的表达模式的调控机制还未知。Liu等（2017）通过分别克隆低温糖化抗性和低温糖化敏感性材料*StInvInh2*的启动子序列，启动子元件分析结果显示，*StInvInh2B*的启动子在低温糖化抗性材料和低温糖化敏感材料间不存在明显差异。利用*StInvInh2B*启动子驱动GUS分别转化低温糖化抗性材料和低温糖化敏感材料。最后通过组织化学染色分别观察*StInvInh2B*在不同背景材料块茎低温糖化过程中的启动子活性，结果发现*StInvInh2B*的启动子活性在低温糖化抗性材料中受到低温诱导，而在低温糖化敏感材料中受到低温抑制（图3-35）。说明*StInvInh2B*在不同材料中的转录差异不是由于*StInvInh2B*的启动子差异造成的，而是由于不同材料的低温响应差异引起的。

为了进一步明确StInvInh2B在低温抗性材料中的低温诱导机制，研究者通过比较转录组对低温糖化抗性材料（10908-06）和低温糖化敏感材料（E3）块茎响应低温的模式进行了研究，结果显示淀粉降解途径、蔗糖合成与分解途径是这两个材料响应低温的共同策略。而低温下糖累积差异主要是由低温响应的遗传差异所致，抗性材料在响应低温时能通过协同调控一系列基因的表达，从而激活淀粉合成通路并放缓蔗糖水解过程来抑制还原糖的累积。此外还通过共表达分析鉴定到了一个AP2/ERF类的转录因子在低温糖化抗性材料中与*StInvInh2*具有相似的表达模式，且*StInvInh2*的启动子中存在AP2/ERF结合元件，进一步利用双荧光素酶实验验证了AP2/ERF对StInvInh2的

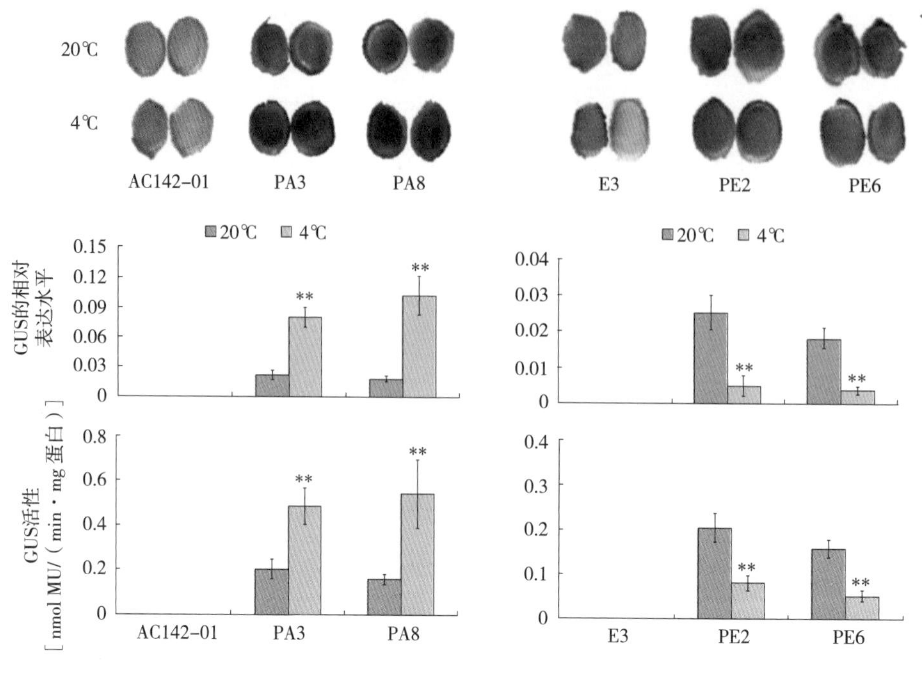

AC142-01、E3—野生型　PA、PE—启动子分别转化AC142-01及E3获得的转化株系

图3-35　*StInvInh2*在不同抗感材料中的低温诱导表达模式（引自Liu等，2017）

直接激活作用（Liu等，2021）。

随后，Shi等（2021）鉴定了一个ERF - VII类的核定位的转录激活因子StRAP2.3，其能直接识别并结合*StInvInh2*启动子上的ACCGAC元件，从而调控其启动子活性。在低温糖化敏感材料中过表达*StRAP2.3*能诱导*StInvInh2*的转录丰度而增强低温糖化抗性，相反，在低温糖化抗性材料中沉默*StRAP2.3*能抑制*StInvInh2*的表达并降低低温糖化抗性。StInvInh2在抗性材料中的低温诱导性可能是由于StRAP2.3在抗性材料中受到低温诱导后识别并结合*StInvInh2*启动子上的ACCGAC元件从而驱动其表达形成的，该研究首次证实StRAP2.3通过直接调控*StInvInh2*的表达从而调控低温糖化的过程，为马铃薯加工品质改良提供了新的研究策略（图3-36）。

（五）液泡累积糖的转运蛋白鉴定

在过去的几十年中，低温糖化在马铃薯块茎中的作用机制受到了广泛关注并取得了极大进展。但在低温糖化过程中负责将糖装载到块茎液泡中的糖转运蛋白还未得到鉴定。考虑到糖转运蛋白TST是决定库器官中糖积累的关键因素，Liu和Kawochar（2021，未发表）在马铃薯基因组中共鉴定到3个编码液泡糖转运蛋白的基因*StTST1*、*StTST3.1*和*StTST3.2*。亚细胞定位结果显示，这3个糖转运蛋白均定位于液泡膜。通过遗传转化低温糖化敏感材料，结果显示，干涉*StTST1*能通过抑制低温块茎中蔗糖输入液泡过程，而阻断蔗糖在液泡中的降解过程，降低低温贮藏块茎

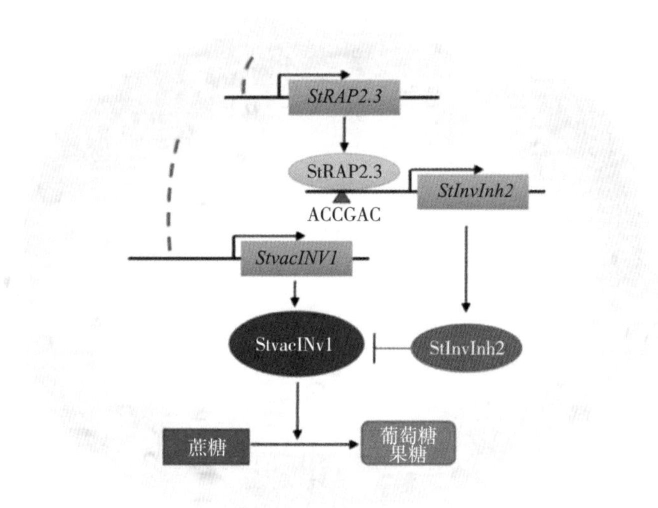

图3-36　StRAP2.3调控马铃薯低温糖化的抗性机制（引自Shi等，2021）

的还原糖累积，最终提高低温贮藏后块茎的加工品质（图3-37）。该研究首次揭示了StTST1通过控制蔗糖向液泡的运输而调控低温糖化的过程，不仅明确了低温条件下蔗糖的转运过程，而且还为马铃薯品质改良提供了重要的基因资源。

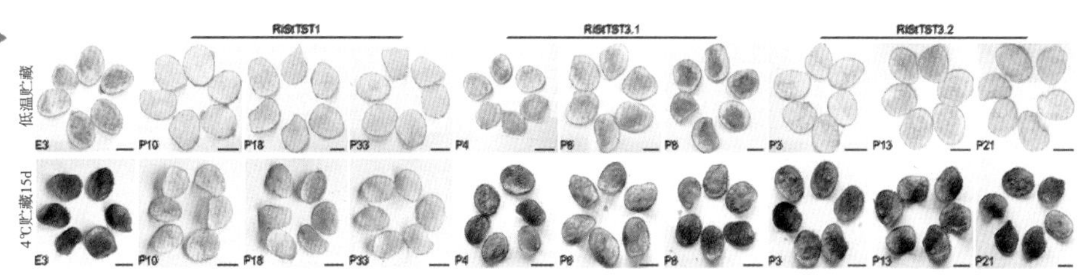

图3-37　液泡膜糖转运蛋白干涉转基因块茎低温糖化表型鉴定（未发表数据）

E3—野生型　P—不同的干涉转基因株系　RiStTST1、RiStTST3.1、RiStTST3.2—干涉*StTST1*、干涉*StTST3.1*、干涉*StTST3.2*的株系

（六）糖酵解、线粒体呼吸与低温糖化

糖酵解代谢过程也是CIS的重要途径之一，研究者通过转录组结合表达模式分析，鉴定到糖酵解途径中的细胞质甘油醛-3-磷酸脱氢酶基因（*StGAPC1*，*StGAPC2*和*StGAPC3*）受到低温诱导，亚细胞定位和体外活性测定表明其均能编码活性胞质GAPDH。同时抑制这3个*GAPC*表达导致块茎GAPDH活性降低，并改变低温贮藏后块茎的代谢流向，从而累积还原糖（图3-38；Liu等，2017）。

马铃薯块茎的呼吸作用随着贮藏温度的降低而下降（Workman等，1979）。在贮藏温度低于5℃的条件下，块茎会出现短暂的呼吸爆发，随后呼吸作用下降并达到新的稳态（Isherwood，1973；Amir等，1977）。低温糖化抗性材料在低温贮藏过程中，相较于低温糖化敏感材料，有着更高的呼吸速率（Barichello等，1990）。此外Pinhero等（2011）研究发现异源表达胁迫诱导启动子rd29A驱动的拟南芥丙酮酸脱羧酶基因能一定程度地降低低温贮藏块茎中还原糖的累积，说明通过加快呼吸作用也能一定程度上改善马铃薯低温糖化。

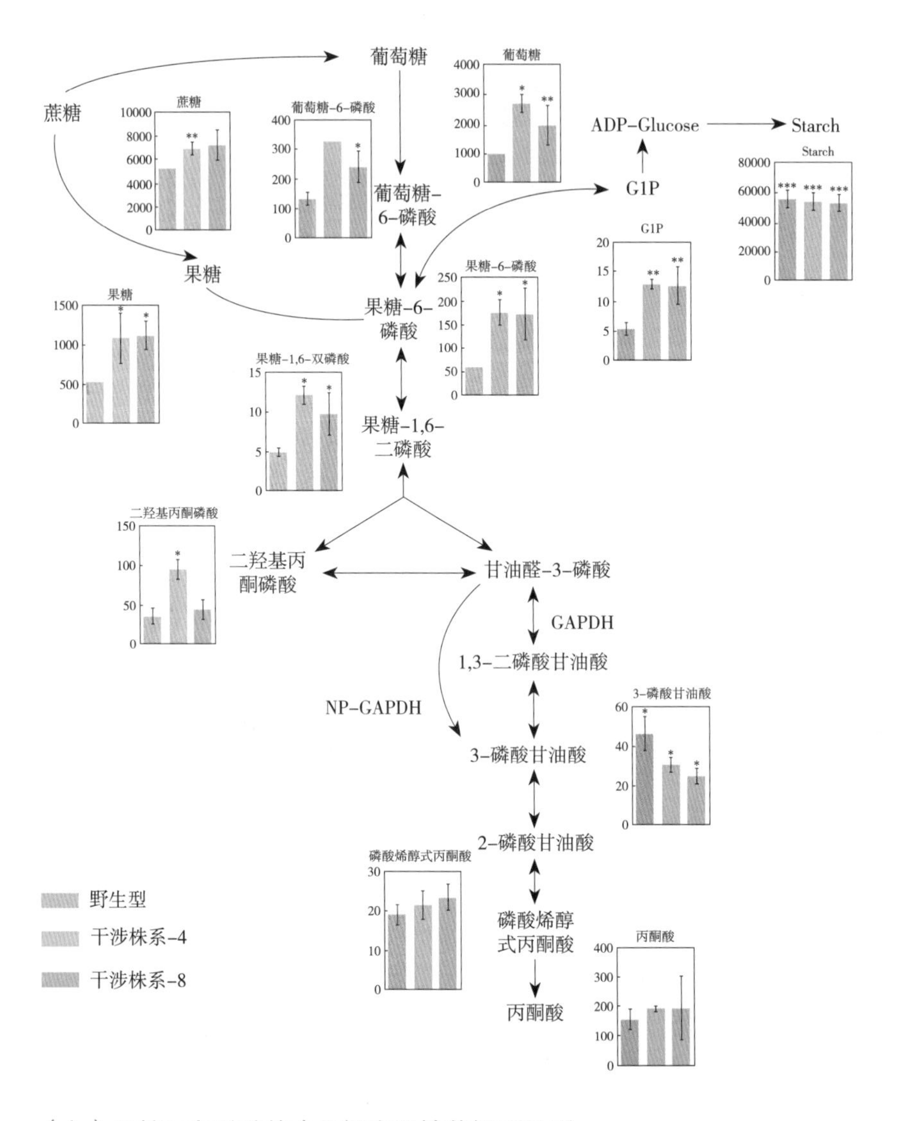

图3-38　干涉*GAPCs*后糖酵解途径相关代谢物的变化（引自Liu等，2017）

（七）调控天冬酰胺的含量提高马铃薯加工品质

除了调控块茎还原糖累积外，通过降低块茎中天冬酰胺（ASN）的含量也能一定程度改善马铃薯加工品质。Chawla等（2012）通过同时沉默天冬酰胺合成酶1（StAst1）和天冬酰胺合成酶2（StAst2）能抑制ASN的合成，从而降低加工后块茎中丙烯酰胺的含量。这些双干涉株系在温室中表现出正常的表型，在大田种植的条件下，块茎明显变小并出现裂纹。随后通过分别沉默*StAst1*和*StAst2*发现，产量的降低主要是与*StAst2*的下调表达相关。此外，研究者还通过将非转基因的野生型作为接穗嫁接到*StAst1/2*双干涉砧木上，结果显示嫁接块茎中ASN的含量和原始双干涉块茎的含量一样低，表明ASN主要在块茎中形成而不是由叶片中转运至块茎中。*StAst2*的过表达导致ASN在叶片中积累，但在块茎中不积累，该发现进一步验证了上述观点。因此，ASN似乎不是从叶片转运到块茎的有机氮的主要形式。由于降低的ASN水平与增加的谷氨酰胺水平相吻合，因此极有可能是谷氨酰胺由叶片转运至块茎，并在StAst1的作用下在块茎中转化为ASN。确实，*StAst1*（而非*StAst2*）的块茎特异性沉默使块茎中的ASN含量明显降低。大量的田间研究表明，通过块茎*StAst1*特异性沉默可以降低丙烯酰胺形成的潜力，不会影响田间收获的块茎的产量或质量。随后，Zhu等（2015）通过同时抑制*VInv/StAS1/StAS2*发现，同时抑制这三个基因的块茎与单独抑制*VInv*基因的块茎经油炸加工后丙烯酰胺含量相似。说明相较于降低块茎Asn的含量，通过降低块茎还原糖含量从而减少丙烯酰胺的含量的做法可能是更为有效的策略。

第三节
马铃薯块茎抗低温糖化资源鉴定与遗传改良

马铃薯炸片品种要求块茎中还原糖含量不应超过鲜重的0.33%（Duplessiset等，1996）。孙慧生（2003）认为，马铃薯炸片品种要求块茎中还原糖含量占鲜重的0.1%为最好，上限不超过鲜重的0.4%；炸条品种块茎中还原糖含量不高于鲜重的0.4%，当品种的块茎还原糖含量超过鲜重的0.5%时，加工时可导致产品变黑，这种品种不适于炸条、炸片。KUMAR等（2004）建议，为保证油炸产品中丙烯酰胺的含量处于较低水平，马铃薯块茎中的还原糖含量应不超过1g/100g鲜重（即0.1%）。我国马铃薯产业中，适合油炸加工的品种极其缺乏（金黎平等，2003），其主要原因之一是现有马铃薯品种经低温贮藏后，多数品种还原糖含量高于0.25%，极少能低于0.1%，因此，选育还原糖含量较低的抗（耐）低温糖化马铃薯品种是当前我国马铃薯产业亟待解决的问题。对于马铃薯低温糖化育种，种质资源是物质基础，遗传解析是理论基础，杂交和分子育种手段是技术基础。

一、低温糖化资源评价

全球主要的马铃薯种质资源库保存有6.5万份材料（Panta等，2014），中国目前保存有5000余份马铃薯种质资源（徐建飞和金黎平，2017）。世界范围内的马铃薯种质资源库主要包括国际马铃薯中心世界种质资源库（World Collection）、英国马铃薯种质资源库（Commonwealth Potato Collection）、荷兰马铃薯种质资源库（Dutch-German Potato Collection）、德国马铃薯种质资源库（Groß Lusewitz Potato Collection）、俄罗斯瓦维洛夫研究所马铃薯种质资源库（Potato Collection of the Vavilov Institute）、美国马铃薯基因库（Potato Genebank）、阿根廷、玻利维亚和秘鲁的马铃薯种质资源库（Potato Collection）。这些马铃薯种质资源库共同组成马铃薯跨基因库协会（Association for Potato Intergenebank Collaboration），该协会已经建立了马铃薯跨基因库数据库（Inter-genebank Potato Database，IPD，www.potgenbank.org），IPD囊括了188个类群（种、亚种、变种和变型）的7112个不同的种质（种、亚种、变种和变型）的相关信息，现有33000多份野生马铃薯种质资源的评估数据，其中就包括还原糖含量数据，具有重要的利用前景（Bradshaw等，2006）。全球许多从事马铃薯相关研究的机构对马铃薯野生种、二倍体马铃薯原始栽培种和四倍体马铃薯现代栽培种进行了大量的低温糖化抗性评价。

（一）马铃薯野生种低温糖化抗性评价

在马铃薯野生种如*S. berthaultii*、*S. vernei*、*S. raphanifolium*、*S. chacoense*等当中存在丰富的低温糖化抗性基因资源（Bradshaw等，2006；Jansky等，2011）。石伟平（2010）以还原糖含量较低的二倍体野生种*S. berthaultii*为基础材料和还原糖含量较高的二倍体群体后代无性系ED25（系谱中含*S. phureja*、*S. vernei*和双单倍体Katahdin血缘）杂交后构建遗传分离群体EB群体（图3-39），并选取群体中190个基因型种植于多个环境中，然后测定还原糖含量。结果表明还原糖含量存在明显的遗传分离，变异范围都超出亲本材料，还原糖含量均呈正态分布，并且多个环境之间差异显著。选取武汉点的74个基因型进行炸片实验，低温贮藏后以及回暖处理后炸片鉴定结果表明，74个基因型回暖后色泽指数平均值由8.019下降到6.920，下降13.7%；还原糖含量和色泽指数回归分析表明，二者达到极显著相关水平。实验发现了EB群体中抗低温糖化较好的材料如064、179、166、109、035等，以及回暖效果较好的材料如064、224、234、261、282、285、288、301等。

（二）二倍体马铃薯原始栽培种低温糖化抗性评价

研究表明，占马铃薯种质资源3/4的二倍体中，有大量低还原糖含量的种质材料（孙慧生，2003）。Lauer和Shaw（1970）以二倍体栽培种*S. phureja*为亲本杂交得到的645个后代中，筛选出17个还原糖含量低、炸片色泽合格的后代株系，在4.5℃条件下贮藏不经回暖可直接用于炸片。东北农业大学分析了包括9份*S. phureja*材料在内

图3-39 EB群体的系谱图（引自肖桂林，2018）▶

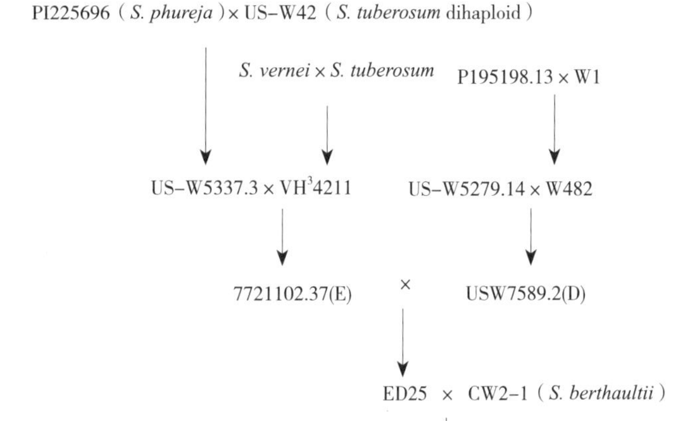

S. phureja、*S. vernei*和*S. berthaultii*为二倍体马铃薯野生种，该系谱图中*S.tuberosum*为二倍体马铃薯。

的40份品种资源的还原糖含量，结果表明还原糖含量的变异幅度为0.09%～1.71%，平均为（0.61±0.30）%。还原糖最低的两份材料均出自*S. phureja*二倍体栽培种，还原糖含量分别为0.09%和0.10%。

Thill和Peloquin（1994）对代表15个四倍体降倍得到的二倍体与10个种杂交的240个杂交种，在4℃下处理6个月后并经过21d（18～20℃）的回暖后，对炸片色泽进行了评价，在这些杂种中发现了炸片色泽的表型变异，炸片色泽在子代间存在变异，低温糖化抗性与回暖能力之间存在显著的相关性。李琼（2013）利用原生质体电融合技术创制马铃薯新种质，在二倍体品系融合组合AC142-01 + C9701中获得了再生的2个体细胞杂种株系，其抗低温糖化水平与抗性亲本相当。

（三）四倍体马铃薯现代栽培种（品系）低温糖化抗性评价

早期研究采用6个母本（N2012、N2050、N2176、东农303、T8024、T8073）和5个父本（06、M6、H、T75-16、N79-12-1），按照不完全双列杂交设计配制30个杂交组合，产生的无性系一代还原糖狭义遗传力为31%，还原糖含量较低的亲本有T8024、06、N2176、东农303（严凤喜和李景华，1988）。Loiselle等（1990）对加拿大农业部Fredericton育种计划中的8个亲本F58050、F60019、F66041、Monona、Norgold Russet、Raritan、Targhee和Wischip，进行了两年多的部分双列杂交分析，以评价马铃薯采收后、冷藏3个月（6～7℃）、冷藏回暖（22～24℃）后炸片色泽的稳定性和遗传性。主成分分析在提取“总体炸片色泽能力”成分和“炸片色泽稳定性”成分方面表现出优势，它们分别解释了原始变异的75%和12%。对两个成分和每个原始变量都发现了显著的一般配合力（GCA）和特殊配合力（SCA）效应。总体炸片色泽能力的遗传在很大程度上是由一般配合力效应造成的。遗传互作对炸片色泽稳定性的影响大于对整体炸片色泽能力的影响。黄元勋和田发瑞（1991）对南方马铃薯研究中心选育的品种（系）进行还原糖含量测定，在常温贮藏条件下，块茎还原糖平均含量随品种不同而异，双丰收为0.139%、802-552为0.173%、8011-6为0.328%，783-1为0.605%。屈冬玉等（1996）对不同贮藏温度下马铃薯块茎的还原糖含量及炸片色泽指数进行测定，筛选适于4～10℃贮藏用于加工的马铃薯品系国引1、2、11、13、12号，经过3个月的低温贮藏其还原糖积累＜0.5%，其中国引1、2、12号还原糖维持在0.1%～0.2%，炸片色泽好。牛志敏和兰青义（2001）对521份马铃薯资源材料（包括403份亲本材料和118份优良品系）的炸片色泽进行评价，筛选出克育22、克育56等适于炸条、炸片的材料7份，其炸片色泽高于对照Atlantic，还原糖平均含量为0.195%。张庆娜等（2006）对新型栽培种6个杂交组合后代的156份无性系进行低还原糖材料的初筛选后，再对低还原糖材料低温贮藏和回暖后的还原糖含量进行测定，结果表明无性系1、2、4和7耐低温糖化，无性系3、5、6、8、9、12、13和15回暖反应明显。李凤云（2008）以黑龙江省农业科学院马铃薯研究所育种室品比圃12个炸片新品系为试验材料，从其杂种后代群体中选育炸片专用型新材料，结果表明品1、品5、品7、品9、品11等5份材料还原糖含量分别为0.13%、0.16%、0.05%、0.11%和0.13%，综合性状良好。张铁强（2007）以大西洋为母本，分别与朱可夫、中薯4号、黄麻子、早大白、D2、Ns83-1、T1800、Ns880407、克新16号、克新2号、东农02-33080、YukonGold 12个品种或品系为父本杂交，并对杂交后代的还原糖含量进行测定，结果表明其后代无性系中低还原糖材料占比较高。李季航（2013）从搜集的国内外育成栽培品种、各地多年种植栽培品种和育种单位选育的新品系，经两年春秋两季大田种植初步筛选的马铃薯育种资源材料作为供试材料，测定了37份材料块茎的可溶性糖和还原性糖含量，材料间差异达到极显著水平（$P<0.01$），其中川引2号的还原性糖含量最低（0.71%）；该研究发现可溶性糖含量、还原性糖含量与干物质含量、淀粉含量之间无显著相关性。段绍光（2017）利用包括国内育成品种以及从欧洲、北美洲和国际马铃薯中心（CIP）等地区和国际研究机构引进的600余份材料进行分析发现，两年的炸片色泽（与还原糖含量显著相关）广义遗传力均大于62%，说明该性状受遗传因素影响较大。炸片色泽两年的狭义遗传力均大于50%，说明该性状主要由基因的加性效应决定，不易受环境影响，亲本所具备的炸片品质能够稳定有效地传递给分离后代，可以对该性状进行早世代的选择。大西洋、GT12867-02和Lenape等品种或品系在炸片色泽上具有较强的正向GCA效应，大西洋两年的相对效应值分别为11.90和12.45，GT12867-02和Lenape在2009年的效应值分别为5.02和4.75。余斌（2018）对119份从国际马铃薯中心（CIP）引进的马

铃薯种质材料的表型性状进行了遗传多样性分析及综合评价发现，低温贮藏过程中，种质材料块茎色泽的变化与块茎内可溶性糖和还原糖的含量显著相关，块茎内可溶性糖含量越高，其全粉的色泽越暗。刘娟（2018）以94个马铃薯品种、品系为材料，包括88份普通栽培种杂交高代品系和4个加工型马铃薯品种大西洋（Atlantic）、布尔班克（Russet Burbank）、夏波蒂（Shepody）、克新1号以及2个国内西北地区主栽品种陇薯6号和冀张薯8号进行鉴定，结果表明94个材料的还原糖含量遗传变异丰富，变异系数为52.16%。潘峰（2019）通过一年两点的试验对CIP39048、Quarta、Snowden、东农305、荷兰7、克新13号、延薯3号等53份马铃薯种质资源的块茎还原糖含量进行测定，结果表明各品种（系）还原糖含量样本变异系数为77.70%，变异程度相对较高。品种间、地点间、品种和地点间差异呈极显著，说明品种（系）的还原糖含量受品种因素、地点因素和品种与地点互作效应的影响，还原糖含量在不同品种（系）间存在不同，在不同地点间表现不一致，种植地点对各品种的还原糖含量具有一定影响。该研究筛选出13份还原糖含量小于0.15%的种质资源材料并进行多重比较，其中B194、CIP39048、B189还原糖含量不同地点间差异显著，其余10份材料不同地点间差异不显著。

二、低温糖化遗传解析

马铃薯块茎还原糖含量及与之显著相关的炸片色泽等性状是典型的数量性状，受多基因控制，因此数量性状位点（QTL）分析是解析其遗传变异的合适方法（Werij等，2012）。QTL连锁定位和关联分析是低温糖化遗传解析两种重要的方法。

（一）低温糖化QTL连锁定位

Douches和Freyre（1994）利用同工酶、限制性片段长度多态性（RFLP）和随机扩增多态性DNA（RAPD）相结合的方法构建遗传图谱，应用数量性状位点（QTL）分析鉴定影响马铃薯炸片色泽的遗传因素。所使用的二倍体群体是以*S. tuberosum*单倍体和*S. chacoense*之间的杂种为母本，以*S. phureja*无性系为父本的杂交群体。对10℃下保存的该群体块茎油炸样品进行炸片色泽评价（评价标准为在1～10，1为最浅色，10为最深色），群体炸片色泽分布于2～8，而双亲的平均炸片色泽为3.5。基于单因素方差分析（$P<0.05$），13个遗传标记表现出与炸片色泽的显著相关性，分别代表6个QTL。基于每个QTL效应最大的标记的多位点模型解释了群体中43.5%的炸片色泽表型变异，当模型中包含一个显著的上位性互作时，解释的表型变异增加到50.5%。所有与炸片色泽显著相关的标记都在*S. tuberosum-S. phureja*杂交种中被识别出来。该研究的初步数据表明加性效应对炸片色泽的遗传变异有很大贡献。这些

炸片色泽变异QTL的定位为利用分子标记辅助选择将这些基因导入马铃薯栽培种当中提供了一定手段。Menéndez等（2002）对生长在6个环境中的2个二倍体马铃薯F1群体H94A和H94C的块茎冷藏后糖含量进行了测定。用RFLP、AFLP和候选基因标记对群体进行基因分型。QTL分析表明，控制葡萄糖、果糖和蔗糖含量的QTL位于马铃薯所有染色体上。大多数控制葡萄糖含量的QTL与控制果糖含量的QTL定位在相同的位置。对表型变异贡献率大于10%的还原糖含量QTL位于连锁群1、3、7、8、9和11上。QTL在不同群体和（或）环境中具有一致性。QTL与编码转化酶、蔗糖合成酶3、蔗糖磷酸合成酶、ADP-葡萄糖焦磷酸化酶、蔗糖转运蛋白1和蔗糖传感器等的基因连锁。二倍体马铃薯F1群体H94A和H94C的研究结果表明，在碳水化合物代谢途径中发挥功能的酶的等位基因变异导致了低温糖化的遗传变异。Bradshaw等（2008）利用加工品种12601ab1与鲜食马铃薯品种Stirling杂交的227个无性系组成的四倍体全同胞家系，对包括马铃薯块茎炸片色泽等16个产量、农艺和品质性状进行了QTL区间定位，检测到4个与块茎炸片色泽（分别于4℃、10℃贮藏后和发芽后检测）有关的QTL。单友蛟（2010）以二倍体马铃薯亲本以及包含167个基因型的P1群体为试验材料，利用SSR标记构建分子遗传连锁图谱，并对若干重要块茎性状进行QTL定位分析，筛选出了22份在6℃低温条件贮藏60d后直接炸片色泽优良的二倍体材料，可以作为马铃薯耐低温糖化育种的种质材料，构建了包含86个SSR标记和13个连锁群的二倍体马铃薯分子遗传连锁图谱，采用区间法对二倍体马铃薯炸片色泽性状进行QTL定位及遗传效应研究，检测到1个控制马铃薯块茎炸片色泽的QTL：qCC-11。Werij等（2012）结合候选基因方法对由249个单株组成的二倍体作图群体CxE进行了连续两年的炸片色泽测定，并进行了QTL分析，在部分染色体上观察到共定位QTL的聚集，*α*-葡聚糖、水双激酶与淀粉磷酸化和低温糖化QTL共同定位在5号染色体上。此外，编码两种磷酸化酶（StPho1a和StPho2）的基因分别与2号染色体上的炸片色泽QTL和9号染色体上的淀粉磷酸化QTL重合。Sołtys-Kalina等（2015）对二倍体马铃薯作图群体中受还原糖含量强烈影响的炸片色泽进行了QTL分析。在收获和回暖后，分别检测到位于染色体1和6上的2个炸片色泽QTL。只有染色体6上的一个区域与低温糖化相关。利用RT-PCR技术发现了生长素调节蛋白（AuxRP）基因的差异表达，AuxRP转录本出现在炸片色泽较浅的亲本DG97-952中，以及冷藏后由炸片色泽较浅后代组成的混样RNA中。炸片色泽较暗的亲本DG08-26/39和炸片色泽较暗的后代组成的混样RNA中没有该扩增片段。在4℃下贮藏3个月和采收后，AuxRP的遗传变异分别可解释16.6%和15.2%的表型变异。采用另一种方法RDA-cDNA识别了25个基因序列，有11个基因可归属于马铃薯染色体6。其中，热休克蛋白90（Hsp90）基因在RT-qPCR和Western blotting中的mRNA和蛋白表达水平均高于炸片色泽较浅的子代样品。Sołtys-Kalina等（2015）的研究表明，AuxRP和Hsp90基因是影响马铃薯块炸片色泽的新候选基因。Śliwka等（2016）利用具有*S. tuberosum*、*S. chacoense*、*S. gourlayi*、*S. yungasense*、*S. verrucosum*和*S. microdontum*血缘的亲本构建的二倍体马铃薯群体与多样性阵列技术（Diversity Array Technology，DART）标记，首次报道了控制马铃薯叶片蔗糖含量的QTL，它们位于马铃薯的1、2、3、5、8、9、10和12号染色体上。在5周龄植株中，黑暗8h后仅检测到1个控制叶片蔗糖含量的QTL，光照8h后检测到4个控制叶片蔗糖含量的QTL。在11周龄植株中，在暗期和光期后分别检测到6个和3个控制叶片蔗糖含量的QTL。在14个控制叶片蔗糖含量的QTL中，有11个定位在与块茎淀粉含量QTL相似的位置。这些结果为进一步研究马铃薯植株碳代谢源和库之间的关系提供了有价值的遗传信息。Braun等（2017）利用*S. tuberosum*双单倍体US-W4与野生近缘无性系*S. chacoense*‘524-8’杂交产生的110个二倍体株系构建了F2作图群体，在重复的田间试验中对该群体进行了评估，于4℃贮藏62～78d后评价其炸片色泽。利用马铃薯8303 SNP芯片构建了总长822cM的遗传图谱，并在此图谱的4号和6号染色体上定位了2个炸片色泽QTL，对表型的贡献率分别为17.1%和19.4%。Xiao等（2018）以遗传背景广泛的对低温糖化敏感的二倍体无性系ED25（E）为母本，与抗低温糖化的二倍体野生种（*S. berthaultii*）杂交构建了由178个单株组成的二倍体马铃薯群体EB，分别在低温糖化敏感亲本ED25（E）的5、6、7号染色体和抗低温糖化的亲本的5、11号染色体上定位了4个可重复低温糖化（CIS）QTL和2个回暖（REC）QTL（图3-40），表明这两个性状可能在遗传上是独立的。淀粉合成基因*AGPS2*定位于CIS_E_07-1 QTL区域内，淀粉水解基因GWD与QTL REC_B_05-1共定位，这两个功能不同的基因分别定位于不同的QTL区域内也支持这一假说。上述QTL的累积效应对CIS和REC的贡献率很大且稳定，并在由89个品种或育种系组成的自然群体中得到证实。该研究确定了不同条件下控制马铃薯低温糖化（CIS）和回暖（REC）后还原糖含量的可重复QTL，并首次阐明了其累积遗传效应，为马铃薯块茎品质改良提供了理论依据和实用手段。Soltys-Kalina等（2020）定位了二倍体马铃薯收获后（AH）、冷藏（CS）和复温后（RC）的炸片色泽QTL，并与淀粉校正的炸片色泽QTL进行比较。炸片色泽性状AH、CS和RC与块茎淀粉含量（TSC）显著相关，为消除淀粉含量对炸片色泽QTL的影响，对炸片色泽进行了TSC校正；比较了由收获后淀粉含量（SCAH）、冷藏后淀粉含量（SCCS）和回暖后淀粉含量（SCRC）决定的炸片色泽（AH、CS和RC）和淀粉校正后的炸片色泽QTL，以评估淀粉和遗传因素对炸片色泽的影响程度。在10条马铃薯染色体上检测到AH、CS、RC和淀粉校正的炸片色泽QTL，符合这些性状受控于多基因的特性。在染色体1（AH，0cM，解释方差的11.5%）、染色体6（CS，43.9cM，12.7%）和染色体1（RC，49.7cM，14.1%）上检测到了效应最强的QTL。在进行淀粉校正时，在染色体8（SCAH，39.3cM，解释表型变异10.8%）、染色体11（SCCS，79.5cM，10.9%）和染色体4（SCRC，

43.9cM，10.8%）上检测到效应最强的QTL。因为一些QTL在统计上变得不显著、移位或重排，并检测到新的SCAH QTL，导致应用淀粉校正改变了炸片色泽QTL在基因组中的分布。染色体1和4上的QTL对淀粉校正前后的所有性状均有显著影响。

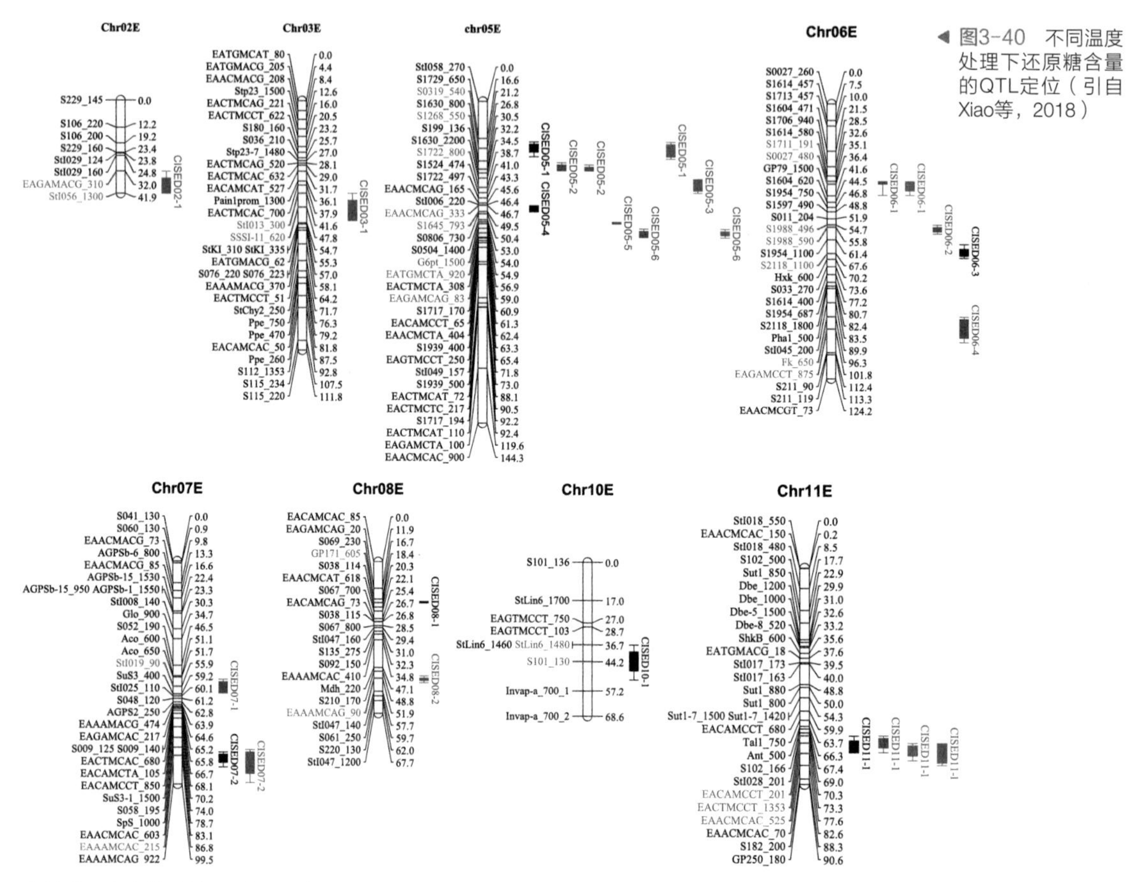

图3-40　不同温度处理下还原糖含量的QTL定位（引自Xiao等，2018）

连锁群上方为其编号，B表示父本CW2-1，E表示父本ED25，右边为QTL的1-LOD和2-LOD区间，线条表示2-LOD区间，柱状条区域表示1-LOD区间，柱状条上方为环境编号，柱状条颜色代表不同的处理，黑色代表0d，红色代表4℃ 30d，绿色代表回暖。玫红色的标记表示的是QTL的峰值处的标记

（二）低温糖化QTL关联分析

上述QTL的定位均基于连锁分析（Linkage mapping），这种定位方法结果可靠且假阳性率低，但定位精确程度往往不够理想。关联分析（Association mapping），又称为连锁不平衡作图或配子相不平衡作图，最初是为了研究人类的遗传疾病而开发的，最近被广泛应用于植物QTL分析。关联分析不需要构建基于两个亲本杂交的连锁群体，因此关联分析可以处理自然群体或现有品种的集合，适用于更广泛的遗传背景。而且相对于连锁分析，关联分析群体积累了较多重组事件，所以其QTL定位结果更加精确。关联分析在马铃薯炸片色泽以及还原糖含量等相关品质性状的QTL定位中

已有应用报道。

Li等（2005）分析了188份四倍体马铃薯品种中转化酶基因*invGE*和*invGF*的多态性，并进行了关联分析，结果表明马铃薯9号染色体上的invGE/GF位点由重复的转化酶基因*invGE*和*invGF*组成，与低温糖化QTL Sug9共定位。在三个育种群体中，两个密切相关的转化酶等位基因*invGE-f*和*invGF-d*与较好的炸片色泽相关。马铃薯转化酶基因*invGE*与番茄转化酶基因*Lin5*（控制番茄果实产糖量QTL Brix9-2-5）同源，表明番茄产量和块茎糖含量的自然变异是由同源转化酶基因的功能变异控制的。Li等（2008）对四倍体马铃薯品种及其亲缘关系较近的育种无性系冷藏前后的炸片色泽等性状进行了为期2年的评价，结果表明炸片色泽与块茎糖含量呈负相关。对243个个体的11条马铃薯染色体上的36个基因座进行DNA自然变异分析表明，这些基因座包括微卫星标记和编码在碳水化合物代谢或运输中起作用的酶的基因标记（候选基因标记）。随后利用这些标记对群体结构进行了分析，并对其与块茎品质性状的关联性进行了检验，鉴定出标记与1～4个性状的极显著关联，增加块茎淀粉含量相关的等位基因改善了炸片色泽，反之亦然。最显著和最强的关联（$P<0.01$）与编码淀粉和糖代谢或运输的酶基因的DNA变异有关。Li等（2010）对243个四倍体马铃薯品种和育种无性系群体进行了关联分析，确定了单个候选等位基因与炸片色泽等性状之间的关联，对同一关联作图群体中36个位点的190个DNA标记进行了成对统计上位性互作检验。核酮糖—二磷酸羧化酶/加氧酶活化酶（RCA）、蔗糖磷酸合成酶（SPS）和液泡转化酶（Pain1）基因座上的等位基因参与上位性互作的频率最高。对块茎淀粉含量和淀粉产量影响最大的是配对等位基因*Pain1-8c*和*Rca-1a*，其贡献率分别为9%和10%。Baldwin等（2011）利用马铃薯育种项目的历史表型数据，采用关联分析的方法，利用分子标记鉴定了与马铃薯低温糖化相关的候选基因的等位基因变异，结果表明UDP-葡萄糖焦磷酸化酶（UGPase）和质外体转化酶基因的变异与低温糖化显著相关，并且质外体转化酶和质外体转化酶抑制子之间可能存在互作。Li等（2013）报道了编码ADP-葡萄糖焦磷酸化酶和转化酶Pain-1位点的新的DNA变异，它们与炸片色泽相关。利用11个与块茎品质性状相关的等位基因特异性标记的不同组合，对四倍体育种群体进行了标记辅助选择（MAS）和标记验证，在一个高世代育种无性系的多亲本群体中，根据5个正负标记等位基因的不同组合，选择了不同的基因型，结果表明2～3个标记等位基因组合可显著提高冷藏后炸片色泽。Fischer等（2013）结合蛋白质组学和关联分析的方法，分析了在育种项目中使用的马铃薯品种在冷藏前和冷藏期间影响块茎糖含量自然变化的基因和细胞过程。在40个四倍体马铃薯品种的块茎中检测到明显的低温糖化自然变异。在冷藏前和冷藏过程中，耐低温糖化和低温糖化敏感品种的蛋白质表达存在显著差异，可识别的差异蛋白质对应于蛋白酶抑制剂、Patatins、热休克蛋白、脂氧合酶、磷脂酶

A1和亮氨酸氨基肽酶（Lap）。基于SNP多态性的关联作图支持亮氨酸氨基肽酶LAP在块茎含糖量的自然变异中的作用。比较蛋白质组学和关联遗传学的结合导致了影响马铃薯块茎数量性状自然变异的新候选基因的发现。利用SNP对提高马铃薯炸片品质进行了新的诊断，为马铃薯加工良种的选育提供了依据。根据对马铃薯基因组序列的电子注释，有123个位点参与淀粉—糖的相互转化，其中大约一半已被克隆和鉴定。Schreiber等（2014）通过候选基因关联分析，发现了8个已知在淀粉—糖相互转化中起关键作用基因中的SNP，这些基因可以诊断块茎淀粉含量和/或糖含量的变化，具有重要的育种价值。以全长cDNA的形式克隆了与块茎淀粉含量增加相关的可塑性淀粉磷酸化酶*PHO1a*等位基因，并对其进行了鉴定，*PHO1a-HA*等位基因有几个氨基酸变化，其中一个是所有已知的淀粉/糖磷酸化酶中所特有的。D'hoop等（2008）选择了221个代表马铃薯全球多样性的四倍体马铃薯品种和祖先系，重点研究了马铃薯炸片色泽等性状的遗传变异。利用单标记回归模型对标记带强度上的表型性状进行了标记—性状关联分析，并对群体结构进行了校正，阐明了四倍体马铃薯的关联分析的潜力，利用现有的表型数据、适量的AFLP标记和相对简单的关联分析发现了3个控制薯条色泽的QTL和6个控制炸片色泽的QTL。D'Hoop等（2014）对205个马铃薯品种和299个马铃薯种质材料的19个块茎品质性状进行了表型分析，并利用3364个AFLP标记位点和653个SSR标记等位基因进行关联分析，使用两种关联作图模型：无基线模型和更高级的校正种群结构和遗传关联的模型，根据标记信息估计的亲缘关系矩阵对群体结构和遗传亲缘关系进行校正，在染色体1、2、4、6、9上定位了炸片色泽等性状的QTL，其中染色体2上位于3.7cM处的炸片色泽QTL和染色体9上位于15.8～16.6cM处的炸片色泽QTL重复性较好。

从理论上讲，这些炸片色泽及还原糖含量等相关性状QTL可以在分子标记辅助育种中聚合到理想的品种中。然而，这些QTL在马铃薯育种实践中的应用还很少，因为目前已定位的炸条、炸片色泽及还原糖含量等相关性状QTL因其遗传背景及表型评价环境不同，其稳定性有待进一步验证。此外，这些已定位QTL中部分QTL置信区间太大，定位不够精确，也限制了这些QTL的克隆和在育种实践当中的应用。农业农村部马铃薯生物学与生物技术重点实验室（华中农业大学）综合了已发表的11篇参考文献中的16个马铃薯遗传图谱上的控制薯片色泽及低温糖化等相关性状的QTL，进行meta QTL分析。根据这16个马铃薯遗传图谱构建了包含2603个标记，总长1472.66cM的一致性遗传图谱，将16个原始图谱上的237个控制薯片色泽及低温糖化等相关性状（薯片色泽、还原糖含量、块茎淀粉含量）的QTL之中的166个QTL映射到一致性遗传图谱上，据此进行meta分析得到了35个一致性QTL，有效地缩短了QTL置信区间，为这些QTL在育种实践当中的应用奠定了基础（图3-41）。

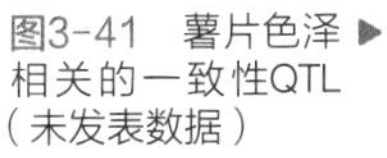

图3-41 薯片色泽相关的一致性QTL（未发表数据）

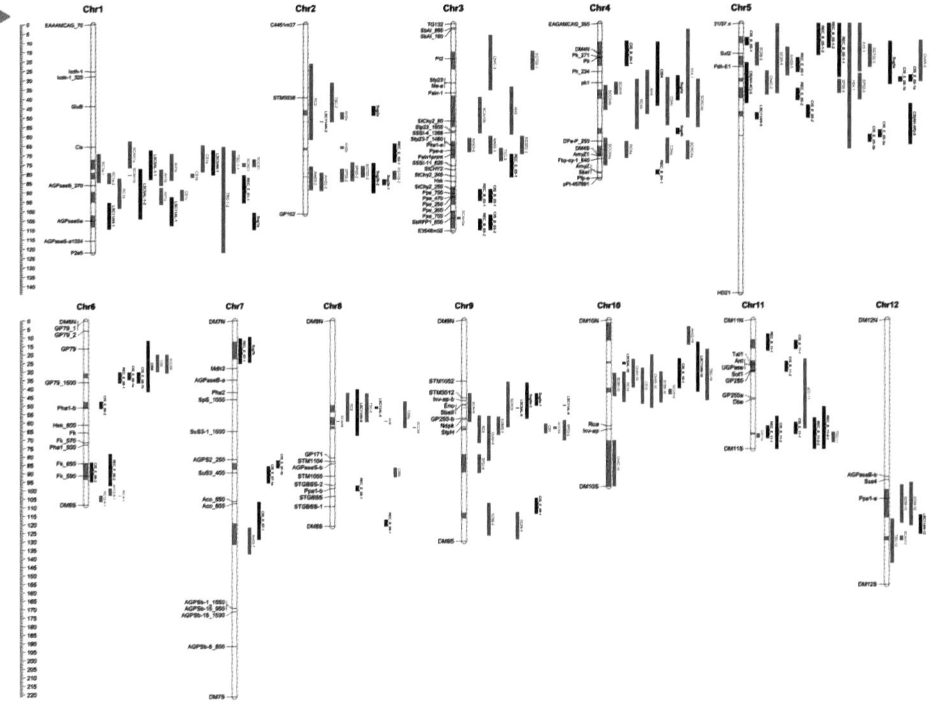

红、蓝、绿色条表示映射到一致性遗传图谱上的166个QTL（红色条表示薯片色泽相关QTL、蓝色条表示还原糖含量相关QTL、绿色条表示块茎淀粉含量相关QTL），连锁群中紫色区段表示35个meta QTL。为便于显示，每条染色体只显示了末端标记和CG markes。

肖桂林（2018）根据上述QTL挑选出与其紧密连锁的候选基因标记用于验证分子标记与低温糖化抗性间的相关性。64份材料分析的结果表明，4个候选基因标记和1个CAPS标记（GP250）与低温贮藏后块茎中的还原糖含量相关，以相关系数最大的标记组合GP250_400/Sus4_1350/GWD_1460/G6pdh-4_1500为例，还原糖含量最低的组合是GP250_400、Sus4_1350和GWD_1460的带型为1而G6pdh-4_1500为0的时候，而最高的是4个标记的带型均为0。本实验室选育的华薯3号、华渝5号、09HE046-3、07HE058-4等品种或品系带型为1110，还原糖含量显著低于目前市场上已有的低温糖化抗性品种大西洋（Atlantic）和夏波帝（Shepody）等（表3-4）。

表3-4 部分材料还原糖含量及带型

材料名称	平均值/%	带型	*P*（0.05）[1]	*P*（0.01）[2]
华薯3号	0.132±0.005	1110	a	A
华渝5号	0.195±0.124	1110	a	AB
09HE046-3	0.217±0.069	1110	a	AB
07HE058-4	0.262±0.146	1110	a	AB
Norvally	0.277±0.091	1101	ab	AB

续表

材料名称	平均值/%	带型	P（0.05）[1]	P（0.01）[2]
Lenape	0.286±0.052	1101	ab	AB
Atlantic	0.455±0.071	1101	bc	BC
中薯5号	0.55±0.17	1101	cd	C
Innovator	0.576±0.134	0100	cd	C
397099.4	0.578±0.196	0111	cd	C
中薯3号	0.625±0.093	0100	cd	C
Shepody	0.694±0.015	0101	d	CD
FL1207	0.917±0.189	0000	e	DE
Favorita	0.96±0.048	0000	e	E

[1]达到显著性水平P<0.05　[2]达到极显著性水平P<0.01。

（引自肖桂林，2018）

三、低温糖化遗传改良与品种选育

（一）国外低温糖化遗传改良与品种选育

目前，世界范围内低还原糖含量适于炸片、炸条加工的马铃薯品种的选育，绝大多数仍然是依靠传统杂交育种技术。国外很早就开始了低还原糖含量适于炸片、炸条加工的马铃薯品种选育，Akeley等（1968）选育了Lenape，该品种块茎还原糖含量低适于炸片加工。1996年，美国北达科他农业实验站育成的炸片品种Novally，能长期贮藏在6℃条件下仍保持很低的还原糖含量，具有抗低温糖化的特性，不经回暖即可炸片。国外近年选育出了许多炸片加工品种，如北美的Lenape（B5141-6）、大西洋（Atlantic）、斯诺顿（Snowden）、Trent、Belchip、Rosa、Sunrise、Norwis、Separtan、Chipeta、NDA2031-2、北海78号，炸条品种夏波蒂（Shepody）、麻皮布尔班克（Russet Burbank）等（孙慧生，2003），日本主要使用“丰白”品种（卢毕生和陈雄庭，2005），荷兰的炸片、炸条品种主要有宾杰（Bintje）和狄西瑞（Desiree）等。

Hayes和Thill（2002）利用有性多倍化技术，将具有2×2胚乳平衡数（Endosperm Balance Number，EBN）特征的马铃薯品系的抗低温糖化特性导入4x（4EBN）后代，明确了2*n*配子和*n*四体配子之间在抗低温糖化性状上遗传的差异。以*S. phureja*和栽培马铃薯野生种为亲本杂交得到实验家系，并以当前行业领先种质为亲本配成4x×4x的对照家系。在4℃下贮藏3个月和6个月后，对后代进行田间生长和炸片色泽（1~10级，≤4.0是马铃薯加工业可接受的等级）的评估。与对照家系相比，来自实验家系的后代具有更大比例的可以接受的炸片色泽，这可能是由于从二倍体马铃薯物种中导入了抗低温糖化炸片特性的等位基因。在实验家系中，炸片色泽均值最好、表型方差最大、后代炸片色泽合格率最高的家系产生2x×4x和4x×2x两个组合。2*n*配子将显性等位基因传递给高频率的4x×子代的能力可能是4x×2x杂交优势的原因之一。利用有性多倍化和早代选择相结合的育种方案能迅速培育出4x抗低温糖化种质材料。

Hamernik等（2009）鉴定了在极低的贮藏温度（2℃）下也能抵抗低温糖化的二倍体茄属种质，将所选种质材料作为父本与*S. tuberosum*单倍体进行杂交，获得了适应性的杂种，其中一些杂种在2℃下贮藏3个月后产生质量符合要求的炸片，在20~22℃下回暖6d后，炸片质量符合要求的杂种无性系数量增加3倍。最好的野生种亲本为*S. raphanifolium* 296126、310998和210048。虽然亲本炸片色泽分数有助于预测后代的表现，但后代测试对于确定最佳杂交组合非常重要。最好的杂种已导入二倍体和四倍体育种无性系，这些导入后的育种无性系即使在极低的贮藏温度下也能产生高品质的块茎和低水平的还原糖。

（二）国内低温糖化遗传改良与品种选育

我国马铃薯加工业急需适于炸片、炸条加工的品种，国外的炸片加工品种，如Atlantic、Snowden等，炸条品种Shepody、Russet Burbank等已引入我国，但这些品种的适应性、抗逆性都较差，既不高产又难稳产（牛志敏和兰青义，2001）。近年来，我国加强了炸片、炸条马铃薯品种的选育。我国已育成的适于炸片、炸条的马铃薯品种主要包括春薯5号（还原糖含量0.2%，下同）、内薯3号（0.15%）、尤金（0.02%）、合作88（0.29%）、东农303（0.02%）、超白（0.3%）、中蔬2号（0.2%）、渭会2号（0.24%）、鄂马铃薯3号（0.19%）等。

李凤云（2008）以黑龙江省农业科学院马铃薯研究所育种室品比圃12个炸片新品系为试验材料，进行炸片专用型马铃薯种质创新，通过倍性育种技术，结合不同育种途径（品种间杂交、种间杂交、花药培养、分子标记辅助育种技术等），将野生种（*S. demissum*、*S. chacoense*、*S. stoloniferum*等）、近缘栽培种（*S. stenotomum*、*S. phureja*和*S. andigenum*等）和新型栽培种中的炸片等性状有益基因定向转移聚合到普通栽培种中，从其杂种后代群体中选育炸片专用型新材料，可作为炸片专用型品种推广利用。

1994年中国农业科学院蔬菜花卉研究所从荷兰AGRICO公司引进16个马铃薯品种，筛选出适合马铃薯薯条加工的品种阿克瑞亚（AGRIA），在收获后常温贮藏条件下，还原糖的含量为0.10%，炸片的色泽指数为0.15（卢毕生和陈雄庭，2005）。吴承金等（1999）以674-5为母本，国际马铃薯中心轮回选择材料CFK-69.1为父本，1987年杂交后综合各种育种目标筛选出干物质含量高、低还原糖、适合炸片的鄂马铃薯1号，还原糖含量为0.1%～0.28%，并于1996年由湖北省农作物品种审定委员会审定定名，是一个比较理想的食用和加工兼用型品种。吉林省农科院育成春薯3号和春薯88-3-1，被相关食品公司测试选定为油炸原料薯品种（卢毕生和陈雄庭，2005）。盛万民等（2004）以普通栽培种自交系S16-1-1-14-1-3-6-5为母本，新型栽培种自交系A-11-1-8-9为父本杂交选育而成马铃薯炸片品种克新14号，其还原糖含量为0.206%，适于炸片，炸片级数1级，加工色泽好。

2006年我国首次审定了国家级炸片加工专用品种中薯10号和中薯11号（徐建飞和金黎平，2017）。华中农业大学与南方马铃薯研究中心合作从国际马铃薯中心引进杂交组合395049.62（393075.54×391679.12）的实生籽500粒，培育出328株实生苗，从中选育出华恩1号（鄂审薯2012005号、黔审薯2009002号），块茎还原糖含量为0.13%，低温贮藏后还原糖含量依然较低，在7℃条件下分别贮藏30d、60d和90d后，炸片色泽依然较好，2009年该品种通过贵州省农作物品种审定委员会审定（吴承金等，2010）。华中农业大学采用Innovator（Shepody×RZ-84-2580）作为母本，用加拿大农业与农业食品部马铃薯研究中心从杂交组合Coastal Russet×ND6993-13中育成的优良品系F98002作为父本杂交后，选育出华薯3号（鄂审薯2016002），还原糖含量为0.10%，块茎抗低温糖化能力强，常温贮藏时块茎还原糖含量在0.02～0.15g/100g鲜重之间，低温贮藏30d块茎还原糖含量范围为0.09～0.24g/100g鲜重（宋波涛等，2016）。华中农业大学联合西南大学以国际马铃薯中心品系395024.36为母本和393160-4为父本杂交，经后代实生籽单株选择、株系鉴定、品系预备试验、品系比较试验、重庆市区域试验和生产试验等逐级选择培育而成华渝5号，其还原糖含量为0.11%，适于炸片加工（史明会等，2020）。

上述马铃薯低温糖化遗传改良与品种选育实践表明，采用杂交等种质创新和育种技术，将野生种、原始栽培种和新型栽培种当中的控制低温糖化等相关的有益基因按设计要求聚合到普通栽培种当中，可以拓宽马铃薯育种材料的遗传背景。同时，马铃薯低温糖化育种现状表明，低温糖化性状形成的分子机制解析和遗传解析已经取得了一定进展，但这些研究成果在马铃薯低温糖化育种实践中还没有得到充分利用，相关的分子标记辅助选择和基因工程育种还有待加强。只有大力推动低温糖化性状形成的分子机制解析和遗传解析，结合传统杂交、体细胞融合、分子标记辅助选择和基因工程等技术，充分利用相关研究成果，才能加速炸片、炸条专用马铃薯新品种的选育进程，以适应日益发展壮大的中国马铃薯产业。

第四节
讨论与展望

一、低温糖化的生理和分子机制

马铃薯低温糖化现象本质是块茎应对低温胁迫的适应性机制，与植物应对低温的途径类似，低温糖化可能始于低温诱导块茎中激素的变化，从而导致细胞膜通透性和组分的变化，而细胞膜结构和功能的改变进一步导致胞内离子、底物和酶效应分子等物质的分布变化。低温糖化还包括代谢物穿过淀粉体膜和液泡膜的转运过程。最终，低温通过转录水平或翻译后修饰等调控碳代谢过程中关键酶的活性，从而影响糖的形成。当前研究者普遍认为马铃薯低温糖化是一个由多遗传位点控制的复杂数量性状，低温糖化涉及多个代谢通路的协同调控，包括淀粉的合成与分解、蔗糖的合成与分解、蔗糖转运、糖酵解和呼吸作用。目前研究进展显示，蔗糖由细胞质转运至液泡膜，在酸性转化酶的作用下最终分解为葡萄糖和果糖是低温糖化累积糖的直接来源，因而在低温糖化过程中起着关键作用，通过抑制这两个过程均能很大程度地增强低温糖化抗性，最终改善加工品质。介导这两个过程的关键基因*StTST1*和*StvacINV1/pain-1*可以作为基因编辑的直接靶点，通过基因编辑的手段，实现马铃薯加工品质的快速改良。而淀粉的合成与分解作用在低温糖化过程中也起着重要作用，抑制淀粉降解或促进淀粉合成均能一定程度上改良低温贮藏后块茎加工品质，但效果不如抑制蔗糖转运或分解途径。同时，介导淀粉分解产物穿过淀粉体膜转运至细胞质的转运蛋白还未得到鉴定，后续工作可以鉴定该转运蛋白，进一步完善低温糖化的分子机制。此外，研究已表明多个淀粉合成相关酶可以调节淀粉粒结构和淀粉组成，但在块茎低温糖化中的功能还未鉴定，也值得进一步研究。

二、低温糖化过程中的低温诱导机制

前期关于马铃薯低温糖化的研究主要是鉴定了参与低温糖化过程中关键酶及其调控蛋白和转运蛋白，但是这些酶或调控蛋白响应低温的机制还缺乏进一步研究。我们前期的研究初步鉴定了ABA途径上的一个重要转录因子StAREB2，StAREB2能直接识别和结合低温糖化相关的淀粉酶*StBAM1*和*StBAM9*启动子上的ABRE元件，并直接驱动其转录，但是StAREB2的功能并未得到鉴定，后续工作可能需要完成StAREB2的功能鉴定，才能初步揭示ABA响应低温并促进淀粉降解从而驱动低温糖化的过程。此外，研究者发现*StvacINV1*响应低温的区段并不在其启动子区段，而有可能是由位于第二个内含子上的调控元件导致的，后续研究可以验证该元件的低温应答模式，并利用该元件作为饵进行上游反式作用因子的筛选，从而揭示StvacINV1的低温诱导机制。综上所述，虽然许多参与马铃薯块茎低温糖化的关键基因得到了鉴定和功能研究，但是马铃薯块茎的低温响应和应答机制还处于萌芽阶段，后续研究仍需重点关注。

三、低温糖化抗性的增强是否会对马铃薯产生未知的负面影响

目前研究显示，可以通过遗传转化的手段调控低温糖化过程中的关键基因的表达而调节马铃薯低温糖化，最终改善低温贮藏后块茎的加工品质，并且不会影响马铃薯的正常生长发育。但糖作为植物体内重要的代谢物和信号物，在植物体内起着重要作用。我们的研究结果初步显示，干涉*StTST1*后能显著提高马铃薯低温糖化抗性，但是也导致转基因植株对干旱胁迫更为敏感，因而，研究者还需要关注这些转基因株系在逆境环境下的生长发育状态。此外，研究者除了评估转基因块茎淀粉—糖相关代谢物的变化外，还需要借助非靶向代谢组学鉴定低温糖化抗性的增强是否会影响其他重要营养物质的变化。

四、抗低温糖化主效QTL的克隆与四倍体全基因组选择体系的构建

研究者前期对马铃薯低温糖化遗传机制进行了大量的探究，鉴定了许多低温糖化相关的位点，但是如今还未克隆到主效QTL，后续需专注主效QTL的克隆和功能鉴定，解析低温糖化抗性的自然变异机制。另外马铃薯抗低温糖化及炸片色泽QTL相关研究成果为马铃薯低温糖化及炸片色泽遗传研究和育种提供了重要线索，但已报道的这些QTL效应不突出，大多只能解释的表型变异10%左右，加之置信区间太大，定位不够精确，不同遗传背景材料中QTL重复性和稳定性较差，导致这些QTL相关研究成果难以直接用于MAS（Molecular Marker-assisted Selection），因为MAS可以有效地用于效应较大的主效基因和QTL，对于一些受大量单个微效QTL控制的性状，如低温糖化及炸片色泽QTL，MAS选择效果相对较难。

基因组选择（genomic selection，GS）最初由（Meuwissen）等2001年提出，GS同时使用基因组中所有标记来计算个体的基因组估计育种值（genomic estimated breeding value，GEBV），其与MAS的区别在于GS考虑了基因组中所有可用于预测GEBV的遗传标记的影响，而不仅仅是那些与QTL连锁或共定位的显著遗传标记。GS最初用于畜禽育种，后逐渐应用于玉米等农作物的遗传研究和育种。Sverrisdóttir等（2017）使用GBS（Genotyping by sequencing）对762个四倍体马铃薯基因型进行分

析，建立了淀粉含量和炸片色泽GS模型，用于品种开发；模型交叉验证预测相关系数分别为0.56（淀粉含量）和0.73（炸片色泽）。由此可见，在马铃薯低温糖化抗性育种当中采用GS是经济有效的，可以极大地缩短育种周期，但目前GS还存在成本相对偏高等问题，相信随着技术的进步以及高通量测序等标记开发成本的不断降低，GS将在马铃薯低温糖化抗性育种当中发挥巨大的作用。

（侯娟，刘腾飞，李竟才，宋波涛）

参考文献

[1] 成善汉，苏振洪，谢从华，等．淀粉-糖代谢酶活性变化对马铃薯块茎还原糖积累及加工品质的影响［J］．中国农业科学，2004，37（12）：1904-1910．

[2] 单友蛟．二倍体马铃薯SSR遗传图谱的构建及若干农艺性状的QTLs定位分析［D］.北京：中国农业科学院，2010．

[3] 段绍光．马铃薯种质资源遗传多样性评价和重要性状的遗传分析［D］．北京：中国农业科学院，2017．

[4] 贺加永．中国马铃薯产业发展现状及建议［J］．农业展望，2020，180（9）：38-43．

[5] 黄元勋，田发瑞．不同贮藏条件马铃薯块茎还原糖含量变化规律测试［J］．中国马铃薯，1991（1）：31-38.

[6] 金黎平，屈冬玉，谢开云，等．我国马铃薯种质资源和育种技术研究进展［J］．种子，2003（5）：98-100．

[7] 金黎平，石瑛，李广存，等．马铃薯种质资源重要性状的基因发掘及遗传多样性研究［C］．北京：中国作物学会马铃薯专业委员会论文集，2015．

[8] 李凤云．炸片专用型马铃薯种质创新与利用［J］．中国农学通报，2008（3）：91-94．

[9] 李季航．马铃薯育种资源研究及基于全基因组序列的EST-SSR标记开发［D］．成都：四川农业大学，2013．

[10] 李琼．马铃薯种质资源的创制及体细胞杂种鉴定［D］．武汉：华中农业大学，2013．

[11] 刘宏．马铃薯休闲食品——一个潜力巨大的新兴产业［J］．高科技与产业化，2003（6）：55-58．

[12] 刘娟．马铃薯种质资源加工性状评价及品种筛选［D］．兰州：甘肃农业大学，2018．

[13] 刘勋．马铃薯转化酶及其抑制子基因家族分析及与低温糖化关系研究［D］．武汉：华中农业大学，2010．

[14] 卢毕生，陈雄庭．马铃薯品质育种研究进展［J］．福建热作科技，2005（1）：33-35．

[15] 牛志敏，兰青义．马铃薯炸条炸片资源材料筛选［J］．中国马铃薯，2001（3）：156-157．

［16］潘峰．马铃薯种质资源品质性状及利用价值的评价［D］．哈尔滨：东北农业大学，2019．

［17］屈冬玉，纪颖彪，杨宏福，等．筛选适应于低温贮藏的马铃薯加工品种［J］．马铃薯杂志，1996（1）：13-16．

［18］屈冬玉，金黎平，谢开云，等．中国马铃薯产业现状、问题和趋势［C］．北京：中国作物学会马铃薯专业委员会论文集，2001：1-8．

［19］盛万民，曹淑敏，李成军，等．马铃薯炸片新品种克新14号选育及利用［C］．北京：中国马铃薯学术研讨会与第五届世界马铃薯大会论文集，2004．

［20］石伟平．二倍体马铃薯遗传群体构建和抗低温糖化分析［D］．武汉：华中农业大学，2010．

［21］史明会，邓红军，邵明珠．马铃薯华渝5号高产栽培技术［J］．长江蔬菜，2020，19：6-7．

［22］宋波涛，柳俊，谢从华，等．马铃薯腺苷二磷酸葡萄糖焦磷酸化酶小亚基基因（sAGP）的克隆及其在毕赤酵母中的表达［J］．农业生物技术学报，2005，13（3）：282-287．

［23］宋波涛，谢从华，柳俊．马铃薯sAGP基因表达对块茎淀粉和还原糖含量的影响［J］．中国农业科学，2005，38（7）：1439-1446．

［24］孙慧生．马铃薯育种学［M］．北京：中国农业出版社，2003．

［25］吴承金，田恒林，谢从华．新品种鄂马铃薯1号选育［J］．适用技术市场，1999（9）：29-30．

［26］吴承金，谢从华，宋波涛，等．马铃薯晚疫病水平抗性新品种——华恩1号［J］．中国马铃薯，2010，24：255-256．

［27］肖桂林．马铃薯低温糖化相关性状的QTL定位［D］．武汉：华中农业大学，2018．

［28］徐建飞，金黎平．马铃薯遗传育种研究：现状与展望［J］．中国农业科学，2017，50：990-1015．

［29］严凤喜，李景华．马铃薯近缘栽培种种间杂种块茎还原糖和干物质含量的遗传研究［J］．中国马铃薯，1988（4）：193-200．

［30］余斌．引进马铃薯种质资源表型多样性分析及块茎品质的综合评价［D］．兰州：甘肃农业大学，2018．

［31］张庆娜，张立波，石瑛，等．马铃薯新型栽培种后代低还原糖材料的筛选与评价［J］．中国马铃薯，2006（2）：73-77．

［32］张铁强．马铃薯品种大西洋杂交后代评价［D］．哈尔滨：东北农业大学，2007．

［33］EDWARDS A，FULTON D C，HYLTON C M，et al. A combined reduction in activity of starch synthases II and III of potato has novel effects on the starch of tubers［J］. Plant J，1999，17（3）：251-261.

［34］AKELEY R V，MILLS W R，CUNNINGHAM C E，et al. Lenape: A new potato variety high in solids and chipping quality［J］. American Potato Journal，1968，45: 142-145.

[35] AMIR J, KAHN V, UNTERMAN M. Respiration, ATP level, and sugar accumulation in potato tubers during storage at 4 [J]. Phytochemistry, 1977, 16 (10): 1495-1498.

[36] AMREIN T M, BACHMANN S, NOTI A, et al. Potential of acrylamide formation, sugars, and free asparagine in potatoes: a comparison of cultivars and farming systems [J]. J Agric Food Chem, 2003, 51: 5556-5560.

[37] ANDERSSON L, ANDERSSON R, ANDERSSON R, et al. Characterisation of the *in vitro* products of potato starch branching enzymes I and II [J]. Carbohydr Polym, 2002, 50: 249-257.

[38] ANDERSSON M, TURESSON H, NICOLIA A, et al. Efficient targeted multiallelic mutagenesis in tetraploid potato (*Solanum tuberosum*) by transient CRISPR-Cas9 expression in protoplasts [J]. Plant Cell Reports, 2017, 36 (1): 117-128.

[39] BALDWIN S J, DODDS K G, AUVRAY B, et al. Association mapping of cold-induced sweetening in potato using historical phenotypic data [J]. Annals of Applied Biology, 2011, 158: 248-256.

[40] BALLICORA M A, LAUGHLIN M J, FU Y B, et al. Adenosine 5′-diphospate glucose pyrophosphorylase from potato tuber [J]. Plant Physiology, 1995, 109: 245-251.

[41] BANSAL A, KUMARI V, TANEJA D, et al. Molecular cloning and characterization of granule-bound starch synthase I (GBSSI) alleles from potato and sequence analysis for detection of cis-regulatory motifs [J]. Plant Cell Tissue & Organ Culture, 2012, 109 (2): 247-261.

[42] BARICHELLO V, YADA R Y, COFFIN R H, et al. Respiratory enzyme activity in low temperature sweetening of susceptible and resistant potatoes [J]. Journal of food science, 1990, 55 (4): 1060-1063.

[43] BERND T M R, KO M J, HANNAH L C, et al. One of two different ADP-glucose pyrophosphorylase genes from potato responds strongly to elevated levels of sucrose [J]. Molecular & General Genetics, 1990, 224 (1): 136-46.

[44] BHASKAR P B, WU L, BUSSE J S, et al. Suppression of the vacuolar invertase gene prevents cold-induced sweetening in potato [J]. Plant Physiol, 2010, 154 (2): 939-948.

[45] BIEDERMANN-BREM S, NOTI A, GROB K, et al. How much reducing sugar may potatoes contain to avoid excessive acrylamide formation during roasting and baking [J]. Eur Food Res Technol, 2003, 217: 369-373.

[46] BLENKINSOP R W, COPP L J, YADA R Y, et al. A proposed role for the anaerobic pathway during low-temperature sweetening in tubers of Solanum tuberosum [J]. Physiol Plant, 2003, 118: 206-212.

[47] BLENNOW A, WISCHMANN B, HOUBORG K, et al. Structure function relationships of transgenic starches with engineered phosphate substitution and starch branching [J]. International Journal of Biological Macromolecules, 2005, 36: 159-168.

［48］BOROVKOV A Y，MCCLEAN P E，SOWOKINOS J R，et al. Effect of expression of UDP-glucose pyrophosphorylase ribozyme and antisense RNAs on the enzyme activity and carbohydrate composition of field-grown transgenic potato plants［J］. Journal of plant physiology，1996，147（6）: 644-652.

［49］BRADSHAW J E，BRYAN G J，RAMSAY G. Genetic resources（including wild and cultivated solanum species）and progress in their utilisation in potato breeding［J］. Potato Research，2006，49: 49-65.

［50］BRADSHAW J E，HACKETT C A，PANDE B，et al. QTL mapping of yield，agronomic and quality traits in tetraploid potato（*Solanum tuberosum* subsp. Tuberosum）［J］. Theoretical and Applied Genetics，2008，116: 193-211.

［51］BRAUN S R，ENDELMAN J B，HAYNES K G，et al. Quantitative trait loci for resistance to common scab and cold-induced sweetening in diploid potato［J］. Plant Genome，2017，10（3）: 1-9.

［52］BRUMMELL D A，CHEN R K，HARRIS J C，et al. Induction of vacuolar invertase inhibitor mRNA in potato tubers contributes to cold-induced sweetening resistance and includes spliced hybrid mRNA variants［J］. J Exp Bot，2011，62（10）: 3519-3534.

［53］BULÉON A，COLONNA P，PLANCHOT V，et al. Starch granules: structure and biosynthesis［J］. Int J Biol Macromol，1998，23: 85-112.

［54］BUSTOS R，FAHY B，HYLTON C M，et al. Starch granule initiation is controlled by a heteromultimeric isoamylase in potato tubers［J］. Proc Natl Acad Sci USA，2004，101: 2215-2220.

［55］CARPENTER M A，JOYCE N I，GENET R A，et al. Starch phosphorylation in potato tubers is influenced by allelic variation in the genes encoding glucan water dikinase，starch branching enzymes I and II，and starch synthase III［J］. Front Plant Sci，2015，6:143.

［56］CHAWLA R，SHAKYA R，ROMMENS C M. Tuber-specific silencing of asparagine synthetase-1 reduces the acrylamide-forming potential of potatoes grown in the field without affecting tuber shape and yield［J］. Plant Biotechnol J，10（8）: 2012，913-924.

［57］CLASEN B M，STODDARD T J，LUO S，et al. Improving cold storage and processing traits in potato through targeted gene knockout［J］. Plant Biotechnol J，2016，14（1）: 169-176.

［58］CLASSEN P A M，BUDDE M A W，VAN CALKER M H. Increase in phosphorylase activity during cold-induced sugar accumulation in potato tubers［J］. Potato Research，1993，36: 205-217.

［59］COTTRELL J E，DUFFUS C M，PATERSON L，et al. The effect of storage temperature on reducing sugar concentration and the activities of three amylolytic enzymes in tubers of the cultivated potato *Solanum tuberosum* L［J］. Potato Res，1993，36: 107-117.

［60］CZAJA A T. Structure of starch grains and the classification of vascular plant families［J］.

Taxon, 1978, 27: 463-470.

[61] D'HOOP B B, PAULO M J, MANK R A, et al. Association mapping of quality traits in potato (*Solanum tuberosum* L)[J] . Euphytica, 2008, 161: 47-60.

[62] D'HOOP B B, KEIZER P L, PAULO M J, et al. Dentification of agronomically important QTL in tetraploid potato cultivars using a marker-trait association analysis [J] . Theor Appl Genet, 2014, 127: 731-748.

[63] DOUCHES D S, FREYRE R. Identification of genetic factors influencing chip color in diploid potato (*Solanum* spp)[J] . American Potato Journal, 1994, 71: 581-590.

[64] DUNN G. A model for starch breakdown in higher plants [J] . Phytochemistry, 1974, 13: 1341-1346.

[65] DUPLESSIS P M, MARANGONI A G, YADA R Y. A mechanism for low temperature induced sugar accumulation in stored potato tubers: The potential role of the alternative pathway and invertase [J] . American Potato Journal, 1996, 73: 483-494.

[66] EWING E E, SENESAC A H, SIECZKA J B. Effects of short periods of chilling and warming on potato sugar content and chipping quality [J] . Am J Potato Res, 1981, 58: 663- 647

[67] FERREIRA S J. Transcriptome based analysis of starch metabolism in Solanum tuberosum [D] . Germany: Friedrich-Alexander-University Erlangen-Nurnberg, 2011.

[68] FISCHER M, SCHREIBER L, COLBY T, et al. Novel candidate genes influencing natural variation in potato tuber cold sweetening identified by comparative proteomics and association mapping [J] . BMC Plant Biol, 2013, 13: 113.

[69] FLORIAN V, LAURA C, MARIE-PAULE K, et al. The *Solanum tuberosum* GBSSI gene: a target for assessing gene and base editing in tetraploid potato [J] . Plant Cell, 2019, 38 (9) :1065-1080.

[70] FU Y, BALLICORA M A, LEYKAM J F, et al. Mechanism of reductive activation of potato tuber ADPglucose pyrophosphorylase [J] . J Biol Chem, 1998, 273: 25045-25052.

[71] ABEL G J W, SPRINGER F, WILLMITZER L, et al. Cloning and functional analysis of a cDNA encoding a novel 139 kDa starch synthase from potato (*Solanum tuberosum* L) [J] . Plant J, 1996, 10 (6) : 981-991.

[72] GREINER S, RAUSCH T, SONNEWALD U, et al. Ectopic expression of a tobacco invertase inhibitor homolog prevents cold-induced sweetening of potato tubers [J] . Nature biotechnology, 1999, 17 (7) : 708-711.

[73] HALFORD N G, MUTTUCUMARU N, POWERS S J, et al. Concentrations of free amino acids and sugars in nine potato varieties: effects of storage and relationship with acrylamide formation [J] . Journal of Agricultural and Food Chemistry, 2012, 60 (48) : 12044-12055.

[74] HAMERNIK A J, HANNEMAN R E, JANSKY S H. Introgression of wild species germplasm

with extreme resistance to cold sweetening into the cultivated potato [J] . Crop Science, 2009, 49: 529-542.

[75] HAYES R J, THILL C A. Introgression of cold (4 C) chipping from 2x (2 endosperm balance number) potato species into 4x (4EBN) cultivated potato using sexual polyploidization [J] . American Journal of Potato Research, 2002, 79: 421-431.

[76] HILL L, REIMHOLZ R, SCHRÖDER R, et al. The onset of sucrose accumulation in cold - stored potato tubers is caused by an increased rate of sucrose synthesis and coincides with low levels of hexose-phosphates, an activation of sucrose phosphate synthase and the appearance of a new form of amylase [J] . Plant Cell & Environment, 1996, 19 (11) : 1223-1237.

[77] HOOD L F. Current concepts of starch structure [J] . Food Carbohydrates, 1982, 13: 109-121.

[78] HOOVER R, SOSULSKI F. Studies on the functional characteristics and digestibility of starches from phaseolus vulgaris biotypes [J] . 1985, Staerke, 37: 182-186.

[79] HUBER S C, HUBER J L. Role and regulation of sucrose-phosphate synthase in higher plants [J] . Annual review of plant biology, 1996, 47 (1) : 431-444.

[80] HUSSAIN H, MANT A, SEALE R, et al. Three isoforms of isoamylase contribute different catalytic properties for the debranching of potato glucans [J] . Plant Cell, 2003, 15: 133-149.

[81] ROLDÁN, WATTEBLED F, LUCAS M M, et al. The phenotype of soluble starch synthase IV defective mutants of *Arabidopsis thaliana* suggests a novel function of elongation enzymes in the control of starch granule formation [J] . Plant J, 2007, 49 (3) : 492-504.

[82] IGLESIAS A A, BARRY G F, MEYER C, et al. Expression of the potato tuber ADP-glucose pyrophosphorylase in *Escherichia coli* [J] . The dournal of Biological Chemistry, 1993, 268 (2) : 1081-1086.

[83] International Agency for Research on Cancer (IARC), Monographs on the evaluation of carcinogenic risks to human: Some industrial chemicals [R] . 1994: 60389-66433.

[84] ISHERWOOD F A. Starch-sugar interconversion in Solanum tuberosum [J] . Phytochemistry, 1973, 12 (11) : 2579-2591.

[85] HOU J, ZHANG H, LIU J, et al. Amylases StAmy23, StBAM1 and StBAM9 regulate cold-induced sweetening of potato tubers in distinct ways [J] . Journal of Experimental Botany, 2017, 68 (9) : 2317-2331.

[86] MARSHALL J, SIDEBOTTOM C, DEBET M, et al. Identification of the major starch synthase in the soluble fraction of potato tubers [J] . Plant Cell, 1999, 8 (7) : 1121-1135.

[87] JANE J L, KASEMSUWAN T, LEAS S, et al. Anthology of starch granule morphology by scanning electron microscopy [J] . Starch-Starke, 1994, 46:121-129.

[88] JANSKY S H, HAMERNIK A, BETHKE P C. Germplasm release: tetraploid clones with resistance to cold-Induced sweetening [J]. American Journal of Potato Research, 2011, 88: 218-225.

[89] JANSKY S H, FAJARDO D A. Tuber starch amylose content is associated with cold-induced sweetening in potato [J]. Food Science & Nutrition, 2014, 2 (6): 628-633.

[90] KAMRANI M, KOHNEHROUZ B B, GHOLIZADEH A. Effect of RNAi-mediated gene silencing of starch phosphorylase L and starch-associated R1 on cold-induced sweetening in potato [J]. The Journal of Horticultural Science & Biotechnology, 2016, 91 (6): 625-633.

[91] KOSSMANN J, ABEL G J, SPRINGER F, et al. Cloning and functional analysis of a cDNA encoding a starch synthase from potato (*Solanum tuberosum* L.) that is predominantly expressed in leaf tissue [J]. Planta, 1999, 208: 503-511.

[92] KRAUSE K P, HILL L, REIMHOLZ R, et al. Sucrose metabolism in cold-stored potato tubers with decreased expression of sucrose phosphate synthase [J]. Plant, Cell & Environment, 1998, 21 (3): 285-299.

[93] KUIPERS A G, JACOBSEN E, VISSER R G. Formation and deposition of amylose in the potato tuber starch granule are affected by the reduction of granule-bound starch synthase gene expression [J]. Plant Cell, 1994, 6: 43-52.

[94] KUIPERS A G, SOPPE W J, JACOBSEN E, et al. Factors affecting the inhibition by antisense RNA of granule-bound starch synthase gene expression in potato [J]. Mol. Gen. Genet, 1995, 246: 745-755.

[95] KUMAR D, SINGH B P, KUMAR P. An overview of the factors affecting sugar content of potatoes [J]. Annals of Applied Biology, 2004, 145: 247-256.

[96] LAUER F, SHAW R. A possible genetic source for chipping potatoes from 40 F storage [J]. American Potato Journal, 1970, 47: 275-278.

[97] LEAZKOWIAT M J, YADA R Y, COFFIN R H, et al. Starch geletinizatinion cold temperature - sweetening resistant potatoes [J]. J food sci, 1990, 50 (5): 1388-1340.

[98] LI L, PAULO M J, STRAHWALD J, et al. Natural DNA variation at candidate loci is associated with potato chip color, tuber starch content, yield and starch yield [J]. TAG Theoretical and Applied Genetics, 2008, 116: 1167-1181.

[99] LI L, PAULO M J, EEUWIJK V F, et al. Statistical epistasis between candidate gene alleles for complex tuber traits in an association mapping population of tetraploid potato [J]. Theor Appl Genet, 2010, 121: 1303-1310.

[100] LI L, STRAHWALD J, HOFFERBERT H R, et al. DNA variation at the invertase locus invGE/GF is associated with tuber quality traits in populations of potato breeding clones [J]. Genetics, 2005, 170: 813-821.

[101] LI L, TACKE E, HOFFERBERT H R, et al. Validation of candidate gene markers for marker-assisted selection of potato cultivars with improved tuber quality [J]. Theoretical

and Applied Genetics，2013，126: 1039-1052.

[102] LIN Y，LIU J，LIU X，et al. Interaction proteins of invertase and invertase inhibitor in cold-stored potato tubers suggested a protein complex underlying post-translational regulation of invertase [J] . Plant Physiol Biochem，2013，73: 237-244.

[103] LIN Y，LIU T，LIU J，et al. Subtle regulation of potato acid invertase activity by a protein complex of invertase，invertase inhibitor，and sucrose nonfermenting1-related protein kinase. Plant Physiol [J]，2015，168（4）: 1807-1819.

[104] LIU T，FANG H，LIU J，et al. Cytosolic glyceraldehyde-3-phosphate dehydrogenases play crucial roles in controlling cold-induced sweetening and apical dominance of potato（*Solanum tuberosum* L.）tubers [J] . Plant Cell & Environment，2017，40（12）: 3043-3054.

[105] LIU X，SONG B，ZHANG H，et al. Cloning and molecular characterization of putative invertase inhibitor genes and their possible contributions to cold-induced sweetening of potato tubers [J] . Mol Genet Genomics，2010，284（3）: 147-159.

[106] LIU X，ZHANG C，OU Y，et al. Systematic analysis of potato acid invertase genes reveals that a cold-responsive member，StvacINV1，regulates cold-induced sweetening of tubers [J] . Molecular Genetics and Genomics，2011，286（2）: 109-118.

[107] LIU X，CHEN L，SHI W，et al. Comparative transcriptome reveals distinct starch-sugar interconversion patterns in potato genotypes contrasting for cold-induced sweetening capacity [J] . Food Chem，2021，334: 127550.

[108] LIU X，SHI W，YIN W，et al. Distinct cold responsiveness of a StInvInh2 gene promoter in transgenic potato tubers with contrasting resistance to cold-induced sweetening [J] . Plant Physiol Biochem，2017，111: 77-84.

[109] LIU X，LIN Y，LIU J，et al. StInvInh2 as an inhibitor of StvacINV1 regulates the cold-induced sweetening of potato tubers by specifically capping vacuolar invertase activity [J] . Plant Biotechnol J，2013，11（5）: 640-647.

[110] LLOYD J R，SPRINGER F，BULEON A，et al. The influence of alterations in ADP-glucose pyrophosphorylase activities on starch structure and composition in potato tubers [J] . Planta，1999，209（2）: 230-238.

[111] LOISELLE F，TAI G C，CHRISTIE B R. Genetic components of chip color evaluated after harvest，cold storage and reconditioning [J] . American Potato Journal，1990，67: 633-646.

[112] LORBERTH R，RITTE G，WILLMITZE L，et al. Inhibition of a starch-granule-bound protein leads to modified starch and repression of cold sweetening [J] . Nat Biotechnol，1998，16: 473-477.

[113] LETERRIER M，HOLAPPA L D，BROGLIE K E，et al. Cloning，characterisation and comparative analysis of a starch synthase IV gene in wheat: functional and evolutionary implications [J] . BMC Plant Biol，2008，8（1）: 98.

[114] MAAG W, REUST W. Storage and reconditioning of crisp potatoes [J]. Kartoffelbau, 1992, 43: 443-448.

[115] MARES D J, SOWOKINOS J R, HAWKER J S. Carbohydrate metabolism in developing potato tubers [J]. Potato Physiology, 1985, 279-327.

[116] MATSUSHIMA R, MAEKAWA M, FUJITA N, et al. A rapid, direct observation method to isolate mutants with defects in starch grain morphology in rice [J]. Plant Cell Physiol, 2010, 51: 728-741.

[117] MCCANN L C, BETHKE P C, SIMON P W. Extensive variation in fried chip color and tuber composition in cold-stored tubers of wild potato (*Solanum*) germplasm [J]. J Agric Food Chem, 2010, 58: 2368-2376.

[118] MCKENZIE M J, CHEN R K, HARRIS J C, et al. Post-translational regulation of acid invertase activity by vacuolar invertase inhibitor affects resistance to cold-induced sweetening of potato tubers [J]. Plant Cell &Environ, 2013, 36 (1): 176-185.

[119] MENÉNDEZ C M, RITTER E, SCHÄFER-PREGL R, et al. Cold sweetening in diploid potato: Mapping quantitative trait loci and candidate genes [J]. Genetics, 2002, 162: 1423-1434.

[120] MEUWISSEN T H E, HAYES B J, GODDARD M E. Prediction of total genetic value using genome-wide dense marker maps [J]. Genetics, 2001, 157: 1819-1829.

[121] MORELL S, REES T A. Control of the hexose content of potato tubers [J]. Phytochemistry, 1986, 25: 1073- 1076.

[122] MÜLLER-RÖBER B, SONNEWALD U, WILLMITZER L. Inhibition of the ADP-glucose pyrophosphorylase in transgenic potatoes leads to sugar-storing tubers and influences tuber formation and expression of tuber storage protein genes [J]. Embo Journal, 1992, 11 (4) :1229-1238.

[123] MÜLLER-THURGAU H. Ueber zuckeranhäufung in pflanzentheilen in folge niederer temperatur [J]. Landwirtsch Jahrb, 1882, 11: 751-828.

[124] MYERS A M, MORELL M K, JAMES M G, et al. Recent progress toward understanding biosynthesis of the amylopectin crystal [J]. Plant Physiol, 2000. 122: 989-998.

[125] NAKAMURA Y. Starch metabolism and structure [M]. Japan, Springer, 2015.

[126] National Food Administration Sweden. Acrylamide in heat-processed foods [R], 2002. www.mindfully.org/Food/Acrylamide-Heat-Processed-Foods26apr02.htm.

[127] NAZARIANFIROUZABADI F, VISSER R G F. Potato starch synthases [J]. Biochemistry and Biophysics Reports, 2017, 10: 7-16.

[128] OU Y, SONG B, LIU X, et al. Promoter regions of potato vacuolar invertase gene in response to sugars and hormones [J]. Plant Physiol Biochem, 2013, 69: 9-16.

[129] PANTA A, PANIS B, YNOUYE C, et al. Development of a PVS2 droplet vitrification method for potato cryopreservation [J]. Cryo letters, 2014, 35: 255-266.

[130] PEDRESCHI F, MOYANO P, KAACK K, et al. Color changes and acrylamide formation in fried potato slices [J]. Food Res Int, 2005, 38: 1-9.

[131] PILLING E, SMITH A M. Growth ring formation in the starch granules of potato tubers [J]. Plant Physiol, 2003, 132: 365-371.

[132] PINHERO R, PAZHEKATTU R, MARANGONI A G, et al. Alleviation of low temperature sweetening in potato by expressing arabidopsis pyruvate decarboxylase gene and stress-inducible rd29A: a preliminary study [J]. Physiology and Molecular Biology of Plants, 2011, 17 (2): 105-114.

[133] POWERS S J, MOTTRAM D S, CURTIS A, et al. Acrylamide concentrations in potato crisps in Europe from 2002 to 2011 [J]. Food Additives and Contaminants-Part A, 2013, 30 (9): 1493-1500.

[134] PRESSEY R. Role of invertase in the accumulation of sugars in cold-stored potatoes [J]. American Potato Journal, 1969, 46 (8): 291-297.

[135] REIMHOLZ R, GEIGENBERGER P, STITT M. Sucrose-phosphate synthase is regulated via metabolites and protein phosphorylation in potato tubers, in a manner analogous to the enzyme in leaves [J]. Planta, 1994, 192 (4): 480-488.

[136] ROMMENS C M, YE J, RICHAEL C, et al. Improving potato storage and processing characteristics through all-native dna transformation [J]. J Agric Food Chem, 2006, 54 (26) :9882-9887.

[137] SCHREIBER L, NADER-NIETO A C, SCHÖNHALS E M, et al. SNPs in genes functional in starch-sugar interconversion associate with natural variation of tuber starch and sugar content of potato (*Solanum tuberosum* L) [J]. G3 (Bethesda), 2014, 4: 1797-1811.

[138] SCHWALL G P, SAFFORD R, WESTCOTT R J. Production of very-high-amylose potato starch by inhibition of SBE A and B [J]. Nat Biotechnol, 2000, 18: 551-554.

[139] Scientific Committee on Food (SCF). Opinion of the scientific committee on food on new findings regarding the presence of acrylamide in food [R]. 2002, SCF/CS/CNTM/CONT/4 Final.

[140] SHAPTER F M, HENRY R J, LEE L S. Endosperm and starch granule morphology in wild cereal relatives [J]. Plant Genet Resour, 2008, 6: 85-97.

[141] SHEPHERD L, BRADSHAW J, DALE M, et al. Variation in acrylamide producing potential in potato: segregation of the trait in a breeding population [J]. Food Chemistry, 2010, 123 (3): 568-573.

[142] SHI W, SONG Y, LIU T, et al. StRAP2.3, an ERF-VII transcription factor, directly activates StInvInh2 to enhance cold-induced sweetening resistance in potato [J]. 2021, Hortic Res 8 (1): 82.

[143] SHUMBE L, VISSE M, SOARES E, et al. Differential DNA methylation in the vinv promoter region controls cold induced sweetening in potato [J]. 2020, BioRxiv:

doi: https://doi.org/10.1101/2020.04.26.062562.

[144] ŚLIWKA J，SOŁTYS-KALINA D，SZAJKO K，et al. Mapping of quantitative trait loci for tuber starch and leaf sucrose contents in diploid potato [J] . Theoretical and Applied Genetics，2016，129: 131-140.

[145] SMITH A M. The biosynthesis of starch granules [J] . Biomacromolecules，2001，2: 335-341.

[146] SOŁTYS-KALINA D，SZAJKO K，SIEROCKA I，et al. Novel candidate genes AuxRP and Hsp90 influence the chip color of potato tubers [J] . Molecular Breeding，2015，35:224.

[147] SOLTYS-KALINA D，SZAJKO K，WASILEWICZ-FLIS I，et al. Quantitative trait loci for starch-corrected chip color after harvest，cold storage and after reconditioning mapped in diploid potato [J] . Molecular Genetics and Genomics，2020，295:209-219.

[148] SOWOKINOS J R，PREISS J. Pyrophosphorylases in *Solanum tuberosum* III. Purification，physical，and catalytic properties of ADP glucose pyrophosphorylase in potatoes [J] . Plant Physiol，1982，69: 1459-1466.

[149] SOWOKINOS J R. Pyrophosphorylases in *Solanum tuberosum* II. Catalytic properties and regulation ofADP-glucose and UDP-glucose pyrophosphorylase activities in potatoes[J]. Plant Physiol，1981，68: 924-929.

[150] SOWOKINOS J R. Biochemical and molecular control of cold-induced sweetening in potatoes [J] . American Journal of Potato Research，2001，78（3）: 221-236.

[151] SOWOKINOS J，SHOCK C，STIEBER T，et al. Compositional and enzymatic changes associated with the sugar-end defect in Russet Burbank potatoes [J] . American Journal of Potato Research，2000，77（1）: 47-56.

[152] SPYCHALLA J P，SCHEFFLER B E，SOWOKINOS J R，et al. Cloning，antisense RNA inhibition，and the coordinated expression of UDP-glucose pyrophosphorylase with starch biosynthetic genes in potato tubers [J] . Journal of plant physiology，1994，144（4-5）: 444-453.

[153] STARK D M，TIMMERMAN K P，BARRY G F，et al. Regulation of the amount of starch in plant tissues by ADP glucose pyrophosphorylase [J] . Science，1992，258: 287-292.

[154] STEUP M. Starch degradation [A] . Biochem Plants，1988，255-296.

[155] STITT M，SONNEWALD U. Regulation of metabolism in transgenic plants [J] . Annual review of plant biology，1995，46（1）: 341-368.

[156] SVERRISDÓTTIR E，BYRNE S，SUNDMARK E H R，et al. Genomic prediction of starch content and chipping quality in tetraploid potato using genotyping-by-sequencing [J] . Theoretical and applied genetics，2017，130:2091-2108.

[157] SWEETLOVE L J，BURRELL M M，REES T. Characterization of transgenic potato

（*Solanum tuberosum*）tubers with increased ADP-Glucose pyrophosphorylase［J］. Biochemistry Journal，1996，320: 478-492.

［158］TAREKE E，RYDBERG P，KARLSSON P，et al. Analysis of acrylamide，a carcinogen formed in heated foodstuffs［J］. J Agric Food Chem，2002，50: 4998-5006.

［159］TATEOKA T. Starch grains of endosperm in grass systematics［A］. Bot Mag Tokyo，1962，75:377-383.

［160］THILL C A，PELOQUIN S J. Inheritance of potato chip color at the 24-chromosome level［J］. American Potato Journal，1994，71: 629-646.

［161］THYGESEN P W，DRY I B，ROBINSON S P. Polyphenol oxidase in potato. A multigene family that exhibits differential expression patterns［J］. Plant Physiol，1995，109: 525-531.

［162］TIESSEN A，HENDRIKS J H，STITT M，et al. Starch synthesis in potato tubers is regulated by post-translational redox modification of ADP-glucose pyrophosphorylase a novel regulatory mechanism linking starch synthesis to the sucrose supply［J］. Plant Cell，2002，14: 2191-2213.

［163］TJADEN J，MÖHLMANN T，KAMPFENKEL K，et al. Altered plastidic ATP/ADP-transporter activity influences potato（*Solanum tuberosum* L.）tuber morphology，yield and composition of tuber starch［J］. Plant J，1998，16: 531-540.

［164］VISSER R，SOMHORST I，KUIPERS G，et al. Inhibition of the expression of the gene for granule-bound starch synthase in potato by antisense constructs［J］. Mol Genet Genomics，1991，225: 289-296.

［165］DIAN W，JIANG H，WU P. Evolution and expression analysis of starch synthase III and IV in rice［J］. J Exp Bot，2005，56: 623-632.

［166］WAL M，JACOBSEN E，VISSER R. Multiple allelism as a control mechanism in metabolic pathways: GBSSI allelic composition affects the activity of granule-bound starch synthase I and starch composition in potato［J］. Mol Genet Genomics，2001，265: 1011-1021.

［167］WERIJ J S，FURRER H，VAN ECK H J，et al. A limited set of starch related genes explain several interrelated traits in potato［J］. Euphytica，2012，186: 501-516.

［168］WICKRAMASINGHE H，BLENNOW A，NODA T. Physico-chemical and degradative properties of in-planta re-structured potato starch［J］. Carbohydr Polym，2009，77: 118-124.

［169］WISCHMANN B，BLENNOW A，MADSEN F，et al. Functional characterisation of potato starch modified by specific in planta alteration of the amylopectin branching and phosphate substitution［J］. Food Hydrocolloids，2005，19: 1016-1024.

［170］WORKMAN M，CAMERON A，TWOMEY J. Influence of chilling on potato tuber respiration，sugar，o-dihydroxyphenolic content and membrane permeability［J］. American Potato Journal，1979，56（6）: 277-288.

[171] WRIGHT R G, WHITEMAN T M. A Progress report on the chipping quality of 33 potato varieties [J]. American Potato Journal, 1949, 26: 117-120.

[172] XIAO G L, HUANG W, CAO H J, et al. Genetic loci conferring reducing sugar accumulation and conversion of cold-stored potato tubers revealed by qtl analysis in a diploid population [J]. Frontiers in Plant Science, 2018, DOI: 10.3389/fpls.2018.00315.

[173] YADA R Y, COFFIN R H, BAKER K W, et al. An electron microscopic examination of the amyloplast membranes from potato cultivar susceptible to low temperature sweetening [J]. Can Food Sci Technol J, 1990, 23: 145-148.

[174] ZEEMAN S C, TIESSEN A, PILLING E, et al. Starch synthesis in arabidopsis granule synthesis, composition, and structure [J]. Plant Physiol, 2002, 129: 516-529.

[175] ZHANG H, HOU J, LIU J, et al. Amylase analysis in potato starch degradation during cold storage and sprouting [J]. Potato Res, 2014a, 57: 47-58.

[176] ZHANG H, HOU J, LIU J, et al. The roles of starch metabolic pathways in the cold-induced sweetening process in potatoes [J]. Starch/Stärke, 2017, 69: 1600194.

[177] ZHANG H, LIU J, HOU J, et al. The potato amylase inhibitor gene SbAI regulates cold - induced sweetening in potato tubers by modulating amylase activity [J]. Plant Biotechnol J, 2014b, 12: 984-993.

[178] ZHANG H, LIU X, LIU J, et al. A novel RING finger gene, SbRFP1, increases resistance to cold-induced sweetening of potato tubers [J]. FEBS Lett, 2013, 587: 749-755.

[179] ZHANG C, XIE C, LIU J, et al. Effects of RNAi on regulation of endogenous acid invertase activity in potato (*Solanum tuberosum* L.) tubers [J]. Journal of Agricultural Biotechnology, 2008, 16 (1): 108-113.

[180] ZHU X, GONG H, HE Q, et al. Silencing of vacuolar invertase and asparagine synthetase genes and its impact on acrylamide formation of fried potato products [J]. Plant Biotechnol J, 2016, 14 (2): 709-718.

[181] ZRENNER R, SCHÜLER K, SONNEWALD U. Soluble acid invertase determines the hexose-to-sucrose ratio in cold-stored potato tubers [J]. Planta, 1996, 198 (2): 246-252.

[182] ZRENNER R, WILLMITZER L, SONNEWALD U. Analysis of the expression of potato uridinediphosphate-glucose pyrophosphorylase and its inhibition by antisense RNA [J]. Planta, 1993, 190 (2): 247-252.

第四章

马铃薯块茎休眠

第一节
马铃薯块茎休眠的生物学基础

一、块茎休眠的定义及类型

（一）块茎休眠的定义

在自然界中，所有的生命体都会在生命周期中的某些时刻遇到不利的外界环境，生物体应对不良环境的策略非常重要，很大程度上可以决定其能否存活。休眠或发育（代谢）停止的现象是生物体在环境压力下提高生存概率的常见应对策略。从简单的单细胞生物到复杂的多细胞生物均有休眠现象，休眠机制是生物对极端环境的早期适应（Stearns，1992；Henis，1987）。不同于动物可以主动逃避极端环境，植物具有固着生长、无法主动改变生长地理位置的特点。这个特性决定了植物要有高度的生长发育可塑性，才能更好地适应周期性的季节变化以及各类非生物胁迫，以保存生命力。为此，植物进化出了特定的休眠机制来适应环境变化。

植物休眠被描述为“植物的所有组织停止任何可见生长的现象”（Lang等，1987），它可以发生在任意植物组织中，尤其是在种子、营养芽等生殖器官中比较常见，植物的分生组织也有明确的休眠现象。休眠是种子的生理特性，它会在特定的环境条件和特定的时间内阻止发芽（Baskin和Baskin，2004）。或者当季节或外部环境不利于生长时，植物或其组织器官就进入休眠阶段；一旦季节或外部环境对生长有利，休眠就会被打破，新的生命周期启动（Lang等，1987；Anderson，2015）。根据植物物种，以及特定的气候和栖息地的多样性，植物已经形成了各种各样的“生长障碍”或休眠机制（Willis等，2014）。

马铃薯植株生长发育到一定时期，地下匍匐茎（地下茎）停止伸长生长，其顶端开始膨大，同时伴随着营养物质的不断累积，最终形成马铃薯块茎（Goodwin，1967；连勇，2004）。马铃薯块茎本质上就是膨大的匍匐茎（Harris，1992），所以其表面呈螺旋状排列着侧芽分生组织，类似于匍匐茎上的腋芽，而块茎上的顶芽则类似于匍匐茎最末端的芽。

什么是马铃薯块茎的休眠，马铃薯块茎在什么时候开始休眠？这是学界一直有争议的问题。Burton认为马铃薯块茎刚开始形成的时候其休眠期就已经开始了，即休眠期从匍匐茎尖端开始膨胀时算起（Burton，1963，1968，1989），Claassens和Vreugdenhil（2000）也认同该观点，这也是为什么同一品种中，相比较大的块茎，较小的块茎收获后休眠期更长。此外，也有很多研究以马铃薯块茎收获日期为块茎休眠的起点，但是在田间条件下，收获日期变化很大，且主要取决于播种日期、天气条件、田间条件、采收设备状态等与生理状态无关的因素。Rosa和Davidson等认为块茎收获后，顶端芽生长缓慢，不存在停止生长的时期（Rosa，1928；Davidson，1958）。Sadler（1961）也赞同上述观点，并进一步提出马铃薯块茎收获后没有真正的休眠，她认为处于休眠期块茎上的芽仍在不断生长，直至肉眼可见。但Goodwin（1966，1967）发现在块茎休眠期间，芽并没有持续生长，有时顶芽会突然生长0.1~0.2mm，随即停止生长。Krijthe（1962）也补充发现，未成熟时收获的块茎芽上的叶原体数量直到休眠结束才增加，在休眠期间生长呈停滞状态。Burton（1968）提出无论上述所争论的生长现象是否存在，都属于休眠期内，而且马铃薯块茎发芽时间受品种的影响很大。van Ittersum（1992）通过对处于休眠期的2个不同品种马铃薯（休眠期较短的Diamant和休眠期较长的Désirée）进行观测发现，Diamant至少有60d块茎上的芽是停止生长的，Désirée块茎上的芽则有至少95d停止生长（图4-1）。上述两个品种的马铃薯从预计开始发芽到芽长达2mm均需20d左右。1985年欧洲马铃薯协会对马铃薯的块茎休眠做了统一的定义，即在最适宜的发芽条件下，马铃薯块茎也不会发芽的生理状态定义为马铃薯块茎的休眠（Lang等，1987）。对于休眠期结束的认定，目前的标准比较统一：块茎上至少一个芽发芽，且芽长达到1~3mm（EAPR definition）（Reust，1986），一般以2mm为标准；此外van Ittersum和Scholte（1992）进一步定义马铃薯休眠为从块茎收获到80%的贮藏块茎发芽（芽长至少2mm）。

图4-1 顶端芽纵切面的扫描电子显微图（引自van Ittersum，1992）

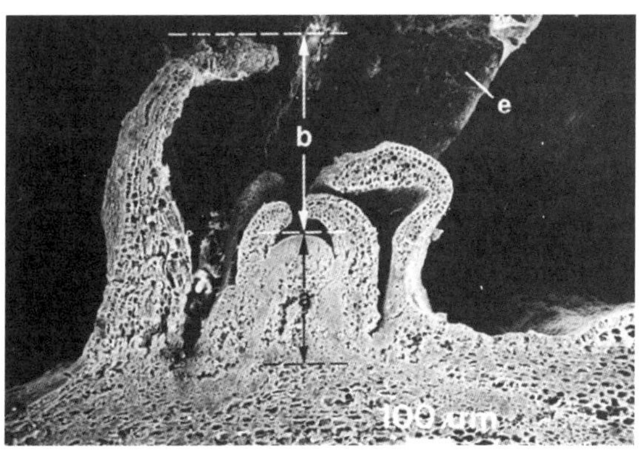

（1）cv. Désirée发芽66d后

（2）测量芽生长的非破坏性装置（一个指针放在芽的顶端，另一个指针放在块茎组织上）

［竖线a表示芽轴的长度，竖线b表示芽的其余部分的长度。芽眼的部分鳞片叶在背景中可见（e）］

学术界对马铃薯休眠的具体定义虽然存在异议，但其核心内容基本一致，即块茎上的芽在合适的生长条件下也不能够恢复生长的状态。为了对休眠有更好的理解，我们需要明白这是一个连续的过程，且萌发障碍发生在不同的层次。在休眠状态的块茎内，物质能量代谢并没有彻底停滞，而是保持在维持生存所需的最低状态。经过一段时间的贮藏，马铃薯块茎通过自身的物质代谢调控，解除休眠，开始发芽生长，开启新的生命周期。

（二）块茎休眠的类型

关于马铃薯块茎上芽的休眠类型，有很多不同的说法，目前比较主流的说法主要有以下两种。一种观点认为，同其他植物的休眠一样，可以根据休眠的决定因素分为三大类型（或者说休眠可能会经历三个阶段，但通常情况下这三种类型的休眠会重叠出现）：内休眠（生理休眠）（Endodormancy）是一种深度休眠阶段，主要是由内部生理因素造成的，分生组织的结构受到内部生理因子抑制，在这种休眠阶段中，收获后的贮藏条件对马铃薯块茎发芽的影响非常有限，即使处于极佳的环境条件下马铃薯块茎也不会发芽。外休眠（类休眠）（Paradormancy）通常是由休眠器官以外的其他器官引起的，是影响结构的生理抑制因子造成的，有观点说外休眠是由顶芽的生理控制即顶芽优势造成的，分生组织受到外部生理因素抑制。生态休眠（Ecodormancy）通常是由于分生组织受不利的外部环境因素影响而引起的休眠，将处于这种休眠类型的马铃薯块茎置于有利发芽的环境中，可能会打破休眠开始发芽，但低温等不利因素还是能够抑制发芽（Lang等，1987；Suttle，2007）。

在马铃薯的生命周期中，通常上述三种休眠类型均有表现（图4-2）。从马铃薯块茎开始形成到收获后的一段时期内，块茎上的分生组织（芽眼）都处于内休眠阶段，不会发芽。内休眠的持续时间在很大程度上取决于马铃薯的品种，有报道称块茎生长发育时期的环境条件也会影响内休眠期的长度（Davidson，1958；Allen，1976；Burton，1978）。在高于5℃的温度下贮藏一段时期，内休眠解除并开始发芽，通常情况下顶芽会优先生长，而侧芽分生组织则受到抑制（顶端优势）。如果将马铃薯块茎贮藏在3℃或者更低的温度下，这时尽管块茎已打破内休眠，仍会保持休眠状态，此时块茎处于生态休眠阶段，此阶段马铃薯块茎的休眠主要受低温等不利因素影响（Lang等，1987；Suttle，2007；张丽莉，2003）。

另一种说法认为，马铃薯块茎的休眠可以分为两种类型：初生休眠，块茎成熟前的休眠状态，且休眠强度会随块茎的成熟而发生降低；次生休眠，指的是在初生休眠结束后由于环境因素引发的休眠（Baskin，1998；Bewley，2013；Cadman等，2006）。初生休眠是在后熟过程中逐渐被打破的，当块茎开始生长时，如果暴露于不利条件，则可以诱导次生休眠，破坏初生休眠，引起萌发和诱发次生休眠的因素之间

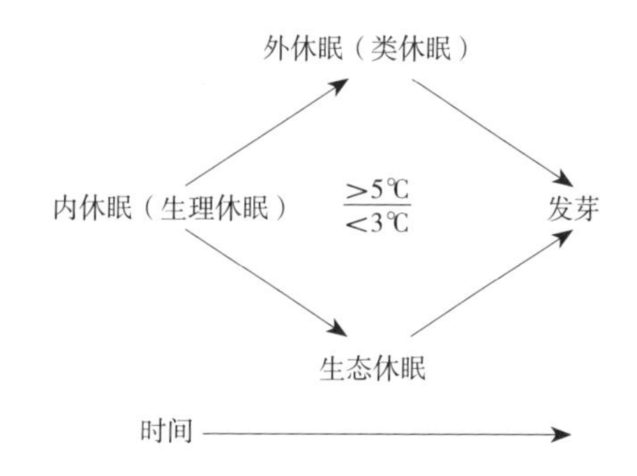

图4-2 马铃薯块茎在贮藏期间的休眠（引自Suttle和Jeffrey，2007）

是相互影响和相互作用的，并最终导致发芽（Baskin，1998）。

有研究表明处于休眠状态的组织或生物对极端环境的抵抗力更强（Hand和Hardewig，1996），例如，许多霜冻敏感植物的种子可以在致死的低温环境下存活（Osborne，1981）。马铃薯植株也对霜冻敏感，但是目前没有研究证实休眠状态下的马铃薯块茎对低温的耐受性高于未休眠的块茎或植株。马铃薯块茎的休眠，主要是为了防止其在夏末或初秋时发芽，从而避免将幼苗暴露于冬季低温中。马铃薯块茎的休眠特征，为其在温带气候下提供了很大的生存优势（Suttle和Jeffrey，2007）。

马铃薯栽培品种数目众多，不同品种的马铃薯块茎的休眠期长短变化很大，基本上从0到9个月以上不等。马铃薯块茎的休眠是一个非常复杂的过程，环境、生理、遗传（基因型）等因素均有着直接或者间接影响。野生马铃薯的休眠期普遍长于马铃薯栽培品种，唯一例外就是*S. phureja*，其块茎及种子的休眠期都非常短。

（三）块茎休眠期评价

从马铃薯成熟杀秧开始到80%块茎发芽且每个块茎上至少一个芽长超过2mm持续的天数计算块茎休眠期。块茎的休眠期一般在室温（18～20℃和85%～95%相对湿度）贮藏条件和低温（2～4℃和85%～95%相对湿度）贮藏条件下进行评价。马铃薯的休眠期按照表4-1划分为3个休眠等级。

表4-1 马铃薯块茎休眠期评价等级

休眠期等级	贮藏条件（黑暗）	
	室温条件（18～20℃）	低温条件（2～4℃）
短休眠期/d	<75	< 95
中等休眠期/d	75～95	95～125
长休眠期/d	> 95	> 125

1．块茎休眠期评价方法

（1）记录块茎的生长条件　包括生态条件，如热带低地、温带高原或低地等；日照时间；月平均最高气温和最低气温（℃）；月平均空气相对湿度（%）；月平均降水量；土壤（10cm深）温度（℃）。

（2）记录块茎贮藏设备的环境条件　包括存储设施（培养箱或者智能贮藏库）；最大、最小和平均温度（℃）；相对湿度（%）。

（3）记录块茎生育周期各个阶段的时间　包括从种植到杀秧的天数；从切除茎到收获的天数；收获后到贮存前的天数；贮存天数（开始到试验结束）。

（4）试验实施过程

①准备样品，每个马铃薯品种随机选择30个直径为50～70mm的块茎为一个重复，避免贮存有伤和破皮的块茎，表皮擦伤或受损的块茎必须剔除。试验设3个重复。

②将每个块茎用黑色记号笔编号，置于干净塑料托盘，放在培养箱内。

③设置马铃薯块茎发芽条件。

温度：室温贮藏温度为20℃±1℃，低温贮存温度为4℃±1℃；

湿度：室温和低温贮藏相对湿度为85%～95%；

光照条件：室温和低温贮藏无光照，暗培养。

④状态观察记录：贮藏前20天每10天观察记录一次，之后每3天观察记录一次，待有块茎发芽后每1天观察记录一次。

⑤结果统计分析：比较室温和低温贮藏条件下马铃薯块茎休眠期时间，计算相关系数r，并进行显著性检验。

2．块茎收获注意事项

收获前注意事项：马铃薯块茎收获10～15d前开始杀秧；马铃薯杀秧两周前停止灌溉；挑选外表皮光滑无损伤的马铃薯块茎以防止贮藏期间感染真菌病害；手动清理掉马铃薯块茎表皮的泥土和腐败物，禁止用水清洗。

收获后注意事项：收获的马铃薯块茎在10～20℃温度条件下，85%～95%的相对湿度条件下晾干15～20d，使愈伤恢复并促进块茎成熟，期间避免25℃以上的高温。贮藏前对马铃薯块茎贮藏设施进行清理，并对贮藏制冷通风加湿等设备进行检查和维护。

二、块茎休眠的形态学机制

植物种子休眠的一个重要原因就是自身物理结构因素，比如种皮或种壳限制了发芽。但马铃薯块茎并不存在类似种皮的结构限制，主要由保护组织、分生组织、贮藏组织和输导组织组成。块茎收获早期，其周皮还没有完全木栓化，仍有大量的水分从薯块内部蒸发出来。而由于薯块内的呼吸作用旺盛以及水分的不断蒸发，薯块的质量在这个阶段显著减少。贮藏一段时间后，块茎表皮完全木栓化，通透性减弱。进入贮藏中期，此时块茎呼吸强度减弱，水分蒸发量也减少，这个阶段对薯块的养分消耗最低。进入萌发期后，块茎逐渐解除休眠，表皮木栓化消失，细胞代谢激活，呼吸作用加强，贮藏的淀粉转化为可溶性糖，并开始出现分化芽。这个阶段会出现块茎外观萎蔫，主要是淀粉被大量转化为可溶性糖并进一步被代谢消耗造成的（王亚鹏，2019）。文义凯等（2013）利用石蜡切片分析了马铃薯品种“Favorita”块茎在室温贮存条件下休眠解除过程中的形态组织学变化，发现休眠期块茎的芽眼分生组织细胞停止分裂。伴随着休眠的解除，芽眼分生组织细胞开始分裂，且分裂速度越来越快，芽原基最终形成一个完整的芽。在此过程中，观察到芽原基周围部分细胞程序性死亡，最终发育形成环纹、螺纹导管（图4-3）。

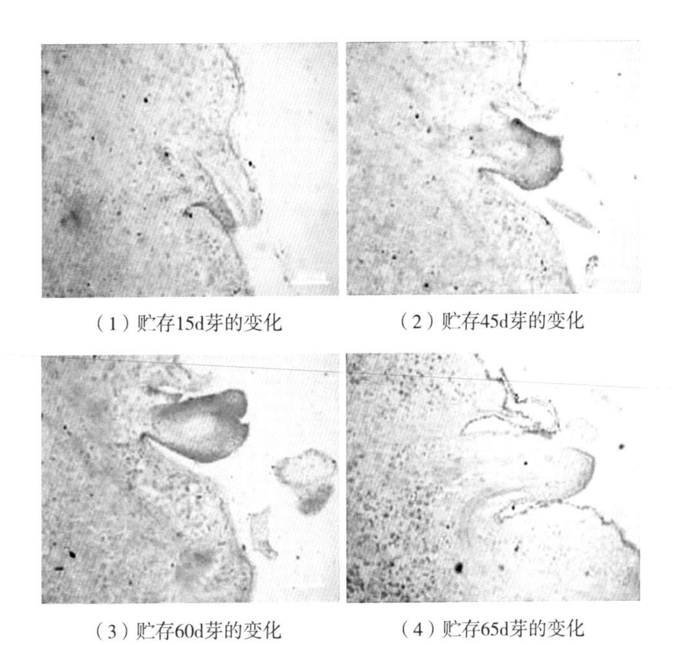
（1）贮存15d芽的变化　（2）贮存45d芽的变化
（3）贮存60d芽的变化　（4）贮存65d芽的变化

图4-3　马铃薯芽在贮藏过程中的变化（引自文义凯等，2013）

三、块茎休眠的生理生化机制

马铃薯块茎休眠期的长短及强度受许多因素的影响，包括遗传背景（品种）、块茎成熟度、块茎生长期环境、贮存条件、内源和外源的休眠解除化合物以及块茎损伤。而在这些因素中，遗传背景可能是最重要的（Aksenova等，2013）。如果保持相同的田间和贮藏条件，则可以进行品种间的休眠比较。生长期环境条件影响许多品种的块茎休眠行为，这也解释了相同品种在不同生长环境下出现的休眠差异（Sonnewald，2001）。休眠期块茎在生理、生化层面上发生了很多变化，但是这些变化并不会立即触发块茎的形态学变化，而是与打破休眠后的芽眼数目和生长活力息息相关。

（一）块茎生理年龄

同一品种、相同生长环境的马铃薯块茎展现出的休眠差异，在很大程度上源于块茎大小的变化，较小的块茎比较大的块茎具有更长的休眠期，未成熟块茎通常比收获时已成熟的块茎具有更长的收获后休眠期，它们之间可能有数周的休眠期差异，这主要是由于休眠始于块茎形成的起始阶段，较小（较幼嫩）块茎的收获后休眠期要比较大（较成熟）块茎的休眠期更长（Suttle，2007）。匍匐茎端的芽最早开始休眠，而块茎顶端的芽最后休眠（van Ittersum，1992）。块茎具有内在的发芽潜力，在一定限度内随着块茎年龄的增长，发芽潜力增大，但是经过长时间的贮存，种子的发芽能力反而会下降（Krijthe，1962）。生理老化过程从块茎萌发开始就一直持续（Toosey，1964），在块茎形成过程中，与相同条件下贮存的成熟块茎相比，未成熟的块茎在给定的时间点似乎具有更大的发芽能力。

（二）温度

休眠深度是由基因决定的，但是母本植物所经历的环境条件会极大地影响种子的特性和性能（Baskin和Baskin，1998；Fenner和Thompson，2005）。温度是种子成熟期间影响种子休眠深度的主要因素，母体植株经历低温，往往会加深种子休眠程度（Huang等，2014；Springthorpe和Penfield，2015），同样马铃薯块茎形成时的低温和高温天气也会分别导致休眠期的延长和缩短（Krijithe，1962；Burton，1989；Rodriguez等，2015）。马铃薯地上植株死亡时的环境温度对块茎生理年龄和休眠期长短有很大影响。如果在收获前后的短时间内遭遇高温天气，马铃薯块茎的休眠期会迅速结束，在高于50℃的温度下休眠期最短。根据马铃薯品种的不同，极高的田间温度（>35℃）可导致块茎休眠期的缩短乃至解除，这一生理失调的现象称为热发芽（van den Berg，1990；Suttle，2007）。随着田间温度回落到季节正常水平，块茎也会恢复到休眠状态；这种温度异常引发的休眠反常现象，会导致块茎淀粉含量的显著降低，还原糖相对含量增加，以及块茎品质下降（van den Berg等，1991；Suttle，2007）。昼夜温度的波动也会影响块茎休眠，更大的昼夜温差会缩短马铃薯块茎的休眠期。

马铃薯块茎的贮藏温度对休眠期的长度也有显著影响，较高的贮藏温度会加速块茎的生理衰老，从而缩短休眠期。有报道称，低温（1～3℃）会缩短长休眠期品种的休眠期（Allen，1976；Harkett，1981），但是Davidson（1958）和Burton（1978）报道，较高的贮存温度（约30℃）可能会提前终止马铃薯休眠期。在3～25℃之间，块茎休眠期的长度与贮存温度成反比（Burton，1989），贮存在3℃或更低温度下的块茎则会处于生态休眠状态，无论生理休眠是否结束，块茎都不会发芽；当贮藏温度≤2℃或≥30℃时，块茎会突然终止休眠，并且在温度恢复到正常水平后开始萌芽（Wurr和Allen，1976）。贮藏期的温度波动会打破块茎的休眠（Burton，1963）。1976年，Wurr和Allen报道把贮存在10℃的块茎转移到2.8℃的低温下贮藏14d，再将温度恢复到15.6℃，休眠会被打破，而且芽的生长速度加快。还有研究发现，与一直贮存在15℃的块茎相比，在2℃贮存14d再转移到15℃贮存的块茎含有更多的赤霉素和较少的生长抑制剂活性（Thomas和Wurr，1976），这也可以解释低温保存一段时间后马铃薯块茎发芽率增加的现象。尽管在贮存期间的低温可以延长休眠期，但会导致还原糖含量（主要是葡萄糖）的减少，所以贮存温度低不适用于需要深度加工的马铃薯（Muthoni，2014）。

（三）贮藏气体环境

除去极端的情况，贮藏环境中的气体成分对块茎休眠影响不大（Suttle，2007），但是不论块茎的生理年龄如何，大约一周的缺氧处理就可以打破休眠状态（Burton，1968；Thornton，1938，1939）。Thornton（1939）的研究表明，在O_2浓度为20%～80%的情况下辅以高浓度的CO_2（10%～60%），比完全由氮气创造的无氧环境可以更有效地打破休眠。在CO_2（10%～60%）/O_2（<10%）的低氧环境下处理10d，或CO_2（60%）/O_2（40%）的气体环境都会终止休眠，且与品种无关（Colemanand和McIcerney，1997）。据报道，用非生理浓度的CO_2（20%）和O_2（40%）处理休眠的块茎可以有效终止块茎的休眠（Coleman，1998）；相反，CO_2浓度≤10%本身对休眠时间没有影响，但可通过拮抗乙烯从而刺激休眠结束后新芽的生长（Burton，1989）。Thornton（1933）最初观察到，在环境温度25℃、CO_2浓度40%～60%、O_2浓度20%的环境中处理块茎3～7d，可以有效地打破休眠。同时，他也证明了高浓度（20%～80%）的O_2可以增强这种效果（Thornton，1939）。此外，一些研究结果还表明CO_2具有双重作用，浓度为15%时抑制芽苗的生长，而浓度较低时刺激芽苗的生长（Burton，1985）。

（四）光周期

休眠期的长短还取决于生长过程中的土壤和天气条件，收获时的块茎成熟度，贮存条件以及块茎是否受到伤害（Ezekiel和Singh，2003）。但是在田间条件下，很难确定光周期对休眠的影响，观察到的任何影响都可能与块茎萌发的时机或成熟速率有关，而不是与休眠本身有关（Burton，1989）。当微型块茎暴露于8h的光周期而不是在块茎萌发期间完全处于黑暗中时，其休眠时间显著减少（Tovar等，1985）。收获后贮存期间有无光照对休眠时间影响不大，但对休眠结束后出芽的形态有显著的影响（Suttle，2007）。

（五）内源植物激素

马铃薯块茎的休眠是一个高度受控的过程，从快速膨胀到休眠再到打破休眠的整个过程中涉及多种内源植物激素的合成和共同作用（图4-4）。

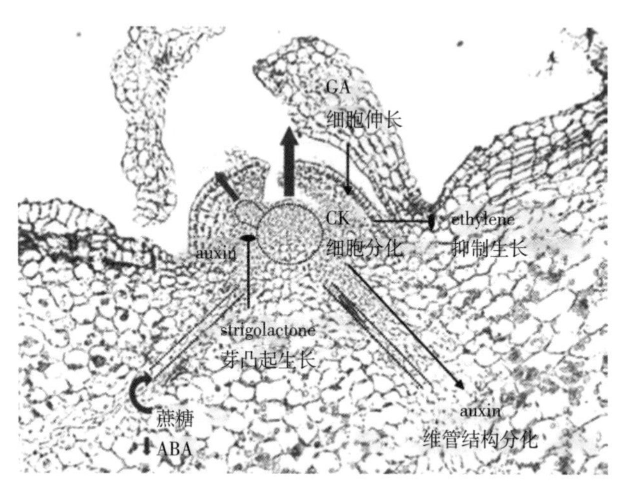

图4-4　块茎休眠和发芽的激素调控模型（引自Sonnewald等，2014）

蔗糖转运到薄壁细胞和低脱落酸（ABA）水平是块茎诱导出芽的先决条件。细胞分裂素（cytokinin，CK）刺激芽中细胞的分裂，协调生长素（auxin）和乙烯（ethylene）的反应。生长素可能对维管系统和顶端芽的早期分化起重要作用，而乙烯则会抑制生长，因此在芽的启动过程中会被下调。赤霉素（gibberellin，GA）是可以打破休眠的激素，需要细胞分裂素来促进枝条的生长和伸长。近年来的研究发现，独脚金内酯（strigolactone）是赤霉素和细胞分裂素下游的负调控因子

1. 脱落酸

Hemberg（1949）首先认识到块茎休眠的过程中可能存在生长抑制物质。随后的研究证明，块茎休眠的终止伴随着酸性抑制物质含量的急剧下降（Hemberg，1949；Hemberg，1985）。Cornforth（1966）证明脱落酸（ABA）是这种酸性抑制物的主要成分之一。越来越多的证据表明ABA是块茎休眠的主要调控物质，主要通过抑制细胞的分裂生长与淀粉酶、蛋白酶以及部分核糖核酸酶的活性，进而抑制块茎中物质能量代谢，抑制分化芽的生长（Lulai等，2008；Suttle等，2012）。一定浓度的外源ABA可以抑制非休眠状态的马铃薯块茎发芽（El-Antably等，1967；Holst，1971）。在休眠块茎中，刚收获时块茎的ABA含量最高，尤其是生长点和周皮中，贮藏组织的ABA含量最低。随着贮藏时间的增加，块茎休眠减弱，不同组织均呈现出ABA含量显著下降的现象（Korableva等，1980；Suttle，1995；Biemelt等，2004），但芽眼周围的周皮和底部皮层的ABA含量减少不显著（图4-5）（Destefano-

Beltran等，2006）。Biemelt等（2000）对6个休眠期长度不同的品种进行了研究，发现所有品种的ABA含量在贮藏期间都有所下降，但未发现最终ABA水平与发芽行为之间的相关性。使用ABA合成抑制剂氟啶酮降低块茎内源ABA含量，结果导致块茎提前发芽，从而证明了ABA合成对块茎维持休眠状态的重要性。相反，外源ABA通常只能在短期内对块茎发芽产生一定的影响。ABA在代谢上很不稳定，外源ABA处理未能延长块茎休眠期的原因可能是其代谢速度太快（De Stefano等，2006）。用外源细胞分裂素和热胁迫破坏块茎的休眠，会导致ABA含量下降（Ji和Wang，1988；van den Berg等，1991）。

图4-5 采后贮藏对块茎内源游离态ABA含量的影响（cv. Russet Burbank，贮藏期：2004—2005年）（引自Destefano-Beltran，2006）

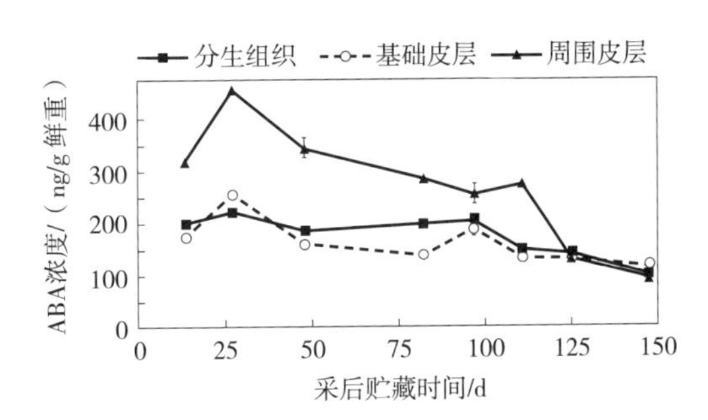

取材前3d，将块茎从3℃转移到20℃。ABA含量通过HPLC-MS测定（SE，n=3）。

2. 赤霉素

赤霉素（GAs）与ABA一样，也被证实在种子休眠和发芽过程中起着关键作用（Raz等，2001），在很长一段时间内，人们一直认为GAs可以终止块茎的休眠（Brian，1955；Hemberg，1985）。休眠块茎中的类GAs活性较低，其活性随发芽开始而增加（Smith和Rappaport，1961；Bialek和Bielinska-Czarnecka，1975）。外源赤霉素（尤其GA_3）也被证实可以促进休眠马铃薯发芽（Rappaport，1969）。浸种或茎杆喷施，均能起到促进打破休眠的作用。

然而最近有研究不支持上述早期观点，表明内源赤霉素可能并不控制块茎休眠。马铃薯内源赤霉素是通过13-羟基化途径合成，其生物合成顺序如下：GA_{19}→GA_{20}→GA_1→GA_8（Hedden和Phillips，2000），其中GA_1是有生物活性的激素，而GA_8无活性（Jones等，1988；van den Berg等，1995；Carrera等，2000）。这一观点也得到了实验证明，给马铃薯块茎注射GA_{19}、GA_{20}、GA_1均能终止休眠，但注射GA_8不能打破休眠（Suttle，2004）。内源GA_{19}、GA_{20}和GA_1的含量在块茎收获后相对较高，随着贮藏GA_{20}和GA_1含量会先下降，在发芽时含量再次升高（Suttle，2004）。有趣的是，在发芽初期，这些有生物活性的GAs的水平比深度休眠的块茎中要低。马铃薯矮秆突变体的块茎休眠与正常马铃薯相似，但是矮秆突变体块茎中检测不到GA_1（图4-6），而且发现施用赤霉素合成抑制剂后会促进块茎提前发芽（Suttle，

2004）。此外，过表达外源GA_{20}-氧化酶基因的植株，其内源GAs含量增加，会导致块茎提前发芽，但降低马铃薯植株内源GA含量则对块茎休眠没有影响，反而会降低休眠结束后芽的伸长生长（Carrera等，2000）。总的来说，这些结果均不支持内源GAs在块茎休眠本身的作用，但它对随后芽的生长有一定的作用。

（1）温室栽培植物的植物和块茎形态

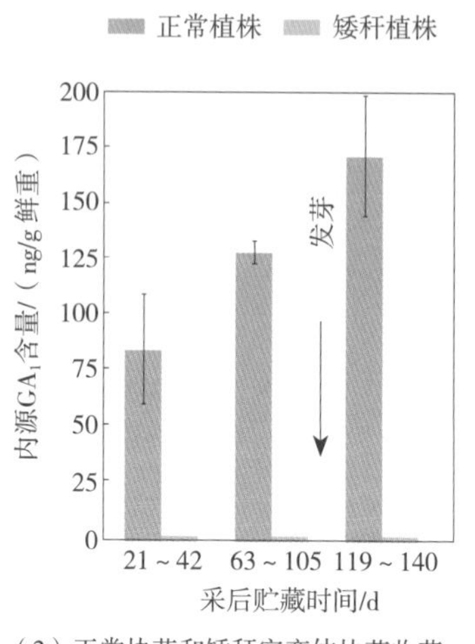

（2）正常块茎和矮秆突变体块茎收获后内源GA_1的含量

图4-6　马铃薯矮秆突变体和正常植株的表型及内源赤霉素（GA）含量（引自Suttle，2004）

3. 细胞分裂素

细胞分裂素被认为在种子休眠过程中起一定的作用，但不是必需作用（Thomas，1990）。虽然细胞分裂素已经被证实参与胚芽顶端优势的解除（Chatfield等，2000），但它们在季节性内休眠中的作用尚不确定（Powell，1987）。细胞分裂素在植物组织中代谢迅速（Auer，2002）。人工合成和天然的细胞分裂素都能打破马铃薯块茎的休眠并刺激芽的生长（Hemberg，1970），但是在收获后和贮藏初期，外源细胞分裂素对休眠没有影响（Turnbull和Hanke，1985；Sukhova等，2002）；贮存一段时间后的马铃薯，外源细胞分裂素处理的效果较好，细胞分裂素的作用随着贮存时间的延长而越发明显，在这个过程中块茎休眠的程度也逐渐减弱，这是由于随着贮藏时间的延长，块茎对细胞分裂素的敏感性随时间增加。细胞分裂素敏感性的获得并不伴随着细胞分裂素代谢的定性或定量模式的显著变化（Turnbul，1985；Suttle，1998；Suttle，2002）。Suttle（1998）也强调细胞分裂素作用效果的变化不是代谢失活的结果，而是组织对细胞分裂素敏感性的变化（即可利用的受体和/或活性）。

细胞分裂素类物质的生物活性在休眠块茎中较低，而在休眠解除和芽开始生长之前，有生物活性的细胞分裂素含量增加（van Staden和Dimalla，1978；van Staden，

1979；Koda，1982；Suttle，2000）。在芽开始生长之前，内源玉米素含量也出现了类似的增加，内源玉米素在解除休眠方面和外源玉米素的效果一样（Suttle，1997）。只有10%的^{14}C标记的外源顺式玉米素转变为反式异构体，暗示了顺式异构体最有可能具有生物活性。这两种细胞分裂素的异构体可能都参与了马铃薯块茎休眠的调节，但其机制目前并不清楚。此外，细胞分裂素是细胞周期通过G1/S过渡所必需的（Francis和Sorrell，2001；Del Pozo等，2005）。综上所述，细胞分裂素是马铃薯块茎休眠解除的调节因子。

4. 生长素

吲哚乙酸（IAA）是一类最早被发现的生长素，在植物的整个生长发育过程中均有调节作用。早期研究认为IAA对于马铃薯块茎休眠的解除并没有明显的作用，仅在已发芽的块茎中发现内源IAA增加，这就表明IAA不参与休眠的调控，只是植物休眠解除后芽生长所需要的一类激素（Guthrie，1940）。对于生长素是否对马铃薯块茎休眠的解除具有调控作用还有待于进一步的研究。

内源IAA的含量在休眠初期的块茎中最低，随着贮藏时间的增加逐渐上升，在发芽前达到最大值（Nigg，1995）。Sukhova等（1993）发现，在块茎休眠过程中，IAA的含量一直保持不变，直到发芽后才开始上升。Sorce等（2000）使用气相色谱—质谱（GC-MS）测定发现，芽眼的IAA含量在贮藏（23℃）过程中不断增加，在出芽率达到50%时其含量也达到峰值。如果已打破内休眠的块茎贮藏在低温条件下（3℃），芽的生长被抑制，此时块茎中的游离IAA仅小幅增加，IAA含量最大值还是出现在芽生长开始时。这些结果表明，IAA含量反映的是芽的生长，而不是芽的休眠。外源生长素类对块茎的休眠没有明显作用。低水平的IAA可以促进非休眠块茎上芽的生长，而对休眠块茎上的芽无效。从整体上看，内源生长素并不是块茎休眠的调节因子，但可能在随后的芽生长中起调节作用。

5. 乙烯

乙烯在马铃薯块茎休眠中的作用尚不完全清楚。目前可以明确的是，外源乙烯处理可以打破块茎的休眠，且外源乙烯对休眠的影响与品种以及处理时间有关（Denny，1926；Rosa，1925）。对马铃薯块茎进行约4周的乙烯处理，处理结束后，块茎会加速发芽（Rosa，1925）。Rylski等（1974）证明，乙烯处理72h缩短了休眠时间，但持续用乙烯处理则会抑制芽的生长。Prange等（1998）指出，长期乙烯处理可以增加块茎上芽的数目。在20℃的环境条件下，将乙烯浓度降低到0.01ppm（v/v）以下可以延长休眠期，并减少发芽总数（Wills等，2003）。有报道称，在贮藏马铃薯的环境内释放乙烯化合物可以减少或延缓块茎的发芽（Rama和Narasimham，1982；Cvikrová等，1994）。Burton（1985）发现，高浓度乙烯抑制块茎休眠解除。Rylski（1974）发现，用乙烯短期处理块茎可以促进发芽，但长期乙烯处理则抑制发芽：用乙烯长期处理解除休眠块茎，则抑制芽的伸长。休眠马铃薯块茎中内源乙烯的含量很低，仅在块茎发芽期含量才稍有增加，因此不能作为芽的内源抑制剂。如果乙烯作为一个对缩短休眠起作用的因子，在发芽开始前就应测到乙烯含量增加，但目前还未发现这一现象。因此，乙烯对块茎休眠调控的机制仍需更多的研究。

6. 茉莉酸

随着研究的不断深入，更多的有机物质被发现可以影响马铃薯块茎休眠。茉莉酸就是其中一类，它是脂肪酸的衍生物，具有多种生理活性和调节作用（van den Berbg，1991）。所有的马铃薯组织都存在不同含量的茉莉酸。茉莉酸的一个衍生物，13-羟基茉莉酸已被证实是马铃薯和其他块茎植物自然结薯的促进物（Yoshihara等，1989）。尽管有报道称外源茉莉酸会抑制贮藏马铃薯的发芽（Suttle，2000；Abdala等，2000；Fauconnier等，2003），但其是否是块茎休眠的调控因子尚不确定。

（六）酚类物质

酚类物质在植物生理代谢过程中扮演着至关重要的角色，植物体内的酚类物质以自由态和结合态形式存在（Vaughan，1990）。块茎休眠至休眠解除过程中，常伴随酚含量的变化。其中自由态酚的含量和休眠状态呈正相关，它的含量下降和上升，伴随着休眠期的缩短和延长，这表明其可能参与马铃薯块茎的休眠和发芽的调控。酚类物质对休眠的调控可能通过抑制细胞分裂，进而影响休眠，其中酚酸对rRNA的合成和蛋白质合成均有抑制作用（Korableva，1973）。相关实验也证明自由态酚酸含量的变化与脱落酸含量变化一致，更加说明酚类物质与马铃薯块茎休眠密切相关。

第二节
马铃薯块茎休眠的遗传与分子机制解析

一、块茎休眠基因的定位和鉴定

（一）块茎休眠基因的QTL定位

马铃薯块茎的休眠和发芽是马铃薯商品薯的重要性状。块茎休眠期是一种典型的数量性状，而数量性状位点（quantitative trait locus，QTL）定位分析是寻找调控休眠的关键基因的主要方法。由于马铃薯野生种在育种中可以贡献新的等位基因，所以在二倍体马铃薯野生种寻找与块茎休眠和萌发相关的QTL至关重要。用双单倍体马铃薯无性系与块茎休眠期较长的二倍体野生种*S. berthaultii*进行正反交，在9条染色体上分别检测到了影响块茎休眠的不同QTL。来自二倍体马铃薯野生种*S. berthaultii*的具有加性效应的隐性等位基因能够增加块茎休眠期，其中位于2号染色体上的一个QTL能够解释31%的表型变异（van den Berg等，1996a）。*S. berthaultii*中2号染色体上的一个休眠相关QTL与开花早熟和叶片里的茉莉酮酸衍生物（Ewing等，2004），以及第2和4号染色体上ABA含量的表型变异一致（Simko等，1997）。

在二倍体马铃薯野生种*S. chacoense*的杂交群体中，在2、3、4、5、7和8号染色体上分别检测到22个与休眠相关的标记，可以解释57.5%的表型变异，其中7号染色体上的一个QTL解释了20.4%的长休眠期表型变异（Freyre等，1994）。该QTL与同工酶标记的谷氨酸草酰乙酸酯转氨酶2（GOT-2）位置相近，是*S. chacoense*基因组中与休眠延长相关的重要区域。在2号和4号染色体上发现了与块茎休眠有关的上位性互作，共同解释了二倍体马铃薯野生种*S. berthaultii*中ABA含量性状20%的表型变异（Simko等，1997）。在3、4和7号染色体上检测到的块茎休眠相关QTL与长日照下块茎结薯能力相关的QTL位于相同的位置（van den Berg等，1996b）。一些与植物激素相关的QTL和休眠或块茎形成相关的QTL是一致的（Ewing等，2004）。Sliwka等（2008）的研究从祖先为*S. tuberosum*、*S. chacoense*、*S. verrucosum*（PI 195170）、*S. microdontum*（PI 265575）、*S. gourlayi*（INTA. 7356）和*S. yungasense*（GLKS 67.107/3R）的二倍体作图群体98-21中鉴定到与休眠相关的主要QTL位于2号染色体，可以解释7.1%的表型变异。

马铃薯*S. phureja*具有控制短休眠期的显性等位基因（Freyre等，1994），*S. berthaultii*具有控制长休眠期的隐性等位基因，*S. chacoense*具有控制长休眠期的显性或者隐性等位基因（Freyre等，1994）。Bisognin等（2018）利用二倍体马铃薯野生种*S. chacoense*和*S. berthaultii*构建作图群体，绘制了具有全基因组水平标记的连锁遗传图谱，鉴定到块茎休眠和发芽性状相关的QTL定位在2、3、5、7号染色体上相同或相似的位置，可解释9.5%～16.3%的表型变异（表4-2）。同时发现马铃薯块茎的休眠期与顶端优势解除之间存在高度相关性（0.80）。

Li等（2018）根据二倍体马铃薯群体EB在7个环境中的休眠期表型数据，定位了6个加性QTL，其中2个稳定的主效QTL DorE4.6和DorB5.3在多个环境中显著，分别解释表型变异的14.3%和13.9%（图4-7）。Li等（2020）利用关联分析发现在二倍体马铃薯连锁群体中定位的稳定主效休眠QTL DorB5.3在四倍体马铃薯关联群体St-hzau中也表现显著，表明主效休眠QTL DorB5.3及相应连锁标记可以直接用于马铃薯休眠育种。

表4-2　马铃薯MSX902二倍体遗传群体基因组位置信息和休眠期及顶端优势解除QTL特点

目标性状紧密相连的SNP标记	QTL位点		LOD值	R^2（%）	不同基因型类别的表型平均值				等位基因效应		
	Chr	cM			ac	ad	bc	bd	母本效应	父本效应	互作效应
块茎休眠解除的天数（DR）											
chr02_27.1_c2_45308	2	16.6	4.6	10.0	75.1	88.3	71.1	85.0	7.3	−27.1	0.7
chr03_53.4_c1_16513	3	40.3	4.7	10.3	75.1	73.5	90.5	78.5	−20.4	13.6	−10.3
chr05_5.9_c2_47663	5	20.1	6.7	15.3	75.1	89.3	96.5	90.6	−22.6	−8.3	−20.0
chr05_17.5_c2_51194	5	33.6	4.8	16.3	98.3	106.4	118.1	113.8	−27.2	−3.8	−12.3
chr05_48.9_c2_54370	5	50.3	3.9	9.5	82.2	87.2	96.0	97.7	−24.3	−6.6	−3.3
chr07_47.4_c1_7973	7	32.2	4.3	16.0	85.0	105.3	99.5	111.8	−20.9	−32.6	−7.9
chr09_52.5_c2_42964	9	32.1	4.5	9.8	75.1	87.8	90.3	78.5	−5.8	−0.9	−24.5
chr11_10.8_c2_33913	11	38.7	5.4	12.1	75.1	67.1	87.1	71.6	−16.4	23.6	−7.4
块茎顶端优势解除的天数（ADR）											
chr02_27.1_c2_45380	2	16.6	4.4	10.4	82.0	102.6	89.1	94.8	0.7	−26.3	−14.9
chr03_49.9_c1_5774	3	33.7	4.7	9.5	76.8	100.2	66.3	74.4	36.3	−31.5	−15.3
chr03_51.4_c2_1722	3	37.9	6.6	14.1	76.8	58.2	104.4	89.6	−59.0	33.4	3.8
chr05_5.9_c2_47646	5	15.0	4.3	12.9	77.1	82.5	96.3	87.3	−24.0	3.6	−14.4
chr06_46.3_c2_31981	6	21.2	3.4	9.6	76.5	78.3	90.9	87.6	−23.7	1.5	−5.1
chr07_47.2_c1_7992	7	29.6	3.8	12.3	89.8	105.4	100.7	110.6	−16.1	−25.5	−5.7
chr11_39.9_c2_3680	11	58.7	4.7	9.6	76.9	80.5	82.3	68.1	7.0	10.6	−17.8

R^2—QTL对表型变异的解释百分比 ac，ad，bc，bd两个杂合亲本杂交（ab × cd）后代的四种基因型分离类别，其中为ab母本等位基因，cd为父本等位基因。

（引自Bisognin等，2018）

（二）块茎休眠QTL区域候选基因鉴定

块茎休眠和发芽是受植物激素和碳水化合物代谢调控的复杂生理过程，前期研究将休眠相关的QTL定位到2、3、5和7号染色体上相同或相似的位置（图4-8）。通过检索马铃薯基因组v4.03基因注释文件和相关文献，发现2、3、5、6、7、9和11号染色体上块茎休眠QTL区域与植物激素和碳水化合物调控基因之间存在关联。在5号染色体上9.2Mb处有一个*POTH1*基因（PGSC0003DMG400013493），而在11号

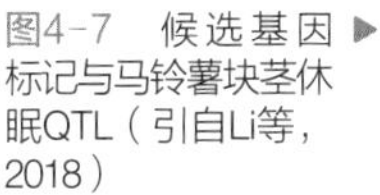
图4-7　候选基因标记与马铃薯块茎休眠QTL（引自Li等，2018）

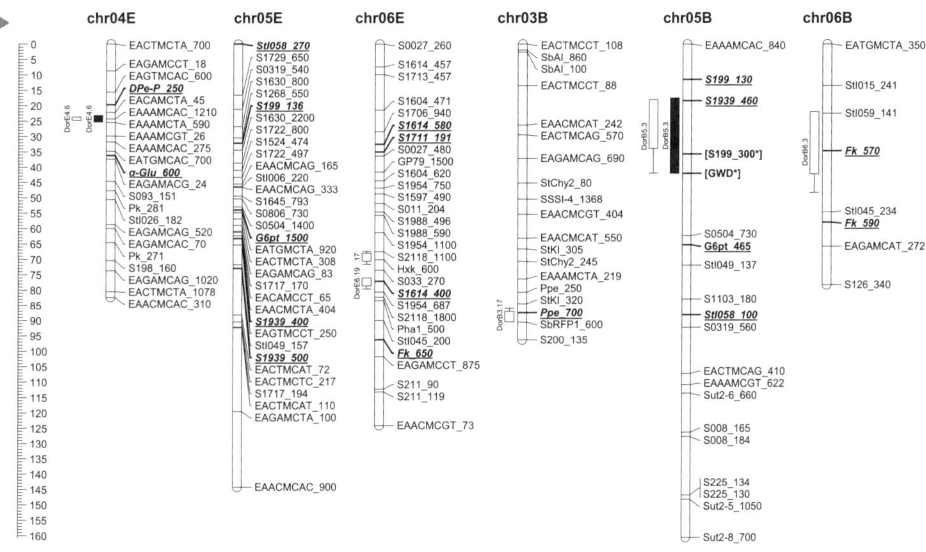

QTL DorE4.6定位于母本ED25（E）的4号染色体，DorB5.3定位于父本*S. berthaultii* acc CW2-1（B）的3号染色体（单位：cM）

染色体上40Mb处有一个*BEL11*基因（PGSC0003DMG400019635），41.4Mb处有一个*BEL34*基因（PGSC0003-DMG400008057），StBEL5和homeobox POTH1相互作用调控赤霉素和细胞分裂素介导的不同发育过程。*BEL3*属于分生组织相关的功能基因。这些基因靠近5号染色体上5.9Mb处休眠与顶端优势解除的QTL以及11号染色体上40Mb处休眠解除的QTL，符合激素水平调控休眠和顶端优势解除的机制。

5号染色体上定位的休眠解除SNP标记（c2_54370）在基因组中位置靠近48.87Mb处的*NCED*基因（PGSC0003DMG400019162），该基因编码在ABA的生物合成途径发挥作用的9-顺式环氧类胡萝卜素双加氧酶蛋白。3号染色体上定位的休眠和顶端优势解除相关QTL区域附近的49.5～49.79Mb区间内有4个半胱氨酸蛋白酶抑制剂基因，其中一个基因（PGSC0003DMG400010143）为ABA响应基因。2号染色体上靠近休眠和顶端优势解除QTL区间20Mb的位置，包含BURP结构域蛋白（PGSC0003DMG400012008）、脱水响应蛋白*RD22*（PGSC0003DMG400019937）、磷酸二酯水解酶（PGSC0003DMG400015507）三个基因。位于23.7Mb处的块茎贮藏蛋白*Patatin3*基因（PGSC0003DMG400000766），以及位于30.14Mb处的淀粉合酶Ⅳ基因（PGSC0003DMG400008322）在化学诱导的休眠解除中被鉴定到（Campbell等，2008）。这些与休眠状态转变和发芽调控相关的脱落酸、生长素和赤霉素基因如*2-Oxoglutarate-dependent dioxygenase-GAD2*（PGSC0003 DMG400011751）和*Gibberellin2-oxidase 2*（*GA2ox2*）（PGSC0003DMG400033046），分别靠近7号染色体上41.2Mb和51.9Mb处的休眠QTL区域。在该休眠QTL区域还有三个生长素基因，分别是位于40.48Mb处的吲哚-3-乙酸诱导蛋白*ARG7*（PGSC0003DMG400013575）基因、位于47.67Mb处的吲哚-3-乙酸氨基合成酶*GH3.6*（PGSC0003DMG400026186）基因和位于48.6Mb处的吲哚-3-乙酸氨基合成酶*GH3.5*（PGSC0003DMG401018368）基因。3号染色体上57.48Mb处和7号染色体上52.53Mb处的*TUBBY*基因可能参与ABA的信号传导（Campbell等，2008）。在6号染色体上顶端优势解除QTL区间内的45.88Mb处，是一个乙烯响应因子1（*Ethylene response factor 1*）（PGSC0003DMG400026136）基因。此外，在9号染色体上48.25Mb处还有一个*Ethylene overproducer-like 1*（PGSC0003DMG400019345）基因（Sharma等，2016），与顶端优势缺失相关的QTL区间位置相似。这些发现表明ABA和ETH在块茎休眠中起重要作用，IAA、CK和GA_3在解除休眠和促进发芽与生长中起重要作用（Aksenova等，2013；Hartmann等，2011）。

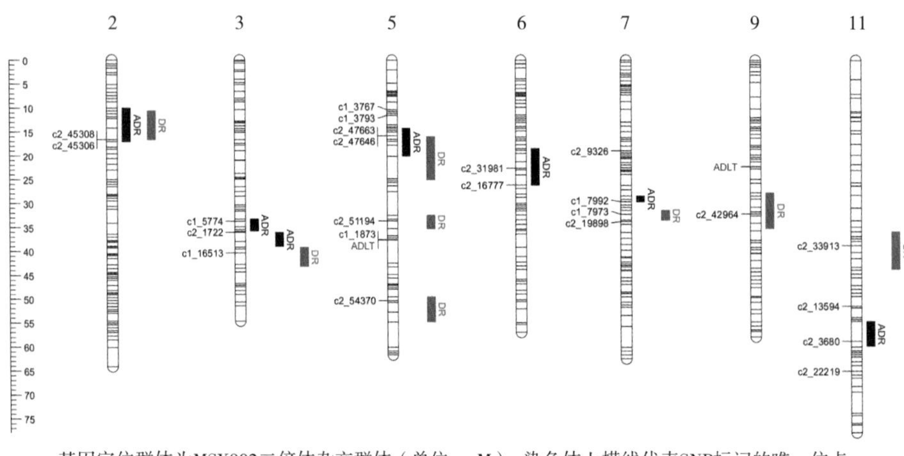

基因定位群体为MSX902二倍体杂交群体（单位：cM）；染色体上横线代表SNP标记的唯一位点。

图4-8　马铃薯染色体上与休眠（DR）、顶端优势解除（ADR）以及顶端优势缺失（ADLT）相关的QTL位点（引自Bisognin等，2018）

Li等（2018）定位的马铃薯块茎休眠QTL DorB5.3与Xiao等（2018）定位的马铃薯还原糖含量QTL REC_B_05-1位置一致。Suttle等（2004）研究表明，马铃薯块茎休眠的解除和萌芽生长伴随着还原糖含量的增加。Vreugdenhil（2007）也证明改变碳水化合物代谢影响马铃薯块茎休眠和发芽。与休眠QTL DorB5.3连锁的GWD是根据葡聚糖水双激酶（*α*-glucan water dikinase）基因开发的候选基因标记（Xiao等，2018），葡聚糖水双激酶在淀粉降解（Mikkelsen等，2005）及马铃薯块茎还原糖含量调节（Lorberth等，1998）中发挥着非常重要的作用。

（三）块茎休眠过程差异表达基因的鉴定

大规模测序技术和高通量筛选技术的发展为块茎休眠基因的发掘提供了基础。近年来许多研究采用不同方法来鉴定块茎从休眠到发芽过程中的差异表达基因。Bachem等（2000）利用cDNA-AFLP技术鉴定了块茎发育期不同阶段（包括休眠期和萌芽期）特异表达的转录本，发现大约有40000个基因在块茎的整个发育期表达。在块茎发育过程中差异表达的转录本数量在块茎形成期最高，休眠期最低，休眠解除和发芽时再次增加。对75个在休眠和发芽过程中差异表达的转录本进行测序，比对结果显示大部分转录本没有显示出与已知基因的任何相似性，其余转录本与编码同源异型蛋白或转录因子的基因同源，但和参与碳水化合物代谢的基因不具有同源性。利用大规模测序技术构建马铃薯特异组织和不同发育阶段的cDNA文库并筛选表达序列标签（ESTs）（Crokshanks等，2001；Ronning等，2003；Kloosterman等，2008），结合生物信息学分析鉴定了与休眠和发芽相关的基因。Ronning等（2003）发现在块茎发芽时，差异表达基因中与翻译有关的基因，如伸长因子EF1B-alpha和核糖体蛋白基因的表达量最高，并与细胞活性的增加一致。应用差异显示（Agrimonti等，2000）或抑制差减杂交（SSH）技术（Faivre-Rampant等，2004；Liu等，2012）从休眠和发芽的块茎中富集休眠解除过程上调表达基因的cDNA文库；Agrimonti等（2000）鉴定到*G1-1*和*A2-1*两个基因在块茎从休眠到发芽的转变过程中被诱导或强烈抑制。反义抑制*G1-1*基因表达使块茎休眠时间显著延长，而降低*A2-1*基因的表达对块茎休眠没有影响（Marmiroli等，2000）。

Faivre-Rampant等（2004）利用休眠和休眠解除块茎构建SSH文库，筛选鉴定到385个差异表达基因。基因注释和功能分类表明大部分基因与转录和翻译相关，表明块茎休眠解除时细胞生物合成活性的增加。该研究发现生长素响应因子家族成员ARF6在休眠解除时强烈上调表达，原位杂交实验证明该基因在芽的分生组织、原形成层和早期维管组织中均大量表达，而在休眠芽中则没有检测到其表达。Liu等（2012）利用休眠与发芽块茎构建SSH文库，鉴定到大约300个差异表达的基因，功能注释表明休眠解除时上调表达基因与转录调控、信号转导、胁迫响应等有关。该研究发现一个ADP核糖基化因子基因*ARF1*可能与休眠解除后芽的生长有关；抑制该基因表达使马铃薯植株的PPO、NR、PLD和SPS活性均发生了不同程度的变化（周香艳等，2016）。Campbell等（2008）利用10-K cDNA芯片对自然休眠解除和化学诱导休眠解除的差异表达基因进行分析，发现转录水平基因表达变化相似。对比休眠和非休眠块茎分生组织，发现贮存蛋白（如Patatin）、蛋白酶抑制剂和ABA诱导基因（RD22家族）都下调表达，表明休眠解除后ABA含量下降，块茎由存储器官向生长阶段转变（Campbell等，2008）。相反，与细胞分裂和生长有关的基因，如编码组蛋白、亲环素和依赖氧化戊二酸的双加氧酶基因表达量增加。Hartmann等（2011）利用44-K基因芯片研究了*AtCKX1*基因过表达马铃薯块茎在GA_3处理3d后芽组织的转录本变化情况，发现GA_3处理的对照有30%的块茎开始发芽，而*AtCKX1*基因过表达块茎并未发芽，在对照块茎的芽分生组织，大多数细胞周期相关基因的表达量增加，与复制和蛋白质合成相关基因的表达量也随之增加。对照中编码细胞骨架和细胞壁修饰等相关的基因也被特异诱导，表明芽恢复生长时细胞进行快速的分裂和增殖。

Liu等（2015）等利用Illumina RNA测序技术在休眠块茎（Dormancy tuber，DT）、休眠解除块茎（Dormancy release tuber，DRT）和发芽块茎（Sprouting tuber，ST）中共鉴定到26639个基因（图4-9），其中5912个基因在DT和DRT之间差异表达，包括3450个上调表达基因和2462个下调表达基因；另外，3885个基因在DRT和ST之间差异表达，包括2141个上调表达基因和1744个下调表达基因。研究发现块茎贮存物质的转运在块茎芽出现之前已经被激活（DT与DRT），在块茎发芽后（DRT与ST）表现增强。与生长素、赤霉素、细胞分裂素和油菜素内酯相关的上调表达基因在休眠解除前起主要作用，而与乙烯、茉莉酸酯和水杨酸盐相关的上调表达基因在休眠解除后起主要作用。各种与组氨酸和细胞周期相关的同源基因主要在休眠解除时上调表达。另外，植物胁迫响应和氧化还原调控也参与了块茎的休眠解除过程，大量参与生物胁迫、细胞壁代谢相关的基因在休眠解除后大量表达，这些基因的上调表达加速了块茎的休眠解除和休眠解除后芽的生长。

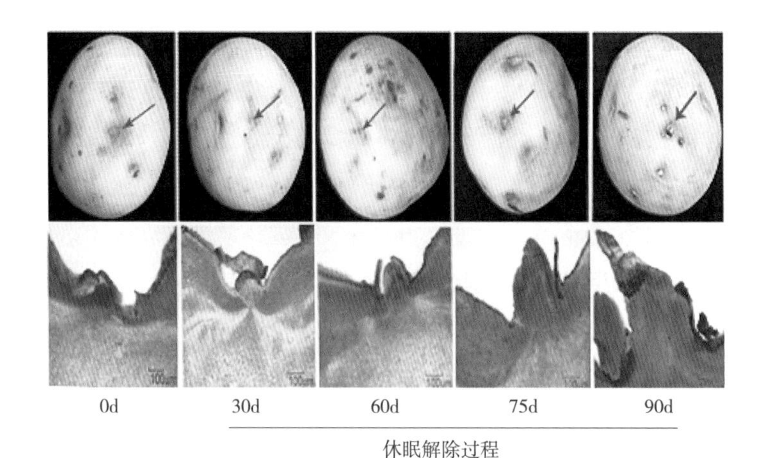

收获0d界定为休眠块茎（Dormancy tuber，DT），60d界定为休眠解除块茎（Dormancy release tuber，DRT），90d界定为发芽块茎（Sprouting tuber，ST）。

◀ 图4-9　室温条件下块茎休眠解除过程中顶芽分生组织的形态变化以及用于Illumina RNA测序取样的时期界定（收获第0天至贮藏第90天）（引自Liu等，2015）

二、块茎休眠的分子调控

马铃薯块茎的休眠过程是一个复杂的生命活动过程。生理生化、遗传学和分子生物学的研究表明，块茎休眠过程主要涉及碳水化合物代谢、激素代谢和抗氧化代谢等方面，这些代谢途径协同作用共同调控块茎的休眠。

（一）碳水化合物代谢调控

碳水化合物代谢的变化伴随马铃薯块茎的休眠过程，在马铃薯贮藏过程至发芽起始时，薄壁细胞中蔗糖含量下降，但淀粉含量保持不变（Davies和Ross，1984，

1987；Biemelt等，2000；Hajirezaei等，2003），高水平的蔗糖能够促进发芽。在韧皮部特异表达外源的胞质转化酶，能够阻断贮藏期间蔗糖通过韧皮部向芽的运输，抑制块茎发芽，并增强了淀粉降解和提高了果糖含量（Hajirezaei等，2003）。无机焦磷酸（PPi）是蔗糖代谢底物，与蔗糖的合成和淀粉降解有关，除去细胞质的PPi可以抑制蔗糖的降解和促进淀粉的合成。PPi可被无机焦磷酸酶（pyrophosphatase，PPase）催化分解为Pi。Farre等（2001）通过块茎特异表达patatin启动子ClPP驱动的大肠杆菌*PPase*基因的表达转化马铃薯，研究表明转*PPase*基因植株的块茎比未转基因对照植株的块茎提前6~7周发芽。表明无机焦磷酸酶能够提高UDP-Glc焦磷酸酶作用，由淀粉降解的葡萄糖-1-磷酸向UDP-葡萄糖的转变，使蔗糖合成能力增加以满足块茎快速发芽的需要。Hajirezaei和Sonnewald（1999）通过光诱导的叶茎特异启动子STLS1驱动的无机焦磷酸酶（PPase）基因的表达来降低细胞溶质中的PPi，结果表明部分转基因植株的块茎室温贮藏两年仍不会发芽，未转基因对照植株的块茎在室温下贮藏4个月开始发芽，作者认为依赖PPi的磷酸果糖激酶活性被抑制，使得糖酵解途径被关闭，导致转基因马铃薯块茎延迟发芽。Si等（2016）发现抑制*PPase*基因表达，使马铃薯块茎中果糖、葡萄糖和蔗糖含量降低，转基因马铃薯微型薯的块茎比未转基因对照植株的块茎推迟2~3周发芽（图4-10）。因此，通过精细调控细胞溶质中的PPi含量可以调控块茎的休眠和发芽。

图4-10　过量表达和抑制*PPase*基因块茎在25℃存放45d后的发芽特性（引自Si等，2016）

OE-G2-2-3—过表达*PPase*基因株系微型薯　AS-G2-1-1—反义抑制*PPase*基因株系微型薯
G2—对照株系的微型薯

海藻糖-6-磷酸（Tre6P）是海藻糖代谢的中间产物，也是调节植物糖代谢等生理过程的信号分子，其数量与蔗糖含量相关。在马铃薯中表达外源海藻糖合成酶A基因（*OtsA*）可以提高Tre6P水平，能够减少块茎中淀粉和ATP含量，延迟发芽，而表达外源海藻糖磷酸化酶*B*基因（*OtsB*）可以降低Tre6P水平，能够积累可溶性碳水化合物、磷酸己糖和ATP，同时，淀粉含量并未改变但块茎产量显著减少，块茎发芽提前（Debast等，2011）。Tre6P信号的一个关键互作因子是蔗糖非发酵相关激酶1（SnRK1），Tre6P能够抑制SnRK1的催化活性，进而调控植物的生长和发育过程。抑制*SnRK1*的表达也能够延迟块茎发芽（Halford等，2003），说明高水平的Tre6P抑制SnRK1生物活性，使得贮藏物质的移动和能量代谢被抑制，进而减少蔗糖合成并延缓发芽。因此，通过SnRK1信号降低Tre6P的水平以使贮藏物质转移，进一步增加了蔗糖含量并促进发芽（图4-11）。

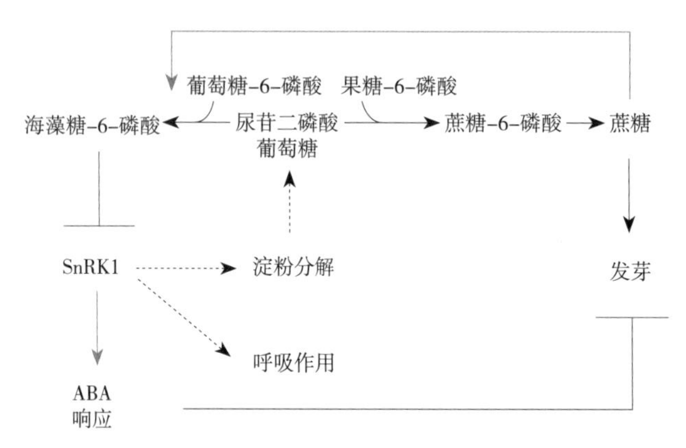

蔗糖转运到芽分生组织部位是诱导发芽的前提条件，随着休眠的进程薄壁细胞蔗糖含量下降。蔗糖含量与海藻糖-6-磷酸信号代谢水平相关，低水平的Tre6P通过激活SnRK1信号途径增强贮藏物质的转移和呼吸作用。另外，SnRK1信号的激活也与ABA分解代谢的激活有关，低水平的ABA是休眠终止和发芽的必要条件。图中绿色代表正调控作用，红色代表副调控作用。

图4-11　马铃薯块茎发芽的代谢调控模型（引自Sonnewald等，2012）

葡萄糖磷酸变位酶催化糖酵解过程中果糖-6-磷酸（Glc6P）和果糖-1-磷酸（Glc1P）相互转变，将CaMV 35S启动子驱动的大肠杆菌葡萄糖磷酸变位酶（*EcPGM*）基因转入马铃薯后，对植株代谢和块茎发育产生副作用，使块茎中淀粉含量降低，但氨基酸含量和呼吸作用增强，并且转基因块茎的休眠期显著延长（Lytovchenko等，2005）。

植物中有三种不同功能的异淀粉酶，其中异淀粉酶基因*ISA1*和*ISA2*与淀粉合成有关，*ISA3*与淀粉降解有关，同时沉默马铃薯中的异淀粉酶基因*ISA1*、*ISA2*和*ISA3*可以减少块茎中的淀粉含量，使淀粉粒变小，蔗糖含量增加，己糖含量减少，块茎表现出提早发芽（Ferreira等，2017）。Hou等（2019）也发现沉默α-淀粉酶*StAmy23*基因的表达能够降低块茎中的还原糖含量，提高低聚麦芽糖含量，并延迟块茎发芽1~2周（图4-12）。

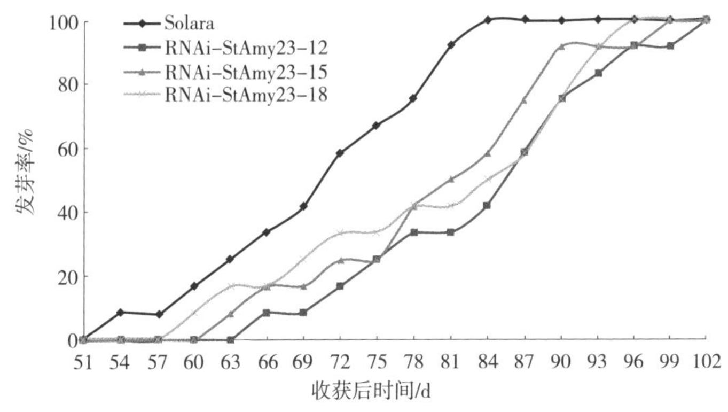

（1）收获后贮藏块茎的发芽率

（2）对照和转基因块茎收获后第80天的表型变化

图4-12 沉默*StAmy23*基因对马铃薯块茎发芽的影响（引自Hou等，2019）

（二）激素代谢调控

马铃薯块茎的休眠与发芽受植物激素调控，一般认为，脱落酸和乙烯与休眠起始和维持休眠有关，而赤霉素（GA）和细胞分裂素（CK）与休眠解除和休眠解除后芽的生长有关。Carrera等（2000）通过超表达马铃薯或拟南芥赤霉素合成关键酶基因GA_{20}*-oxidase*，使转基因植株的GA水平提高，块茎发芽提前，并形成细长的芽。相反，过量表达马铃薯内源赤霉素分解酶基因GA_2*-oxidase*对块茎休眠期没有影响（Kloosterman等，2007）。Hartmann等（2011）用CaMV 35S或者STLS1/CaMV 35S嵌合启动子驱动的拟南芥GA_{20}*-oxidase*和CA_2*-oxidase*基因转入马铃薯后，块茎内源GA水平发生改变并影响发芽特性，异源表达赤霉素降解关键酶GA_2-oxidase后块茎顶芽分生组织发芽延后。Rosin等（2003）研究表明，*KNOTTEN-like*基因是马铃薯块茎内休眠过程中的重要调控基因，在马铃薯中*KNOTTEN-like*基因的过量表达降低了赤霉素在整个植物体中的水平，从而促进芽的休眠，但其调控机制尚不清楚。

拟南芥的细胞分裂素氧化酶基因/脱氢酶1（*CKX*）基因能够降低块茎中细胞分裂素（CK）的含量，*CKX*过量表达能够延长块茎休眠，发芽时间比对照推迟8周，且对GA_3的处理没有反应。转根癌农杆菌异戊基转移酶（*IPT*）基因能够提高块茎中的CK含量，*IPT*过量表达能够促进GA_3介导的离体分生组织发芽。Morris等（2006）将细菌的1-脱氧木酮糖-5-磷酸合成酶（*DXS*）基因导入马铃薯块茎中后，提高了反玉米素核苷的含量，在收获后*DXS*基因表达的转基因块茎顶芽已经开始萌发而对照在贮存

56～70d休眠解除后才开始萌发，*DXS*基因表达后块茎芽开始萌发，但其后56d芽的生长又处于停滞，芽的生长需要重新解除休眠。Galis等（1995）将细胞分裂素合成的关键限速酶异戊烯基转移酶（*ipt*）基因转入马铃薯，使细胞分裂素的水平提高，转基因植株提早复苏。说明CK对马铃薯休眠解除和发芽启动具有重要作用。

独脚金内酯（SLs）作为来源于根的侧芽生长抑制剂参与调控顶端优势，抑制马铃薯独脚金内酯（SLs）生物合成的关键酶类胡萝卜素裂解双加氧酶（*CCD8*）基因表达，会导致块茎形成次生生长，并使休眠期缩短（Pasare等，2013）。抑制*CCD8*基因表达后，顶芽分生组织对CK敏感，而对GA不敏感，说明SLs能够抑制芽的生长并可能在CK和GA的下游起一定作用。

反义抑制多胺生物合成基因*SAMDC*会增加乙烯的释放并改变块茎形状，但对块茎休眠期没有明显作用（Kumar等，1996）。反义抑制马铃薯品种Russet Burbank中乙烯受体基因*ETR1*的表达使4℃贮藏的块茎两年后失去发芽能力（Haines等，2003）。

（三）抗氧化代谢调控

活性氧（Reactive oxygen species，ROS）H_2O_2和超氧负离子（O_2^-）在种子萌发过程中具有重要作用。马铃薯块茎的休眠解除伴随着过氧化氢（H_2O_2）含量的瞬时显著增加，当利用CAT酶抑制剂或者外源H_2O_2处理块茎后能够缩短块茎的休眠期并导致发芽（Bajji等，2007）。反义抑制马铃薯CAT酶基因的表达能够部分抑制块茎中CAT酶的活性，促进转基因块茎快速发芽并增加芽的数量。用外源一氧化氮（nitric oxide，NO）供体硝普钠（sodium nitroprusside，SNP）处理可促进块茎中*StNOS-IP*和*StNR*基因的表达，提高NOS-like和硝酸还原酶（nitrate reductase，NR）活性，从而促进内源NO的产生；然后NO促进GA的生物合成并抑制其分解代谢，使内源GA含量增加，导致块茎发芽。用NO清除剂c-PTIO处理与SNP作用相反，能明显地抑制NOS-like和NR活性，从而抑制内源NO的产生，然后NO抑制GA的生物合成并促进其分解代谢，使内源GA含量减少，从而延长块茎休眠期。外源GA_3处理可促进*StNOS-IP*和*StNR*基因的表达，使NOS-like和NR活性升高，从而促进内源NO的产生。此外，SNP处理可促进*StSOD1*和*StCAT1*基因的表达，使SOD和CAT活性升高，从而提高马铃薯块茎休眠解除过程中抗氧化能力（Wang等，2020）。

（四）表观遗传调控

研究表明，microRNA、LncRNA、DNA甲基化、RNA干扰、组蛋白质修饰和染色质重塑等表观遗传学修饰可以在DNA序列不发生变化的前提下，对细胞或者机体生长发育进行可遗传的调控。DNA甲基化、非编码RNA通过对基因表达进行调控，最终可以导致表型变异。研究发现马铃薯表观遗传变化与休眠的调节、细胞分裂速率的增加和分生组织活性的重新激活有关。在冷移或BE处理诱导休眠解除的块茎分生组织中，在RNA和DNA快速合成之前5′-CCGG-3′甲基化的瞬时降低（Law和Suttle，2003）与组蛋白（H3.1、H3.2和H4）乙酰化的增加能够同时观察到（Law和Suttle，2004）。因此，组蛋白启动子区的胞嘧啶去甲基化和组蛋白的赖氨酸乙酰化是块茎分生组织细胞从休眠到活跃的转变过程中激活转录和基因表达的可能的分子机制。

第三节 讨论与展望

一、块茎休眠的生理机制

马铃薯块茎具有繁殖和商品双重属性，既是马铃薯产业健康持续发展的基石，也是保证产业下游加工产品质量的基础。从20世纪开始各国科学家就着力于探索块茎休眠特性与其生长、贮藏环境之间的关系。目前已经明确，马铃薯植株在生长发育时期所经历的环境会影响其块茎的休眠深度及时间，普遍表现为遭遇低温会延长休眠，高温会缩短休眠时间甚至导致休眠迅速结束。贮藏期间的温度变化不仅影响块茎休眠的特性，同时影响块茎还原糖的含量，影响块茎质量。无氧或低氧环境也被证明可以打破休眠。虽然环境单因子对块茎休眠的影响比较明确，但是关于多因素共同影响休眠特性的探讨不多。如果在这方面有更多的研究，将可能为马铃薯贮藏技术带来突破进展，解决贮藏过程中的提前发芽，以及由此引发的淀粉含量下降问题。

二、块茎休眠的激素通路

块茎休眠的开始和维持都需要ABA，尽管ABA含量的下降与休眠进程有关，并且似乎是休眠中断的先决条件，但很可能没有特定的阈值浓度可以打破休眠。乙烯似乎也起着至关重要的作用，目前具体作用以及与ABA信号传导是否存在相互作用尚不清楚。因此，虽然ABA和乙烯主要与块茎休眠的发生和维持有关，但GA和CKs与休眠和发芽的解除有关。目前关于激素在马铃薯块茎休眠中的作用还有很多问题有待回答，尤其是激素间的互作对块茎休眠特性的影响。

三、块茎休眠的分子机制

大量与信号转导、胁迫响应相关的基因或转录因子在马铃薯块茎解除休眠的过程中强烈地上调表达。然而，这些基因是如何受温度等影响块茎休眠因子的调节还没有完全了解。且由于植物激素在块茎休眠中的重要作用，激素合成、代谢途径中的关键基因在马铃薯块茎休眠中的重要作用也得到了证实，如与ABA合成相关的*NCED*基因，但其表达的细胞机制和分子机制有待进一步研究。另外，利用二倍体野生种在7条染色体上鉴定到休眠相关QTL位点，其中2号和3号染色体上的休眠QTL位点区间内有ABA响应和信号基因，7号染色体上的休眠QTL位点区间内有GA、IAA和ABA信号基因，需要对这些标记区间内的基因进行精细定位和功能研究。其他激素，特别是GA和乙烯，也被证明可以解除休眠，但ABA、温度和这些途径之间的直接联系尚未完全确定。而其他的信号化合物，如茉莉酸和酚类物质，是通过这些相同的途径还是不同的途径发挥作用，目前都不清楚。明确马铃薯块茎休眠的分子机制不是一项艰巨的任务，当块茎开始萌发时，许多基因的表达都会增加，但并不是所有这些基因都直接参与调控萌发本身的启动。在这类研究中，区分相关性和因果关系是特别困难的，但是至关重要，因为任何在块茎发芽后不久表达增加的基因，都会表现出与块茎发芽的高度相关性，但是这些基因是否与阻止或解除休眠过程的机制相关联。在样本收集中，如转录组分析中，对发育时间和样品的精确区分，是区分控制块茎发芽和生长相关的后续事件的关键。突变体和表达操纵（过表达或沉默）在识别这种调节关系方面非常有用。未来研究的课题将是阐明控制块茎休眠的主要因素或主要因素之间的关系。

（刘柏林，晋昕，司怀军）

参考文献

［1］连勇，金黎平，丁明亚．马铃薯块茎发育及休眠调控研究进展［C］．昆明：中国马铃薯学术研讨会与第五届世界马铃薯大会论文集，2004．

［2］刘春华，李春丽，尹桂豪．马铃薯及其制品中龙葵素的研究进展［J］．安徽农业科学，2010，38（7）：3519-3520．

［3］王亚鹏．马铃薯StTCP家族基因鉴定及其对块茎休眠解除的响应［D］．兰州：甘肃农业大学，2019．

［4］文义凯，刘柏林，卢蔚雯，等．马铃薯块茎休眠解除过程的形态学观察与鉴定［J］．中国马铃薯，2013，27（1）：14-18．

［5］张丽莉，陈伊里，连勇．马铃薯块茎休眠及休眠调控研究进展［J］．中国马铃薯，

2003，17（6）：352-356.

［6］AKSENOVA N P，SERGEEVA L I，KONSTANTINOVA T N，et al. Regulation of potato tuber dormancy and sprouting［J］. Russian Journal of Plant Physiology，2013，60（3）: 301-312.

［7］AGRIMONTI C，VISIOLI G，MARMIROLI N. *In vitro* and in silico analysis of two genes（A2-1 and G1-1）differentially regulated during dormancy and sprouting in potato tubers［J］. Potato Research，2000，43: 325-333.

［8］BACHEM C，Van DER HOEVEN R，LUCKER J. Functional genomic analysis of potato tuber life-cycle［J］. Potato Research，2000，43: 297-312.

［9］BAJJI M，HAMDI M M，GASTINY F，et al. Catalase inhibition accelerates dormancy release and sprouting in potato（*Solanum tuberosum* L.）tubers［J］. Biotechnologie Agronomie Societe et Environnement，2007，11: 121-131.

［10］BASKIN C C，BASKIN J M. Seeds-ecology，biogeography，and evolution of dormancy and germination. San Diego: Academic Press，1998.

［11］BASKIN J M，BASKIN C C. A classification system for seed dormancy［J］. Seed Science Research，2004，14（1）: 1-16.

［12］BASKIN C C，BASKIN J M. Chapter 8-causes of within-species variations in seed dormancy and germination characteristics［J］. Seeds，1998，181-237.

［13］BEWLEY J D，BRADFORD K，HILHORST H，et al. Seeds: physiology of development，germination and dormancy［J］. Seed Science Research，2013，23（4）:289-289.

［14］BIALEK K，BIELINSKA-CZARNECKA M. Gibberellin-like substances in potato tubers during their growth and dormancy［J］. Bulletin de l' Academie polonaise des sciences，1975，23: 213.

［15］BIEMELT S，HAJIREZAEI M，HENTSCHEL E，et al. Comparative analysis of abscisic acid content and starch degradation during storage of tubers harvested from different potato varieties［J］. Potato Research，2000，43: 371-382.

［16］BIEMELT S，TSCHIERSCH H，SONNEWALD U. Impact of altered gibberellins metabolism on biomass accumulation，lignin biosynthesis，and photosynthesis in transgenic tobacco plants［J］. Plant Physiology，2004，135: 254-265.

［17］BISOGNIN D A，MANRIQUE-CARPINTERO N C，DOUCHES D S. QTL analysis of tuber dormancy and sprouting in potato［J］. American Journal of Potato Research，2018，95: 374-382.

［18］BRIAN P W，HEMMING H G. The effect of gibberellic acid on shoot growth of pea seedlings［J］. Physiologia Plantarum，1955，8（3）: 669-681.

［19］BURTON W G. Work at the ditton laboratory on the dormancy and sprouting of potatoes［J］. American Potato Journal，1968，45（1）: 1-11.

［20］BURTON W J. Studies on the dormancy and sprouting of potatoes［J］. Planta，1985，

165: 366-376.

[21] BURTON W G. Concepts and mechanisms of dormancy [M] //Irvins, Milthorpe The Growth of the Potato, London: Butterworths, 1963: 17-40.

[22] BURTON W G. The physics and physiology of storage [M] //HARRIS P M. The potato crop, London: Chapman and Hall, 1978: 545-606.

[23] BURTON W G. Dormancy and sprout growth [M] //BURTON W G. The potato London: Longman, Harlow, 1989: 471-504.

[24] CADMAN C S C, TOOROP P E, HILHORST H W M, et al. Gene expression profiles of *Arabidopsis Cvi* seeds during dormancy cycling indicate a common underlying dormancy control mechanism [J]. The Plant Journal, 2006, 46 (5): 805-822.

[25] CARRERA E, BOU J, GARCIA-MARTINEZ J L, et al. Changes in GA 20-oxidase gene expression strongly affectstem length, tuber induction and tuber yield of potato plants [J]. The Plant Journal, 2000, 22 (3): 247-256.

[26] CHATFIELD S P, STIRNBERG P, FORDE B G, et al. The hormonal regulation of axillary bud growth in *Arabidopsis* [J]. The Plant Journal, 2000, 24 (2): 159-169.

[27] CLAASSENS M M J, VREUGDENHIL D. Is dormancy breaking of potato tubers the reverse of tuber initiation [J]. Potato Research, 2000, 43 (4): 347-369.

[28] COLEMAN W K, KING R R. Changes in endogenous abscisic acid, soluble sugars and proline levels during tuber dormancy in *Solanum tuberosum* L [J]. American Potato Journal, 1984, 61 (8): 437-449.

[29] COLEMAN W K. Dormancy release in potato tubers: a review [J]. American Potato Journal, 1987, 64 (2): 57-68.

[30] COLEMAN W K. Carbon dioxide, oxygen and ethylene effects on potato tuber dormancy release and sprout growth [J]. Annals of Botany, 1998, 82 (1): 21-27.

[31] COLEMAN W K, MCLCERNEY J. Enhanced dormancy release and emergence from potato tubers [J]. American Potato Journal, 1997, 74: 173-182.

[32] CORNFORTH J W, MILLBORROW R G. Identification and estimation of (+) -abscisin II ('dormin') in plant extracts by spectropolarimetry [J]. Nature, 1966, 210 (5036): 627-628.

[33] CVIKROVÁ M, SUKHOVA L S, EDER J, et al. Possible involvement of abscisic acid, ethylene and phenolic acids in potato tuber dormancy [J]. Plant Physiology and Biochemistry (Paris), 1994, 32 (5): 685-691.

[34] DAVIES H V, ROSS H A. The pattern of starch and protein degradation in tubers [J]. Potato Research, 1984, 27 (4): 373-381.

[35] DAVIES H V, ROSS H A. Hydrolytic and phosphorolytic enzyme activity and reserve mobilization in sprouting tubers of potato (*Solanum tuberosum* L.) [J]. Journal of Plant Physiology, 1987, 126 (4-5): 387-396.

[36] DAVIDSON T M W. Dormancy in the potato tuber and the effects of storage conditions on initial sprouting and on subsequent sprout growth [J] . American Potato Journal, 1958, 35 (4) : 451-465.

[37] DE STEFANO L, KNAUBER D, HUCKLE L, et al. Chemically forced dormancy termination mimics natural dormancy progression in potato tuber meristems by reducing ABA content and modifying expression of genes involved in regulating ABA synthesis and metabolism [J] . Journal of Experimental Botany, 2006, 57 (11) : 2879 -2886.

[38] DENNY F E. Hastening the sprouting of dormant potato tubers [J] . American Journal of Botany, 1926, 118-125.

[39] DESTEFANO-BELTRÁN L, KNAUBER D, HUCKLE L, et al. Effects of postharvest storage and dormancy status on ABA content, metabolism, and expression of genes involved in ABA biosynthesis and metabolism in potato tuber tissues [J] . Plant Molecular Biology, 2006, 61 (4-5) : 687-697.

[40] DEBAST S, NUNES-NESI A, HAJIREZAEI M R, et al. Altering trehalose-6-phosphate content in transgenic potato tubers affects tuber growth and alters responsiveness to hormones during sprouting [J] . Plant Physiology, 2011, 156: 1754-1771.

[41] EL-ANTABLY H M M, WAREING P F, HILLMAN J. Some physiological responses to d, l abscisin (dormin) [J] . Planta, 1967, 73 (1) : 74-90.

[42] EWING E E, SIMKO I, OMER E A, et al. Polygene mapping as a tool to study the physiology of potato tuberization and dormancy [J] . American Journal of Potato Research, 2004, 81 (4) : 281-289.

[43] EZEKIEL R, SINGH B. Influence of relative humidity on weight loss in potato tubers stored at high temperature [J] . Indian Journal Plant Physiology, 2003, 8 (2) : 141-144.

[44] FAIVRE-RAMPANT O, CARDLE L, MARSHALL D, et al. Changes in gene expression during meristem activation processes in *Solanum tuberosum* with a focus on the regulation of an auxin response factor gene [J] . Journal of Experimental Botany, 2004, 55 (397) : 613-622.

[45] FARRÉ E M, BACHMANN A, WILLMITZER L, et al. Acceleration of potato tuber sprouting by the expression of a bacterial pyrophosphatase [J] . Nature Biotechnology, 2001, 19 (3) : 268-272.

[46] FENNER M, THOMPSON K. The ecology of seeds [M] . New York: Cambridge University Press, 2005.

[47] FERREIRA S J, SENNING M, FISCHER-STETTLER M, et al. Simultaneous silencing of isoamylases ISA1, ISA2 and ISA3 by multi-target RNAi in potato tubers leads to decreased starch content and an early sprouting phenotype [J] . PLoS One, 2017, 12 (7) : e0181444.

[48] FREYRE R, WARNKE S, SOSINSKI B, et al. Quantitative trait locus analysis of tuber dormancy in diploid potato (*Solanum* spp.) [J] . Theoretical and Applied Genetics,

1994, 89（4）: 474-480.

[49] GÁLIS I, MACAS J, VLASÁK J, et al. The effect of an elevated cytokinin level using the *ipt* gene and N 6-benzyladenine on single node and intact potato plant tuberization *in vitro* [J]. Journal of Plant Growth Regulation, 1995, 14（3）: 143-150.

[50] GOODWIN P B. The control and branch growth on potato tubers: I. Anatomy of buds in relation to dormancy and correlative inhibition [J]. Journal of Experimental Botany, 1967, 18（1）: 78-86.

[51] GOODWIN P B. The effect of water on dormancy in the potato [J]. European Potato Journal, 1966, 9（2）: 53-63.

[52] GUTHRIE J D. Control of bud growth and initiation of roots at the cut surface of potato tubers with growth regulating substances [J]. Contrib. Contributions from Boyce Thompson Institute, 1940, 11: 29-53.

[53] HAJIREZAEI M R, BOÈRNKE F, PEISKER M, et al. Decreased sucrose content triggers starch breakdown and respiration in stored potato tubers (*Solanum tuberosum*) [J]. Journal of Experimental Botany, 2003, 54（382）: 477-488.

[54] HALFORD N G, HEY S, JHURREEA D, et al. Dissection and manipulation of metabolic signaling pathways [J]. Annals of Applied Biology, 2003, 142（1）: 25-31.

[55] HAND S C, HARDEWIG I. Downregulation of cellular metabolism during environmental stress: mechanisms and implications [J]. Annual Review of Physiology, 1996, 58（1）: 539-563.

[56] HAINES M M, SHIEL P J, FELLMAN J K, et al. Abnormalities in growth, development and physiological responses to biotic and abiotic stress in potato (*Solanum tuberosum* L.) transformed with *Arabidopsis* ETR1 [J]. The Journal of Agricultural Science, 2003, 141（3-4）: 333-347.

[57] HARTMANN A, SENNING M, HEDDEN P, et al. Reactivation of meristem activity and sprout growth in potato tubers require both cytokinin and gibberellin [J]. Plant physiology, 2011, 155（2）: 776-796.

[58] HARKETT P J. External factors affecting length of dormant period in potatoes [J]. Journal of the Science of Food and Agriculture, 1981, 32: 102-103.

[59] HARRIS P M. The potato crop: the scientific basis for improvement [M]. Springer Netherlands, 1992.

[60] HEDDEN P, PHILLIPS A L. Gibberellin metabolism: new insights revealed by the genes [J]. Trends in Plant Science, 2000, 5（12）: 523-530.

[61] HEMBERG T. Significance of growth-inhibiting substances and auxins for the rest-period of the potato tuber [J]. Physiologia Plantarum, 1949, 2（1）: 24-36.

[62] HEMBERG T. Potato rest. potato physiology [M]. New York: Academic Press, 1985.

[63] HEMBERG T. The action of some cytokinins on the rest-period and the content of acid

growth-inhibiting substances in potato [J]. Physiologia Plantarum, 1970, 23 (4): 850-858.

[64] HENIS Y. Survival and dormancy of microorganisms [J]. John Wiley & Sons, 1987, 335.

[65] HOLST U B. Some properties of inhibitor β from *Solanum tuberosum* compared to abscisic acid [J]. Physiologia Plantarum, 1971, 24 (3): 392-396.

[66] HUANG Z, FOOTITT S, FINCH-SAVAGE W E. The effect of temperature on reproduction in the summer and winter annual *Arabidopsis thaliana* ecotypes Bur and Cvi [J]. Annals of Botany, 2014, 113: 921-929.

[67] HOU J, LIU T, REID S, et al. Silencing of α-amylase StAmy23 in potato tuber leads to delayed sprouting [J]. Plant Physiology and Biochemistry, 2019, 139: 411-418.

[68] JAMES V A. Advances in plant dormancy [M]. Germany: Springer, 2015.

[69] MUTHONI J, KABIRA J, SHIMELIS H, et al. Regulation of potato tuber dormancy: A review [J]. Australian Journal of Crop Science, 2014, 8 (5): 754-759.

[70] JI Z L, WANG S Y. Reduction of abscisic acid content and induction of sprouting in potato, *Solanum tuberosum* L, by thidiazuron [J]. Journal of Plant Growth Regulation, 1988, 7 (1): 37-44.

[71] JONES M G, HORGAN R, HALL M A. Endogenous gibberellins in the potato, *Solanum tuberosum* [J]. Phytochemistry, 1988, 27 (1): 7-10.

[72] KLOOSTERMAN B, NAVARRO C, BIJSTERBOSCH G, et al. StGA2ox1 is induced prior to stolon swelling and controls GA levels during potato tuber development [J]. The Plant Journal, 2007, 52 (2): 362-373.

[73] KLOOSTERMAN B, De KOEYER D, GRIFFITHS R, et al. Genes driving potato tuber initiation and growth: identification based on transcriptional changes using the POCI array [J]. Functional & Integrative Genomics, 2008, 8 (4): 329-340.

[74] KUMAR A, TAYLOR M A, ARIF S A M, et al. Potato plants expressing sense and antisense S-adenosylmethionine decarbox-ylase (SAMDC) transgenes show altered levels of polyamines and ethylene: Antisense plants display abnormal phenotypes [J]. The Plant Journal, 1996, 9: 147-158.

[75] KODA Y. Effects of storage temperature and wounding on cytokinin levels in potato tubers [J]. Plant and Cell Physiology, 1982, 123:851-857.

[76] KORABLEVA N P, MOROZOVA TA. Role of the growth inhibitors [J]. Doklanussr, 1973, 212: 1000-1002.

[77] KRIJTHE N. Observations on the sprouting of seed potatoes [J]. European Potato Journal, 1962, 5 (4): 316-333.

[78] LANG G A, EARLY J D, MARTIN G C, et al. Endo-para and ecodormancy: physiological terminology and classification for dormancy research [J]. HortScience, 1987, 22 (3):

371-377.

[79] LAW R D, SUTTLE J C. Transient decreases in methylation at 5′-CCGG-3′ sequences in potato (*Solanum tuberosum* L.) meristem DNA during progression of tubers through dormancy precede the resumption of sprout growth [J]. Plant Molecular Biology, 2003, 51 (3): 437-447.

[80] DAVID L R, SUTTLE J C. Changes in histone H3 and H4 multi-acetylation during natural and forced dormancy break in potato tubers [J]. Physiologia Plantarum, 2004, 120 (4): 642-649.

[81] LI J, HUANG W, CAO H, et al. Additive and epistatic QTLs underlying the dormancy in a diploid potato population across seven environments [J]. Scientia Horticulturae, 2018, 240: 578-584.

[82] LIU B, ZHANG N, WEN Y, et al. Identification of differentially expressed genes in potato associated with tuber dormancy release [J]. Molecular Biology Reports, 2012, 39 (12): 11277-11287.

[83] LIU B, ZHANG N, WEN Y, et al. Transcriptomic changes during tuber dormancy release process revealed by RNA sequencing in potato [J]. Journal of Biotechnology, 2015, 198: 17-30.

[84] LORBERTH R, RITTE G, WILLMITZER L, et al. Inhibition of a starch-granule-bound protein leads to modified starch and repression of cold sweetening [J]. Nature Biotechnology, 1998, 16: 473-477.

[85] LYTOVCHENKO A, HAJIREZAEI M, EICKMEIER I, et al. Expression of an *Escherichia coli* phosphoglucomutase in potato (*Solanum tuberosum* L.) results in minor changes in tuber metabolism and a considerable delay in tuber sprouting [J]. Planta, 2005, 221 (6): 915-927.

[86] LULAI E C, SUTTLE J C, PEDERSON S M. Regulatory involvement of abscisic acid in potato tuber wound-healing [J]. Journal of Experimental Botany, 2008, 59 (6): 1175-1186.

[87] MARMIROLI N, AGRIMONTI C, VISIOLI G, et al. Silencing of G1-1 and A2-1 genes: Effects on general plant phenotype and on tuber dormancy in *Solanum tuberosum* L [J]. Potato Research, 2000, 43 (4): 313-323.

[88] MIKKELSEN R, MUTENDA K, MANT A, et al. Alpha-glucan, water dikinase (GWD): a plastidic enzyme with redox-regulated and coordinated catalytic activity and binding affinity [J]. Proceedings of the National Academy of Sciences of the United States of America, 2005, 102: 1785-1790.

[89] MORRIS W L, DUCREUX L J M, HEDDEN P, et al. Overexpression of a bacterial 1-deoxy-D-xylulose 5-phosphate synthase gene in potato tubers perturbs the isoprenoid metabolic network: implications for the control of the tuber life cycle [J]. Journal of Experimental Botany, 2006, 57 (12): 3007-3018.

[90] NIGG E A. Cyclin-dependent protein kinases: key regulators of the eukaryotic cell cycle[J]. Bioessays, 1995, 17(6): 471-480.

[91] PASARE S A, DUCREUX L J M, MORRIS W L, et al. The role of the potato (*Solanum tuberosum* L.) CCD8 gene in stolon and tuber development [J]. New Phytologist, 2013, 198(4): 1108-1120.

[92] POWELL L E. Hormonal aspects of bud and seed dormancy in temperate-zone woody plants [J]. HortScience, 1987, 22: 845-850.

[93] RONNING C M, STEGALKINA S S, ASCENZI R A, et al. Comparative analyses of potato expressed sequence tag libraries [J]. Plant Physiology, 2003, 131(2): 419-429.

[94] RAPPAPORT L, WOLF N. The problem of dormancy in potato tubers and related structure [J]. Symposia of the Society for Experimental Biology, 1969, 23: 219-240.

[95] RAZ V J, BERGERVOET H W, KOORNNEEF M. Sequential steps for developmental arrest in *Arabidopsis* seeds [J]. Development, 2001, 128(2): 243-252.

[96] REUST W. EAPR working group physiological age of the potato [J]. Potato Research, 1986, 29(2): 268-271.

[97] RODRÍGUEZ M V, BARRERO J M, CORBINEAU F, et al. Dormancy in cereals (not too much, not so little): about the mechanisms behind this trait [J]. Seed Science Research, 2015, 25(2): 99-119.

[98] ROSA J T. Shortening the rest period of potato with ethylene gas [J]. Potato News Bull, 1925, 2: 363-365.

[99] Rosa J T. Relation of tuber maturity and of storage factors to potato dormancy [J]. Hilgardia, 1928, 3: 99-124.

[100] ROSIN F M, HART J K, HORNER H T, et al. Overexpression of a knotted-like homeobox gene of potato alters vegetative development by decreasing gibberellin accumulation[J]. Plant Physiology, 2003, 132(1): 106-117.

[101] RYLSKI I, RAPPAPORT L, PRATT H K. Dual effects of ethylene on potato dormancy and sprout growth [J]. Plant Physiology, 1974, 53(4): 658-662.

[102] SADLER E. Factors influencing the development of sprouts of the potato [D]. Nottinghan, UK: University of Nottingham, 1961.

[103] SI H, ZHANG C, ZHANG N, et al. Control of potato tuber dormancy and sprouting by expression of sense and antisense genes of pyrophosphatase in potato [J]. Acta Physiologiae Plantarum, 2016, 38: 69.

[104] SPRINGTHORPE V, PENFIELD S. Flowering time and seed dormancy control use external coincidence to generate life history strategy [J]. Elife, 2015, 4: e05557.

[105] STEARNS S C. The evolution of life histories [M]. Oxford, UK: Oxford University Press, 1992.

[106] STRUIK P C, WIERSEMA S G. Seed potato technology [M]. Wageningen, The

Netherland: Wageningen Academic Publishers, 1999.

[107] SONNEWALD S, SONNEWALD U. Regulation of potato tuber sprouting [J]. Planta, 2014, 239 (1): 27-38.

[108] SUKHOVA L S, MACHÁČKOVÁ I, EDER J, et al. Changes in the levels of free IAA and cytokinins in potato tubers during dormancy and sprouting [J]. Biologia Plantarum, 1993, 35 (3): 387.

[109] SUTTLE J C. Involvement of ethylene in potato microtuber dormancy [J]. Plant Physiology, 1998, 118 (3): 843-848.

[110] SUTTLE J C. The role of endogenous hormones in potato tuber dormancy [M] // VIERMONT J D, CRABBE J. Dormancy in plants: from whole plant behaviour to cellular control. Oxon: CAB International, 2000: 211-226.

[111] SUTTLE J C, BANOWETZ G M, HUCKLE L L. Changes in cis-zeat in/cis-zeatin riboside levels and biological activities during postharvest storage of potato tubers [J]. Plant Physiology, 1997, 114: s164.

[112] SUTTLE J C. Postharvest changes in endogenous ABA levels and ABA metabolism in relation to dormancy in potato tubers [J]. Physiologia Plantarum, 1995, 95:233-240.

[113] SUTTLE J C. Involvement of endogenous gibberellins in potato tuber dormancy and early sprout growth: a critical evaluation [J]. Journal Plant Physiology, 2004, 161:157-164.

[114] SUTTLE J C. Dormancy and sprouting [M] // VREUGDENHIL D. Potato Biology and Biotechnology. Amsterdam: Elsevier, 2007: 287-309.

[115] SUTTLE J C, ABRAMS S R, De STEFANO-BELTRÁN L, et al. Chemical inhibition of potato ABA-8′-hydroxylase activity alters *in vitro* and *in vivo* ABA metabolism and endogenous ABA levels but does not affect potato microtuber dormancy duration [J]. Journal of Experimental Botany, 2012, 63 (15): 5717-5725.

[116] SI H, ZHANG C, ZHANG N, et al. Control of potato tuber dormancy and sprouting by expression of sense and antisense genes of pyrophosphatase in potato [J]. Acta Physiologiae Plantarum, 2016, 38 (3): 69.

[117] SIMKO I, MCMURRY S, YANG H M, et al. Evidence from polygene mapping for a causal relationship between potato tuber dormancy and abscisic acid content [J]. Plant Physiology, 1997, 115 (4): 1453-1459.

[118] THOMAS T H. Physiology and biochemistry of cytokinins in plants [M] // KAMÍNEK M, MOK D W S, ZAŽIMALOVÁ E. Hague: SPB Academic Publishing, 1990: 323.

[119] THORNTON N C. Carbon dioxide storage.V. Breaking the dormancy of potato tubers [J]. Contributions of the Boyce Thompson Institute, 1933, 5: 471-481.

[120] THORNTON N C. Oxygen regulates the dormancy of the potato [J]. Contributions of the Boyce Thompson Institute, 1938, 10: 339-361.

[121] THORNTON N C. Carbon dioxide storage XIII Relationship of oxygen to carbon dioxide

in breaking dormancy of potato tubers [J] . Contributions of the Boyce Thompson Institute, 1939, 10: 201-204.

[122] TOVAR P, ESTRADA R, SCHILDE-RENTSCHLER L, et al. Induction and use of *in-vitro* potato tubers [J] . CIP Circular, 1985, 13: 1-5.

[123] TURNBULL C G N, HANKE D E. The control of bud dormancy in potato tubers. Measurement of the seasonal pattern of changing concentrations of zeatin-cytokinins [J]. Planta, 1985, 165 (3) : 366-376.

[124] TURNBULL C G N, HANKE D E. The control of bud dormancy in potato tubers [J] . Planta, 1985, 165 (3) : 359-365.

[125] UWE S. Control of potato tuber sprouting [J] . Trends in Plant Science, 2001, 6: 333-335.

[126] VAN D B J H, EWING E E, PLAISTED R L, et al. QTL analysis of potato tuber dormancy [J] . Theoretical and Applied Genetics, 1996a, 93 (3) : 317-324.

[127] VAN D B J H, EWING E E, PLAISTED R L, et al. QTL analysis of potato tuberization [J]. Theoretical and Applied Genetics, 1996b, 93 (3) : 307-316.

[128] VAN D B J H, EWING E E. Jasmonates and their role in plant growth and development, with special reference to the control of potato tuberization: a review [J] . American Potato Journal, 1991, 68 (11) : 781-794.

[129] VAN D B J H, SIMKO I, et al. Morphology and [^{14}C] gibberellin A12 metabolism in wildtype and dwarf *Solanum tuberosum* ssp. *Andigena* grown under long and short photoperiods [J] . Journal Plant Physiology, 1995, 146 (4) : 467-473.

[130] VAN I M K. Variation in the duration of tuber dormancy within a seed potato lot [J] . Potato Research, 1992, 35 (3) : 261-269.

[131] VAN I M K, ABEN F C B, KEIJZER C J. Morphological changes in tuber buds during dormancy and initial sprout growth of seed potatoes [J] . Potato Research, 1992, 35 (3) : 249-260.

[132] VAN I M K. Dormancy and vigour of seed potatoes [D] . Wageningen, The Netherlands: Wageningen Agricultural University, 1992.

[133] VAN I M K, SCHOLTE K. Relation between growth conditions and dormancy of seed potatoes [J] . Potato Research, 1992, 35 (4) : 365-375.

[134] VAN S J, BROWN N A C. Investigations into the possibility that potato buds synthesize cytokinins [J] . Journal of Experimental Botany, 1979, 30 (3) : 391-397.

[135] VAN S J, DIMALLA G G. Endogenous cytokinins and the breaking of dormancy and apical dominance in potato tubers [J] . Journal of Experimental Botany, 1978, 29 (5) : 1077-1084.

[136] VAUGHAN D, ORD B. Influence of phenolic acids on morphological changes in roots of *Pisum sativum* J [J] . Journal of the Science of Food and Agriculture, 1990, 52 (3) :

289-299.

[137] VREUGDENHIL D. The canon of potato science: dormancy [J]. Potato Research, 2007, 50: 371-373.

[138] WANG Z, MA R, ZHAO M, et al. NO and ABA interaction regulates tuber dormancy and sprouting in potato [J]. Frontiers in Plant Science, 2020, 11: 311.

[139] WILLIS C G, BASKIN C C, BASKIN J M, et al. The evolution of seed dormancy: environmental cues, evolutionary hubs, and diversification of the seed plants [J]. New Phytologist, 2014, 203 (1): 300-309.

[140] WURR D C E, ALLEN E J. Effects of cold treatments on the sprout growth of three potato varieties [J]. The Journal of Agricultural Science, 1976, 86 (1): 221-224.

[141] XIAO G, HUANG W, CAO H, et al. Genetic loci conferring reducing sugar accumulation and conversion of cold-stored potato tubers revealed by QTL analysis in a diploid population [J]. Front Plant Science, 2018, 9: 315.

[142] ZIMMERMAN P W, HITCHCOCK A E. Experiments with vapors and solutions of growth substances [J]. Contributions of the Boyce Thompson Institute, 1939, 10: 481-508.

第五章

马铃薯晚疫病抗性

第一节

马铃薯晚疫病病害发生的生物学基础

一、晚疫病的危害

由致病疫霉菌［*Phytophthora infestans*（Mont.）de Bary］引起的晚疫病是马铃薯生产上最具毁灭性的病害。十九世纪中叶，晚疫病造成的“爱尔兰大饥荒”（1845—1849）仅在爱尔兰就有一百五十万人饿死，一百多万人流亡他乡（图5-1）。马铃薯晚疫病曾经对人类的政治、经济产生了深远的影响（Haas等，2009；Fry，2015）。20世纪90年代以来，由于病原菌A2交配型和卵孢子的出现，全球病原菌群体结构发生变迁，新的毒性更强的生理小种不断产生，导致该病害在世界马铃薯主产区频繁发生，每年因晚疫病造成的直接损失高达马铃薯总产值的15%（Fisher等，2012）。晚疫病在我国马铃薯产区也普遍发生，每年造成的损失约占马铃薯总产值的15%～20%，发病严重的地区损失高达50%以上。目前世界范围内使用的马铃薯品种主要是带有来自马铃薯野生种*S. demisum R1*～*R11*基因的品种。由于晚疫病病原菌田间变异速度快，经常导致品种抗性的很快丧失。我国和世界各地马铃薯产区已普遍发现含有（Race 1.2.3.4.5.6.7.8.9.10.11）全部11个毒性基因的“超级毒力”小种，可以完全克服来自*S. demisum*的*R1*～*R11*基因，因此，利用*R1*～*R11*主效基因防治晚疫病已存在很大风险（Solomon-Blackburn等，2007；朱杰华等，2007；赵志坚等，2007）。由于在生产中缺乏对晚疫病具有稳定、持久的抗性品种，世界范围晚疫病大面积防治还高度依赖大量喷洒化学农药。例如，美国为了防治晚疫病，每周喷洒一次农药，在整个马铃薯生长季节喷洒化学农药的次数高达15～20次。农药的大量使用不仅增加生产成本，而且对环境以及人类健康带来了巨大的危害，同时还会导致抗药性更强的晚疫病菌生理小种不断产生（Haverkort等，2008）。由于防治成本高，落后和欠发达地区受经济限制，无法有效喷施农药，往往造成更大的损失。晚疫病持续严重威胁着我国和世界粮食安全。

图5-1　爱尔兰都柏林街头"爱尔兰大饥荒"死亡纪念碑及雕塑

二、晚疫病的症状及发病条件

晚疫病在马铃薯叶片、茎及块茎上都可发生侵染致病（图5-2）。病害侵染叶部时，初期在叶尖和叶缘形成水浸状小斑，空气湿度大时，病斑很快蔓延扩大，后期会呈圆形或半圆形暗绿或暗褐色大斑，病斑边缘产生稀疏的白色霉层，严重时病斑扩展到主脉和叶柄。茎部很少直接受侵染，但病斑可沿叶柄扩展至茎部，在皮层上形成长短不一的褐色条斑。潮湿条件下茎部病斑也可产生孢子囊，病害发生严重时茎和其他部分一同变褐坏死，最后整个植株变为焦黑湿腐状。天气干燥时，病斑干枯成褐色。薯块感病时形成灰褐色不规则稍微下陷的病斑，病斑下的薯肉呈不同深度的褐色坏死，病健交界处不明显。田间受侵染的病薯入窖贮藏期间互相感染，往往大批腐烂。由于其他腐生菌的复合侵染，病薯呈稀软状，发出腥臭难闻的气味。

（1）植株顶端感病症状

（2）叶片晚疫病症状

（3）田间植株严重发病症状

（4）块茎感病症状

（5）大量感病腐烂薯块

图5-2　马铃薯晚疫病叶片和块茎发病症状

潮湿阴雨天气有利于晚疫病菌的发生和流行。孢子囊最佳形成条件是21℃和100%相对湿度。游动孢子和孢子囊萌发最佳温度分别为12℃和24℃。当气温达到15℃左右时，孢子囊能直接萌发产生芽管。在低温高湿时，孢子囊间接萌发，形成4～6个具两根鞭毛的游动孢子。游动孢子随雨水游动片刻后在叶片表面萌发产生芽管，芽管顶端形成附着胞（Judelson和Blanco，2005）。在有水分的条件下，病原菌穿透叶片的温度为10～29℃。冷凉潮湿的环境极易于晚疫病的发生，高温干旱则能抑制甚至使病原菌死亡。在我国复杂的地理和气候条件下，温度和湿度在不同地域作用不同。在干旱地区，湿度是晚疫病发生的限制因素，若两天中有7次相对湿度达75%时，就会出现发病中心。而在潮湿多雨的地区，温度成为限制因素，只要有2～4d最低温不低于7℃，就有可能发病。在温度适宜和持续高湿环境下晚疫病很容易爆发，在一周内就会造成马铃薯严重发病。

三、晚疫病病原生物学特征

马铃薯晚疫病病原菌为致病疫霉菌（*Phytophthora infestans*），划分于卵菌纲，形态类似于真菌，但是晚疫病病原菌与真菌有显著区别。卵菌具有独特的分类地位，由于表现出丝状等特性，传统上被划分到真菌界中，随着学科的发展和认识的深入，卵菌纲已从真菌界划分到异藻界（heterokont）（图5-3），属于异形鞭毛类（包括金藻、褐藻、黄藻、硅藻、卵菌）（Baldauf，2003）。卵菌菌丝缺乏隔膜，具有多核。真菌菌丝一般有横隔，单核。卵菌为二倍体，真菌为单倍体。卵菌具有双鞭毛游动孢子，前茸鞭长，后尾鞭短，细胞壁主要成分为纤维素，一般不能合成麦角固醇。

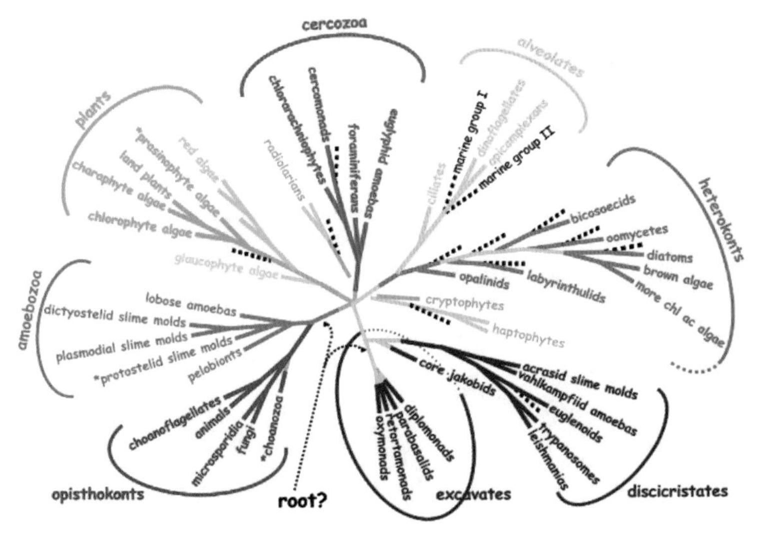

卵菌（oomycetes）属于异形鞭毛藻界，与藻类（brown algae，diatoms）具有更近亲缘关系。

图5-3　卵菌的分类地位（引自Baldauf，2003）

晚疫病病原菌的倍性存在一定变化。分离自墨西哥中部的*P. infestans*为二倍体，而来自其他地区的则属于多倍体（Fry等，1992）。分离自美国、加拿大、秘鲁和欧洲的病原菌游动孢子DNA含量是源于墨西哥中部的二倍（Tooley等，1987），多倍体可能会蕴藏更多的毒性等位基因组合（Sansome等，1997）。

晚疫病病原菌具有无色管状分枝、无隔、多核的菌丝体，菌丝顶端产生合轴分枝孢子囊梗，孢子囊梗顶端膨大产生孢子囊，孢子囊无色，单胞，呈卵形、椭圆形等，顶部乳状突起，基部具明显的脚胞（图5-4）。在低温、潮湿环境下，从孢子囊顶端的乳突处释放出6～12个肾形的双鞭毛游动孢子，游动孢子在叶表面水层游动一段时间后形成休止孢，休止孢可以形成吸器，然后入侵叶片组织。孢子囊也可直接产生芽管入侵叶片。

图5-4 晚疫病病原菌菌丝、孢子囊及游动孢子的形态特征

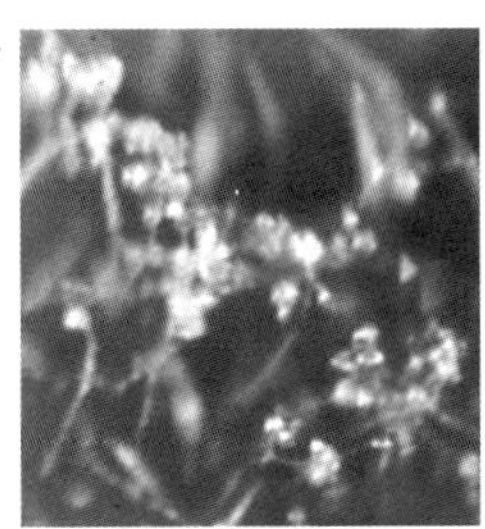

（1）叶片上的菌丝及孢子囊（sporangium）

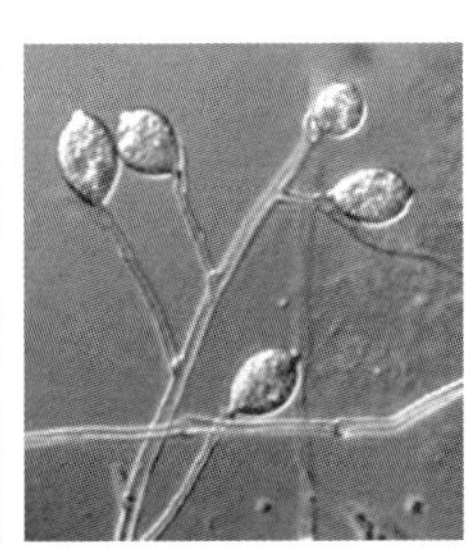

（2）菌丝顶端产生的孢子囊

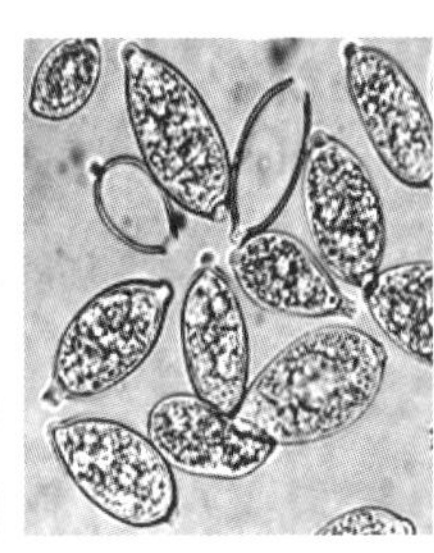

（3）孢子囊

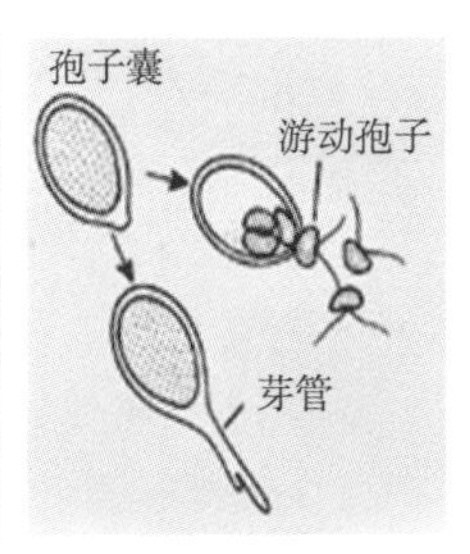

（4）孢子囊直接产生芽管或释放带有两个鞭毛的游动孢子

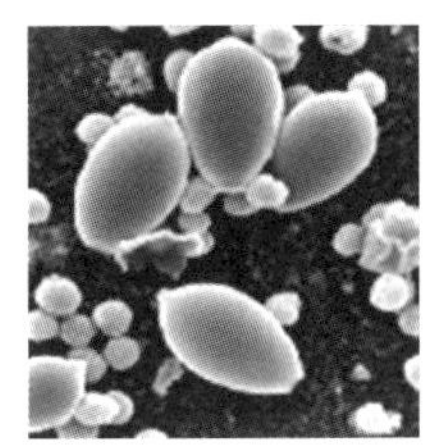

（5）电子显微镜下的孢子囊

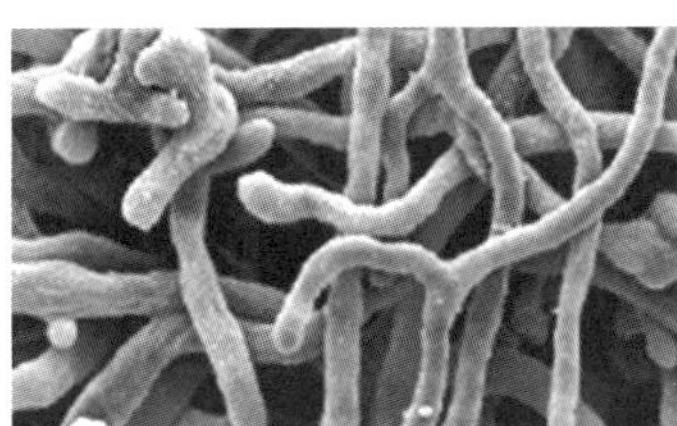

（6）菌丝体

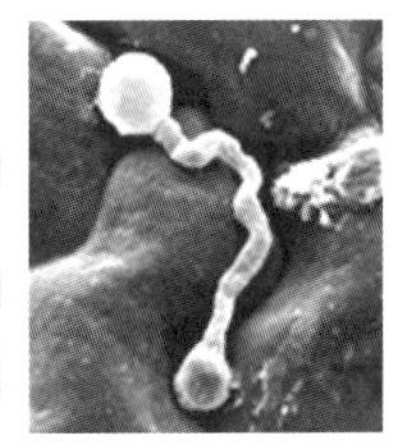

（7）游动孢子萌发产附着胞（appressorium）

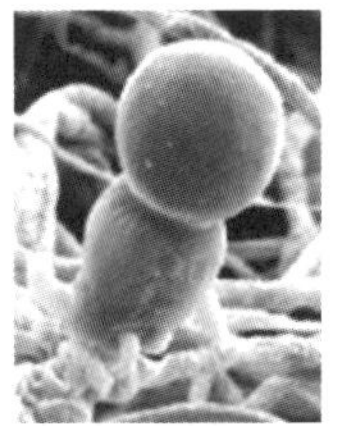

（8）卵孢子（oospore）

四、晚疫病侵染循环和病害流行

马铃薯晚疫病病原菌主要以菌丝体在带病种薯中潜伏。土壤中残留的病薯以及播种的带病种薯是当年初始侵染源。另外番茄携带菌源也可能是初侵染源。病薯中携带菌丝体导致芽萌发后茎基部感染形成病苗，带病苗作为田间的中心病株，不断向外扩大病害范围。病苗出土后在皮层上形成长短不一的褐色条斑，露出地面后形成初代孢子囊，孢子囊随雨水和空气流动向四周传播，形成次生接种，在温度和湿度适宜的条件下，孢子囊飞散到叶片上后直接萌发出芽管或释放出游动孢子，导致健康植株叶片

或茎秆感染。孢子也可借助雨水冲刷进入土壤，随水分的扩散而在土壤中移动，最终感染块茎（图5-5）。另外，动物、田间管理时人员及机具也可能使孢子扩散。

晚疫病流行可分为三个阶段。①中心病株出现阶段：通常在现蕾期就有可能在田间出现中心病株，这一阶段病菌围绕中心病株附近植株下部的叶片进行再侵染，逐渐形成发病中心。②普遍蔓延阶段：当发病中心有较多病斑和形成足量孢子囊时，病菌开始从发病中心向四周蔓延。③严重发病阶段：病害普遍蔓延后，如果空气湿度大，温度适宜，很快就进入严重发病阶段，植株枯死率大幅上升。

马铃薯晚疫病是典型的流行性成灾病害，病害发生和流行与气候条件关系极其密切。连续的阴雨或多雾天气，马铃薯茎叶湿润有露珠或水膜时，病害的流行严重。地势低洼、排水不畅、通风不良、湿度大的小环境，发病往往严重。

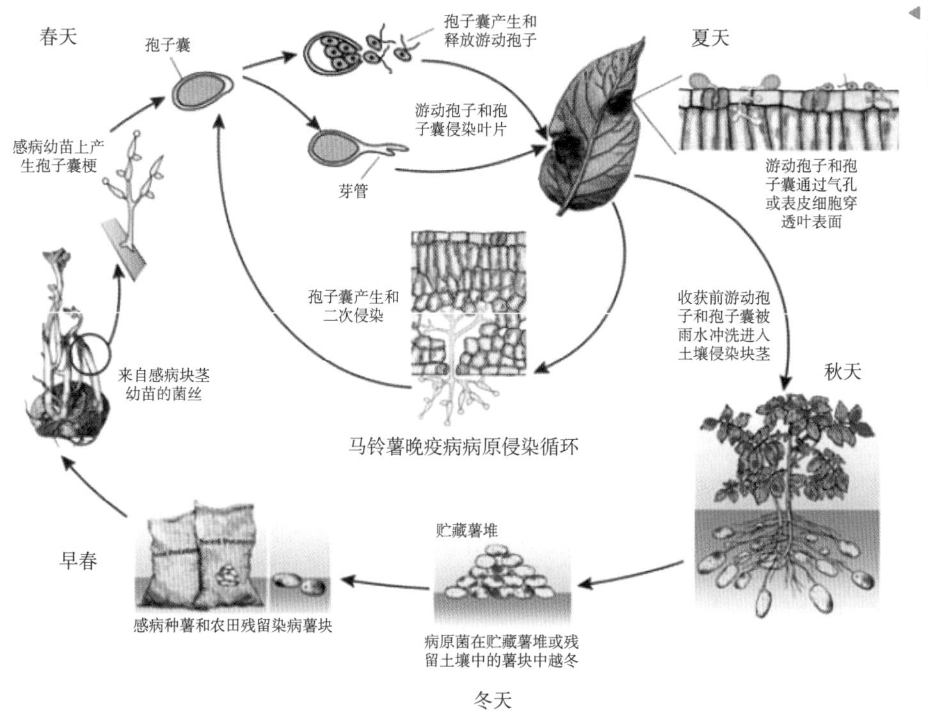

图5-5　马铃薯晚疫病病原侵染循环（引自phillip Wharton，2005）

五、晚疫病的繁殖方式

晚疫病病原菌生活史包括无性生殖和有性生殖两个阶段。晚疫病病原菌存在A1、A2两种交配型，在寄主上通常以无性生殖方式繁殖，无性生殖阶段，孢子囊随风传播，孢子囊可以直接萌发产生芽管进行侵染，在适宜条件下孢子囊释放游动孢子，游动孢子在叶片上形成附着胞侵染寄主。当A1、A2两种交配型同时存在时，也可通过异宗结合产生卵孢子，进行有性生殖（图5-6）。由于*P. infestans* A1、A2

两种交配型在墨西哥托鲁卡河谷同时并存，并具有广泛遗传变异（Niiederhauser，1991；Flier等，2003），加之墨西哥的*Solanum*种间抗病性遗传变异最大（Robertson 1991；Flier等，2003），因此，晚疫病被认为起源于墨西哥托鲁卡河谷，已有研究证据表明，晚疫病起源于墨西哥中部（Goss等，2014）。1980年以前A2交配型仅在墨西哥中部发现，世界其他地区只有A1交配型分布（Gallegly和Galindo，1958）。后来A2交配型在世界各地包括欧洲、亚洲、南美洲、北美洲等相继发现（Fry等，1993；Goodwin等，1995）。我国南北方均已发现A2交配型的存在（张志铭等，2001；赵志坚等，1999）。A2交配型较之A1交配型具有更强的适应性和侵袭力，因此20世纪80年代后，新侵入的晚疫病原小种已经逐步取代了原有A1交配型生理小种（Goodwin等，1995）。

1956年在墨西哥首次发现了马铃薯晚疫病菌的大量卵孢子，卵孢子壁厚，其比游动孢子和孢子囊适应不良环境的能力更强，可以在土壤中长期存活数年，有可能成为生命力更强，能够摆脱活体薯块存在的新的接种源（Drenth等，1993）。A1、A2交配型有性重组，使病原群体产生更大变异，使得病原群体结构变得更加复杂多样，产生毒性更强的生理小种或抗药性菌株（Fry，2008），这将为晚疫病防治带来更大困难。

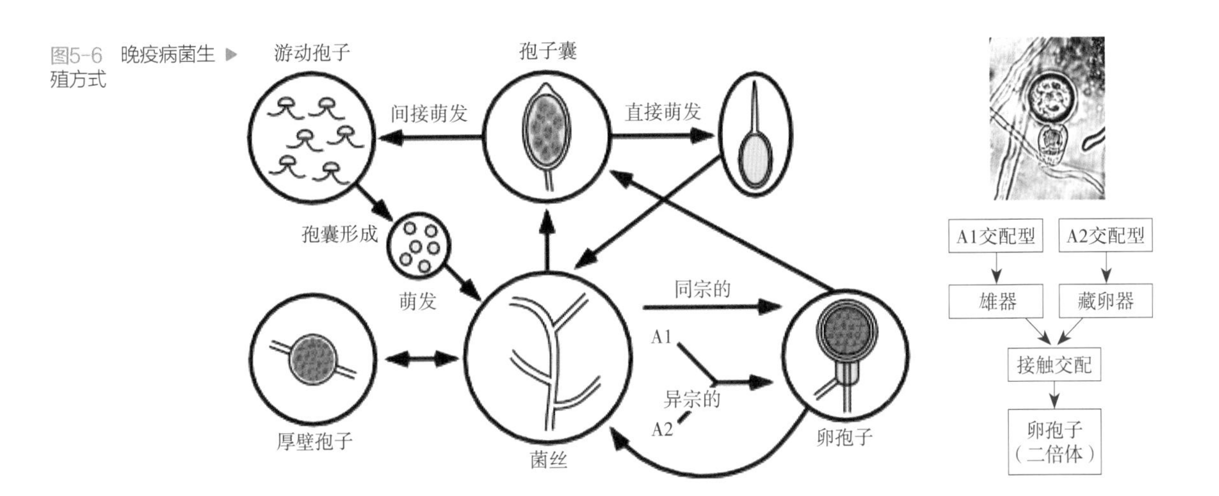

图5-6　晚疫病菌生殖方式

六、晚疫病菌侵入植物叶片的细胞生物学过程

晚疫病病原菌的侵染过程可以分为两个阶段：第一个阶段是活体侵染阶段，菌丝通过细胞间隙侵入植物细胞，吸收细胞营养并快速繁殖扩增，此阶段没有明显的侵染症状；第二个阶段是死体侵染阶段，菌丝形成的吸器大量侵入植物细胞并破坏植物的细胞和组织，病斑面积扩大（Hardham，2001）。

当游动孢子（cyst）附着在植物叶片后形成芽管（germ tube，GT），芽管顶端形成附着胞（appressorium，AP），附着泡形成的侵染钉可能激发细胞的防卫反应，包括乳突（papilla）形成和细胞死亡反应来阻止菌丝的扩展，伴随着侵染钉穿透寄主细胞，在细胞内形成侵染囊泡（infection vesicle，IV），同时菌丝在寄主细胞间蔓延，菌丝形成手指状吸器（haustoria，H）伸入寄主细胞释放毒性因子或吸取营养。当菌丝穿透叶片，从气孔伸出后菌丝顶端重新形成孢子囊，完成一个侵染循环（图5-7）。

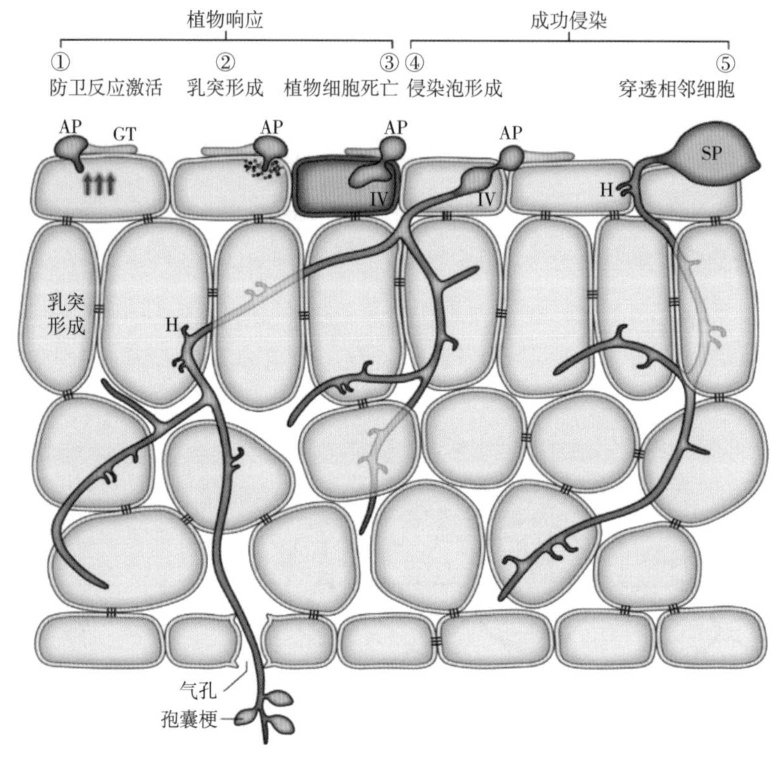

图5-7　晚疫病菌侵染叶片的过程（引自Boevink等，2020）

七、晚疫病病原菌致病分子生物学

近年来，关于晚疫病病原菌致病机制进展最快的领域是发现病原菌侵染寄主的过程中会分泌大量的致病因子抑制寄主免疫，从而促进侵染和菌丝扩展。有研究认为吸器的主要功能是抑制防卫反应，而不是病原菌获取营养的器官，因为能够形成吸器的半活体营养型疫霉缺乏营养物质转运体，另外，吸器占有不足2%的菌丝面积（Judelson和Ah Fong，2019）。当菌丝在细胞间扩展时，手指状吸器伸入寄主细胞，与细胞膜紧密接触，吸器是病原菌分泌胞间和胞内效应子各类细胞壁降解酶的主要场所（Wang等，2018）。2009年晚疫病菌基因组测序的完成，*P. infestans*全基因组有

240Mb，基因组预测有17797个编码基因，其中含有560多个编码RxLR-结构域效应子（effectors）的基因（Haas等，2009）。这类效应子N端含有RxLR（R：精氨酸；x：任意氨基酸；L：亮氨酸）保守结构域。测序结果还表明晚疫病病原菌基因组比其他卵菌基因组大几倍（240M），含有74%的重复序列。晚疫病病原菌致病相关的毒性基因和包括RxLR-结构域效应子基因往往位于富含“转座子”的重复区域。“转座子”能够迅速自我复制，并在基因组序列中移动，使一些致病性相关基因能够快速变异，导致寄主抗病基因无法识别和应对这种变化，从而攻破寄主的防御反应（Raffaele等，2010）。近十多年来聚焦RxLR类效应子的研究表明，该类效应子在晚疫病病原菌致病中起着十分重要的作用（Boevink等，2020；Whisson等，2016）。

研究表明，晚疫病病原菌侵染马铃薯的过程中通过吸器向植物细胞内分泌“RxLR”保守结构的效应蛋白抑制植物免疫应答反应（图5-8）。根据效应因子在植物细胞中定位，可将效应子分为两类：质外体效应子（Apoplastic effectors）和胞内效应子（cytoplasmic effectors）（张美祥，2018；Kamoun，2006）。胞内效应因子主要包括RxLR和CRN（Crinkling和necrosis inducing protein）两类。晚疫病RxLR类效应子在马铃薯与晚疫病免疫应答调控过程中扮演着至关重要的角色，这类RxLR效应子也是潜在的无毒基因（*AVR*）或毒性基因（*avr*）（Bozkurt等，2012）。第一个克隆的晚疫病菌无毒基因为*AVR3*，其编码蛋白具有典型的RxLR-结构，AVR3a进入植物细胞后与相应抗病蛋白R3a分别激发HR反应（Armstrong等，2005），符合经典“基因对基因”学说。RxLR类效应子没有抗病蛋白识别时则作为毒性因子抑制寄主免疫应答反应。

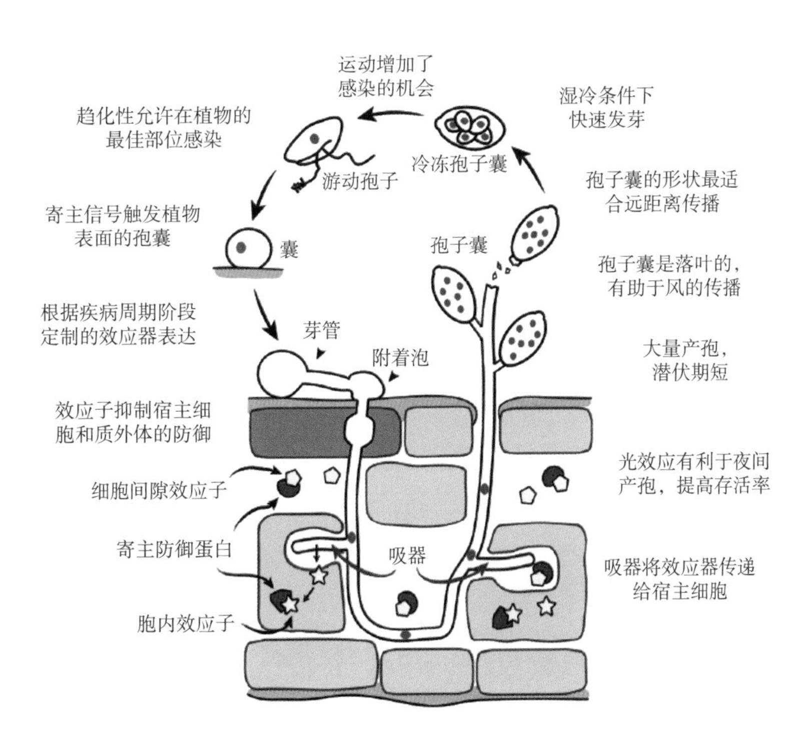

图5-8　晚疫病病原菌分泌效应蛋白进入细胞间隙或胞内（引自Leesutthiphonchai等，2018）

（一）晚疫病病原菌无毒蛋白

目前在卵菌中鉴定的无毒蛋白几乎全部是RxLR效应子（张美祥，2018），已有研究显示晚疫病菌无毒基因（*AVR*）和毒性基因（*avr*）都属于该类基因，已克隆的无毒基因，如*AVR1*，*AVR2*，*AVR3a*等基因编码蛋白都具有RxLR-结构域。当这些AVR蛋白进入寄主细胞后，被对应的Rpi蛋白特异识别这些AVR蛋白，从而激发ETI免疫反应，使马铃薯产生抗性。目前，已克隆的*P. infestans*的*AVR*基因有*AVR1*，*AVR2*，*AVR3a*，*AVR3b*，*AVR4*，*AVR-blb1*，*AVR-blb2*，*AVR-vnt1*，*AVRSmira1*和*AVRSmira2/AVR8*（王洪洋等，2018）。已克隆的马铃薯晚疫病抗病基因编码的抗病蛋白与无毒基因编码的无毒蛋白识别符合“基因对基因”学说，如*R2*与*AVR2*的识别（Saunders等，2012），*R3a*与*AVR3a*（Armstrong等，2005）的识别。另外，广谱抗病基因编码的抗病蛋白可以识别更多的无毒蛋白，如*Rpi-blb1*可以同时识别*IpiO1*和*IpiO2*（Vleeshouwers等，2008）。

无毒蛋白通过直接或间接方式与对应抗病蛋白识别，同时这些无毒蛋白在寄主细胞中具有不同的定位和不同靶标，有些靶标蛋白参与抗病蛋白的识别，有些靶标蛋白在没有抗病蛋白识别时则作为毒性因子抑制寄主免疫应答反应。AVR3a可以与植物E3泛素连接酶CMPG1和GTP酶DRP2互作，抑制INF1和flg22介导的PTI免疫反应，促进*P. infestans*侵染植物（Yaeno等，2011；Bos等，2010）。Rpi-R3a和AVR3a的识别互作模式目前尚不清楚。AVR3a和Rpi-R3a共定位在植物细胞质内含体中激发HR反应，但AVR3a和Rpi-R3a不是直接互作（Engelhardt等，2012）。另外，沉默*CMPG1*不影响Rpi-R3a识别AVR3a激发HR反应，说明Rpi-R3a识别AVR3a不需要CMPG1参与（Gilroy等，2011）。*AVR1*和*Rpi-R1*均在细胞核中表达时Rpi-R1才能识别AVR1并激发HR反应。当*AVR1*在细胞质中表达时抑制效应子CRN2介导的细胞死亡反应（Du等，2015）。AVR1与蛋白复合体exocyst的一个亚基Sec5互作，通过抑制Sec5导致病程相关蛋白PR-1分泌、降低*P. infestans*接种点处胼胝质积累抑制寄主抗性。Rpi-R1识别AVR1是否需要Sec5参与尚不清楚（Du等，2015）。无毒蛋白PiAvrblb2通过抑制protease C14分泌抑制马铃薯晚疫病抗性（Bozkurt等，2011）。PiAvr2则靶向BSL1/2/3抑制免疫应答（Turnbull等，2019；Saunders等，2012）。*AVR2*和*AVR-blb2*主要在植物细胞质膜（plasma membrane，PM）和*P. infestans*侵染点处吸器组织内表达（Saunders等，2012；Bozkurt等，2011）。马铃薯磷酸酶StBSL1蛋白参与油菜素内酯信号传导，调控生长和发育。无毒蛋白AVR2与Rpi-R2识别需要StBSL1参与（Saunders等，2012）。稳定表达*AVR2*的转基因马铃薯中油菜素内酯信号传导相关的转录因子基因*StCHL1*上调表达，瞬时超量表达*StCHL1*促进植物感病，沉默*StCHL1*基因则增强马铃薯对*P. infestans*的抵抗能力。AVR2是通过激活植物油菜素内酯信号传导间接抑制INF1介导植物PTI免疫反应（Turnbull等，2017）。*AVR3b*定位在细胞质和质膜上，抑制flg22介导的早期PTI免疫反应（Zheng等，2014）。AVR-blb1（IPI-O1）与Rpi-blb1符合直接互作识别模式。Rpi-blb1中CC结构域是与AVR-blb1互作的重要结构域。AVR-blb1蛋白结构中第129位亮氨酸对Rpi-blb1识别AVR-blb1激发HR起到关键作用，突变第129位亮氨酸（L129P）则导致Rpi-blb1不能与AVR-blb1互作，也不能产生HR。另外AVR-blb1对应的毒性蛋白IPI-O4也可以与Rpi-blb1直接互作。IPI-O4通过与IPI-O1竞争结合Rpi-blb1，干扰Rpi-blb1激发的ETI免疫反应（Chen等，2012）。AVR-vnt1可以被Rpi-vnt1和Rpi-phu1识别并激发ETI抗性反应（Stefańczyk等，2017）。研究发现*P. infestans*毒性生理小种（MP324x和MP1580）在侵染无*Rpi-phu1*基因的马铃薯时会表达*AVR-vnt1*，但在含*Rpi-phu1*的马铃薯中通过*AVR-vnt1*表达沉默以避开Rpi-phu1等抗病蛋白的识别来达到致病目的（Stefańczyk等，2017）。

（二）RxLR效应蛋白致病性

除了已知的无毒基因，绝大多数RxLR效应子是否具有与其识别的抗病蛋白并不清楚。作为病原菌分泌的毒性因子，其基本功能是抑制植物免疫应答。Wang等（2018）报道52效应子在本氏烟草中瞬时表达，绝大多数可以促进病斑扩展，这些效应子在细胞中具有多样化定位，意味着具有多元化寄主靶标。Zheng等（2014）在拟南芥原生质体中表达33个晚疫病菌RxLR效应子，结果发现PITG_04097，PITG_04145，PITG_06087，PITG_09585，PITG_13628，PITG_13959，PITG_18215，PITG_20303 8个效应子可以抑制病原相关分子模式分子flg22激发的早期PTI免疫反应。同样，在番茄上有3个RxLR效应子（PITG_13628，PITG_13959，PITG_18215）能够抑制番茄中MAP激酶活性，干扰植物抗病信号传导（Zhen等，2014）。近年来发现一些效应子特异靶向不同寄主靶标蛋白，通过不同途径抑制寄主免疫应答。

McLellan等（2013）报道效应子PITG_03192的寄主靶标为马铃薯转录因子StNTP1和StNTP2，PITG_03192抑制StNTP1和StNTP2从内质网到细胞核的转运，从而促进*P. infestans*侵染（McLellan等，2013）。King等（2014）报道效应子PexRD2可以特异结合并抑制植物丝裂原活化蛋白激酶MAPKKKε的活性，进而干扰植物免疫相关信号传导，致使植物更容易感病（King等，2014）。效应子Pi22926特异靶向丝裂原活化蛋白激酶MAPKKKβ抑制马铃薯免疫应答（Ren等，2019）。PexRD54与植物自噬蛋白ATG8CL互作并加速细胞内自噬体的形成，同时大大减弱了自噬运输受体Joka2介导的免疫反应（Dagdas等，2016）。Wang等（2017）发现在本氏烟草中瞬时表达细胞核（nucleus）定位RxLR效应子PITG_22798可以激发细胞死亡，核定位突变后PITG_22798不能诱导产生细胞死亡。该细胞死亡依赖SGT1介导的信号传导途径，并可以被*P. infestans*无毒蛋白AVR3b抑制（Wang等，2017）。

植物体内存在一类蛋白，能够被病原菌利用并促进病原菌侵染，即感病因子（Susceptibility factor，S factor）（Boevink等，2016a）。Wang等（2015）研究首次发现*P. infestans*细胞核定位效应子PITG_04089可以通过与感病因子RNA结合蛋白StKRBP1互作来促进*P. infestans*侵染（Wang等，2015）。Boevink等（2016）发现RxLR效应子PITG_04314与植物蛋白磷酸酶PP1c催化亚基互作，并促进PP1c从核仁转运到核质，但是PITG_04314并不影响PP1c的磷酸酶活性。推测效应子PITG_04314通过与PP1c发生互作形成PITG_04314-PP1c复合体全酶形式负调控植物防御反应。在马铃薯中超量表达*PITG_04314*基因，JA-和SA-响应报告基因明显表达下调。同样效应子PITG_04314发挥毒性功能与其细胞核定位关联（Boevink等，2016b）。Yang等（2016）研究发现效应子PITG_02860与感病因子StNRL1互作调控植物免疫反应，PITG_02860抑制INF1介导的HR反应（Yang等，2016）。

晚疫病效应子基因在侵染寄主的早期表达（Yin等，2017；Wang等，2019），侵染过程中效应子分泌进入寄主细胞内，通过多样化定位，靶向多样化靶标抑制植物的免疫应答，同时抑制不同信号通路的效应子具有协同抑制免疫应答的功能（Wang等，2019；Whisson等，2016）。晚疫病病原菌RxLR效应子不仅通过与马铃薯晚疫病抗性正向调控靶标结合抑制抗性（Ren等，2019；He等，2019；McLellan等，2013），同时还与马铃薯本身晚疫病抗性负向调控靶标结合，利用寄主蛋白促进侵染（He等，2018；Boevink等，2016a）。例如，定位于寄主细胞核中的效应子Pi04314，与马铃薯靶标蛋白激酶PP1c结合调控马铃薯晚疫病抗性，PP1c能够促进病原菌侵染（Boevink等，2016b）。Pi17316则通过与马铃薯晚疫病抗性负调控因子蛋白激酶StVIK结合促进病原菌侵染（Murphy等，2018）。总之，分泌进入寄主细胞的效应子可以通过靶向不同靶标，通过多种途径抑制寄主免疫应答反应（He等，2020；Whisson等，2016；图5-9）

（三）无毒基因的进化变异与抗性丧失

*P. infestans*生理小种的变化和区域分布是影响马铃薯品种抗病性能否持久的主要因素之一，了解*AVR*基因在小种间的变化不仅有助于揭示*AVR*基因进化变异的过程，同时也可以检测生理小种的变化，为选育抗病品种以及生产中抗病品种/抗源合理利用提供依据。*P. infestans*分泌数百个RxLR效应子基因中，*AVR*基因可以通过基因缺失、序列多态性或者选择性表达等变异机制来帮助*P. infestans*躲避对应抗病蛋白的识别。

Pais等（2018）发现不同晚疫病病原菌中存在基因缺失现象。*AVR1*、*AVR2*、*AVR3b*和*AVR-blb1*在*P. infestans*不同生理小种中均存在基因缺失现象。Du等（2015）

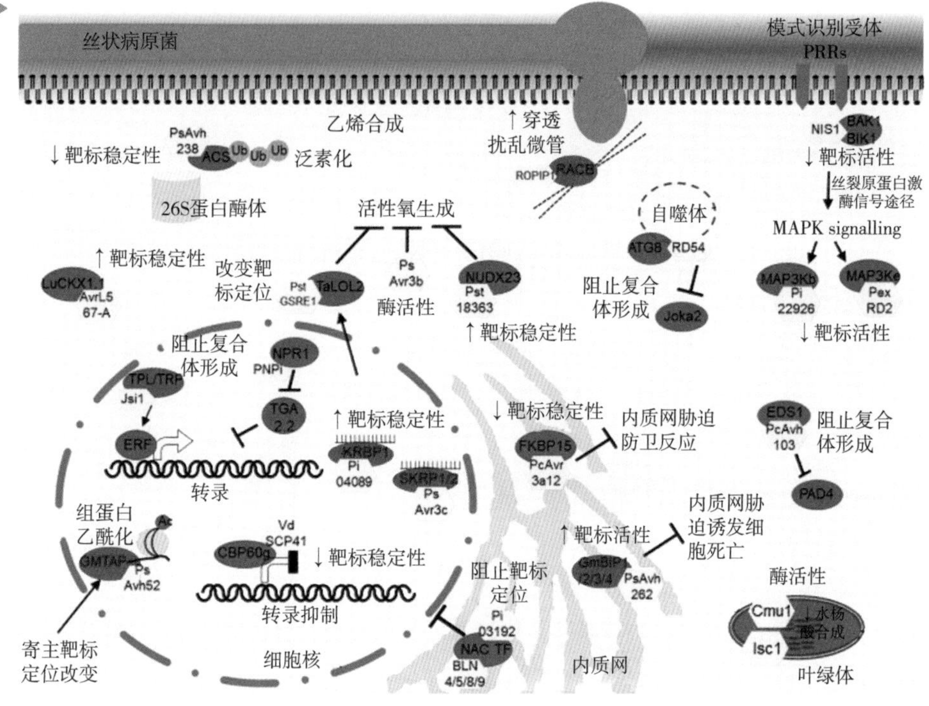

图5-9　效应子多样化抑制寄主靶标（He等，2020）

黄色六边形代表病原菌效应子，蓝色椭圆形代表具有正向调控抗性功能的植物靶标，红色椭圆形代表具有负向调控抗性功能的植物靶标。

研究发现能够克服*Rpi-R1*的一个*P. infestans*毒性菌株中*AVR1*基因缺失，但是在相同位置上存在一个*AVR1-like*基因。AVR1-like的C-端缺失38个氨基酸，导致了AVR1-like不能被Rpi-R1识别。测序分析29个*P. infestans*生理小种中的*AVR2*基因，发现12个能够克服*Rpi-R2*的毒性菌株中有9个菌株缺失*AVR2*，其余3个毒性菌株和17个无毒菌株中*AVR2*存在序列变异。另外在毒性菌株中AVR2-like与AVR2存在13个氨基酸差异，且AVR2-like不能被Rpi-R2识别（Gilroy等，2011）。对多个*P. infestans*菌株中编码的*AVR-blb1*（*IPI-O*）基因家族进行测序与分析发现，存在16种IPI-O蛋白变异型。根据氨基酸序列差异比对，这16个差异蛋白可分成三组，其中第一组和第二组的变异类型可以被Rpi-blb1识别，第三组的IPI-O4不能被Rpi-blb1识别，但能与IPI-O1竞争结合Rpi-blb1，从而阻断Rpi-blb1介导的抗病免疫反应（Chen等，2012；Pais等，2018；Halterman等，2010）。AVR3a在*P. infestans*毒性菌株中主要是氨基酸点突变，毒性基因和无毒基因序列的差异主要在3个氨基酸位点，其中一个位于信号肽，另外两个位于C-端功能域。携带AVR3a^{C19K80I103}的*P. infestans*菌株对于含有*Rpi-R3a*马铃薯表现无毒性，而携带AVR3a^{S19E80M103}菌株表现为毒性。研究表明AVR3a蛋白序列中第80位、第103位的氨基酸对Rpi-R3a识别AVR3a具有重要作用（Armstrong等，2005）。AVR4的变异主要是发生移码突变，导致基因短截（van Poppel等，2008）。研究发现*AVR-*

*blb2*基因家族的多态性很高，第69位氨基酸的点突变（F69I）对Rpi-blb2识别激活具有关键作用（Oliva等，2015）。4个*P. infestans*强致病生理小种中*AVR-smira1*均存在非同义突变（Stefańczyk等，2017）。晚疫病病原菌中无毒基因选择性表达也是毒性变异的一种策略（Qutob等，2009）。Pais等（2017）发现一个EC-1小种P13626中有17个基因不表达，其中之一是*AVR-vnt1*基因，在含有*Rpi-vnt1.1*的转基因马铃薯上接种P13626表现感病，*AVR-vnt1*选择性沉默导致Rpi-vnt1.1无法识别而导致感病（Pais等，2018）。

第二节
马铃薯晚疫病抗性的遗传基础

马铃薯对晚疫病抗性有两种基本类型，一类是符合“基因对基因”学说（Gene for Gene）的经典抗病*R*基因介导的抗性，由于这类基因具有小种特异性，称为垂直抗性；另一类是由微效多基因控制的水平抗性或田间抗性，无小种特异性，能抗不同的病原菌生理小种。水平抗性稳定持久，但抗性水平低，育种应用比较困难（Solomon-Blackburn等，2007）。

一、垂直抗性遗传基础

马铃薯晚疫病抗病育种起源于对来自马铃薯野生种*S. dimissum*中主效*R*基因的利用，由于主效*R*基因抗性明显、突出，*R*基因利用一度成为马铃薯抗病育种的主流方向。在*S. dimissum*中相继发现11个*R*基因（*R1*～*R11*），*R1*、*R3*、*R2*、*R4*和*R10*相继被转育到栽培种中，利用这些主效*R*基因的垂直抗性育种对晚疫病防控曾经起到了重要作用。但是由于病原菌的快速进化与变异，*R1*～*R11*主效基因控制的晚疫病抗性已逐步丧失（Hein等，2009）。

马铃薯育种者和研究人员不断从丰富的马铃薯资源中发掘出新的具有广谱和更为持久特性的抗病基因。目前已从*S. demissum*、*S. bulbocastamum*、*S. stoloniferum*等十多个马铃薯中发现了60多个抗病基因（Rodewald和Trognitz，2013）。利用不同的克隆策略，现已从多个马铃薯野生种中发现和克隆了20多个新的抗病基因（Kaverkcort等，2016；Rodewald和Trognitz，2013；Vleeshouwers等，2011a；Hein等，2009）。其中有些抗病基因具有明显的广谱识别特点，例如，克隆自*S. americanum*的*Rpi-amr1*（Witek等，2021），来源于墨西哥野生种*S. bulbocastanum*的*Rpi-blb1*（allelic to RB），

*Rpi-blb2*和*Rpi-blb3*（Park等，2005；Song等，2003；van der Vossen等，2005），来自*S. stoloniferum*的*Rpi-sto1*和*Rpi-pta1*（Vleeshouwers等，2008；Wang等，2008），以及来自*S. microdontum*的*Rpi-mcd1*（Tan等，2010）。目前克隆的抗病基因都是典型NB-LRRs结构基因，对应的无毒基因也已发现（Kaverkcort等，2016；Vleeshouwers和Oliver，2014）。马铃薯具有丰富的野生种资源，马铃薯基因组测序结果分析显示，在马铃薯Phureja种DM1-3中至少含有755NB-LRR类抗病基因（Jupe等，2013），预示着在丰富的马铃薯资源中，蕴藏着许多未知的晚疫病抗病基因。

二、水平抗性遗传基础

水平抗性是由微效多基因控制的数量性状。由于水平抗性遗传的复杂性，相对于垂直抗性来说，水平抗性的遗传研究显得薄弱。关于马铃薯晚疫病水平抗性或田间抗性前期研究主要集中在数量抗性位点（QTL）的研究。已有近百个QTL位点定位在不同群体的连锁图谱上（Danan等，2011；Hein等，2009）。QTL图位分析表明，影响叶片晚疫病水平抗性的位点遍布于马铃薯全部12条染色体，与水平抗性由多基因控制的特性相一致。不同遗传背景的材料QTL位点并不完全相同，这些位点对晚疫病水平抗性的影响有一定差异，位点之间以及位点与环境之间的互作也不同。不同组合群体的QTL位点研究表明，在各群体中较为一致且很突出的晚疫病抗性QTL位点定位于5号染色体的短臂区域，与GP179标记紧密连锁，这一主要QTL位点对马铃薯叶片和块茎的抗性都有影响。品种选育中通常发现晚疫病水平抗性往往与晚熟性状相关，晚疫病水平抗性强的品种叶片活力旺盛，但多为晚熟（Colon等，1995）。位于5号染色体上的主效*R1*基因和控制植株熟性的一个主要QTL位点也与GP179标记紧密连锁（Collins等，1999；Oberhagemann等，1999）。具有这一QTL位点的植株叶片抗性增强且趋于晚熟，提高对晚疫病敏感性的QTL位点对增加抗性的QTL位点表现为显性，当晚疫病水平抗性较强的品种与对晚疫病敏感的品种杂交时，后代的晚疫病水平抗性逐渐消失，抗性位点被掩盖，水平抗性的分离比率往往被歪曲。在杂交后代群体中筛选表型频率低、含有突出晚疫病抗性QTL位点的个体，分子标记辅助选择有着良好的应用前景。

除了5号染色体上的*R1*基因，在Ⅺ染色体上的*R3*、*R6*、*R7*基因也与晚疫病抗性的QTL位点连锁，有一些防御基因也与QTL位点同为一个连锁群，例如，PAL与位于3、4、10号染色体上的QTL同属一个连锁群。prp1与在4号染色体上的QTL同属一个连锁群，而且一些数量位点也表现出小种特异性。这些现象暗示水平抗性可能同样由类似于小种特异抗性的基因控制，水平抗性与垂直抗性的基因可能并无本质上的区别（Gebhardt 1994）。经过多年的努力，我们通过精细定位和图位克隆，在世界上克隆了一个马铃薯晚疫病主效QTL位点基因，最后证明是具有数量抗性特点的经典NBS-LRR抗病基因*R8*（Jiang等，2018）。最近的一些研究显示，原来认为具有田间抗性的品种，其抗性是由不同的*R*基因组合提供。例如，Sarpo Mira是一个欧洲多年田间表现持久抗病性的马铃薯品种，Rietman等（2012）利用无毒基因鉴别技术鉴定Sarpo Mira品种含有两个已知主效抗病基因*R3a*和*R3b*，以及两个新抗病基因*Rpi-Smira1*及*Rpi-Smira2*。该品种的晚疫病稳定抗性来自抗病基因*Rpi-Smira1*和*Rpi-Smira2*。也有人认为被克服的*R*基因对晚疫病水平抗性具有一定贡献，但这一假说尚无明确的证据。也有研究显示，数量抗性受多个抗性相关基因的控制，基因组关联和候选基因多态性分析发现马铃薯中存在一些与田间抗性关联的多态性等位基因（Mosquera等，2016）。

第三节 马铃薯抗晚疫病资源评价与抗性品种选育

一、马铃薯抗晚疫病资源评价

作为一个原产于美洲的作物，马铃薯起源地主要分布在秘鲁的中北部到玻利维亚中部之间以及墨西哥中部的高地（Hijmans and Spooner，2001），科学考证认为马铃薯有两个起源中心，一个是以秘鲁和玻利维亚交界处Titicaca湖盆地为中心，包括秘鲁经玻利维亚到阿根廷西北部的安第斯山区（Andes）及乌拉圭等地的主要起源中心；另一个是位于中美洲和墨西哥的次中心。在马铃薯南美洲主要起源中心，主要分布着二倍体马铃薯栽培种和原始栽培种，而中美洲次中心则主要分布着具有不同倍性的野生种。相对于马铃薯现代栽培种（*S. tuberosum*），这些马铃薯野生种和近缘栽培种不仅具有比较丰富的遗传基因背景，可以有效解决普通栽培种遗传背景狭窄造成的基因库贫乏的难题（陈珏等，2010），同时它们含有丰富的晚疫病抗性，为抗晚疫病育种提供了丰富的抗性资源。这些野生种与现代栽培种在起源中心经过长期的与病原菌协同进化过程，通过自然选择形成了许多理想的*R*基因和多基因的组合，它们除了具有主效*R*基因控制的垂直抗性外，还具有较高的水平抗性。如*S. dimissum*不但是主效*R*基因的抗源，同时也是水平抗性的重要资源。除了*S. dimissum*外，也有一些野生种表现出较强的晚疫病抗性，可以作为抗晚疫病育种的抗源，如*S. stolonniferium*、*S. berthaultii*、*S. bulbocastanum*、*S. pinnatisectum*、*S. verrucosum*、*S. microdontum*、*S. tarijense*、*S. circaeifolium*、*S. vernei*、

S. chacoense、*S. piurae*、*S. edinense*和*S. polydenium*等（徐建飞等，2017）。针对这些来自野生种和近缘栽培种，晚疫病抗性资源的评价、筛选和利用一直是马铃薯育种尤其是抗晚疫病育种工作中的最重要课题之一。

田间抗性评价一般采用田间病圃诱导发病（Landeo，1995，1997），其基本操作就是将植株种植于病圃内，在鉴定材料周围以及每隔一定距离种植高感材料，以诱导鉴定材料晚疫病发生来确定其抗病性。也可以通过接种病原菌来诱导田间发病。这些方法适用于群体较大、晚疫病每年均会流行的情况下进行。

田间抗性评价采用的评价指标最常见的是国际马铃薯中心推荐使用的1～9级指标，其中1级为未发病，9级为全部感病。除了采用9级指标之外，还可以通过病程曲线下的面积即AUDPC（Area Under the Disease Progress Curve）来进行评价，AUDPC值反映的是马铃薯材料在感染晚疫病之后病害累计发展情况（Campbell和Madden，1990）。

离体叶片接种鉴定则通过采集叶片离体接种，模拟最适合的发病条件，根据叶片上病斑的情况来确定抗性级别。关于离体鉴定结果的分析，Jeger等（2001）、Andrivon等（2006）和Haynes等（2004）均做了系统的总结，这些总结中对于不同的接种方法所使用的分析方法、计算公式都有很好的归纳。

离体叶片接种鉴定的流程如下：从健康植株上选取长势一致的叶片，用蒸馏水冲洗干净。先将湿润滤纸片放入接种盘中，然后将马铃薯叶背面朝上置于滤纸上，取10μL配制好的游动孢子悬浮液分别接种于叶片主脉左右两侧，每份马铃薯材料接种5～10片叶，设置3次重复。将接种盘置于18～20℃培养室中黑暗保湿24h，此后将光周期调整为16h/8h（光照/黑暗）。在接种5～7d后进行调查，先观察感病对照叶片症状和抗病对照叶片接种部位是否有过敏反应，然后对不同马铃薯种质资源叶片进行病斑面积和叶片总面积测量，计算出病斑占整个叶片总面积的百分比。参照娄树宝等（2012）的1～5级标准进行评价，其中1级为高抗类型，此时叶片无病斑或有零星过敏性坏死斑，病斑面积小于3%；5级为高感类型，叶片上可见大量病斑，病斑面积占比大于60%，病部可见大量白色霉状物，严重腐烂。

马铃薯地上植株与地下块茎对晚疫病的抗病性表现有时候并不一致（Alor等，2015），因此马铃薯晚疫病抗病性可分为植株抗性和块茎抗性。植株抗性表现为地上植株有较强抗病性，但地下块茎却表现为感病、易腐烂；块茎抗性表现为地上植株容易发病，而地下块茎则抗病，不易受病菌侵染。长久以来，育种家们将育种目标主要放在对马铃薯地上叶片抗性的筛选鉴定上，而忽视对地下块茎抗性的研究。感病块茎无论在田间还是贮藏期，一旦被侵染极易腐烂，继而造成严重损失；若作为种薯播种，定会成为晚疫病初侵染源进一步扩散。因此鉴定选育马铃薯块茎抗晚疫病的品种是育种科学家刻不容缓的工作。

块茎接种鉴定的步骤如下：将块茎清洗干净，用浓度为1%次氯酸钠溶液浸泡30min进行表面消毒，再用灭菌水清洗3遍，将残留次氯酸钠溶液消除。每个块茎横向切下两片约11mm厚的薄片，用灭过菌的滤纸吸干表面水，将薄片放在有滤纸的培养皿中，置于20℃光周期培养箱（16h光照，8h黑暗）中愈伤24h。随后将用于接种的晚疫病菌株制成孢子悬浮液，取1滴滴在薯片的中心，置于保湿保鲜盒中，18℃光周期培养箱高湿黑暗培养7d后开始调查。设置阴性对照，将同等体积灭菌水滴在薯片中心，放置在相同环境中培养7d。

抗性调查时将单片块茎翻过来进行评分。将薯片下表面切掉薄薄一层，以除去被空气氧化的褐色，进而调查统计组织发病情况。参照唐洪明（1987）和王腾（2015）的方法用度量感染面积的方法来确定抗病等级。其中0级和1级为高抗类型，薯片无病斑（0级）或病斑面积小于5%，但无孢子产生（1级）；5级为高感类型，薯片上病斑面积大于50%，并有孢子产生。

二、效应子与抗病基因识别与互作加速资源发掘与抗病基因克隆

随着新的马铃薯*R*基因的克隆以及晚疫病病原菌基因组测序的完成，马铃薯与晚疫病病原菌互作功能基因组学研究取得重要进展（Vleeshouwers等，2011b）。根据“基因对基因”学说（Flor，1971），针对植物抗病基因，病原菌具有相应无毒基因或毒性基因，*R*基因产物和无毒基因产物识别会产生过敏反应（HR），激发抗病防卫反应，从而产生抗性。根据无毒基因和抗病基因识别理论，可以利用无毒基因鉴别马铃薯是否含有相应抗性基因。最近几年晚疫病抗性遗传基础研究方面一个重要的发现是不同抗病资源材料中可能存在多个抗病基因，不同抗病基因组合能够提供理想晚疫病抗性（Kim等，2012）。例如，Kim等（2012）借助无毒基因瞬时表达鉴别技术结合抗病基因特异分子标记分析了马铃薯鉴别寄主Ma*R5*、Ma*R8*和Ma*R9*中可能含有的抗病基因，分析显示Ma*R5*中含有*R1*、*R2*和*R4*基因；Ma*R8*中至少含有*R3a*、*R3b*、*R4*和*R8* 4个抗病基因。而Ma*R9*中至少含有*R1*、*Rpi-abpt1*、*R3a*、*R3b*、*R4*、*R8*和*R9*7个抗病基因。尽管单个基因被克服，但多个不同基因组合可能可以提供持久抗病性，这一假说有待进一步检验。

利用RxLR效应子识别可以鉴别马铃薯资源材料中是否存在未知抗病基因。通过构建病原菌RxLR效应子表达载体库，利用农杆菌介导的瞬时表达系统在马铃薯叶片中表达晚疫病菌RxLR效应基因，依据效应基因和抗病基因特异识别产生的过敏反应表型，可以高通量鉴定未知抗病基因，称为效应子组学策略（effector-omics）（Rietman等，2012）。Vleeshouwers等（2008）利用这一技术策略结合等位位点发掘技术（allele mining），成功从野生种材料（*S. stoloniferum*）中克隆*R2*同源基因

*Rpi-sto1*和*Rpi-pta1*。利用效应组策略，研究者通过等位基因分析技术定位克隆了6个来源于不同野生马铃薯种的抗病基因*Rpi-edn1.1*、*Rpi-snk1.1*、*Rpi-snk1.2*、*Rpi-hjt1.1*、*Rpi-hjt1.2*和*Rpi-hjt1.3*（Champouret等，2010；Jacobs等，2010）。

单纯利用效应子瞬时表达系统和分子标记诊断技术分析资源材料抗病基因组成也存在缺点，瞬时表达系统在不同马铃薯基因型上存在很大差异，例如，常用的农杆菌系统，在有些基因型上根本就没有反应，有的基因型又特别敏感（周晶等，2014），由于抗病基因与没有功能的抗病基因类似物（RGA）往往以基因簇存在，序列相似性又很高，分子标记诊断技术也很难对一些抗病基因准确分辨。目前已克隆的所有马铃薯晚疫病抗病基因都是典型NB-LRRs结构基因特点（Vleeshouwers和Oliver，2014），具有Nucleotide-binding结合位点和Leucine-rich repeat region，根据NB-LRRs结构基因具有保守结构的特点，Jupe等（2013）设计了一系列探针，实现了从马铃薯基因组片段中富集抗病基因片段，建立了快速定位马铃薯抗病基因的方法（*R* gene enrichment and sequencing platform，RenSeq）。这一技术策略已成功用于番茄抗病基因组成分析（Andolfo等，2014）。Diagnose RenSeq（dRenSeq）已发展成为用来高量、准确高效诊断马铃薯材料中抗病基因组成的技术，将马铃薯材料中富集抗病基因片段测序，然后利用生物信息学手段与已知抗病基因在严谨条件下比对，就可以精确得知抗病基因组成。该技术与效应子瞬时表达系统、晚疫病菌诊断接种技术、等位位点发掘技术结合，不但可以诊断已知基因，同时还可以发现新基因（Van Weymers等，2016）。

随着对晚疫病病原菌与马铃薯互作机制认识的深入，尤其是晚疫病病原菌效应子与抗病基因识别机制的研究进展，利用效应子组学，allele mining和基于*R*基因片段富集的基因组简化测序技术（RenSeq）相结合的策略已成为发掘和利用抗病基因、加速抗病品种选育的重要途径和有效工具（王洪洋和田振东，2018；Lenman等，2016；Van Weymers等，2016；Vleeshouwers和Oliver，2014）。

华中农业大学马铃薯团队利用RenSeq技术分析了国内外100多个晚疫病抗性材料，建立了各个材料的抗病基因谱，首次明确了这些材料中含有那些已知晚疫病抗病基因，同时发现一些资源材料中包含未知的抗病基因，很有意思的是发现国际马铃薯中心B群体晚疫病材料和国内主要抗性品种中都含有持久抗病基因*R8*。

三、马铃薯抗晚疫病品种选育

马铃薯是外来物种，所以中国马铃薯育种工作对资源的引进、筛选和利用就显得十分重要。如果不扩大种质资源的来源，很难育成更多适合不同生态条件、不同用途（市场）和抗不同病虫害及逆境的优良品种。据不完全统计，中华人民共和国成立以来，新的马铃薯种质资源不断地从国外尤其是欧美发达国家和地区、马铃薯起源地被引进到国内，在马铃薯育种工作中发挥了巨大的作用。种质资源引进的途径包括国际马铃薯中心（CIP）、荷兰遗传资源中心（CGN）、英国马铃薯种质库（CPC）、德国马铃薯种质库（GLKS）和美国马铃薯基因库（USDA-NRSP-6）以及苏联、波兰等国保存的资源。其中，来自国际马铃薯中心的种质资源对于国内马铃薯抗晚疫病育种工作发挥的作用最大（卢肖平和谢开云，2014）。1978—2013年，中国从国际马铃薯中心引进马铃薯种质资源共计约6000份，为中国20多个省、市、自治区、直辖市相关单位使用，不但大大拓宽了马铃薯的遗传背景，为马铃薯育种工作提供了丰富的亲本材料，还有力地促进了中国的马铃薯生产。中国从国际马铃薯中心引进的马铃薯资源以试管苗和杂交实生种子两种形式的材料为主，少量资源则以块茎的形式进入中国。

这些从国际马铃薯中心引进的资源中，一些优良品种和高代品系在生产上直接利用。截至2013年，共有11个国际马铃薯中心品种通过了国家级或省级审定，其中包括“中心24”（原名SERRENA，CIP 720087）和“冀张薯8号”（原名TACNA，CIP 390478.9），这两个品种在中国马铃薯生产上发挥了极大的作用。一些引进的实生种子在国内经过筛选直接审定成品种，包括“华恩1号”（华中农业大学、恩施州农科院选育）、“合作88”（云南师范大学和会泽县农技推广中心选育）。其中，2009年“合作88”在云南省及周边省、市、区（四川省、重庆市、贵州省、广西壮族自治区）年播种面积达到580万亩，称为当今世界上育成品种15年后推广面积最大的马铃薯品种（Li等，2011）。我国也有一些单位，如中国农科院蔬菜花卉研究所、云南师范大学、四川省农科院、中国南方马铃薯研究中心等，利用国际马铃薯中心引进的晚疫病水平抗性群体材料开展抗病育种，选育出了一些抗晚疫病的品种。国内育种单位选育的一些抗晚疫病的高代品系也大多具有国际马铃薯中心资源的遗传背景。

更多的CIP资源作为亲本材料进入了中国马铃薯抗晚疫病育种体系。白建明（2016）分析了2004—2015年云南省审定的44个马铃薯新品种的亲本来源，在一共46个亲本中有15个来自国际马铃薯中心，占32.6%，他们对这些新育成品种的核遗传贡献率达到36.4%。来源于CIP的材料更适合在云南作为骨干亲本使用，主要就是西南地区马铃薯晚疫病发生频繁，危害程度更重，而这些骨干亲本的晚疫病抗性可以较好地传递给后代。2012年前中国育成的379个审定品种中，含CIP亲本血缘的占17.9%（徐建飞和金黎平，2017）。国内育种工作者利用国际马铃薯中心亲本材料开展资源创新，在国内不同环境下选择适宜材料，并利用这些材料开展育种工作。据不完全统计（卢肖平和谢开云，2014），截至2013年，国内共选育带有CIP亲缘背景的新品种超过100个，至今仍有约30个马铃薯品种还在广泛种植，占全国各地每年常用马铃薯品种的30%左右。

值得注意的是，随着抗晚疫病新品种的推广应用，病原菌也在不断地进化，尤其是单一抗性品种大面积种植，病原菌面临较大的选择压力时，其进化速度也会加快，新的生理小种不断出现，品种的抗性也会更快地被病原菌克服而丧失。一方面，不断地从野生种和近缘栽培种中寻找新的抗源，并将这些新的抗源导入的育种流程中加以利用，是一个长期的基础性工作。另一方面，生物技术发展为传统马铃薯育种提供了大量新的方法，而新方法与老经验的有机结合，也必将为马铃薯抗晚疫病育种带来新的契机。

四、马铃薯晚疫病持久抗性育种策略

水平抗性品种对晚疫病菌的选择压力小，可以延缓病原菌的变异，抗性稳定持久，但抗性水平低，育种应用比较困难（Solomon-Blackburn等，2007）。如果能够利用全基因组关联技术找到与水平抗性紧密关联的效应显著位点，开发出相应标记，则可以解决QTL聚合困难的问题。QTLs位点在不同背景的材料中效应值可能存在差异。但是如果能够实现多个QTL聚合，对于提高品种的持久抗性水平具有很大帮助。

理论上种植抗病品种是控制晚疫病病害最有效的手段。广谱持久抗病品种选育是防治晚疫病的最佳途径，基于抗病基因（*R*基因）的育种在生产中成本低，不仅经济有效而且环境友好，没有环境压力，为了探索农作物抗病的新途径，需要充分利用新的抗病基因资源。尽管在世界各地马铃薯生产区域晚疫病危害严重，但是在马铃薯起源地南美洲安第斯山脉存在十分丰富的马铃薯种质资源，在马铃薯与晚疫病协同进化中，形成新的抗病基因（Spooner等，2009），这些新的抗性资源将是马铃薯抗病育种的宝贵资源。另外，最近几年的最新研究发现，一些已知抗病基因对“超级毒力”小种并未完全丧失抗性，来自*S. demisum*的*R8*和*R9*具有持久抗性特点，仍然具有利用价值（Jack等，2016；Kim等，2012；Jiang等，2018）；不同抗病基因组合能够提供理想的晚疫病抗性，含有*Rpi-blb1*的马铃薯材料在田间表现出良好抗性。另外一些新发现的抗病基因，如*Rpi-amr1*具有广谱抗性特点（Witek等，2021）。因此，聚合已知抗病基因，充分利用具有广谱抗性特点的新抗病基因是马铃薯抗病育种的有效途径（Haverkcort等，2016）。最理想的途径是在具有水平抗性的材料中同时导入持久抗性或广谱抗性的*R*基因。

目前克隆的晚疫病广谱抗病基因来自野生种，通过远缘杂交和回交将其转育到栽培种中改良现有品种的晚疫病抗性存在很大困难，不但要克服远缘杂交障碍，同时还要剔除野生种不利性状，需要经历漫长的过程。转基因技术相对快捷，但人们对于转基因品种存在疑虑，需要开发人们能够接受的新的转基因方式快速转育来自野生种的优异抗病基因。随着马铃薯—晚疫病分子互作机制的深入研究，会陆续发掘一批晚疫病菌效应子调控的关键靶标基因，利用这些靶标基因有望提高马铃薯晚疫病抗性。例如，在资源中发现不被效应子劫持的基因变异类型；通过转基因提高正调控因子基因的表达；通过基因编辑改造靶标基因增强其功能或解除效应子的抑制作用；通过基因编辑消除被效应子利用的负调控基因来提高晚疫病抗性。

（田振东，姚春光，王洪洋）

参考文献

[1] 白建明，姚春光，普红梅，等．云南省马铃薯育种体系育成马铃薯新品种的亲本分析［M］．中国作物学会中国马铃薯大会论文集，2016.

[2] 陈珏，秦玉芝，熊兴耀．马铃薯种质资源的研究与利用［J］．农产品加工，2010（8）：70-73.

[3] 娄树宝，李庆全，田国奎，等．马铃薯种质资源晚疫病抗性鉴定与评价［J］．黑龙江农业科学，2012（12）：11-13.

[4] 卢肖平，谢开云．国际马铃薯中心在中国——30年友谊、合作与成就［M］.北京：中国农业科学技术出版社，2014.

[5] 马云芳，孙洁平，马丽杰，等．一个马铃薯种质资源圃致病疫霉群体的分析［J］．菌物学报，2013，32（5）：802-811.

[6] 唐洪明．马铃薯抗晚疫病育种．中国马铃薯［J］，1987，1（1）：55-60.

[7] 王洪洋，秦丽娟，唐唯，等．致病疫霉RxLR效应蛋白相关研究进展［J］．生物技术通报，2018，34（2）：102-111.

[8] 王洪洋，田振东．基于晚疫病菌效应子识别策略挖掘马铃薯潜在抗病基因资源［J］．园艺学报，2018，45(7)：1305-1313.

[9] 王騰．黑龙江省马铃薯晚疫病菌群体结构研究及块茎抗病性鉴定［D］．大庆：黑龙江八一农垦大学，2015.

[10] 徐建飞，金黎平．马铃薯遗传育种研究：现状与展望［J］．中国农业科学，2017，50（6）：990-1015.

[11] 张美祥．卵菌胞内效应子研究进展［J］．南京农业大学学报，2018，41（1）：18-25.

[12] 张志铭，朱杰华，宋伯符，等．中国马铃薯晚疫病菌A2交配型的进一步研究［J］．河北农业大学学报，2001，24（2）：32-37.

[13] 赵志坚，李灿辉，曹继芬，等．云南省马铃薯致病疫霉毒性基因组成及毒力结构研究［J］．中国农业科学，2007，40(3)：505-511.

[14] 周晶，张子莹，路远，等．利用晚疫病菌无毒基因瞬时表达技术鉴定马铃薯所含抗病基因［J］．中国马铃薯，2014，28（4）：217-224.

[15] 朱杰华，杨志辉，张凤国，等．马铃薯晚疫病菌群体遗传结构研究进展［J］．中国农业科学，2007，40(9)：1936-1942.

[16] 田振东. 马铃薯晚疫病水平抗性相关基因片段筛选及基因克隆[D]. 武汉：华中农业大学，2013.

[17] ALOR N，LÓPEZ-PARDO R，BARANDALLA L，et al. New sources of resistance to potato pathogens in old varieties of the Canary Islands [J]. Potato Res，2015，58（2）: 1-12.

[18] ANDOLFO G，JUPE F，WITEK K，et al. Defining the full tomato NB-LRR resistance gene repertoire using genomic and cDNA RenSeq [J]. BMC Plant Biol，2014，14: 120.

[19] ANDRIVON D，PELLÉ R，ELLISSÈCHE D. Assessing resistance types and levels to epidemic diseases from the analysis of disease progress curves-principles and application to potato late blight [J]. American Journal of Potato Research，2006，83（6）: 455-461.

[20] ARMSTRONG M R，WHISSON S C，PRITCHARD L，et al. An ancestral oomycete locus contains late blight avirulence gene Avr3a，encoding a protein that is recognized in the host cytoplasm [J]. Proc Natl Acad Sci USA，2005，102: 7766-7771.

[21] BALDAUF S L. The deep roots of eukaryotes [J]. Science，2003，300: 1703-1706.

[22] BIRCH P R J，BRYAN G，FENTON B，et al. Crops that feed the world 8: Potato: are the trends of increased global production sustainable? [J]. Food Security，2012，4（4）: 477-508.

[23] BOEVINK P C，MCLELLAN H，GILROY E M，et al. Oomycetes seek help from the plant: *Phytophthora infestans* effectors target host susceptibility factors [J]. Mol Plant，2016a，9: 636-638.

[24] BOEVINK P C，WANG X，MCLELLAN H，et al. A *Phytophthora infestans* RxLR effector targets plant PP1c isoforms that promote late blight disease [J]. Nat Commun，2016b，7: 10311.

[25] BOEVINK P C，BIRCH P R J，TURNBULL D，et al. Devastating intimacy: the cell biology of plant-Phytophthora interactions [J]. New Phytol，2020，228（2）: 445-458.

[26] BOS J I，ARMSTRONG M R，GILROY E M，et al. *Phytophthora infestans* effector AVR3a is essential for virulence and manipulates plant immunity by stabilizing host E3 ligase CMPG1 [J]. Proc. Natl. Acad. Sci. USA，2012，107: 9909-9914.

[27] BOZKURT T O，SCHORNACK S，WIN J，et al. *Phytophthora infestans* effector AVRblb2 prevents secretion of a plant immune protease at the haustorial interface [J]. Proc Natl Acad Sci USA，2011，108（51）: 20832-20837.

[28] BOZKURT T O，SCHORNACK S，BANFIELD M J，et al. Oomycetes，effectors，and all that jazz [J]. Curr. Opin. Plant Biol，2012，15（4）: 483-492.

[29] CAMPBELL C L，MADDEN L V. Temporal analysis of epidemics，I: Description and comparison of disease progress curve [M] //CAMPBELL C L，MADDEN L V. Introduction of plant disease epidemiology. John Wiley and Sons，New York，1990: 161-202.

[30] CHAMPOURET N，BOUWMEESTER K，RIETMAN H，et al. *Phytophthora infestans*

isolates lacking class I *ipiO* variants are virulent on *Rpi-blb1* potato [J] . Mol. Plant Microbe Interact, 2009, 22 (12) : 1535-1545.

[31] CHAMPOURET N. Functional genomics of *Phytophthora infestans* effectors and *Solanum* resistance genes [D] . Wageningen: Wageningen University, 2010.

[32] COOKE D E, CANO L M, RAFFAELE S, et al. Genome analyses of an aggressive and invasive lineage of the Irish potato famine pathogen [J] . PLoS Pathog, 2012, 8 (10) : e1002940.

[33] DANAN S, VEYRIERAS J B, LEFEBVRE V. Construction of a potato consensus map and QTL meta-analysis offer new insights into the genetic architecture of late blight resistance and plant maturity traits [J] . BMC Plant Biol, 2011, 11: 16.

[34] DONG S, STAM R, CANO L M, et al. Effector specialization in a lineage of the Irish potato famine pathogen [J] . Science, 2014, 343(6170) : 552-555.

[35] DRENTH A, TURKENSTEEN L J, GOVER R. The occurrence of A2 mating type of *Phytophthora infestans* in the Netherlands: significance and consequences [J] . Neth J Path, 1993, 99: 57-67.

[36] DU Y, BERG J, GOVERS F, et al. Immune activation mediated by the late blight resistance protein R1 requires nuclear localization of R1 and the effector AVR1 [J] . New Phytol, 2015, 207 (3) : 735-747.

[37] DU Y, MPINA M H, BIRCH P R, et al. *Phytophthora infestans* RxLR effector AVR1 interacts with exocyst component Sec5 to manipulate plant immunity [J] . Plant Physiol, 2015, 169: 1975-1990.

[38] ENGELHARDT S, BOEVINK P C, ARMSTRONG M R, et al. Relocalization of late blight resistance protein R3a to endosomal compartments is associated with effector recognition and required for the immune response [J] . Plant Cell, 2012, 24 (12) : 5142-5158.

[39] FAWKE S, DOUMANE M, SCHORNACK S. Oomycete interactions with plants: infection strategies and resistance principles [J] . Microbiol. Mol. Biol Rev, 2015, 79 (3) : 263-280

[40] FENG J, SHEN W H. Dynamic regulation and function of histone monoubiquitination in plants [J] . Front Plant Sci, 2014, 5: 83.

[41] FISHER M C, HENK D A, BRIGGS C J. et al. Emerging fungal threats to animal, plant and ecosystem health [J] . Nature, 2012, 484: 186-194.

[42] FLIER W G, GRÜNWALD N J, FRY W E, et al. Formation, production and viability of oospores of *Phytophthora infestans* isolates from potato and *Solanum demissum* in the Toluca Valley, central Mexico [J] . Mycol Res, 2001, 105 (8) :998-1006.

[43] FLIER W G, GRÜNWALD N J, KROON L P, et al. The population structure of *Phytophthora infestans* from the Toluca Valley in central Mexico suggests genetic differentiation between populations from cultivated potato and wild *Solanum* species

[J]. Phytopathology, 2003, 93 (4) :382-390.

[44] FLOR H. Current status of the gene-for-gene concept [J]. Annu Rev Phytopathol, 1971, 9: 275-296.

[45] FRY W E, BIRCH P R, JUDELSON H S, et al. Five reasons to consider *Phytophthora infestans* a reemerging pathogen [J]. Phytopathology, 2015, 105 (7) : 966-981.

[46] FRY W E, GOODWIN S B, MATUSZUK J Z, et al. Population genetics and intercontinental migration of *Phytophthora infestans* [J]. Annu Rev Phytopathol, 1992, 30: 107-129.

[47] GALLEGLY M E, GALINDO J. Mating types and oospores of *Phytophthora infestans* in nature in Mexico [J]. Phytopathology, 1958, 48: 274-277.

[48] GHISLAIN M, BYARUGABA A A, MAGEMBE E, et al. Stacking three late blight resistance genes from wild species directly into African highland potato varieties confers complete field resistance to local blight races [J]. Plant Biotechnol J, 2019, 17: 1119-1129.

[49] GILROY E M, BREEN S, WHISSON S C, et al. Presence/absence, differential expression and sequence polymorphisms between *PiAVR2* and *PiAVR2-like* in *Phytophthora infestans* determine virulence on *R2* plants [J]. New Phytol, 2011, 191 (3) : 763-776.

[50] GILROY E M, TAYLOR R M, HEIN I, et al. CMPG1-dependent cell death follows perception of diverse pathogen elicitors at the host plasma membrane and is suppressed by *Phytophthora infestans* RxLR effector AVR3a [J]. New Phytol, 2011, 190 (3) : 653-666.

[51] GOODWIN S B, SUJKOWSKI L S, FRY W E. Rapid evolution of pathogenicity within clonal lineages of the potato late blight disease fungus [J]. Phytopathology, 1995, 85: 669-676

[52] GOSS E M, TABIMA J F, COOKE D E, et al. The Irish potato famine pathogen *Phytophthora infestans* originated in central Mexico rather than the Andes [J]. Proc Natl Acad Sci USA, 2014, 111 (24) : 8791-8796.

[53] HAAS B J, KAMOUN S, ZODY M C, et al. Genome sequence and analysis of the Irish potato famine pathogen *Phytophthora infestans* [J]. Nature, 2009, 461: 393-398.

[54] HALTERMAN D A, CHEN Y, SOPEE J, et al. Competition between *Phytophthora infestans* effectors leads to increased aggressiveness on plants containing broad-spectrum late blight resistance [J]. PloS One, 2010, 5 (5) : e10536.

[55] HAVERKORT A J, BOONEKAMP P M, HUTTEN R, et al. Societal costs of late blight in potato and prospects of durable resistance through cisgenic modification [J]. Potato Res, 2008, 51: 47-57.

[56] HAVERKORT A J, BOONEKAMP P M, HUTTEN R. Durable late blight resistance in potato through dynamic varieties obtained by cisgenesis: scientific and societal advances in the DuRPh Project [J]. Potato Res, 2016, 59: 35-66

[57] HAYNES K G, WEINGARTNER D P. The use of AUDPC to assess resistance to late

blight in potato germplasm [J]. American Journal of Potato Research, 2004, 81 (2): 137-141.

[58] HE Q, MCLELLAN H, BOEVINK P C, et al. All roads lead to susceptibility: The many modes of action of fungal and oomycete intracellular effectors [J]. Plant Commun, 2020, 1 (4): 100050.

[59] HE Q, MCLELLAN H, HUGHES R K, et al. *Phytophthora infestans* effector SFI3 targets potato UBK to suppress early immune transcriptional responses [J]. New Phytol, 2019, 222: 438-454.

[60] HE Q, NAQVI S, MCLELLAN H, et al. Plant pathogen effector utilizes host susceptibility factor NRL1 to degrade the immune regulator SWAP70 [J]. Proc Natl Acad Sci USA, 2018, 115 (33): E7834-E7843.

[61] HEIN I, BIRCH P R, DANAN S, et al. Progress in mapping and cloning qualitative and quantitative resistance against *Phytophthora infestans* in potato and its wild relatives [J]. Potato Res, 2009, 52 (3): 215-227.

[62] HIJMANS R, SPOONER D. Geographic distribution of wild potato species [J]. American Journal of Botany, 2001, 88: 2101-2112.

[63] JACOBS M M J, VOSMAN B, VLEESHOUWERS VG, et al. A novel approach to locate *Phytophthora infestans* resistance genes on the potato genetic map [J]. Theor Appl Genet, 2010, 120: 785-796.

[64] JACOBSEN E, SCHOUTEN H J. Cisgenesis, a new tool for traditional plant breeding, should be exempted from the regulation on genetically modified organisms in a step by step approach [J]. Potato Res, 2008, 51: 75-88.

[65] JEGER M J, VILJANEN-ROLLINSON S L H. The use of the area under the disease-progress curve (AUDPC) to assess quantitative disease resistance in crop cultivars [J]. Theor Appl Genet, 2001, 102: 32-40.

[66] JIANG R, LI J, TIAN Z, et al. Potato late blight field resistance from QTL dPI09c is conferred by the NB-LRR gene *R8* [J]. J Exp Bot, 2018, 69 (7): 1545-1555.

[67] JONES J D, WITEK K, VERWEIJ W, et al. Elevating crop disease resistance with cloned genes [J]. Philos Trans R Soc Lond B Biol Sci, 2014, 369 (1639): 101-120.

[68] JUDELSON H S, AH FONG A M V. Exchanges at the plant-oomycete interface that influence disease [J]. Plant Physiol, 2019, 179: 1198-1211.

[69] JUDELSON H S, BLANCO F A. The spores of Phytophthora: weapons of the plant destroyer [J]. Nature Reviews Microbiol, 2005, 3: 47-58.

[70] JUPE F, PRITCHARD L, ETHERINGTON G J, et al. Identification and localisation of the NB-LRR gene family within the potato genome [J]. BMC Genetics, 2012, 13: 75.

[71] JUPE F, WITEK K, VERWEIJ W, et al. Resistance gene enrichment sequencing (RenSeq) enables reannotation of the NB-LRR gene family from sequenced plant genomes and rapid

mapping of resistance loci in segregating populations [J] . Plant J, 2013, 76: 530-544.

[72] KAMOUN S, FURZER O, JONES J D, et al. The top 10 oomycete pathogens in molecular plant pathology [J] . Mol Plant Pathol, 2015, 16: 413-434.

[73] KAMOUN S. A catalogue of the effector secretome of plant pathogenic oomycetes [J] . Annu Rev Phytopathol, 2006, 44: 41-60.

[74] KHIUTTI A, SPOONER D M, JANSKY S H, et al. Testing taxonomic predictivity of foliar and tuber resistance to *Phytophthora infestans* in wild relatives of potato [J] . Phytopathology, 2015, 105 (9) : 1198-205.

[75] KIM H J, LEE H R, JO K R, et al. Broad spectrum late blight resistance in potato differential set plants MaR8 and MaR9 is conferred by multiple stacked *R* genes [J] . Theor Appl Genet, 2012, 124 (6) : 923-935.

[76] KING S R, MCLELLAN H, BOEVINK P C, et al. *Phytophthora infestans* RxLR effector PexRD2 interacts with host MAPKKK epsilon to suppress plant immune signaling [J] . Plant Cell, 2014, 26 (3) : 1345-1359.

[77] KONG L, QIU X, KANG J, et al. A Phytophthora effector manipulates host histone acetylation and reprograms defense gene expression to promote infection [J] . Curr Biol, 2017, 27 (7) : 981-991.

[78] LANDEO J A, GASTELO M, FORBES G, et al. Developing horizontal resistance to late blight in potato [R] //International Potato Center (CIP) . Lima (Peru), Lima (Peru) : CIP, 1997.

[79] LANDEO J A, GASTELO M, PINEDO H, et al. Breeding for horizontal resistance to late blight in potato free of R gene. *Phytophthora infestans* 150 [M] . DOWLEY L J, BANNON E, COOKE L R, et al. Ireland: Boole Press Ltd, 1995: 268-274.

[80] LANGIN G, GOUGUET P, ÜSTÜN S. Microbial effector proteins: A journey through the proteolytic landscape [J] . Trends in Microbiology, 2020, 28 (7) : 523-535.

[81] LEESUTTHIPHONCHAI W, VU A L, AH-FONG A M V, et al. How does *Phytophthora infestans* evade control efforts? modern insight into the late blight disease [J] . Phytopathology, 2018, 108 (8) : 916-924.

[82] LENMAN M, ALI A, MÜHLENBOCK P, et al. Effector-driven marker development and cloning of resistance genes against *Phytophthora infestans* in potato breeding clone SW93-1015 [J] . Theor Appl Genet, 2016, 129 (1) : 105-115.

[83] LI C, WANG J, CHEN D H, et al. Cooperation-88: A high yielding, multi-purpose, late blight resistant cultivar growing in southwest China [J] . American Journal of Potato Research, 2011, 88 (2) : 190-194.

[84] LI J, HANNELE L K , TIAN Z, et al. Conditional QTL underlying resistance to late blight in a diploid potato population [J] . Theor Appl Genet, 2012, 124: 1339-1350.

[85] LI J, XIE C, TIAN Z, et al. SSR and e-PCR provide a bridge between genetic map and

genome sequence of potato for marker development in target QTL region [J] . American J Potato Research, 2015, 92: 312-317.

[86] LIN X, SONG T, FAIRHEAD S, et al. Identification of Avramr1 from *Phytophthora infestans* using long read and cDNA pathogen-enrichment sequencing (PenSeq)[J] . Mol Plant Pathol, 2020, 21 (11) : 1502-1512.

[87] MCLELLAN H, BOEVINK P C, ARMSTRONG M R, et al. An RxLR effector from *Phytophthora infestans* prevents re-localisation of two plant NAC transcription factors from the endoplasmic reticulum to the nucleus [J] . PLoS Pathog, 2013, 9 (10) : e1003670.

[88] MARTIN M D, CAPPELLINI E, SAMANIEGO J A, et al. Reconstructing genome evolution in historic samples of the Irish potato famine pathogen [J] . Nature Commun, 2013, 4: 2172.

[89] MOSQUERA T, ALVAREZ M F, JIMÉNEZ-GÓMEZ J M, et al. Targeted and untargeted approaches unravel novel candidate genes and diagnostic SNPs for quantitative resistance of the potato (*Solanum tuberosum* L.) to *Phytophthora infestans* causing the late blight disease [J] . PLoS One, 2016, 11 (6) : e0156254.

[90] MURPHY F, HE Q, ARMSTRONG M, et al. The potato MAP3K StVIK is required for the *Phytophthora infestans* RxLR effector Pi17316 to promote disease [J] . Plant Physiol, 2018, 177 (1) : 398-410.

[91] NIIEDERHAUSER J S. *Phytophthora infestans*: the Mexican connection [M] // LUCAS J A, SHATTOCK R S, SHAW D S, et al. Phytophthora: Cambridge University Press, 1991. 25-45.

[92] OLIVA R F, CANO L M, RAFFAELE S, et al. A Recent expansion of the RxLR effector gene Avrblb2 is maintained in global populations of *Phytophthora infestans* indicating different contributions to virulence [J] . Mol Plant Microbe Interact, 2015, 28 (8) : 901-912.

[93] PAIS M, YOSHIDA K, GIANNAKOPOULOU A, et al. Gene expression polymorphism underpins evasion of host immunity in an asexual lineage of the Irish potato famine pathogen [J] . BMC Evol Biol, 2018, 18 (1) : 93

[94] PARK T H, GROS J, SIKKEMA A, et al. The late blight resistance locus *Rpi-blb3* from *Solanum bulbocastanum* belongs to a major late blight R gene cluster on chromosome 4 of potato [J] . Mol Plant Microbe Interact, 2005, 18: 722-729.

[95] PORTER L D, BROWN C R, JANSKY S H, et al. Tuber resistance and slow-rotting characteristics of potato clones associated with the *Solanaceae* coordinated agricultural project to the US-24 clonal lineage of *Phytophthora infestans* [J] . American Journal of Potato Research, 2017, 94 (2) : 160-172.

[96] QUTOB D, TEDMAN-JONES J, DONG S, et al. Copy number variation and transcriptional polymorphisms of *Phytophthora sojae* RxLR effector genes *Avr1a* and *Avr3a*

[J] . PloS One, 2009, 4 (4) : e5066.

[97] REN Y, ARMSTRONG M, QI Y, et al. *Phytophthora infestans* RxLR effectors target parallel steps in an immune signal transduction pathway [J] . Plant Physiol, 2019, 180 (4) : 2227-2239.

[98] RIETMAN H, BIJSTERBOSCH G, CANO L M, et al. Qualitative and quantitative late blight resistance in the potato cultivar Sarpo Mira is determined by the perception of five distinct RxLR effectors [J] . Mol Plant Microbe Interact, 2012, 25 (7) : 910-919.

[99] ROBERTSON N F. The challenge of *Phytophthora infestans* [M] //INGRAM D S, WILLIAM P H. Advances in plant pathology: *phytophthora infestans*, the case of late blight of potato. 1991, 7: 1-30.

[100] RODEWALD J, TROGNITZ B. Solanum resistance genes against *Phytophthora infestans* and their corresponding avirulence genes [J] . Mol Plant Pathol, 2013, 14 (7) : 740-757.

[101] SAUNDERS D G, BREEN S, WIN J, et al. Host protein BSL1 associates with *Phytophthora infestans* RxLR effector AVR2 and the *Solanum demissum* immune receptor R2 to mediate disease resistance [J] . Plant Cell, 2012, 24: 3420-3434.

[102] SAVARY S, WILLOCQUET L, PETHYBRIDGE S J, et al. The global burden of pathogens and pests on major food crops [J] . Nat Ecol Evol, 2019, 3: 430-439.

[103] SOLOMON-BLACKBURN R, STEWART H, BRADSHAW J. Distinguishing major-gene from field resistance to late blight (*Phytophthora infestans*) of potato (*Solanum tuberosum*) and selecting for high levels of field resistance [J] . Theor Appl Genet, 2007, 115: 141-149.

[104] SONG J, BRADEEN J M, NAESS S K, et al. Gene RB cloned from *Solanum bulbocastanum* confers broad spectrum resistance to potato late blight [J] . Proc Natl Acad Sci USA, 2003, 100 (16) : 9128-9133.

[105] SPOONER D M, JANSKY S H, SIMON R. Tests of taxonomic and biogeographic predictivity: resistance to disease and insect pests in wild relatives of cultivated potato [J] . Crop Sci, 2009, 49: 1367-1376.

[106] STEFAŃCZYK E, SOBKOWIAK S, BRYLINSKA M, et al. Expression of the potato late blight resistance gene *Rpi-phu1* and *Phytophthora infestans* effectors in the compatible and incompatible interactions in potato [J] . Phytopathology, 2017, 107 (6) : 740-748.

[107] SUN K, WOLTERS A M, LOONEN A E, et al. Down-regulation of Arabidopsis DND1 orthologs in potato and tomato leads to broad-spectrum resistance to late blight and powdery mildew [J] . Transgenic Res, 2016, 25 (2) : 123-138.

[108] TAN M Y, HUTTEN R C, VISSER R G, et al. The effect of pyramiding *Phytophthora infestans* resistance genes *RPi-mcd1* and *RPi-ber* in potato [J] . Theor Appl Genet, 2010, 121: 117-125.

［109］THOMMA B P，NÜRNBERGER T，JOOSTEN M H. Of PAMPs and effectors: The blurred PTI-ETI dichotomy［J］. Plant Cell，2011，23: 4-15.

［110］THORDAL-CHRISTENSEN H，BIRCH P R J，SPANU P D，et al. Why did filamentous plant pathogens evolve the potential to secrete hundreds of effectors to enable disease?［J］. Mol Plant Pathol，2018，19（4）: 781-785.

［111］TIAN Y，YIN J，SUN J，et al. Population structure of the late blight pathogen *Phytophthora infestans* in a potato germplasm nursery in two consecutive years［J］. Phytopathology，2015，105（6）: 771-777.

［112］TURNBULL D，YANG L，NAQVI S，et al. RxLR effector AVR2 up-regulates a brassinosteroid- responsive bHLH transcription factor to suppress immunity［J］. Plant Physiol，2017，174（1）: 356-369.

［113］VAN DER VOSSEN E A，GROS J，SIKKEMA A，et al. The *Rpi-blb2* gene from *Solanum bulbocastanum* is a Mi-1 gene homolog conferring broad-spectrum late blight resistance in potato［J］. Plant J，2005，44（2）: 208-222

［114］VAN POPPEL P M，GUO J，VAN DE VONDERVOORT P J，et al. The *Phytophthora infestans* avirulence gene Avr4 encodes an RxLR-dEER effector［J］. Mol. Plant Microbe Interact，2008，21（11）: 1460-1470.

［115］VAN WEYMERS P S M，BAKER K，CHEN X W，et al. Utilizing omic technologies to identify and prioritize novel sources of resistance to the oomycete pathogen *Phytophthora infestans* in potato germplasm collections［J］. Frontiers in Plant Science，2016，7（672）1-11.

［116］VLEESHOUWERS V G，OLIVER R P. Effectors as tools in disease resistance breeding against biotrophic，hemibiotrophic，and necrotrophic plant pathogens［J］. Mol Plant Microbe Interact，2014，27（3）: 196-206.

［117］VLEESHOUWERS V G，FINKERS R，BUDDING D，et al. SolRgene: an online database to explore disease resistance genes in tuber-bearing *Solanum* species［J］. BMC Plant Biol，2011a，11: 116.

［118］VLEESHOUWERS V G，RAVAELE S，VOSSEN J H，et al. Understanding and exploiting late blight resistance in the age of effectors［J］. Annu Rev Phytopathol，2011b，49（1）: 507-530.

［119］VLEESHOUWERS V G，RIETMAN H，KRENEK P，et al. Effector genomics accelerates discovery and functional profiling of potato disease resistance and *Phytophthora infestans* avirulence genes［J］. PLoS One，2008，3: e2875.

［120］VOSSEN J H，VAN ARKEL G，BERGERVOET M. et al. The *Solanum demissum R8* late blight resistance gene is an *Sw-5* homologue that has been deployed worldwide in late blight resistant varieties［J］. Theor Appl Genet，2016，129: 1785.

［121］WANG H，REN Y，ZHOU J，et al. The cell death triggered by the nuclear localized RxLR effector PITG_22798 from *Phytophthora infestans* is suppressed by the effector AVR3b

［J］. Int J Mol Sci, 2017, 18（2）: E409.

［122］WANG M, ALLEFS S, VAN DEN BERG R G, et al. Allele mining in *Solanum*: conserved homologues of *Rpi-blb1* are identified in *Solanum stoloniferum*［J］. Theor Appl Genet, 2008, 116: 933-943.

［123］WANG S, MCLELLAN H, BUKHAROVA T, et al. *Phytophthora infestans* RxLR effectors act in concert at diverse subcellular locations to enhance host colonization［J］. J Exp Bot, 2019, 70（1）: 343-356.

［124］WANG S, WELSH L, THORPE P, et al. The *Phytophthora infestans* haustorium is a site for secretion of diverse classes of infection-associated proteins［J］. MBio, 2018, 9: e01216.

［125］WANG X, BOEVINK P, MCLELLAN H, et al. A host KH RNA-binding protein is a susceptibility factor targeted by an RxLR effector to promote late disease［J］. Mol Plant, 2015, 8: 1385-1395.

［126］WHISSON S C, BOEVINK P C, et al. The cell biology of late blight disease［J］. Current Opinion in Microbiology, 2016, 34: 127-135.

［127］WHISSON S C, BOEVINK P C, MOLELEKI L, et al. A translocation signal for delivery of oomycete effector proteins into host plant cells［J］. Nature, 2007, 450: 115-118.

［128］WITEK K, LIN X, KARKI H S, et al. A complex resistance locus in *Solanum americanum* recognizes a conserved Phytophthora effector［J］. Nat Plants, 2021, 7（2）: 198-208.

［129］YAENO T, LI H, CHAPARRO-GARCIA A, et al. Phosphatidylinositol monophosphate-binding interface in the oomycete RxLR effector AVR3a is required for its stability in host cell modulate plant immunity［J］. Proc Natl Acad Sci USA, 2011, 108（35）: 14682-14687.

［130］YANG L, MCLELLAN H, NAQVI S, et al. Potato NPH3/RPT2-Like protein StNRL1, targeted by a *Phytophthora infestans* RxLR effector, is a susceptibility factor［J］. Plant Physiol, 2016, 171（1）: 645-657.

［131］YAO C, SONG B, LIU J, et al. Population improvement of resistance to late blight in tetraploid Potato: a case study in combination with AFLP marker assisted background selection［J］. Agricultural Sciences in China, 2011, 10（8）: 1177-1187.

［132］YIN J, GU B, HUANG G, et al. Conserved RxLR effector genes of *Phytophthora infestans* expressed at the early stage of potato infection are suppressive to host defense［J］. Front Plant Sci, 2017, 8: 2155.

［133］YOSHIDA K, SCHUENEMANN V J, CANO L M, et al. The rise and fall of the *Phytophthora infestans* lineage that triggered the Irish potato famine［J］. Elife, 2013, 2: e00731.

［134］ZHEN Y, LIU Z, HALTERMAN D A. Molecular determinants of resistance activation and suppression by *Phytophthora infestans* effector IPI-O［J］. PLoS Pathog, 2012, 8（3）: e1002595.

[135] ZHENG X, MCLELLAN H, FRAITURE M, et al. Functionally redundant RxLR effectors from *Phytophthora infestans* act at different steps to suppress early flg22-triggered immunity [J]. PLoS Pathog, 2014, 10 (4): e1004057.

[136] ZHU S, LI Y, VOSSEN J H, et al. Functional stacking of three resistance genes against *Phytophthora infestans* in potato [J]. Transgenic Res, 2012, 21: 89-99.